合理用肥手册

主　　编　詹益兴
编写人员　詹益兴　张永康　李开贵
　　　　　李丽心　汪　鸿　高　泉

科学技术文献出版社
SCIENTIFIC AND TECHNICAL DOCUMENTATION PRESS
·北京·

图书在版编目（CIP）数据

合理用肥手册/詹益兴主编．—北京：科学技术文献出版社，2016.10（2017.10重印）
ISBN 978-7-5189-1919-2

Ⅰ.①合… Ⅱ.①詹… Ⅲ.①合理施肥—技术手册 Ⅳ.①S147.21-62

中国版本图书馆 CIP 数据核字（2016）第 220039 号

合理用肥手册

策划编辑：孙江莉　责任编辑：宋红梅　责任校对：赵　瑗　责任出版：张志平

出 版 者　科学技术文献出版社
地　　址　北京市复兴路 15 号　邮编　100038
编 务 部　（010）58882938，58882087（传真）
发 行 部　（010）58882868，58882874（传真）
邮 购 部　（010）58882873
官方网址　www. stdp. com. cn
发 行 者　科学技术文献出版社发行　全国各地新华书店经销
印 刷 者　虎彩印艺股份有限公司
版　　次　2016 年 10 月第 1 版　2017 年 10月第 3 次印刷
开　　本　850 × 1168　1/32
字　　数　440 千
印　　张　17.75
书　　号　ISBN 978-7-5189-1919-2
定　　价　78.00 元

前　言

自1949年新中国成立至今60多年来，我国肥料行业走出了一条具有中国特色和世界水平的发展道路，取得了举世瞩目的成就。1978—2013年的35年间，我国化肥产量和用量的递增速度雄居全球首位。当今，我国化肥年生产量约占世界总量的1/3，表观消费量约占世界总量的35%，我国已经成为世界上最大的化肥生产国和消费国。肥料是一个永续的朝阳产业，坚定信心，自强不息，中国从化肥大国向化肥强国迈进指日可待！

民以食为天，国以农为本，农业是安定天下的基础产业，肥料对农业的增产作用功不可没。我国是一个人口众多、资源短缺的农业大国，能以约占世界7%的耕地养活约占世界22%的人口，肥料在其中起着举足轻重的作用。

然而，必须清醒认识到，我国农业的整体水平有待提高，特别是长期以来农业生产还相当粗放，盲目施肥、过量施肥、单一施肥、偏施氮肥等等，不仅造成肥料利用率低下、生产成本加大、农田地力下降、农产品产量徘徊不前，而这些已成为制约农村和农业可持续发展的重要因素；更严重的是造成资源浪费、环境污染、生态失衡等问题日益突出，而且影响农产品质量，危及生物及人畜安全。

因此，必须实施化肥零增长行动。合理精准施用肥料，开发和应用新型绿色肥料，不仅是增加农作物产量、提高农产品质量、改善农产品贮效、提升农产品价值、确保我国粮食安全的需要，也是保育耕地品质、优化生态环境、发展永续农业的需要，更是建设资源节约型和环境友好型新农村的不可或缺的措施。

现代农业正在向可持续发展道路迈进，它要求农业必须“高产、高效、优质、低耗、生态、安全”。肥料是农业生产中最主要的物资投入，在农田生态系统的物质循环中占有最为重要的地位。要实现农业的可持续发展，需要平衡农田养分的输入和输出。为此，必须实现合理精准施用肥料、大力推广科学用肥技术、做好农田养分的科学管理。

为了丰富农业科技人员和农民朋友的肥料知识，提高合理用肥水平，增强鉴别真假肥料的能力，促进农业生产发展和维护生态平衡，我们编写《合理用肥手册》一书，旨在服务“三农”，内容包括肥料的增产作用和过量施肥的危害、肥料性能和合理精准施肥技术、作物缺素症状及防治措施等。

本书在编写过程中，参考了大量国内外文献资料和科技著作，吸收了最新资料、最新研究成果于书中。有关文献，有的已在书中标出，有的作为参考文献在书后列出，如有遗漏敬请有关作者谅解。在此，谨向原作者表示诚挚的谢意！

由于水平所限，书中难免存在不足和错误之处，敬请广大读者不吝指正。

詹益兴

目　　录

第一章　肥料不可或缺

农业系指通过培育动植物生产食品及工业原料的产业。农业属于第一产业，以土地资源和水域资源为生产对象的产业。农业的劳动对象是有生命的动植物，获得的产品是动植物本身。把利用动植物等生物的生长发育规律，通过人工培育来获得产品的生产活动，统称为农业；研究农业的科学称为农学。

广义农业包括：种植业、林业、牧业、副业、渔业等。

狭义农业仅指种植业：包括粮棉油、蔬菜、水果、花草等农作物。

种植业是以绿色植物为基础，将光能转变为化学能的产业，即物质能量转变的产业，也就是说，狭义农业是利用环境资源而进行有目的有计划的物质能量转换产业。因此，要取得农业的永续发展，首先要树立人与自然长期共存、和谐发展的理念，必须科学开发和合理利用包括气候、土壤、生物、水利、矿产、能源和废弃物等资源，并采用切实可行的新技术和新设施、投入适当物力（如良种、肥料、农药、农机、农膜、供水、电力等农业生产资料），以增加农作物产量和提升农产品质量，以及保育农田肥力和维护生态平衡。

按照我国国家标准《肥料和土壤调理剂　术语 GB/T 6274—1997》（等同采用 ISO 8157—1984 及其补充件 ISO 8157/DADI—1988）中定义：肥料（fertilizer）系指以提供植物养分为其主要功效的物料。也即提供一种或一种以上植物必需的营养元素，改善土壤性质、提高土壤肥力水平的一类物质。肥料被称为“粮食的粮食”，是农业生产中最为重要的生产资料之一。新中国成立以来，特别是改革开放以来，我国的农业取得了举世瞩目的成就。1952—2012 年，我国化肥的施用量从 7.8 万吨增长到 5838.9 万吨，同期粮食产量从 16392 万吨增加到 58957 万吨。这其中肥料投入的增加、肥料品质的提升、合理施肥的推广，对农业的永续发展、对农作物产量的提高起到了至关重要的作用。

我国是一个人口众多、资源短缺的农业大国，能以占世界约 7% 的耕地养活约占世界 22% 的人口，提高粮食作物单产是一项重要的措施，肥料在这里起着举足轻重的作用。因此，科学合理施用肥料、开发新型绿色肥料、生产优质高效肥料，不仅是增加农作物产量、提高农产品质量、改善农产品贮效、提升农产品价值、确保我国粮食安全的需要，也是保育耕地品质、优化生态环境、发展永续农业的需要，更是建设资源节约型和环境友好型新农村的不可或缺的措施。

第 1 节　现代化肥概况

化学肥料简称为化肥，也称无机肥料，系指用化学方法制成的含有一种或几种农作物生长需要的营养元素的肥料。

化肥常用能源物质（如煤、石油、天然气等），矿物元素（如磷、钾、镁等），气态成分（如氮等）作为资源，采用化工技术制成简单形态的无机肥料，化肥包括氮肥、磷肥、钾肥、微量元素肥料、复混肥料、稀土元素肥料、缓控释肥料等。化肥基本特点如下：

（1）一般化肥中所含养分种类少但养分含量高；

（2）养分呈无机态存在能被植物直接吸收利用；

（3）一般化肥的肥效快又猛而缓释肥的肥效长；

（4）有些化肥既有肥效还有杀虫灭菌等多功效；

（5）化肥促进植被迅速生长故有护土培肥作用。

一、世界化肥简史

据古希腊传说，用动物粪便作肥料是大力士赫拉克勒斯（Heracles）首先发现的。赫拉克勒斯是众神之主宙斯（Zeus：Master of Olympus）之子，是一个半神半人的英雄，他曾创下12项奇迹，其中之一就是：传说厄利斯国王奥吉亚斯（Augeas）养了3000头牛，30年没有打扫过牛棚，牛粪堆积如山，赫拉克勒斯在一天之内把牛棚打扫得干干净净。他把艾尔菲厄斯河（AI Erfei’River）改道，用河水冲走牛粪，沉积在附近的田地上，农作物获得了大丰收。虽然是神话，但也说明当时的人们已经意识到粪肥对作物的增产作用。古希腊人还发现旧战场上生长的植物特别茂盛，从而认识到人和动物的尸体是很有效的肥料。在《圣经》中也提到把动物血液淋在地上的施肥方法。

在我国悠久的农业生产历史长河中，主要投入之一是把粪、尿、蛹、草、骨灰、皮毛、作物茎根叶等生活和生产过程中的废弃物转变成农作物生长所需的养分，这是华夏民族人文始祖伏羲（所处时代约为旧石器时代中晚期）所开创的“天人合一”思想在我国数千年农业生产中的体现。把废弃物利用与粪壤肥田和作物种植以及土壤改良有机结合，从而保障了我国广袤的农田历经数千年耕种而未发生严重地力衰退（有的越种越肥），使农业生产长期居于世界先进水平。

千百年来，不论是亚洲还是欧洲，都把粪肥当作主要肥料。进入18世纪以后，世界人口迅速增长，同时在欧洲爆发了工业革命，使大量人口涌入城市，加剧了粮食供应紧张，提高农作物产量成为亟待解决的课题。

17世纪初期，科学家们开始研究植物生长与土壤之间的关系。18世纪中叶化学家们开始对作物的营养学进行科学研究。

19 世纪初流行植物两大营养学说——“腐殖质”说和“生命力”说，前者认为植物所需的碳元素不是来自空气中的二氧化碳，而是来自腐殖质；后者认为植物可借自身特有的生活力制造植物灰分的成分。

1828 年，德国化学家弗里德里希·维勒（Friedrich Wöhler，1800—1882 年）被认为是有机化学研究的先锋，他将氰酸铵的水溶液加热得到了尿素，在世界上首次用人工方法制得尿素，打破了有机化合物的“生命力”学说而闻名于世。按当时化学界流行的“生命力”观点，尿素等有机物中含有某种生命力，是不可能人工制成的，而维勒的研究成果冲破了无机界和有机界的鸿沟。但当时人们尚未认识到尿素的肥料用途，直到 50 多年后，合成尿素才作为化学肥料投放市场。

1838 年英国乡绅 J·B·劳斯（J. B. Lawes）与化学家 J·H·吉伯特（J. H. Gilbert）合作，用硫酸处理磷矿石，获得一种固体磷肥产品（过磷酸钙），1842 年他们在英国建立了工厂，这也许是世界上第一个化肥厂。

19 世纪初德国著名化学家、教育家尤斯图斯·冯·李比希（Justus von Liebig，1803—1873 年）创立了有机化学，被称为“化学之父”。

1840 年，农业化学的开山鼻祖李比希所撰写出版的《化学在农业及生理学上的应用》一书，创立了植物矿物质营养学说和归还学说，从而否定了“腐殖质”和“生命力”植物两大营养学说，引起了农业理论的一场革命。

李比希认为只有矿物质才是绿色植物的养料，有机质只有当其分解释放出矿物质时才对植物有营养作用。他研究了植物生长与某些化学元素间的关系，用实验方法证明：植物生长需要碳酸、氨、氧化镁、磷、硝酸以及钾、钠和铁的化合物等无机物；人和动物的排泄物只有转变为碳酸、氨和硝酸等才能被植物吸

收。他确定了氮、钙、镁、磷和钾等元素对农作物生长的意义，从而提出了植物矿物质营养学说。

李比希阐述了农作物生长所需的营养物质是从土壤里获取的，作物从土壤中吸走的矿物质养分必须以肥料形式如数归还土壤，否则土壤将日益贫瘠。他提出了把植物摄取并移出农田的无机养分和氮素，必须以肥料的形式还给土壤的归还学说。

李比希预言农作物需要的营养物质将会在工厂里生产出来，不久，他的预言就被证实。李比希被称为“肥料工业之父”，他所创立的植物矿物质营养学说，为化肥的诞生、为化肥工业的兴起与发展奠定了理论基础，也为解决世界粮食问题和提高人们生活水平做出了巨大贡献。

1840 年，李比希用稀硫酸处理骨粉，得到浆状物，其肥效比骨粉好，这就是化肥的雏形；1845 年他发明了一种把碳酸钾和碳酸钠混合在一起的钾肥。

1850 年前后，劳斯发明了最早的氮肥。1861 年，在德国施塔斯富特地方首次开采光卤石钾矿，在这之前不久，李比希宣布过它可作为钾肥使用，两年内有 14 个地方开采钾矿。1872 年，在德国首先生产了湿法磷酸，用它分解磷矿生产重过磷酸钙，用于制糖工业中的净化剂。1878 年英国人托马斯和吉尔吉利斯特利用钢铁厂废弃物制成了磷肥，被人们称为托马斯磷肥。19 世纪末期，开始从煤气中回收氨制成硫酸铵或氨水作为氮肥施用。

1898 年德国化学家 A · 富兰克（A. Frank）和 N · 卡罗（N. Caro）发现碳化钙加热时与氮气反应生成氰氨化钙，并获得专利。1903 年，挪威建厂用电弧法固定空气中的氮加工成硝酸，再用石灰中和制成硝酸钙氮肥，两年后进行了工业生产。1905 年，用石灰和焦炭为原料在电炉内制成碳化钙（电石），再与氮气反应制成氮肥——氰氨化钙（石灰氮）。

1909 年，德国化学家弗里茨 · 哈伯（Fritz Haber，1868—

1934 年）解决了氮肥大规模生产的技术问题。哈伯把他设计的工艺流程申请专利后，交给了当时德国最大的化工企业——巴登苯胺和纯碱制造公司。该公司立即组织了化工专家卡尔·博施（Carl Bosch，1874—1940 年）为首的工程技术人员付诸实施。1912 年巴登苯胺和纯碱制造公司在德国奥堡建成了世界上第一座日产 30 吨合成氨的装置，1913 年 9 月 9 日开始正式运行。弗里茨·哈伯与卡尔·博施合作创立了“哈伯-博施”氨合成法，终于使合成氨从实验室走上了工业化。由于哈伯和博施的杰出贡献，他们分别获得 1918 年度、1931 年度的诺贝尔化学奖。

随着智利硝石和钾盐矿的发现，到合成氨的发明，在世界上建立巨大的化肥工业。在近一个半世纪中，全世界已生产和使用了数十种含有单一或两种以上植物生长必需营养元素的化肥，为世界农业发展做出了巨大的贡献。

（1）氮肥

德国“哈伯-博施”开发的用氢气和氮气合成氨工艺技术于 1913 年实现工业化之后，氮肥工业进入了新纪元。1922 年，用氨和二氧化碳为原料合成尿素的第一个工厂在德国投入了生产。随着工业的发展和技术的进步，合成氨大部分用于生产氮肥。

（2）磷肥

1842 年以来磷肥品种主要是过磷酸钙。此外，在欧洲的酸性土壤上广泛施用钢渣磷肥。在 20 世纪 40 ~ 50 年代，高浓度磷肥的生产技术有了突破，设备材料的腐蚀问题基本得到了解决，主要是湿法磷酸的生产工艺由原来的间歇操作改为连续操作。

（3）钾肥

继德国施塔斯富特地方首次开采光卤石钾矿之后，一些国家先后发现了钾矿资源，其中法国于 1910 年、西班牙于 1925 年、苏联于 1930 年、美国于 1931 年先后进行了钾矿的开采。钾矿富集和精制工艺的开发成功，为提高钾肥的品位奠定了基础。

二、我国化肥简史

20 世纪初，在西欧学术思想与现代农业生产技术传播的影响下，中国开始了化肥的生产、试验与施用。1914 年，吉林公主岭农事试验场首先开始进行化肥的田间施用试验；20 世纪 30 年代开始组织全国性肥效试验，称为地力测定。测定结果表明，田土中氮素极为缺乏，磷素养分仅在长江流域或长江以南各省缺乏，钾素在土壤中很丰富。

1958—1960 年，中国开展第一次土壤普查，以土壤农业性状为基础，并提出全国第一个农业土壤分类系统。1979—1985 年，进行全国第二次土壤普查，以成土条件、成土过程及其属性为土壤分类依据，采用土类、亚类、土属、土种、变种 5 级分类，分级完成不同比例尺的土壤制图，并编绘相应的土壤类型图、土壤资源利用图、土壤养分图、土壤改良分区图。两次全国性的土壤普查，对我国的土壤类型、特性、肥力状况等进行了系统的调查测定，促进了化肥的施用和农业化学研究工作，肥料的增产效果也得到了较充分的发挥。

新中国成立以来，化肥工业得到了迅速的发展，化肥已是我国现代农业不可或缺战略物资。

我国化肥生产与施用的发展与欧、美不同，是先从氮肥开始，继而发展磷肥，然后发展钾肥。这一发展过程符合我国耕地土壤普遍缺氮、大部分缺磷、部分缺钾的状况，也比较符合我国发展化肥工业的资源状况。

现把我国氮磷钾三大肥料（和复混肥）发展概况简述如下：

1. 氮肥

据有关资料记载，1901 年我国台湾从日本引进了肥田粉（硫酸铵，氮肥）用于甘蔗田施肥，1905 年化肥传入我国大陆。1909 年进口了少量智利硝石，用于制造氮肥和其他氮素化合物；

20 世纪 30 ~ 40 年代，英国最大化工企业卜内门化学工业公司（简称 ICI）向中国推销硫酸铵。1935 年和 1937 年在大连和南京先后建成了氮肥厂。至 1949 年新中国成立前，我国只有两座规模不大的氮肥厂和两个回收氨的车间，1949 年氮肥年产量只有 0. 6 万吨。1949 年以后，加快了氮肥工业发展速度，2000 年我国氮肥产量已达到 2398. 1 万吨（折纯氮），居世界第一位，经过几十年的努力我国成为世界第一大氮肥生产国。

我国化肥工业始于 20 世纪 30 年代，先后建成投产了大连化学厂和南京永利铔厂（永利铔厂是当时号称“远东第一”的大型化工厂），生产硫铵，这两个厂的最高年产量到过 22. 7 万吨（1941 年）。到 1949 年，只有永利厂还在生产。新中国成立以后，国家对化肥工业高度重视，从“一五”计划起，对老厂进行了恢复和较大规模的扩建，随后在各个五年计划中，均投入大量的资金用于化肥工业的建设，并给予了一系列优惠政策，使我国化肥工业迅速发展壮大，目前产量已居世界第一。

（1）兴建中型氮肥厂

新中国成立后，发展化肥工业从兴建中型氮肥厂开始。20 世纪 50 年代中期我国建设了由苏联援建的吉林化肥厂、山西太原化肥厂、兰州石化公司化肥厂等三个规模为 5 万吨合成氨、9 万吨硝铵的化肥厂，同时自行设计建设了年产 7. 5 万吨合成氨的四川化工厂，生产硝铵。在引进消化吸收的基础上，编制年产 5 万吨合成氨的定型设计，由机械制造部门生产成套设备，于 20 世纪 60 年代先后建设了浙江衢州化工厂、上海吴泾化工厂、广州氮肥厂、河南开封化肥厂、云南解放军化肥厂、河北石家庄化肥厂、安徽淮南化肥厂和贵州剑江化肥厂。此后建设的中型氮肥厂有两种类型：年产 4. 5 万吨合成氨的碳铵厂，如江西氨厂、宝鸡氮肥厂、宣化化肥厂；年产 6 万吨氨、11 万吨尿素厂，如石家庄化肥厂、银川化肥厂、鲁南化肥厂等。20 世纪 60 年代还从

英国和意大利引进技术，建设了泸州天然气化工厂和陕西兴平化肥厂，分别采用天然气和重油为原料。

（2）大力发展小氮肥

1958 年我国著名化工专家侯德榜博士领导开发了合成氨原料气中二氧化碳脱除与碳酸氢铵生产的联合工艺，在上海化工研究院中间试验成功，1962 年在江苏丹阳化肥厂投产，为全国创建了小氮肥的生产模式，起初设计规模为 3000 ~ 5000 吨氨。1963 年，中央和国务院批示，发展氮肥主要靠大中型厂，适当发展小氮肥作为补充。1966 年起小氮肥迅猛发展，许多省几乎县县都建氮肥厂，有的县甚至有两套，到 1979 年全国共建成了 1533 个小氮肥厂。在 20 世纪 60 ~ 70 年代，小氮肥在保障我国化肥供应方面发挥了重要作用。但时过境迁，许多小氮肥厂经济效益欠佳。经过多年来的调整和改造，到 2007 年全国小氮肥企业为 470 家，合成氨年产量达 3569.8 万吨，占全国合成氨年总产量的 69.1%。年利润超过亿元的小氮肥企业有 22 家，超过 5000 万元的有 42 家，超过 750 万元的有 100 家，小氮肥工业依然屹立于中国大地，支撑着我国氮肥工业的半壁江山。

（3）着力引进大装置

1973—1976 年国家利用自有外汇，从国外引进了具有世界先进水平的 13 套大型合成氨、尿素装置，具有年产 30 万吨合成氨、48 万吨或 52 万吨尿素的生产能力：大庆化肥厂、河北沧州化肥厂、辽宁辽河化肥厂、南京栖霞山化肥厂、湖南洞庭化肥厂、宜昌湖北化肥厂、山东淄博齐鲁第二化肥厂、安徽安庆化肥厂、广州化肥厂、成都四川化肥厂、四川泸州天然气化工厂、贵州赤水河天然气化肥厂、云南天然气化工厂等，到 1979 年这 13 个厂全部建成投产。日本宇部兴产株式会社于 1978 年末与我国签订了三套以渣油为原料的年产合成氨 30 万吨，52 万吨尿素，建于浙江镇海、新疆乌鲁木齐、宁夏银川，三厂相继于 1984 年

9月、1985年7月、1988年7月建成投产。这些利用国家外汇引进的大型装置迅速提高了我国氮肥工业的技术水平和高浓度尿素的比例，成为氮肥行业的骨干企业。如今中国的大氮肥装置已超过了50套，合成氨产量也早已位列世界第一。

（4）着重改造老设备

进入20世纪80年代中期之后，我国氮肥工业着重于老企业的设备改造。“七五”期间（1986—1990年），国家共安排了20亿元和45亿元两个专项资金，对中小氮肥企业进行技术和品种结构改造，建设了120多套小尿素装置；在“八五”期间（1991—1995年），国家又安排了65亿元和30亿元两个专项资金用于化肥产品结构调整。利用国际金融组织贷款和政府贷款建设了一批大中型氮肥装置，并对中小氮肥进行了大规模的技术改造。新建了陕西省渭河化肥厂、四川省合江县化肥厂、内蒙古化肥厂等12套大氮肥，对8套中氮肥实施了技术改造；“九五”期间（1996—2000年）又实施了小尿素扩能改造，为支持小尿素企业的年产4万吨改6万吨、6万吨改10万吨的改造，1996年共投资68.6亿元，全国碳铵改尿素119套，形成年产479万吨尿素生产能力。通过新装置的投产和老装置的改造，大多中型厂的总规模达到年产15万吨氨以上，部分中型厂总规模与大氮肥相同。

（5）调整产业结构

氮肥工业是能耗较大的产业，天然气耗量占全国总产量的15%，煤耗占2.3%，电耗占2.2%；氮肥工业也是污染重点行业，2008年废水排量占工业废水总量的4.9%，氨氮排放量占工业排放总量的22.9%，COD排放量占工业排放总量的3%；合成氨和硝铵都是化学危险品，安全生产十分重要；小企业比重大，企业大型化集约化程度低；此外，还有部分氮肥企业远离原料产地和消费地。通过结构调整和技术改造，目标于2015年氮

肥企业减少到250个（按集团计），建成20个具有核心竞争力的大型氮肥企业集团；采用连续加压煤粉气化技术生产的合成氨产品比例提高到30%以上；合成氨能耗水平达到《合成氨单位产品能源消耗限额标准》（GB 21344—2008）的先进值；60%以上的企业实现生产污水零排放和循环水超低排放，废水排放量减少20%，氨氮减少22%，COD减少16%，废气废渣得到综合利用。促进节能降耗、环保及安全水平的提高，从而实现可持续发展。

我国仅用世界7%的耕地养活了世界22%的人口，其中氮肥工业做出了巨大贡献。新中国成立以来，氮肥工业快速发展，氮肥产量迅速增加。1949年氮肥产量约6000吨（折纯N计，下同），1970年氮肥产量152.3万吨，2003年氮肥产量2883.2万吨实现自给；2004年产量3304.1万吨，氮肥产量超过美国，成为全球最大生产国，之后我国从氮肥进口国转变为出口国。从1953年氮肥产量约5万吨至2013年产量达4927.46万吨的60年间，氮肥产量增长985倍。产量增加的同时，高浓度氮肥尿素成为主要产品，占氮肥总量的66.7%。2009年全国合成氨产量5324.5万吨，占世界总产量的33.6%，氮肥产量3860万吨，其中尿素产量2567万吨，占世界总产量34.6%，我国现已成为世界氮肥生产和消费的第一大国。然而，也必须认识到，我们并非是世界氮肥生产强国，在这发展与变化中，还存在和不断出现的问题，需要通过产业结构调整和技术改造进行解决。

2. 磷肥

我国磷肥工业始于20世纪40年代，1942年在云南昆明建起日产1吨过磷酸钙的裕滇磷肥厂开始，后因销路不畅，开工半年后即告停产。1949年新中国成立时，除台湾省基隆和高雄有两座磷肥厂年产约3万吨过磷酸钙之外，大陆尚无磷肥工业。

在新中国成立后大力创建和发展磷肥工业，60年来我国磷复肥工业紧密结合国情，在从低浓度到高浓度、从单一肥料到复混肥料、从小型厂到大型厂，布局从邻近市场到邻近原料产地、加工路线从酸法热法并举到以酸法为主的发展历程中不断探索创新，取得了很大的成绩。进入21世纪以来，我国磷复肥工业发展更为快速，2002年我国磷肥产量达到805.7万吨（折纯P_2O_5，下同），占世界磷肥总产量的24%，仅次于美国居世界第二位；到2005年磷肥产量达到1124.9万吨，其中高浓度磷复肥产量667.8万吨，首次超过美国，居世界第一位；2006年实现磷肥自给，2007年磷肥产量达到1351.3万吨，实现了自给有余，由以前的世界第一进口大国变成了世界主要出口国之一。到2010年底，国内规模以上磷复肥企业近400家，复混肥料生产企业1307家。

我国磷肥工业发展概况如下：

（1）开发低浓度磷肥

20世纪50～70年代以发展低浓度磷肥为主，“一五”期间（1953—1957年）限于资源、资金和技术条件，磷肥工业以发展磷矿粉为主，同时着手磷肥生产技术研究，开始建设磷矿、磷肥厂；1958年南京南化磷肥厂（40万吨/年）、山西太原磷肥厂（20万吨/年）两家粒状普钙厂（SSP）先后建成投产。20世纪60年代在湛江高州化工总厂、株洲化工总厂，70年代在湖北大冶、铜陵市铜官山化工总厂等地分别建设了20万吨/年的普钙厂，80年代在金昌市建设了40万吨/年的甘肃农垦八一磷肥厂。与此同时，各地方也纷纷建设了一批5万～10万吨/年的小普钙厂，最多时曾有500多家，1998年产量最高时达到476万吨P_2O_5。1963年我国自行研制开发成功用高炉法生产钙镁磷肥（FMP），随后各地纷纷利用大炼钢铁时闲置的13～82米高炉生产钙镁磷肥，也有少数厂利用电炉法生产，最多时曾达到100多家，1995年产量最高时达到120万吨P_2O_5。

（2）发展高浓度磷肥

20 世纪 70 年代末，发达国家高浓度磷复肥已占磷肥总产量的 70%，而我国当时还不到 5%。从 20 世纪 80 年代起，我国从国外引进和自主开发并举，建设了 15 家大、中型高浓度磷复肥厂，这 15 家厂包括：安徽铜陵（12 万吨/年）、浙江贵溪（24 万吨/年）、云南宣威（24 万吨/年）、云南红河（12 万吨/年）、湖北黄麦岭（18 万吨/年）、甘肃金昌（12 万吨/年）、广西鹿寨（24 万吨/年）等 7 家磷酸二铵厂（DAP）；江苏南化（24 万吨/年）、辽宁大化（24 万吨/年）、河北中阿（60 万吨/年）、广东湛江（10 万吨/年）等 4 家复合肥厂（NPK）；山西天脊硝酸磷肥厂（90 万吨/年，NP）；贵州宏福（80 万吨/年）、湖北荆襄（56 万吨/年）、云南大黄磷（40 万吨/年）等 3 家重钙厂（TSP）。这些装置的建成，使我国高浓度磷复肥的技术水平、装备水平、生产能力和质量大为提高，极大地缩小了与国外先进水平的差距，目前这些装置中许多已成为我国大型磷复肥基地。

（3）自建高浓度磷肥

依靠国内力量，1966 年建成了南京南化 3 万吨/年 DAP，1976 年建成了广西 5 万吨/年热法 TSP 装置，1982 年建成了云南 10 万吨/年 TSP 装置。此后，开发了世界领先水平的料浆法磷铵、快速萃取磷酸、硫基 NPK 复合肥、磷石膏制硫酸水泥等技术，“七五”至“八五”（1986—1995 年）期间采用这些技术和完全国产化的设备，在全国建设了 84 家厂共 87 套装置：包括 3 万吨/年磷铵装置 79 套、6 万吨/年磷铵装置 5 套、4 万吨/年重钙装置 2 套、10 万吨/年重钙装置 1 套。20 世纪 80 年代初，开始建设以团粒法为主的混配肥料厂，生产规模一般为 2 万～5 万吨/年，产品多为低浓度（25%）。90 年代建设了多套 10 万吨/年的单系列装置，个别为 15 万～20 万吨/年，同时开始生产高浓度复混肥料（≥40%）。掺混肥料（BB 肥）也有多家厂生产，单系列装置为5万~30万吨/年。星罗棋布的混配肥厂，对提高我国化肥复合化的比重发挥了重要作用。

（4）调整产业结构

“九五”（1996—2000年）期间，我国磷肥产业结构调整步伐加快，在国家支持下，以磷资源为基础，云南、贵州、湖北三大磷肥基地建设先后启动，采用国产化“836”（80万吨硫酸、30万吨磷酸、60万吨磷铵）的建设模式，每个基地按200万吨以上的磷铵产能建设，磷肥产量由1996年的575万吨增至2000年的663万吨；“十五”期间，我国磷肥生产技术日渐成熟，加之政府于2000年采取了“以产顶进”的扶持政策，进口量大幅度下降，国内磷肥产量以前所未有的速度增长，总产量由2000年的663万吨飙升至2005年的1125万吨，产量首次跃居世界首位，高浓度磷肥比重从35%增长到60%；“十一五”期间，我国磷肥产业步入国际化时代，2006年磷肥自给率高达99.8%；2007年磷肥产量达到1351万吨，继续位居世界第一，并首次实现了磷肥净出口，2014年达1669.93万吨。当今，我国磷肥产品具有多样化的品种结构以及优良的性价比。

我国磷肥工业经历了从无到有、从小到大的发展过程。在20世纪50年代、60年代、70年代以产低浓度的过磷酸钙、钙镁磷肥为主；进入80年代注重发展重钙、磷铵、氮磷钾、硝酸磷肥等大中型高浓度磷复肥；90年代以来以基本建设和技术改造相结合、引进技术与国内开发相结合、大中小同时并举、肥料与化工相结合。近几年胶磷矿的采选也取得了突破性的进展，为我国大量难以利用的磷资源开辟了一条通道，这一突破更显得意义重大。进入21世纪主要立足于现有的高浓度磷复肥企业，继续进行产品结构和原料结构的调整，根据区域经济优化的原则，继续贯彻“矿肥结合”“酸肥结合”的发展方针，用高新技术改造传统产业，加快高浓度磷复肥的发展。我国磷矿主要

集中在云贵川湘鄂五省，五省总储量约占全国总储量的85%；据美国国家技术局最近公布的全球磷资源的分布情况，中国的磷资源已跃升到世界第一位，可供我国磷肥工业持续发展数百年。

3. 钾肥

钾肥是农作物增产的主要肥料成分之一，种植试验表明，使用钾肥不仅有明显的增产效果，还能改善农产品品质，而且提高氮肥、磷肥和利用率。随着我国农业生产条件的改善，氮肥磷肥施用量不断提高，土壤缺钾现象日益突出，成为制约很多地区农作物增产的因素。据不完全统计，中国缺钾土壤已达4.5亿亩；若将缺乏面积补到土壤含速效钾中等水平，需要钾肥约6000万吨（折纯 K_2O，下同），每年维持土壤速效钾含量稳定（作物带走和淋失）需要800万～900万吨。从2005—2011年测土配方施肥的902万个土壤样品数据统计分析表明，与30年前的第二次土壤普查相比，全国耕地土壤酸碱性指标pH下降0.13～1.3，平均下降0.8个单位。中国40%的耕地土壤pH处于6.5以下，其中5.5～6.5占22.7%，4.5～5.5占15.8%，4.5以下占1.8%；pH在5.5以下的面积2.26亿亩。而在微量元素上，根据全国土壤交换性镁含量分级统计，中低含量面积约占50%，土壤交换性镁缺乏严重。目前我国氮钾实际比例约为1：0.16，距离基础比例1：0.25和发达国家的1：0.42差距很大。

《2013中国钾盐钾肥行业运行报告》指出，中国钾肥年产量约为国内使用量的一半，每年需进口约350万吨钾肥，进口依赖度很高。因此，必须大力开拓钾肥资源、创新钾肥生产技术、快速提高钾肥产量，以满足我国农业生产的需要。

（1）我国钾肥资源

世界已探明钾盐储量为2000亿吨（以 K_2O 计）以上，根据国土资源部信息，2012年中国可溶性钾资源的查明资源量是

10.35 亿吨（约占全球 5.175%），其中氯化钾储量为 0.7516 亿吨，主要分布在青海和新疆。另据资料显示，中国难溶性钾资源非常丰富，难溶性钾矿石储量大于 1000 亿吨，其中蕴含的 K_2O 资源量大于 100 亿吨。结合中国地质特征和岩石类型分布特征，估测中国富钾岩石的远景储量可能大于 2000 亿吨，蕴含的 K_2O 资源量可能大于 200 亿吨。难溶性钾矿源主要分布在安徽、内蒙古、新疆、四川、山西等省区。我国难溶性含钾岩石资源极为丰富，质量好、品种多、分布广，开发利用难溶性钾肥资源是补充钾肥资源的有效途径，可以缓解我国钾资源短缺的现状，对保障农业的可持续发展和粮食安全以及提高国际贸易话语权具有重要作用；难溶性钾资源的开发利用是国产钾肥今后不可或缺的支撑，也保证我们给子孙后代多留下一点钾资源。

（2）创建钾肥工业

我国探索钾肥工业之路，若从中国著名地质学家袁见齐教授（1907—1991）在 1940 年对川滇一带海相地层作初步调查时重视找钾算起，已走过 70 多年历程。1951 年兰州大学戈福祥教授上书中央，要求调查青海盐湖资源，1956 年我国制定的“中国 12 年国家重大科学技术长远规划”将考察中国盐湖资源列入其中。中国科学院化学所于 1957 年在察尔汗卤坑中发现了含钾光卤石矿物以及原生盐湖沉积光卤石钾盐层，揭开了中国钾盐新篇章。1958 年在青海察尔汗开始建设我国第一个钾肥厂生产氯化钾。在能查到的化肥产量统计数据中，钾肥的产量最早出现在 1958 年，产量为 0.1 万吨（折 K_2O 下同），到 1978 年全国钾肥产量仅有 2.1 万吨。1986 年青海盐湖集团下属科技开发公司集成前期各项研究成果，建成年产 2 万吨氯化钾的工业性试验装置，1999 年开始建设年产 10 万吨样板车间，2000 年下半年投产，为百万吨级大厂建设提供了完整的技术依据。

（3）快速发展钾肥

我国钾肥行业发展进入快车道是从“十五”期间（2001—2005 年）实施西部大开发战略开始的。我国钾资源相对集中于西部，在西部大开发战略的推动下，从“十五”至“十一五”（2001—2010 年）的十年期间，国家加大了对钾肥工业的投入，陆续建设了三大钾肥工程：2000 年，西部大开发十大工程之一的青海盐湖集团百万吨级氯化钾工程开工建设，2007 年氯化钾年产量达到 195 万吨，现在氯化钾产能超过 200 万吨；青海中信国安钾镁肥工程是第二个百万吨级钾肥工程，2005 年工程开工建设，不久形成了年产 30 万吨钾镁肥生产能力；2006 年第三个百万吨级钾肥工程国投新疆罗布泊年产 120 万吨硫酸钾工程开工建设，先期建成的工业性试验装置运行良好，2008 年 12 月 18 日百万吨装置正式成功投产，并宣布二期年产 120 万吨装置开工建设。2008 年我国钾肥生产量 277.48 万吨，2010 年钾肥产量 396.76 万吨，2014 年钾肥产量达 610.47 万吨。

（4）境外钾肥基地

钾肥作为一种重要肥料，不仅仅是粮食，还有一些烟草、糖料、油料、蔬菜、水果都需要钾肥，对保障我国粮食产量有着非同寻常的意义。中国农业大学在全国 10 个省份对水稻的钾肥施用量和增产效果进行的实验表明，按现行的施肥标准，每亩多施用 1 千克钾肥，可增产 4 ~6 千克粮食。国家从粮食安全的角度出发建立钾肥储备制度，储备好钾肥就是储备粮食，就是储备耕地资源。钾资源匮乏长期以来一直困扰着中国农业发展，须知不只是中国缺钾资源，美国、巴西、印度等农业大国也缺乏，今后对钾资源的争夺是全球性的，应该未雨绸缪，做好钾资源开发。钾肥的缺口一直以来得到国家和有关部委的高度重视，国家发改委曾制定了钾肥行业发展“三个三”战略，即 1/3 钾肥国内资源生产，1/3 境外生产境内使用，1/3 钾肥国外进口。境外基地反哺是一支稳定剂，力争在10～15年内建立2～3个百万吨级规模并有一定国际竞争力的境外钾肥生产基地。

2011年10月签订开元集团旗下的亚洲钾肥集团老挝钾肥项目产能为50万吨氯化钾；中农矿产资源勘探有限公司10万吨/年示范性项目2010年已经投产，二期2011年达产100万吨，三期2017年建成年产300万吨，成为亚洲地区最大的钾肥生产基地；2007年中信国际合作公司在乌兹别克斯坦建设20万吨/年氯化钾的德赫卡纳巴德钾肥厂于2010年底投产，2012年1月开启建设二期40万吨氯化钾；2008年山东鲁源矿业投资有限公司威海国际经济技术合作股份有限公司在刚果（布）奎卢省举行了钾盐资源的普查开钻仪式；中川国际矿业控股有限公司于2009年获得了KP-488矿区的探矿权，2010年获得了采矿权，2011年中川国际矿业与青海盐湖工业股份有限公司共同签署《合作开发加拿大300万吨钾盐基地战略合作协议》。截止到2014年6月，我国境外钾肥项目覆盖了9个国家，共有26个项目，计划产能是1010万吨，已建成投产的有77万吨。

（5）利用难溶性钾源

利用难溶性钾矿资源提钾一直是世界上非常重视的研究课题，二战前德国以氧化钙、氯化钙等为助剂，高温分解难溶性钾长石制取可溶性钾盐。印度在20世纪中期也有过钾长石焙烧提取钾盐的报道。20世纪50～80年代日本、美国、苏联、墨西哥、挪威、波兰等都先后成功利用明矾石、钾长石等难溶性钾矿制取钾肥等产品的研究开发工作。我国自20世纪50年代开始探索利用含钾岩矿制取钾肥的研究工作，从优化工艺参数、简化流程设备、提高产品质量、降低生产成本、清洁生产和综合利用等方面入手，已探索出了符合难溶性钾岩矿原料特点的切实可行的制取方法，如焙烧浸取法、高温挥发法、中温烧结法、低温湿法分解法、催化低温分解法、高压法、微生物法、直接法等。经过

几十年的研究和创新，利用钾长石砂岩、明矾石、霞石正长岩等多种难溶性钾矿生产钾肥的工艺技术日臻成熟，产品中不仅含钾，还含硅钙镁等多种元素，肥效更好。

进入21世纪以来，我国利用难溶性钾矿资源提钾工业化速度加快，例如：1996年温州化工厂以明矾石为原料建成年产2.4万吨硫酸钾工业性试验生产线；贵州兴德矿业有限责任公司采用贵州大学技术建成了利用含钾硅酸盐制取硅钙钾肥年产5万吨隧道窑生产线，其1万吨/年工业性试验装置连续生产于2008年1月12日通过了验收；山西紫光钾业有限公司以钾长石为原料，已建成年产1万吨钾肥生产线，在建年产20万吨钾盐生产线，并规划年产100万吨钾盐项目；以难溶性钾矿为原料生产的钾硅钙肥，南京农业大学、华中农业大学、中国农科院、中国农业大学和各地土肥部门的大田和盆栽肥效对比试验表明，这类资源产品含有多种中微量元素具有明显优势：资源非常丰富并分布广泛；成本较低性价比优势明显；提升作物抗旱抗倒伏及抗热风能力；抑制土壤病菌提高抗病虫害能力；改良土壤及矫正土壤酸碱度；提高作物产量和改善作物品质。

第二次世界大战结束后全球人口的迅速增长，为了适应人口增长对粮食增加的需求，增施化肥成为农业增产的有力措施，因而促进了化肥工业的大发展。1950年，世界化肥总产量（以纯N和P_2O_5，以及K_2O计）为1413万吨，1980年达到12475.2万吨，以每年7%~8%的速度增长，进入20世纪80年代之后，世界化肥产量增速有所下降。

我国自1949年建国至今60多年来，我国化肥行业走出了一条具有中国特色和世界水平的发展道路，取得了骄人的业绩。1980年1232.1万吨，占世界总产量的9.88%；1990年1879.7万吨，占世界总产量的12.89%；1998年世界化肥总产量为

15557.89 万吨，我国 2956 万吨，占世界总产量的 19.00%，居世界第一位；2000 年全国共生产化肥 3184 万吨（折纯量：氮肥 2396 万吨，磷肥 663 万吨，钾肥 125 万吨），消费量达到 4146 万吨，分别占世界产销量的 20% 和 30%，均居全球第一；2013 年全国共生产化肥 7153 万吨（折纯量：氮肥 4927 万吨，磷肥 1633 万吨，钾肥 593 万吨），占世界总产量的 35%，稳居全球第一。化肥行业应加快实施“走出去”战略，打造几个世界级的中国化肥产业集团公司。

中国是化肥生产和消费大国，今后继续发挥我们的优势和特色，不断进行技术创新，适时改进化肥产品结构，为我国“三农”做出新贡献；民以食为天，国以农为本，农业是安定天下的基础产业，化肥的增产作用功不可没，化肥是一个永续的朝阳产业，坚定信心，奋斗不息，中国从化肥大国向化肥强国迈进指日可待！

第 2 节　肥料不可或缺

从 1842 年英国乡绅 J·B·劳斯开始生产过磷酸钙肥料以来，人类生产和使用化肥的历史已有 170 多年。但在相当长时期内，全世界化肥产量增长缓慢，到了 20 世纪 60 年代世界化肥生产量和消费量才进入快速增长期。据 IFA（国际肥料工业协会）和 FAO（联合国粮农组织）资料报道，世界化肥产量从 1961 年（指 1961/1962 年度，下同）3351 万吨到 2004 年的 16403 万吨，同期消费量从 3118 万吨到 15559 万吨，均增长近 5 倍。一百多年来，化肥在世界农业生产中发挥了巨大作用，1946 年世界粮食总产量为 5.33 亿吨，1970 年为 11.30 亿吨，2012 年为 22.8 亿吨，这其中化肥对粮食增长起到了关键的作用。

2012 年全世界粮食总产量为 22.8 亿吨，世界总人口约 70.9 亿

人，则世界人均粮食拥有量为321.6千克；2012年中国大陆粮食产量达5.8957亿吨，人口13.5404亿，人均粮食达到创纪录的435.4千克。中国人均粮食已达世界平均水平的1.35倍以上！中国的粮食安全已赢得很有富余度的保障。中国以占世界7%的耕地面积，养活了占世界22%的人口，这是了不起的成绩！

1978年我国化肥施用量为884万吨，2014年增长到6933.69万吨，相应的粮食产量从30476.5万吨增长到60709.9万吨；2015年全国粮食总产量达62143.5万吨，比2014年增长2.4%。在粮食增产众多因素中（如种、肥、药、机械等），化肥的作用达40%~50%，化肥已成为我国农业生产中粮食作物稳产、高产重要的生产资料之一，化肥工业为保障我国粮食增产和稳定供应做出了不可磨灭的贡献。

然而，当前出现的环境污染、食品安全等问题，致使有人对化肥的认识产生了形形色色的模糊观点；“绿色食品”概念的提出，有人误认为今后农业生产只能靠有机肥料。这些看法，不仅影响肥料科技的正常进步，而且也将阻碍农业生产的可持续发展，终将给国民经济造成不可估量的损失。因此，正确认识化肥的地位与作用、纠正有关对化肥的模糊认识是十分必要的。其实，农产品中的重金属等有害物质主要来自“三废”（废水、废气、废渣）排放和大气污染，以及源于非规范生产的肥料。在非规范生产的有机肥料中，可能含有重金属、激素、传染病菌等有害物质，对农产品品质造成影响，给食品安全留下隐患。而正规工业化生产的化肥，其技术先进、工艺成熟、管控严格，因而化肥产品中存在上述有害物质的可能性较小。

化肥工业的发展满足了农作物对养分的需求，使其成为全世界既安全可靠，价格又合理的养分来源，为人类生存和社会发展做出了巨大的贡献。

一、不用化肥忍饥挨饿

化肥的发明与施用，促进了农业生产跨越式发展，开创了农业历史新纪元。农业施用了化肥，产出了大量农产品，在人类历史上第一次满足了对粮食的需求。

据资料报道，没有化肥投入时，1 公顷（hm^2/ha，1 公顷 = 15 亩）田地只能产出 0.75 吨（50 千克/亩）粮食；而到 1978 年，每公顷投入化肥 NPK 155.8 千克，可生产 4.63 吨粮食，产量为以前的 6.17 倍（309 千克/亩），由此可见，化肥对粮食的增产是非常显著的。据此，FAO（联合国粮农组织）估计，发展中国家在粮食增产众多因素中，化肥的作用约占 55%；美国科学家 R. G. Hoeft 于 1990 年研究认为，如果立即停止使用氮肥，全世界农作物将会即刻减产 40%～50%；美国研究人员估计，如果停止使用化肥，玉米产量预计将下降 52%，单位生产成本提高 61%。

绿色革命之父、诺贝尔和平奖得主、世界粮食奖创立者、美国著名农业科学家诺曼·欧内斯特·博洛格博士（Norman Ernest Borlaug，1914—2009 年），是发展中国家小农户及资源匮乏农民的捍卫者，一生都在致力于抗击贫困和饥饿。在全面分析了 20 世纪影响农业生产发展的各相关因素后于 1994 年断言，20 世纪全世界作物产量增加的一半得益于化肥的施用。

1994 年博洛格博士告诫人们说："即使目前的人均粮食消费水平保持不变，随着人口的增长，在今后 37 年间世界粮食生产量需增长 70%。""就现有的科学技术水平而言，我认为农业化学品的明智使用，尤其是化肥的使用，对满足目前 53 亿人口（年增加 8800 万）的生活至关重要。人们必须清醒地认识到，人类忍饥挨饿，就不可能有世界和平。当今农民如果立即停止使用化肥和其他化学辅助剂，世界必将面临悲惨的末日。这并非是

由于化学毒害所致，而是由于饥饿所造成。”

世界粮食总产量随化肥施用量增加而增长，农业专家们指出20世纪全世界作物产量增加一半来自化肥。我国化肥的投入与粮食增产的关系也基本符合这一规律，全国化肥试验网的大量试验数据表明，我国粮食总产中35%~40%的产量是由于施用化肥而获得的。2014年我国粮食总产量为6.07099亿吨，13.6782亿人口平均粮食为443.8千克，基本满足民生需求。如果没有化肥投入，就没有今天的丰衣足食，也就没有今天的市场繁荣和商品的琳琅满目；按照国际通行标准，人均粮食占有量达不到760千克，农业不能算过关。到2030年，我国人口将可能超过16亿，以人均占有粮食450千克计，中国的粮食总产应该达到7.2亿吨以上。我国的粮食总产量若从现在的6亿吨增加到2030年的7.2亿吨以上，在保持现有耕地面积不变的情况下，其任务是十分艰巨的。

快速发展粮食生产是我国必须面对的现实问题，而化肥恰恰是农业增产最有效、最迅速的措施。化肥的投入既是必需的，也是有利的，否则，人口增长对粮食的需求将无法满足，肥料仍然是粮食安全的重要保障。因此，在一定程度上可以认为，化肥问题就是粮食问题。既要增加作物产量、确保粮食安全，又要节能降耗、保护生态环境，首先必须科学合理用肥。

二、施用化肥作物增产

根据联合国粮农组织（FAO）对41个国家18年试验示范所得的41万个数据进行统计，化肥的增产作用占农作物产量的40%~60%，最高达到67%；每千克有效成分化肥增产粮食8~12千克、棉花3~6千克、油料作物4~8千克。

我国化肥试验网第三次（1981—1983年）的试验结果表明，化肥施用得当，增产效果十分显著，氮肥每千克有效成分平均可增产稻谷9.1千克，小麦10.0千克，玉米13.4千克，高粱8.4千克，谷子5.7千克，皮棉1.2千克，大豆4.3千克，油菜籽4.0千克，花生6.3千克，甜菜41.5千克，马铃薯58.1千克；磷肥每千克有效成分平均可增产稻谷4.7千克，小麦8.1千克，玉米9.7千克，高粱6.4千克，谷子4.3千克，皮棉0.68千克，大豆2.7千克，油菜籽6.3千克，花生2.5千克，甜菜47.7千克，马铃薯33.2千克；钾肥每千克有效成分平均增产主要粮食作物1.6~4.9千克，皮棉0.95千克，油菜籽0.63千克，在甜菜、马铃薯上也有较明显的增效。

关于我国施用化肥的增产效果，已先后进行过三次全国规模的试验。从第三次（1981—1983）5000多个试验的结果与第二次（1958—1962）试验的结果比较，从部分地区的结果看，氮肥增效有下降的趋势；磷肥增效在南方水稻上明显下降，在北方小麦上还有所上升；而钾肥肥效由南往北日趋明显。

施用化肥与不施比较，水稻增产40.8%，小麦增产56.6%，玉米增产46.1%，棉花增产48.6%，油菜增产64.6%，大豆增产17.9%。按1983年粮食总产计算，施用化肥的增产量，约占当年粮食总产量的33.9%。这些结果与国外的化肥增产效果大致相当。因此，国内外的实践证明，施用化肥，不论在发达国家和发展中国家，都是最迅速、最有效、最重要的增产措施之一。

据多年多点试验资料统计，自20世纪80年代初期以来，化肥对提高我国农作物产量的贡献一般在40%~50%，即不施化肥的田块农作物产量只有施化肥的50%~60%。据世界各国资料评价，化肥在粮食增产中的作用占50%左右，可见化肥在农业增产中具有不可替代的作用。

三、改善品质有益健康

人体健康状况与农作物品质息息相关，随着国民经济的发展

和人民生活水平的提高，农作物品质已引起社会的普遍关注。科学实验显示，化肥对农作物的平衡供应，对农产品品质起着决定性的作用。

随着人类生活水平的提高，对食物的需求不仅讲究味道好，营养价值高，还希望具有保健功能。据有关资料报道，几乎所有农产品的品质与植物营养元素有着非常密切的关系。近年来，心血管病的发病率较高，除了有人体遗传、环境等方面影响外，食品质量尤其主食品的营养元素是否平衡是影响发病率高低的重要因素。例如，有些地方病如克山病，其中重要病因之一就是食品里长期缺少硒元素；食品中长期钾元素不足，就容易诱发低血钾症和高血压。

克山病（Keshan disease）是一种原因未明的以心肌病变为主的疾病，亦称地方性心肌病，1935 年首先在黑龙江省克山县发现，故以克山病命名。20 世纪 50 ~ 60 年代，病区年发病率超过 50/10 万，病死率达 98%，对病区人民生命与健康造成极大的威胁。经过医学界多年的努力，在预防、治疗方法和病因研究方面取得了一些重要进展，目前年发病率已降至 0.07/10 万以下。大量研究表明，克山病均发生在低硒地带，病区粮食中硒含量明显低于非病区，头发和血液中硒含量明显低于非病区居民，显示病区内外环境中硒含量不足。通过黑龙江、陕西、四川等地逾 10 万人口服亚硒酸钠预防克山病的试验，发现补硒对预防急型和亚急型克山病的防治有显著效果。病区农作物喷施亚硒酸钠肥料之后，有促进二氧化碳同化、提高光合速率、改善作物品质等作用，使作物中含硒养分明显提高，克山病得到较为有效控制。

钾是人体内不可缺少的常量元素，低钾及高钾对身体都不好，一般成年人体内约含钾元素 150 克。其作用主要是防治低血钾症和高血压、维持神经和肌肉的正常功能，人体一旦缺钾，正常的运动就会受到影响。因此，平常宜适量摄取含钾元素较高的食物。作为“品质元素”之称的钾与氮和磷不同，它不是作物体内有机物的组分。钾呈离子状态存在于植物细胞液中，或吸附在原生质胶粒的表面，是体内许多酶的活化剂。钾在作物体内分布很广，尤其在细胞分裂活跃的部位。许多研究表明，在氮和磷满足作物正常生长的基础上，施用钾肥有利于提高氮肥利用率，有助于根系所吸收的硝态氮在树体内合成蛋白质，还有增强作物的抗逆性、促进作物的光合作用，有助于作物糖类合成和促进糖向果实移动，提高蔬菜的维生素含量和改进纤维的品质等多方面作用。我国南方水稻生产区大部分耕地缺钾严重，给农作物施用含钾化肥，有利于提高农作物中的含钾量，对防治低血钾症和高血压、维持神经和肌肉的正常功能具有重要意义。

在合理施用氮肥和磷肥基础上，配施适量钾肥可使农产品品质得到改善。可增加番茄、洋葱、青萝卜、青椒、大白菜等蔬菜中维生素 C 的含量，能提高番茄、洋葱、青萝卜、豆角、大白菜、菠菜等蔬菜中总糖含量，马铃薯淀粉的含量也得到了提高；番茄果实中总糖的增加幅度大于总酸度，从而改变了糖酸比，食味品质提高。此外，钾素营养显著地影响着蔬菜植株的氮素代谢，明显提高蔬菜氨基酸的含量。钾在蛋白质转化过程中促进硝酸盐的吸收与转换，从而提高了植株吸收氮肥的效率；钾肥的施用还能明显降低蔬菜硝酸盐的含量。

镁是植物正常生长发育所需的中量营养元素，与植物体内生理反应和细胞组织结构发育有关，是构成叶绿素的主要矿物质元素，直接影响植物的光合作用和糖、蛋白质的合成，它在植物体生长过程中至关重要。如果作物缺少镁，将会给植物生长发育带来不可弥补的危害，进一步影响到食物中缺镁，就使人体易得胃癌、白血病、肾结石、关节痛、血管硬化及心脏病等，施用含镁化肥后，就可提高含镁营养元素的含量，从而提高人类健康生活

水平。

镁是人体不可缺少的矿物质元素之一，它几乎参与人体所有的新陈代谢过程，在细胞内它的含量仅次于钾。镁影响钾、钠、钙离子细胞内外移动的“通道”，并有维持生物膜电位的作用。镁元素的缺乏，必然会对人体健康造成危害。据有关研究报道，如果食物中长期缺少含镁营养元素，那么人体易诱发痛经、癌症、白血病、偏头痛、肾结石、关节痛、脑中风、血管硬化及心脏病等。在种植农作物过程中，合理施用含镁化肥，有利于提高作物中镁营养元素的含量，从而提高人类健康生活水平。

四、缓解耕地需求压力

随着社会的发展、人口增多、耕地逐渐减少的矛盾越来越突出，要从有限的耕地上生产出越来越多的粮食等农产品以满足社会的需求，必须通过提高单位面积的产量，以期获得相当于扩大耕地面积的效果。实践证明，增加化肥投入，就能从较小面积的耕地上获得与施肥量少的较大面积的耕地上相同数量的粮食等农产品，从某种意义上来讲，增施化肥等于增加耕地面积，增施化肥可缓解耕地需求压力。

有关资料报道了化肥与耕地的替代关系。例如，美国堪萨斯和依阿华的研究人员计算了氮肥同耕地的替代关系，发现在堪萨斯灌溉区和依阿华旱作区，1 吨氮肥分别相当于 4 亩和 2.7 亩耕地；泰国和秘鲁的研究结果显示，施在水稻上的 1 吨化肥分别相当于 4.8 亩和 8.9 亩耕地；从近十年资料统计，我国按合理的比例平均每增加投入 1 吨化肥（氮磷钾纯养分，下同）可增产粮食 7.5 吨，而每公顷粮食平均产量也只在 7.5 吨左右，也就是说每增施 1 吨化肥相当于扩大耕地面积 1 公顷。从世界范围来看，在人多地少的国家无一不是借助增加投肥量以谋求提高作物单产，弥补其耕地的不足。例如，在人多地少的日本、荷兰两国就是通过增加化肥投入量，使其耕地面积相对增加 60% ~ 227% 。显然，如能将这种认识变成全社会的强烈意识，成为国策，将对我国今后农业生产产生重大的影响。

1952 年我国人口总数为 5. 7482 亿，化肥施用总量为 7. 8 万吨，粮食总产量为 1. 6392 亿吨，人均粮食为 285. 2 千克；2012 年我国人口总数为 13. 5404 亿，化肥施用总量为 5838. 9 万吨，粮食总产量为 5. 8957 亿吨，人均粮食为 435. 4 千克。据中国国土资源部国土资源公报显示，1952 年中国耕地面积为 16. 20 亿亩，人均耕地面积为 2. 82 亩，约为世界人均耕地面积的 51% ，2012 年中国耕地面积为 20. 27 亿亩，人均耕地面积为 1. 48 亩，约为世界人均耕地面积的 40% 。在这 60 年间，我国总人口增长了 1. 36 倍，人均粮食增长了 53% ，而耕地面积仅增加 25% 。化肥对粮食生产的贡献率在 40% 以上，使得中国能以世界 7% 的耕地解决了占世界 22% 的人口的温饱问题。。可见，科学合理施用化肥，是缓解人口增长对扩大耕地需求压力的有效途径。

五、保护耕地培肥土壤

科学合理施用肥料，能通过多种途径来改善生态环境和保护耕地、培肥土壤。在防止土壤流失的众多因素中，最具保护作用的是植被，而化肥是刺激植物生长的重要营养来源。施用化肥可极大地促进植物迅速生长发育，减少地表裸露，有效地防止或减轻地表的水土流失。有了肥料使更多的地带变成草地或自然植被，这样就会减少土壤和沉积物的流失。施用肥料增产粮食，可减少种植面积，如果没有化肥，如今很多野生动物保护区和娱乐场所将不得不用来生产粮食。

施用化肥带来作物产量的大幅度提高，使存留在土壤中的植物根系及枯枝落叶数量大大增加，为土壤有机质数量增加和结构更新提供了物质条件，也为积造有机肥增加了原料。施入的肥料

除了对当季作物的增产作用之外，在当季作物收获后还有相当数量肥料残留在土壤中，一般氮肥在土壤中残留量为25%～30%，磷肥约为70%，钾肥约为40%。这些残留的肥料养分可供下季作物及往后种植的作物利用，这就是化肥的后效。连续多年合理投肥，化肥后效作用叠加，使土壤中有效养分含量提高，养分贮存量增加，土壤养分肥力质量得以提高。据不同地区30个连续施肥5～10年的定位试验结果显示，每季亩施磷肥（P_2O_5）3～5千克，土壤有效磷含量比试验前增加40%～90%，而不施磷肥则下降23%～54%；每季亩施钾肥（K_2O）5～10千克，土壤有效钾比试验前平均增加20%左右。增施氮磷或氮磷钾化肥，不会造成土壤有机质下降，而有利于改善土壤养分状况，对土壤磷钾含量的提高尤为明显。

农业科技工作者还发现，仅依赖于农场内的养分来源如厩肥，所造成的生态学压力将会比依赖于化肥更为严重。因施用同等养分的厩肥，土壤负荷增大，可能会造成板结及径流。因此，不但有养分不足的问题，而且还增大了生化耗氧量，从而造成微生物的严重污染。通过化肥增加养分已成为一种主要生产投入，施用化肥大幅度提高农作物产量，则可减少新开土地，也就减少可能造成的土壤流失等环境问题。

六、发挥良种增产潜力

被誉为“绿色革命之父”的小麦育种专家、美国著名科学家诺曼·博洛格（Norman Borlaug）一再强调，肥料对于以品种改良为突破口的“绿色革命”具有决定性意义。育种学上所谓的良种就是产量高、品质好的品种。科学实验显示，优良品种的产量和质量与肥料科学合理施用量密切相关，高投入肥料能充分发挥良种的增产潜力。因此，现代作物育种的一个基本目标是培育能利用大量肥料养分的作物新品种，以增加产量和改善品质。

实质上，农作物高产品种是能吸收利用更多的养分，并将其转化为产量高和品质好的品种；农作物高产品种也可以认为是对肥料的高效应品种。以德国和印度各自的小麦良种与传统种相比，每100千克产量所吸收的养分量基本相同，但良种的单位面积养分吸收量是传统种的2~2.8倍，单产是传统种的2.14~2.73倍。

我国杂交水稻的增产和推广也与肥料投入量密切相关。据湖南农业科学院土壤肥料研究所报告，常规种晚稻随施肥量的增加单产变化不明显，而杂交晚稻（威优6号）则随施肥量增加而增加养分吸收量，单产相应提高约1.5t/hm^2，每公顷产量（稻谷+稻草）的养分吸收量，杂交晚稻较常规晚稻多吸收氮（折纯N计）21~54千克，磷（折纯P_2O_5计）1.5~15千克，钾（折纯K_2O计）19.5~67.5千克。因此，肥料投入水平成为良种良法栽培的一项核心措施。这也是甲地的良种换至乙地种植就可能显不出优势，或此一时的良种常常难以在彼一时发挥潜力的一个重要原因。

在一般情况下，同一作物的优良品种和一般品种生产单位量的农产品，所需的肥料养分数量基本相同；优良品种的增产潜力在于能够吸收比一般品种多出许多的肥料养分，故其农产品产量也因此高出许多。所以，推广优良品种必须与增施肥料相配套，才能充分发挥良种的增产潜力。我国在农业实现良种化领域中，无论是粮食作物的水稻、小麦、玉米、高粱，还是经济作物的油料、蔬菜、水果、林木等都取得了骄人的成绩，加上我国化肥工业的快速发展，为农业生产提供了充足的肥料养分，从而使我国农产品获得连年丰收。

七、力助生态农业发展

生态农业简称ECO（ecological agriculture），最早于1924年在欧洲兴起，20世纪30~40年代在瑞士、英国、日本等得到发

展；60年代欧洲的许多农场转向生态耕作，70年代末东南亚地区开始研究生态农业；至20世纪90年代，世界各国均有了较大发展。建设生态农业，走可持续发展的道路已成为世界各国农业发展的共同选择。

生态农业系指在保护、改善农业生态环境的前提下，遵循生态学、生态经济学规律，运用系统工程方法和现代科学技术，集约化经营的农业发展模式，是按照生态学原理和经济学原理，运用现代科学技术成果和现代管理手段，以及传统农业的有效经验建立起来的，旨在能获得较高的经济效益、生态效益和社会效益的现代化农业。它要求把发展粮食与多种经济作物生产，发展大田种植与林、牧、副、渔业，发展大农业与第二、三产业结合起来，利用传统农业精华和现代科技成果，通过人工设计生态工程，协调发展与环境之间、资源利用与保护之间的矛盾。通过提高太阳能的固定率和利用率、生物能的转化率、废弃物的再循环利用率等，促进物质在农业生态系统内部的循环利用和多次重复利用，以尽可能少的投入，求得尽可能多的产出，形成生态上与经济上两个良性循环，经济、生态、社会三大效益的统一。获得生产发展、能源再利用、生态环境保护、经济效益等相统一的综合性效果，使农业生产处于良性循环中。

化肥属于间接工业辅助能，它能提高农作物中太阳能的利用率和转化率，能使农作物中的生物能量得到多层次的利用转化。从能量观点来看，1克化肥氮（N）约增产生物产量24克，每克生物能为4.2卡，即1克化肥氮（N）能转换生物能量100.8卡。而合成1克化肥氮（N）的耗能仅24卡，生物能量增加了3倍多。

由于施肥改善了植物营养状况，增强了植物的光合作用，因此又可调节大气中的O_2和CO_2的平衡。据有关资料报道，每公顷产量为6300千克的玉米地可同化8吨CO_2，释放出6吨O_2。

这些 O_2 可供 12 个人呼吸 1 年。若大气中 CO_2 浓度为 300mg/kg，6300kg/ha 的作物需同化 30516 吨空气构成其碳物质。当施用足够的肥料，使产量达到 9450kg/ha 时，其同化量至少增加 1/3，其他工业都没有具备这种改善大气质量的能力。由此可见，改善大气质量和保护生态环境，还需要科学合理施用化肥来实现。

化肥是利用太阳能增加生物能量的重要介质，又可调节大气中 O_2 和 CO_2 的平衡。由此可见，化肥是发展生态农业不可或缺的物质。

八、化肥具有多种功能

化肥的主要功能是为农作物生长发育、开花结果的各个阶段提供所需的各种养分，并且培肥土壤。除此之外，化肥还有许多其他的功能。

1. 协同拮抗并存

农业科技工作者发现，化肥的营养元素之间可能产生促进作用，也可能发生拮抗作用。这种相互作用，在大量元素之间、微量元素之间以及微量元素与大量元素之间可能均有发生；可以在土壤中发生，也可以在植物体内发生。由于这些相互作用改变了土壤和植物的营养状况，从而调节土壤和植物的功能，影响植物的生长发育和开花结果。

（1）协同作用

许多研究表明，当磷和钾用量适宜时，玉米产量最高，而且氮肥利用率最高。印度旁遮普地区研究还发现，当氮与磷、钾平衡施用时，没有或很少发现硝酸盐的淋失。磷和镁具有很强的双向互助依存吸收作用，可使植株生长旺盛，雌花增多，并有助于硅的吸收，增强作物的抗病性和抗逆能力。

钾促进硼的吸收，协助铁的吸收。适量的铜供应能促进锰锌

的吸收。钙和镁有双向互助吸收作用，可使果实早熟，硬度好，耐储运。有双向协助吸收关系的还包括：锰和氮、钾、铜。硼可以促进钙的吸收，增强钙在植物体内的移动性。氯离子是生物化学最稳定的离子，它能与阳离子保持电荷平衡，是维持细胞内的渗透压的调节剂，也是植物体内阳离子的平衡者，其功能是不可忽视的，氯比其他阴离子活性大，极易进入植物体内，因而也加强了伴随阳离子（钠、钾、铵离子等）的吸收。锰可以促进硝酸还原作用，有利于合成蛋白质，因而提高了氮肥利用率。缺锰时，植物体内硝态氮积累，可溶性非蛋白氮增多。

（2）拮抗作用

氮肥尤其是生理酸性铵态氮多了，造成土壤溶液中过多的铵离子，与镁、钙离子产生拮抗作用，影响作物对镁、钙的吸收。过多施氮肥后刺激果树生长，需钾量大增，更易表现缺钾症。

磷肥不能和锌同补，因为磷肥和锌能形成磷酸锌沉淀，降低磷和锌的利用率；磷肥施入过量时，多余的有效磷也会抑制作物对氮素的吸收，还可能引起缺铜、缺硼、缺镁；磷过多会阻碍钾的吸收，造成锌固定，引起缺锌，阻碍铜、铁吸收；磷肥过多，还会活化土壤中对作物的生长发育有害的物质，如活性铝、活性铁、镉（Cd），对作物生长不利。

钾肥施入过量时，首先造成浓度障碍，使植物容易发生病虫害，继而在土壤和植物体内发生与钙、镁、硼等阳离子营养元素的拮抗作用，严重时引起脐腐和叶色黄化；过量施钾阻碍氮的吸收，往往造成作物严重减产；钾和镁具有显著的互抑作用，钾、钙、氮、磷某一元素过剩，会影响锌的吸收；氮、磷、钾肥的长期过量施用引起的拮抗作用，已经发展到了必须有意施用钙、镁、硫的地步才能加以解决了。

钙过多，阻碍氮、钾的吸收，易使新叶焦边，秆细弱，叶色淡。过量施用石灰造成土壤溶液中过多的钙离子，与镁离子产生拮抗作用，影响作物对镁的吸收；镁过多杆细果小，易滋生真菌性病害；土壤中代换性镁小于60mg/kg，镁/钾比小于1即为缺镁。钙、镁可以抑制铁的吸收，因为钙、镁呈碱性，可以使铁由易吸收的二价铁转成难吸收的三价铁。

锌过量会抑制锰的吸收，降低磷的有效性。锰过量抵制铁的吸收，并会诱发缺镁。缺硼影响水分和钙的吸收及其在体内的移动，导致分生细胞缺钙，细胞膜的形成受阻，而且使幼芽及籽粒的细胞液呈强酸性，因而导致生长停止。缺硼可诱发体内缺铁，使抗病性下降。

2. 显现农药效能

农业科技工作者还发现，在采用鸡粪用于果园时，添加碳铵化肥发酵后，对防治蛴螬效果好。在覆草的果园里，害虫常常在覆草下生长发育，一般药物难以防治。而采用碳铵化肥撒在覆草上后，就可以消灭害虫。如单独使用20%三氯杀螨醇药效只有68%~75%，而它与碳铵化肥配合使用后，可使其药效提高到98%以上。

波尔多液有防病作用，在植物发病后治疗效果都不理想，而它与碳铵化肥配合使用后，药效很好。既防病又治病，对防治果树蔬菜的真菌与细菌性病害有很好的效果。据有关资料报道，最近有人正在研究硝酸铵，它不仅是高效化肥，而且还是可以用来治疗癌病的一种药物。

3. 促进多种经营

化肥也是发展经济作物、果树林木、畜牧业甚至水产业等多种经营必不可少的基础物质。经济作物种类多，复种指数高，对养分需求量大；果树林木、草场、水产等面积大，发展潜力巨大，对肥料养分的需求也相当大。从大农业的角度，合理开发和充分利用温、光、水、土、生物等自然资源，大力发展多种经营是农业可持续发展的重要方面。要产出就必须投入，其中化肥投

入是上述农业发展中重要的物质条件。

4. 促增有机肥料

化肥和有机肥的作用是协调一致、互相转化、互相促进的。科学合理增施化肥可提高粮食作物产量，在增产粮食的同时也增产秸秆。粮食和秸秆的增多，使食品、饲料、燃料、肥料的紧张状况得到缓和，并有利于畜牧业的发展。在满足社会对食品日益增长的需求的同时，也增加了有机肥料返田的原料。有机肥不仅可为作物提供丰富的养分，有利于改善作物的外观和内在的品质、降低农业的生产成本、提高农产品的竞争能力，而且在改良土壤、培肥地力、保持“地力常新”、提高农业综合生产能力等方面具有不可替代的作用。

肥料的投入不仅满足了作物生长的需求，而且弥补了作物从土壤中带走的养分，防止了土壤肥力的耗竭，科学合理地施肥有利于培肥和改良土壤。化肥投入可以及时供给作物所需养分，满足作物各个生育期的需要；有机肥料投入，既补充部分养分，又有利于改善土壤结构，增加土壤缓冲力，提高土壤酶活性，从而提高土壤肥力，有利于农业生产的可持续发展。科学合理施肥，粮食和多种农作物产品产量丰富，为退耕还林还草创造了物质条件。城乡大规模的绿化和大规模的退耕还林还草，重塑垦前植被，保护水源涵养地，有效治理自然环境，恢复生态平衡。这也为从宏观上治理水土流失，保护和改善生态环境提供了可靠的物质基础，从而实现农业的永续发展。

第3节　科学合理用肥

肥料对农业的贡献是巨大的，正是由于肥料的不断投入，维持了农业生态系统的物质平衡，保障了农业的永续生产能力。化肥是关系到当今世界人类健康生存和社会发展进步的产业，化肥质量与发展绿色农业密不可分，科学合理用肥与国计民生息息相关。随着社会的进步和生活水平的提高，民众对食品的安全、绿色、有机、健康的关注与日俱增，对农产品的品质需求越来越高。

协调推进经济发展与建设资源节约型和环境友好型社会，加快发展绿色、低碳、循环经济，是我国经济转型升级的重要内涵。鼓励发展大型集约化农业，实现标准化、规范化生产，要把农业生产打造成一条综合的产业链。通过测土配方、按需施肥的原则，科学合理增加化肥投入。科学合理施肥的目的在于提高农作物产量和品质，同时也要达到培肥土壤、提高地力的目的。

现代农业正在走向可持续发展的道路，它要求农业必须符合"高产、高效、优质、低耗、生态、安全"等特点。肥料是农业生产中最主要的物质投入，在农田生态系统的物质循环中占有最重要的地位。要达到农业的可持续发展，必须平衡农田养分的输入和输出。为此，科学合理使用肥料、大力推广科学施肥技术、做好农田养分的科学管理、研发和生产符合可持续发展的绿色环保型肥料，对农业的永续发展将起到积极的作用。

一、调整氮磷钾的比例

氮磷钾的消费比例之所以受到世界各国的普遍关注，是因为它与农业和化肥工业的发展有密切的关系。比例合理，不仅有利于土地生产潜力的发挥，使农作物高产稳产，为农业生产的良性循环创造良好的条件，而且对化肥工业的产品结构调整、建设布局和进出口业务均可起到促进作用。我国农业已经出现高产不高效、高产不优质、高产不低耗等现象，这与施肥技术水平不高、肥料配比欠合理、盲目施肥现象严重、肥料利用率低下等因素密切相关。20 世纪 80 ~ 90 年代我国化肥施用氮磷钾肥比例仅为 1∶0.3∶0.1，与世界平均水平存在着较大差距。据联合国粮农

组织报道，1985—1989 年发达国家农用化肥氮磷钾消费比例为 1∶0.58∶0.54，发展中国家为 1∶0.37∶0.16，世界农用化肥氮磷钾消费平均比例为 1∶0.48∶0.35；通过一段时期调整，2000 年我国农用化肥氮磷钾消费比例达到 1∶0.38∶0.25，正在逐步接近世界农用化肥氮磷钾水平。

二、重视中微量元素肥

常量元素肥料是庄稼吸收消耗数量大的肥料，包括大量元素：氮肥、磷肥、钾肥；中量元素：钙肥、镁肥、硫肥和硅肥等，植物中含量为 0.1%～0.5% 的元素称为中量元素，例如，钙、镁、硫三种元素在植物中的含量分别为 0.5%、0.2%、0.1%。微量元素肥料简称微肥，是指庄稼吸收量少的肥料：铁肥、硼肥、锰肥、铜肥、锌肥、钼肥、氯肥、镍肥和钠肥等，这些微量元素占作物干重的百分数约为：铁 0.02%、硼 0.005%、锰 0.05%、铜 0.001%、锌 0.01%、钼 0.0001%。中量元素肥料的土壤施用量与氮磷钾肥施用量大致相当，而微量元素肥料的土壤施用量较少，例如多数大田作物亩施用量，硫酸锌 1～2 千克，硼砂 0.5～1 千克。随着 N、P、K 三要素肥料的大量使用，土壤中量元素和微量元素的缺乏日趋严重，我国缺锌面积 7.29 亿亩，缺硼面积为 4.92 亿亩，缺钼面积 6.68 亿亩，缺锰 3.04 亿亩。合理施用中微量元素肥料是现代农业永续发展的重要措施之一。

三、推广新型优质肥料

2014 年我国全年粮食产量达 6.071 亿吨，实现“十一连增”，肥料功不可没。传统肥料在做出巨大贡献的同时，也暴露出效益递减、污染严重等弊端，传统肥料市场产能过剩的情况也并不乐观。针对当前农村施肥结构不合理、农田生态环境脆弱、农业生产管理水平不高等问题，推广新型优质肥料是发展高效、绿色、可持续农业的必然要求。发展新型优质肥料已成为当前世界肥料的主流，具有更多功能性的新型优质肥料应运而生。我国既是肥料生产大国也是肥料使用大国，化肥的总产量和消费量均占世界1/3以上，而新型肥料用量所占比重不到20%。推广新型优质肥料是当前我国农业发展的内在需要，伴随着我国农业新型经营主体蓬勃兴起，土地流转稳步推进，现代化农业规模经营成为大势所趋，这些变革带来农作物耕种方式的变化，农民种地更加注重综合效益，缓控释肥、复混肥、水溶肥、生物肥等新型优质肥料异军突起，拥有良好的前景。

四、合理增加肥料投入

科学合理增加肥料投入，是促进农作物增产的重要措施之一。我国农村流传着“庄稼一枝花，全靠肥当家”“有收没收在于水，收多收少在于肥”的谚语，在现代农业生产中，施用肥料已是保证农作物增产必不可少的措施。据国家统计局资料显示，2013年我国已是一个13.6072亿人口的大国，今后人口还将增加，而耕地面积逐年减少（2009—2013年，从20.31降为20.26亿亩，耕地红线为18亿亩），给农业生产带来了巨大的压力。发达国家耕作制度多以一年一熟为主，普遍实行休闲轮作制。而我国大部分地区为一年两熟或三熟，全国平均复种指数高达150%以上，耕地利用强度大，需合理增加肥料投入。与发达国家相比，我国耕地潜在肥力较低，加之畜牧业欠发达，有机物的循环和再利用率不高。所以要大幅度提高农作物产量，在较长的一段时间内，主要仍将依赖于科学合理增加肥料的投入，尤其要加大研发、生产以及施用新型优质肥料的投入。

五、测土配方合理用肥

测土配方施肥是以肥料田间试验、土壤测试为基础，根据作物需肥规律、土壤供肥性能和肥料效应，在合理施用有机肥料的基础上，提出氮、磷、钾及中、微量元素等肥料的施用品种、数量、施肥时间和施肥方法（NY/T 496—2010）。测土配方施肥是对传统施肥技术的重大改革。应用这项技术，不但改变了过去长期凭经验施肥的旧习惯，使施肥向定量化、科学化迈进，而且还可以提高肥料利用率，减少农业面源污染，保护农业生态环境，培肥耕地土壤，增强农业综合能力，为发展低碳农业奠定基础。对于这项施肥方式的革命，国家十分重视，从 2005 年到 2007 年，中央一号文件连续 3 年明确提出实施“沃土工程”，推广测土配方施肥技术，提高土壤肥力。2007 年，农业部把推广测土配方施肥技术作为发展现代农业的“十大行动”之一。测土配方科学合理用肥，是提高肥料利用率、减少肥料用量、增加作物产量、改善作物品质、节支增效的有效措施之一。

六、科学合理使用肥料

我国化肥工业的快速发展和化肥的广泛使用，为我国农业生产发展和保障我国粮食安全做出了巨大的贡献，使我国能以占世界 7% 的耕地养活占世界 22% 的人口。然而，我们也必须清醒看到，20 世纪 90 年代以来我国粮、棉产量与化肥施用量的增加很不相称。1984 年与 1994 年相比，后者化肥施用量增加 90. 72%（从 1739. 8 万吨增加到 3318. 1 万吨），而粮食仅增加 9. 28%（从 40731 万吨增长到 44510 万吨），棉花的产量却一直徘徊不前。其原因固然很多，但是不合理施肥无疑是一个重要方面。当前化肥使用中效率不高的问题，在很大程度上是由于宏观调控差、过量施肥、不平衡施肥等因素所造成的。因此，必须加强合理施肥技术的研究和推广工作，做好土肥基础设施建设、耕地养分调查、土壤肥力监测、平衡施肥技术试验示范等基础性工作。提高我国肥料的整体科技含量，是提高农业生产效益、提升农产品品质、促进农业增产、农民增收的重要措施。

七、粮食安全警钟长鸣

2014 年我国粮食产量实现“十一连增”，但与之并存的是“缺粮”的事实。从 1997 年到 2003 年中国是粮食的净出口国，2004 年转为净进口国。农业部农业贸易促进中心数据显示，2012 年谷物净进口 1316.9 万吨。2014 年 5 月 25 日，农业部农村经济体制与经营管理司司长张红宇在中欧商学院“第三届中国国际农商高峰论坛”上透露：我们的粮食自给率已经跌到了不可接受的 87%。2015 年 3 月 6 日十二届全国人大三次会议新闻中心记者会上，农业部副部长余欣荣表示，这些年我国粮食进口量在不断增加，2014 年达到最高，进口总量大的数字是 1 亿吨，这 1 亿吨中 70% 以上进口的是大豆，达到了 7140 万吨。谷物类去年的进口量 1952 万吨，占当年粮食总产量的 3.2%。1996 年我国官方公布《中国的粮食问题》白皮书，首次提出粮食自给率要达 95% 以上；2008 年《国家粮食安全中长期规划纲要(2008—2020 年)》再次确认粮食自给率要稳定在 95% 以上。

八、立足国内保障粮食

近年来，我国三大谷类粮食已全部进入净进口时代，使得我国粮食对外依存度上升的风险加大。2013 年末举行的中央经济工作会议提出了 2014 年经济工作的首要任务——切实保障国家粮食安全，确立了“以我为主、立足国内、确保产能、适度进口、科技支撑”的国家粮食安全战略，重塑了我国粮食安全概念。会议指出要依靠自己保口粮，集中国内资源保重点，做到谷

物基本自给、口粮绝对安全；坚持数量、质量并重，更加注重农产品质量和食品安全，注重生产源头治理和产销全程监管；注重永续发展，转变农业发展方式，发展节水农业、循环农业；抓好粮食安全保障能力建设，加强农业基础设施建设，加快农业科技进步。中央农村工作会议进一步重申了这个粮食安全战略，并且强调，中国人的饭碗任何时候都要牢牢端在自己手上，我们的饭碗应该主要装中国粮食。在实施国家粮食安全的战略中，农业科技工作者责任重大而光荣，科学合理用肥时不我待。

第二章　过量施肥有害

中国农业发展取得了举世瞩目的成就，以不到世界10%的耕地，基本解决了世界22%人口的吃饭问题。然而，必须清醒认识到，我国农业的整体水平不高，特别是长期以来农业生产还相当粗放，盲目施肥、过量施肥、单一施肥、偏施氮肥等，不仅造成肥料利用率低下、生产成本加大、农田地力下降，已成为制约农村和农业可持续发展的重要因素；更严重的是造成资源浪费、环境污染、生态失衡等问题，而且影响农产品质量安全，危及广大消费者的身体健康。

有些肥料产品质量低下，假冒伪劣肥料产品屡打不绝，加之施肥过量及施用方法不当，已使我国生态环境受到不同程度的破坏。如何合理使用化肥、开发应用新型绿色肥料、提高农业可持续生产能力，是急需我们解决的课题。

第1节　用肥欠缺合理

化肥作为农业生产最基本的生产资料，对农业生产所起的作用越来越明显，科学合理的化肥投入是农业生产稳定增产的重要保障，也是提高农业综合生产能力的重要途径。近三十年来，随着农村经济的发展和农村劳动力结构的变化，农民的耕作方式也发生了一些变化，以前传统的三犁三耙、精耕细作的耕作方式现在农村已不多见，普遍把粮食增产的希望寄托在化肥的投入上。

目前，我国广大农村在施肥观念上，普遍存在“三重三轻”

现象，即重化肥轻有机肥、重氮肥轻磷肥钾肥、重大量元素肥轻中微量元素肥，而注重平衡施肥者较少；在施肥方法上，表施和撒施的现象较为普遍，而深施和点施较少；在施肥用量上，发达地区施肥量较多，而中西部地区施肥量较少；在施肥目标上，了解自己所耕种的土壤和作物对养分的需求者为数有限，而盲目施肥者居多，认为化肥的投入量越大，其作物产量就会越高，因而过量施肥现象十分严重，给生态环境造成严重的问题。

一、施肥存在若干问题

化肥投入及伴随的劳动力成本是粮食生产成本的主要组成部分。据统计，化肥支出约占全部农业生产支出的 50% 。当前，化肥的过量和不合理施用已带来诸多问题，使耕地土壤的物理性质、化学性质及生物属性发生退化，最终可能使农田难以实现可持续生产。

1. 化肥施用过量

1978—2013 年的 35 年间，我国的化肥产量和用量的递增速度居世界首位。我国化肥年生产量约占世界总量的 1/3，表观消费量约占世界总量的 35% ，我国已经成为世界上最大的化肥生产国和消费国。

据国家统计局有关资料显示，20 世纪 50 年代我国 1 公顷耕地平均施用化肥仅 4 千克左右，例如 1957 年全国耕地面积 16. 77 亿亩，化肥用量为 37. 3 万吨，平均用量为 3. 34kg/ha。2007 年以来我国每年化肥的使用量超过 5000 万吨，约占到世界总量的 1/3，2010 年世界化肥用量为 1. 7 亿吨，我国化肥用量 5561. 7 万吨占世界总用量的 32. 7% ；若按每公顷施肥量计算，世界平均为 121 千克，我国则高达 455 千克，国际公认化肥施用安全上限为 225kg/ha；2013 年我国耕地面积为 20. 26 亿亩（即 1. 351 亿公顷），施肥总量为 5912 万吨，每公顷施肥量高达 437. 7 千克，是安全上限的1.95倍。即使考虑到我国耕地复种指数高，我国大田作物的施肥水平也超过300kg/ha。关于肥料是作物的“粮食”的正确认识应该是：合理施肥、适量施肥、平衡施肥，才能使作物得到全面均衡的营养，才能使作物获得优质高产。认为肥料施得越多越好的认识是片面的、是有害的，过量施肥既浪费资源、增加农业生产成本，又劣化农产品品质并且污染环境，危害生态平衡，殃及人体健康。

2. 化肥利用率低

20世纪中期以来，我国开始了由传统农业向现代农业的转变。在这个过程中，“精耕细作”的传统农业方式逐步被取代，化肥、农药、机械的使用量大幅提高，极大地提高了农业生产率和农业总产出。化肥农药的使用强度已高于世界平均水平和发达国家，我国已逐步陷入通过大量投入提高农业总产出的现代农业“常规”发展路径，依靠大量投入支撑粮食总产出提高的趋势已难以为继。肥料利用率偏低一直是我国农业施肥中存在的严重问题，施肥是否科学合理，直接关系到农业可持续发展问题。化肥用量持续快速增长，而粮食产量却增长缓慢，粮食生产成本明显增加；另一方面，化肥不合理施用引起的农业生态环境问题日渐凸显。

1978—2013年的35年间，我国化肥用量的递增速度远远超过粮食产量的平均递增速度。相关调查资料显示，当前我国化肥对主要粮食作物的当季利用率不高，氮肥27.5%，磷肥11.6%，钾肥31.3%；化肥料对各种作物当季平均利用率极低，氮为30%~35%，磷为10%~20%，钾为35%~60%；而从历史变化来看，中国主要粮食作物的肥料利用率均呈逐渐下降趋势。1978—2013年的35年间，中国的化肥用量（折纯量，下同）从884万吨增长到5912万吨，增长了5.69倍；而粮食产量从30477万吨增长到60194万吨，只增加了0.98倍；每千克化肥施用量的粮食产量从34.48千克锐减至10.18千克，化肥投入的

粮食增产效应在不断变小。我国水稻单产与日本差不多，但是氮肥用量是日本的3倍，韩国的2倍。由于大量不合理施用化肥，导致我国化肥养分的利用率远远低于发达国家60%～70%的水平。在“2014第三届中国国际农商高峰论坛”上，农业部有关专家认为我国农业环境问题非常突出，粮食化肥使用量超出国际安全线1倍左右，化肥使用效率比国际低大概50%。肥料的利用率上不去，粮食产量自然难有大的突破。

3. 用肥知识贫乏

在农业生产中，除大力提倡增施有机肥外，必须科学合理施用化肥，根据土壤和作物的需要量按一定的比例配施氮、磷、钾肥和中微量元素肥，以达到均衡施肥、提高肥效之目的。

（1）氮磷钾比例失调

施肥结构不合理，氮、磷、钾比例失调。据报道，我国的氮、磷、钾肥平均施用比例以1∶0.5∶0.3较为合适，目前施用约为1∶0.3∶0.1，造成氮、磷、钾比例严重失调。不少地方施肥长期存在着严重的盲目性和随机性，造成磷钾肥严重不足，使氮肥的肥效不能充分发挥，化肥利用率低下，资源大量浪费，成本大幅增加，给农作物造成了肥害而影响产量的正常增加。

（2）中微量元素欠缺

中微量元素没有得到应有的重视。泥土中的中微量元素长期得不到弥补，其含量已不能满足作物的生长需要，即使氮、磷、钾的施入比例合理也会影响作物的产量。作物生长发育、开花结果的过程中需要适量的中微量元素，农户尚欠缺此类知识，因此对中微量元素肥的施用重视不足。随着大量化肥的施用及作物产量的提高，作物欠缺中微量元素症日渐明显，如玉米缺锌表现出的花白苗；水稻缺锌表现出的缩苗病；大白菜缺钙表现出的干烧心；植物缺镁表现出的下部叶片不明的黄化；植物缺硫表现出的上部叶片黄化等。这些都是由于土壤中的中微量元素得不到补充，满足不了作物对养分的需求，影响了作物的生长，造成减产和品质下降。

（3）用肥存在盲目性

有些误认为“化肥就是氮肥”，结果只搞单一施肥，加剧了土壤元素的结构失调；在贮藏过程中，对化肥的性能不甚了解，常常将化肥和农药堆放在一起，致使化肥和农药均分解失效，造成化肥和农药的利用率均降低；在施肥过程中，不了解土壤中作物所需养分的丰缺状况、不清楚农作物生长的需肥情况、不知道施肥效果与天气条件密切相关，而是盲目施肥，结果造成化肥的利用率低下。

4. 欠施有机肥料

有机肥主要来源于植物和（或）动物，施于土壤以提供植物营养为其主要功能的含碳物料。由生物物质、动植物废弃物、植物残体加工而来，富含大量有益物质，包括：多种有机酸、肽类以及包括氮、磷、钾在内的丰富的营养元素。不仅能为农作物提供全面营养，而且肥效长，可增加和更新土壤有机质，促进有益微生物繁殖，改善土壤的理化性质和生物活性，是生产绿色农作物食品的主要养分。

有机肥料的缺乏和偏重施用无机肥料，降低了农作物的抗逆能力，包括抗病虫、抗倒伏、抗寒、抗旱等，致使减产和产品品质降低。

我国数千年的农耕文明是农业可持续发展的典范，在我国农业生产的漫长历史中，一直靠有机肥料改良土壤，培肥地力，生产粮食，养育了我们中华民族世世代代，有机肥料在我国农业生产中起着极为重要的作用。化学肥料不含有机质，成分比较单一，往往只含有 1 ~2 种植物所需的营养元素。如果欠缺配合施用有机肥料，长期单纯使用化肥就会使土壤团粒结构受到破坏，

透气性减弱，土质变差，地力下降。据有关试验显示，连续3年单施化肥，土壤有机质含量降低10%左右。因此，化肥施用量越多，越要注意配合施用有机肥料，才能达到既培肥土壤、又增加产量的效果。目前普遍重化肥、轻农家肥，对有利于改善土壤结构、培肥土壤地力的豆科、绿肥作物的种植面积大量减少，不少地区只靠使用化肥求得近期产量，对耕地投入的有机肥越来越少，从而使耕地地力严重下降。据统计，全国用肥量中有机肥仅占25%，合理比例应以40%左右为宜。

5. 施肥方法不当

施肥方法不当主要表现在：一是施基肥深度不够，很多农户以种肥代替基肥，这不仅不利于种子发芽，影响幼苗生长，而且降低肥料利用率；二是追肥表施，造成氮肥挥发、流失；三是施肥量过大，认为施肥量越大越好，造成作物徒长，贪青晚熟；四是施肥随意性大，施肥结构不合理，氮、磷、钾比例失调，造成土壤结构恶化。

基肥与追肥：基肥为主，追肥为辅；基肥要足，追肥要早；因地制宜，灵活采用。重视基肥的施入，忽视追肥，会使作物生长后期涌现脱肥现象。施肥深度过浅也是化肥利用率过低的一个重要起因，大多数农民在给作物追肥时仍采取人工撒施的办法，固然省工省力，但极易造成化肥的挥发和散失。

不考虑土壤质地，盲目施用肥料，造成肥料浪费或者影响作物生长。应根据土壤质地有针对性选购肥料。盐碱地宜选择生理酸性肥料，如硫酸铵、过磷酸钙等，不用含氯的肥料。酸性土壤宜用生理碱性肥料，如硝酸钙、硝酸钠等。

二、过量施肥利少弊多

1. 边际效益降低

边际效益系指每增施1千克化肥所增加的农产品产量。由于化肥施用过量，加之化肥品种和结构欠合理、施用技术落后，化肥对粮食的增产效果越来越小，致使化肥投入的边际效益下降。相关研究资料表明，随着化肥使用量的增加，作物增产的边际效益在逐渐递减。在20世纪50年代，谷物产量与肥料使用量之比为40：1，而到2010年只有13：1，其间，化肥用量增加了11倍，而粮食产量仅增加2.6倍。正是因为意识到了过多施肥的害处，20世纪80~90年代，发达国家在经历了施肥高峰后，逐渐减少化肥用量，以2000年用肥量与高峰年份相比，德国、荷兰、英国、日本、法国仅为高峰年份用肥量的60%左右，韩国、美国、以色列、爱尔兰为80%~90%。

联合国粮农组织的统计资料表明，在提高单产中，化肥对增产所起的作用占40%~60%，我国农业部门也认为在40%左右。近50年我国粮食单产是前50年的40多倍。而现在，全世界都遇到了一个同样的问题：化肥用得越来越多，而粮食产量却并没有相应快速增长。美国40年来氮肥的施用量增加了13倍，而同期玉米作物吸收的氮素只增加了3倍，1984—1994年，我国化肥的使用量增加了近1倍，而粮食产量仅增长了9.1%。

据相关调查资料显示，20世纪50年代、70年代、80年代和90年代，我国每增施1千克化肥可增产粮食分别为15千克、9千克、8千克和7千克，而1997年仅为3.05千克，现在下降到1千克化肥只能增产1.2千克粮食，化肥报酬率严重递减。1985年每施1千克化肥可带来产值44.3元，2000年降为32.7元，下降26.2%。近年来，随着人们环保意识的增强，随着有机农业和环保农业的实施，化肥的增施幅度有所缓解，农业生产效益开始回升，但仍需进行控制和合理使用，这样才能稳定提高农业综合生产能力，保持农业的可持续发展。

2. 危害作物生长

施用过多化肥使土壤溶液中养分浓度过高，会灼烧种子，伤

害幼苗，使作物生长发育受到抑制和损害，并出现中毒反应。氮肥施用过量，会使作物出现徒长、贪青晚熟，极易使庄稼倒伏，而一旦出现倒伏，最终导致空秕率增加，千粒重下降，就必然导致粮食减产，威胁粮食安全保障；过量使用氮肥，会使庄稼抗病虫害能力减弱，易招致病虫的侵染，继而必须增加防虫害的农药用量，导致农产品污染，直接威胁食品的安全性。一旦食用受污染的农产品，就会对人类身体造成严重威胁，引发中毒及诱发其他病症。磷肥施得过多的作物不仅营养期缩短，成熟期提前，出现早衰现象，而且容易造成锌、铁、镁等营养元素缺乏，影响农作物品质。钾肥或中、微量元素施用过量，对农作物生长也同样不利。

3. 损害蔬菜品质

过量施用化肥，不但造成肥料养分的浪费，而且对植物体内有机化合物的代谢产生不利影响。长期大量偏施某种化肥，导致作物营养失调，作物体内部分物质转化合成受阻，使果蔬生长性状低劣，农产品品质下降，瓜果吃起来不甜，蔬菜吃起来不新鲜，并且容易腐烂，不耐储运。

在正常情况下，蔬菜从土壤中吸收的硝酸盐在植物体内可经硝酸还原酶的作用，转化为氨和氨基酸等物质。而当条件不适宜时，特别是在大量施氮肥的条件下，蔬菜摄取的硝酸盐量过多，致使硝酸盐不能被充分同化而在蔬菜内大量积聚。

蔬菜是人们日常生活中不可或缺的重要副食品，研究表明，蔬菜是一种容易富集和残留硝酸盐污染物的作物，人体摄入的硝酸盐有70%～80%来自蔬菜，可见蔬菜是人体硝酸盐的主要来源，当它在体内累积达到一定水平时就会对健康产生重大的危害。不合理施用化肥是造成蔬菜中硝酸盐积累的重要因素，大量的研究表明，叶类蔬菜、根类蔬菜最容易积累硝酸盐。一般认为，除品种因素外，蔬菜中硝酸盐积累的根本原因在于其吸收量超过同化量。因此，必须合理施肥，才能有效控制硝酸盐积累，实现优质高产。

蔬菜与人民生活密切相关，近年来，蔬菜安全问题日益受到各界关注，特别是蔬菜栽培方式的改变，使得蔬菜中硝酸盐含量激增，而人体主要是通过蔬菜等食品中摄取过量硝酸盐，严重危害到人体健康。因此，蔬菜中硝酸盐含量控制应得到加强，我国已对无公害蔬菜中亚硝酸盐和硝酸盐的含量提出明确的限量标准，亚硝酸盐≤4.0mg/kg，硝酸盐≤600mg/kg（瓜果类），硝酸盐≤1200mg/kg（根茎类），硝酸盐≤3000mg/kg（叶菜类）。

4. 危害作物质量

农产品的质量包括外观、营养价值（蛋白质、氨基酸、维生素等）、耐贮性等都与肥料有密切的关联。施肥对农产品品质产生正面影响还是负面影响，与肥料性质以及施用方法密切相关。氮磷钾的施入比例不当，氮肥施用过多造成作物生长不协调，发生徒长、落花、落果等现象；施肥不当造成对植物损伤，发生烧根、熏叶等；施肥过量，大量流失造成水质恶化、富集化，以此灌溉作物，必然影响作物生长及农产品的品质。

（1）氮肥的影响

氮肥对农产品品质的影响作用主要是提高谷物籽粒等作物的蛋白质含量。但氮素过多时，各种养分供应不平衡，降低产品中油脂、糖及淀粉含量，对水果和蔬菜的品质、口感都有影响，菠菜、小白菜全株可食部分硝态氮含量明显提高；过量施用氮肥造成的危害除了产生 N_2O 破坏大气中的臭氧层之外，其分解过程中还产生硝酸盐、亚硝酸盐等致病致癌物质积累到农作物中，严重影响农产品质量和食品安全。

（2）磷肥的影响

磷肥对农产品品质的影响作用主要是增加部分谷物的氨基酸含量，提高水果糖酸比和果实着色指数等。但当作物过多吸收磷

时，与其体内的铁、钙、镁、锌结合生成沉淀，导致发生这些元素的生理缺乏症状。作物吸收过多的磷将妨碍淀粉的合成，如水稻在磷过剩时，淀粉合成受阻，成熟不良，籽粒不饱满。磷肥过多施入同时将伴随带入更多有害元素，造成土壤及部分农产品受重金属（如镉、铅）、氟及放射性元素的污染，从而降低农产品的品质。

（3）钾肥的影响

钾肥对农产品品质的影响作用主要是提高作物蛋白质、碳水化合物的数量和质量，被认为是作物生产的“质量要素”。施钾能提高作物的抗逆能力，增强果实的抗病能力，对水果、蔬菜中糖分、维生素C、氨基酸等物质的含量、色泽、耐贮性等都有良好影响；施钾后茶叶中茶多酚、茶氨酸含量提高，对茶叶、烟叶的色泽、油分、香味等品质改善效果明显；而钾肥施用对农产品品质污染的报道较少。

（4）有机肥影响

有机肥料富含有机物质，养分齐全、肥效长久，并可改善土壤理化性状，促进微生物活动，活化养分，为作物优良品质的形成创造良好的生长环境。有机肥与化肥配合施用，可通过改善植物营养和生长条件对其产品品质产生良好的影响。据报道，小麦、玉米籽粒的蛋白质可提高2.0%~3.5%、小麦面筋提高1.4%~3.6%；西瓜和葡萄糖度提高0.8~1.5度，单果重提高4.2%~13.1%，蔬菜和果品中维生素B和C均有不同程度的提高，并可提高蔬菜的耐贮性。有机肥与氮肥配合施用能明显降低白菜和菠菜中可食部分的硝酸盐含量。但不合理或长期使用未经无害化处理的人畜禽粪肥、垃圾堆肥和污泥堆肥有可能导致土壤重金属及有害虫卵的污染，进而影响农产品的品质，并进入食物链威胁人畜的健康。

5. 危及人畜安全

硝酸盐（NO_3-N）和亚硝酸盐（NO_2-N）统称为硝态氮，硝态氮是对人体有害的物质，主要有两大危害：一是硝酸盐容易还原成亚硝酸盐，亚硝酸盐可将人体血液中的低铁血红蛋白氧化为高铁血红蛋白，使之失去输氧能力造成人体缺氧；二是亚硝酸盐与某些有机物结合，形成亚硝胺，它是一种致癌的化学物质。

由于滥用化肥造成农产品内残留若干有害物质，危及人类食品安全的问题，近年来越来越引起人们关注。滥施氮肥致使植物体内可能积累过量的硝酸盐和亚硝酸盐，这两种化合物对动物和人的机体都有很大毒性，特别是亚硝酸盐，其毒性要比硝酸盐高10倍。含有硝酸盐的农产品食物或饲料被摄入人体或畜禽体内后，在肠胃中经亚硝化细菌的作用可以还原成亚硝酸盐，从而可能引起人体血液缺氧中毒反应，导致患有高铁血红蛋白血症，甚至引起窒息和死亡；还可以在胃腔中与某些有机物结合形成强烈的致癌物（亚硝胺），从而诱发消化系统癌变；磷肥中含有放射性元素铀、钍、镭等，能引起人或动物的肺、肝、胃和骨质损害；其他化肥中含有重金属元素也会随农产品给人体和禽畜产生伤害。

第2节　肥料污染防治

环境污染指自然的或人为的向环境中排入某些物质或能量，超过了环境的自净能力而产生危害的行为。具体包括：水污染、土污染、热污染、生物污染、大气污染、噪声污染、放射性污染、电磁辐射污染等。

造成环境污染的因素是多方面的，例如：人类对大自然的过度开发和索取、人类生产过程和生活过程所排出的三废、农业生产过程中过量施肥和不合理施肥等等。对于农业生产而言，科学

合理用肥对于保护环境、农业永续发展、大自然生态平衡等都是非常必要的。

一、用肥不当污染环境

1. 污染土壤

（1）盲目用肥耕地劣化

盲目和不合理使用化肥，导致耕地劣化。农田长期大量施用单元素化肥、缺施复合肥和有机肥料，其养分很难被作物有效吸收利用，氮、磷、钾等一些化学物质易被土壤固结，使各种盐分在土壤中积累，造成土壤养分失衡，致使土壤的物理、化学及生物学性状劣化，破坏土壤中营养元素的正常比例，导致土壤肥力下降，部分地块的有害重金属含量和有害病菌量超标。氮肥施用愈多，土壤中的硝酸盐（NO_3-N）含量就愈高，则农作物体内的 NO_3-N 含量也随之提高，硝酸盐以过多的有毒的数量被作物大量吸收，成为作物产品的污染源；氮过量会造成土壤中亚硝酸、氨气等气体挥发而引起作物地上部分直接受害，造成气体障碍。磷过量，菜地土壤较其他土壤有效磷含量要高出十倍至数十倍。

（2）土壤中硝酸盐累积

目前我国施用的化肥以氮肥为主，而磷肥、钾肥和复合肥较少，长期这样施用会造成土壤营养失衡，加剧土壤磷、钾的耗竭，导致硝态氮累积。氮肥进入土壤后被分解为硝酸根等，硝酸根本身无毒，但若未被作物充分同化可使其含量迅速增加，摄入人体后被微生物还原为亚硝酸根，使血液的载氧能力下降，诱发高铁血红蛋白血症，严重时可使人窒息死亡。同时，硝酸根还可以在体内转变成强致癌物质亚硝胺，诱发各种消化系统癌变，危害人体健康。

据相关资料报道，武汉市市郊东西湖区蔬菜养分投入量远高于蔬菜生长需肥量，导致氮、磷在土壤中的大量积累，其中以磷最为突出，每季蔬菜磷的积累量达到220～380kg/hm^2，氮积累量为80～210kg/hm^2，必然会对产品品质和产量带来负面影响，增加农业环境风险。

（3）重金属在耕地积累

重金属是有毒有害物质，它是化肥对土壤产生污染的主要污染物质之一，土壤环境一旦遭受重金属污染就难以彻底消除。重金属进入土壤后不仅不能被微生物降解，而且可以通过食物链不断在生物体内富集，甚至可以转化为毒性更大的甲基化合物，最终在人体内积累危害人体健康。产生污染的重金属主要有Zn、Ni、Cu、Co和Cr。从化肥的原料开采到加工生产，总是给化肥带进一些重金属元素或其他有毒物质。

化肥对土壤的污染，其中以磷肥为最多，我国目前施用的化肥中，磷肥约占20%。磷肥的生产原料为磷矿石，它含有大量有害元素氟（F）和砷（As），同时磷矿石加工过程还会带进其他重金属，如镉（Cd）、铬（Cr）、钯（Pd）、汞（Hg）、砷（As）、氟（F），其中以可致癌的镉（Cd）毒性最强。另外，利用废酸生产的磷肥中还会带有三氯乙醛，对作物会造成毒害。所以对用重金属含量高的磷矿石制造的磷肥要慎重使用，以免导致重金属在土壤中积累。另据报道，美国、摩洛哥、澳大利亚等国磷矿石中的镉含量较高。使用磷肥及含磷复合肥时，对含镉量高的务必慎用。

（4）土壤酸化肥力下降

长期施用化肥还会加速土壤酸化。这一方面与氮肥在土壤中通过硝化作用产生硝酸盐的过程相关，当氨态氮肥和许多有机氮肥转变成硝酸盐时，释放出H^+，导致土壤酸化；另一方面，一些生理酸性肥料，比如磷酸钙、硫酸铵、氯化铵在植物吸收肥料中的养分离子后土壤中H^+增多，许多耕地土壤的酸化与长期施

用生理性肥料有关。同时，长期施用 KCl 因作物选择吸收所造成的生理酸性的影响，能使缓冲性小的中性土壤逐渐变酸。同样酸性土壤施用 KCl 后，K^+ 会将土壤胶体上的 H^+、Al^{3+} 交换下来，致使土壤溶液中 H^+、Al^{3+} 浓度明显升高。此外，氮肥在通气不良的条件下，可进行反硝化作用，以氨气、氮气的形式进入大气，大气中的氨气、氮气可经过氧化与水解作用转化成硝酸，降落到土壤中引起土壤酸化。化肥施用促进土壤酸化现象在酸性土壤中最为严重。土壤酸化后可加速 Ca、Mg 从耕作层淋溶，从而降低盐基饱和度和土壤肥力。

（5）微生物的活性下降

土壤中的微生物主要种类有细菌、放线菌、真菌和藻类等，土壤中的微生物是个体小而能量大的活体，它们既是土壤有机质和土壤养分转化和循环的动力，又是植物营养元素的活性库，具有转化有机质、分解矿物和降解有毒物质的作用。施用不同的肥料对土壤中微生物的活性有很大影响，近 30 年来我国施用的肥料中钾肥和有机肥的施用量偏低，以氮肥为主而且施用量大，致使明显降低了土壤中微生物的数量和活性，最终影响土壤肥力。

（6）生活垃圾污染土壤

以生活垃圾为主没有经过处理的有机肥料中，常混有煤渣、破碎玻璃、建筑垃圾、废旧塑料、废旧化纤、废旧橡胶、废旧金属等，这种肥料施入土壤后将降低土壤保水保肥能力，影响土壤水分运动，妨碍植物根系生长。

施用未经无害化处理的生活垃圾有机肥可能引起生物污染。生活垃圾、人畜粪便、植物残体等有机肥料中，含有多种微生物，其中不少含有对人体和禽畜以及植物有害的病原体，它们以肥料的形式进入土壤。有的与作物接触使其感染病害，有的附着于作物，尤其是附着在蔬菜上，进入厨房，危害人体健康。

2. 污染大气

（1）分解挥发进入大气

化肥对大气造成污染的原因之一是有些化肥本身易分解、易挥发，如果是施肥过量和施用方法不合理所造成的气态损失就更为严重。常用的氮肥如尿素、硫酸铵、氯化铵和硫酸氢铵等铵态氮肥，在施用于农田的过程中，会发生氨的气态损失；施用后直接从土壤表面挥发成氨气、反硝化过程中生成的氮氧化物（包括多种化合物，如一氧化二氮、一氧化氮、二氧化氮、三氧化二氮、四氧化二氮和五氧化二氮等）气体进入大气；很大一部分有机、无机氮形态的硝酸盐进入土壤后，在土壤微生物反硝化细菌的作用下被还原为亚硝酸盐，同时转化成二氧化氮进入大气。此外，化肥在贮存和运输过程中，也会发生分解和风蚀作用产生污染物，进入大气造成污染。氨肥分解产生挥发的氨气是一种刺激性气体，会严重刺激人体的眼、鼻、喉及上呼吸道黏膜，可导致气管、支气管发生病变，使人体健康受到严重伤害。高浓度的氨和氮氧化物也影响作物的正常生长，尤其在温室大棚中，如果浓度过高，会对植物产生伤害，表现为叶片脱色，并伴有细胞皱缩和焦枯等现象。

另外，未充分腐熟的有机肥如果施在土壤表层会散发恶臭，施入通气不良的土壤中会产生甲烷、硫化氢等有害气体，这对大气也会产生一定污染。

（2）大气臭氧层遭破坏

氮氧化物包括多种化合物，如一氧化二氮（N_2O）、一氧化氮（NO）、二氧化氮（NO_2）、三氧化二氮（N_2O_3）、四氧化二氮（N_2O_4）和五氧化二氮（N_2O_5）等。氮氧化物对大气的臭氧层有破坏作用，是造成地球温室效应的有害气体之一。

氮肥施入土壤中之后，有一部分可能发生反硝化作用，反硝化过程中生成的氮气和氧化亚氮（即一氧化二氮），从土壤中逸

散出来，进入大气。氧化亚氮到达臭氧层后，与臭氧发生作用，生成一氧化氮，使臭氧减少。由于臭氧层遭受破坏而不能阻止紫外线透过大气层，强烈的紫外线照射对生物有极大的危害，如使人类皮肤癌患者增多等。

3. 污染水体

（1）污染地表水

农业生产中施用过量的氮肥、磷肥，会随农田排水进入河流湖泊。水田中施用过量化肥会随排水直接进入水源；旱田施用过多的氮肥、磷肥，会随人为灌溉和自然界暴雨冲刷造成地表径流进入水体。由于化肥进入水体，使地表水中营养物质逐渐增多，造成水体富营养化，水生植物及藻类大量繁殖，消耗大量的氧，其死亡以后腐烂分解，也耗去水中的溶解氧，致使水体中溶解氧下降，水质恶化，水体脱氧，生物生存受到影响，严重时可导致鱼类、虾、贝大量窒息死亡，形成的厌氧性环境使好氧性生物逐渐减少甚至消失，厌氧性生物大量增加，改变水体生物种群，从而破坏了水的生态环境。此外，由于水质变差，恶臭难闻，失去饮用价值，甚至不能用于农田灌溉，影响人类的正常生活和生产活动。

（2）污染地下水

过量化肥施用于农田后，发生解离形成阳离子和阴离子，一般生成的阴离子为硝酸盐、亚硝酸盐、磷酸盐等，这些阴离子因受带负电荷的土壤胶体和腐殖质的排斥作用而易向下淋失；随着灌溉和自然降雨，这些阴离子随淋失而进入地下水，导致地下水中硝酸盐、亚硝酸盐及磷酸盐含量增高。硝氮、亚硝氮的含量是反映地下水水质的一个重要指标，其含量过高则会对人畜直接造成危害，使人类发生病变，严重影响身体健康。

二、肥料污染防治措施

我国人多地少，资源相对贫乏，因而我国可持续农业的主要内容是以尽量少的化肥和农药投入、尽可能好地保护环境、获取尽量高的农产品产量和质量，即发展“高产、高效、优质、低耗、生态、安全”的农业，以保障食物品质和国家粮食安全。

1. 增强环保意识

当前，还有很多人没有意识到肥料（尤其是化肥）对环境和人体健康造成的潜在危害。因此，应加强宣传引导，使人们充分意识到肥料污染的严重性，提高广大群众的环保意识，树立起使用肥料也要讲保护环境的意识，即：“施肥与我们的耕地质量相关，施肥与我们的环境相关，施肥与我们的生活相关，施肥与我们的生命相关。”

要充分利用新闻媒体、网络和其他媒介在全社会大力宣传合理施用肥料的重要性，让科学合理施用肥料的意识牢牢根植于广大农民的意识之中。各级政府和广大农户要充分认识到过量施用肥料的危害，把合理施用肥料看成是牵一发而动全身的大问题。提高对合理施用肥料的认识，通过科学合理施肥，逐步解决由于盲目施肥所造成的农业增产不增收、作物品质下降、资源浪费、环境污染和生态失衡等严重问题。

调动广大民众参与防治肥料污染的积极性，加强肥料的监测管理，制定有关有害物质的允许量标准，严格肥料中污染物质的监测检查，防止肥料带入过量的有害物质，用法律法规来防治肥料污染。

2. 加强农技服务

农技服务部门应经常组织农业科技人员深入乡村山区、田间地头，向广大农民普及科学施肥的环保理念和实用技术。向广大农民传授科学购买、贮存运输、合理使用化肥的知识，传授改良

土壤、培肥地力、合理用肥、配方施肥等技术，解决农民积肥、选肥、配肥、施肥方面的技术难题。帮助农民掌握测土仪的使用技术（大约10分钟即可测试出土壤氮磷钾、有机质、水分、pH、盐分，微量元素等），这样就可以减少施肥的盲目性，提高农民科学用肥的能力，自觉做到科学合理施用化肥，让农民在科学种田中得到实惠。

当前农村农民科技文化水平亟待提高，因此，要重视对农业科技人员的培养和使用。要改变滥用肥料和农药等问题、大力推广农业科技，则需要提高农业科技人员自身的科学技术水平和开拓创新意识，并充分发挥他们在对农民进行科学技术指导中的作用。要提高农业科技人员的地位，并为他们创造必要的环境和条件，让其集中精力、专心致志搞好农业科技的推广工作。要加大对他们的技术培训力度和科技投入，建立人才库和奖励制度，为农业科技推广拔尖人才提供必要的农业实用技术和实验基地、推广基地。真正发挥农业科技推广人员在合理使用肥料和农药等农业技术推广中的作用。

3. 严管肥料质量

2013年1月国务院在下发的《近期土壤环境保护和综合治理工作安排》中指出，科学施用化肥，禁止使用重金属等有毒有害物质超标的肥料，严格控制稀土农用。强化环境污染治理意识，严控肥料中重金属等有害物质含量势在必行。肥料质量是影响农产品生产的重要因素，为防止肥料带入有害物质对土壤及农产品的污染，必须严格控制肥料质量。同时加强土壤监控，包括土壤肥力及土壤重金属污染指标，确保农产品的生产质量，以保障食品安全和民众身体健康。

根据国家近5年来的综合统计数据显示，随着近些年来大规模化肥及农药的施用，土地和环境污染问题日趋突出，重金属等中毒事件频繁发生。为贯彻落实国家可持续发展战略，解决当前日益严重的农田污染状况。2009 年底国家正式颁布了《肥料中砷、镉、铅、铬、汞生态指标》GB/T 23349—2009 国家标准，正是针对在这一检查领域的空白所指定的前期指导性标准，更加严格的化肥领域重金属指标标准出台是大势所趋。为了推动化肥行业环保意识的提升，国家认监委现已正式获得授权，开展“环保生态肥料认证”的推广工作。此项认证工作与国家 2010 年大力加强环保监察工作的主线完全契合，具有深远的意义。

“环保生态肥料认证”的推广工作，有助于肥料生产企业加强环保意识，从生产所需采购的源头开始把关，将生态环保理念扩展到企业的每一项安全、生产步骤中去，树立良好的社会形象和公共意识。有利于加强环境保护理念的深入推广，减少施用有害物质含量超标的化肥对于土壤、空气、水源等环境资源的破坏，以及减少可能带来的对人体和禽畜的损害。

4. 平衡配套施肥

（1）调整养分比例

调整养分比例结构，采取“适氮、增磷、补钾、配微”的施肥技术，全面落实农业部“平衡配套施肥工程”“补钾工程”“增微工程”“节肥增效工程”等战略措施，加大对中微肥和生物肥的利用，协调大量元素与中微量元素之间的关系，以提高化肥利用率和农产品品质，减少肥料对农产品及环境的污染。大力实施“沃土工程”，加强有机-无机肥配合施用，改良和培肥土壤。

（2）测土配方施肥

测土配方施肥技术是综合运用现代化农业科技成果，根据作物需肥规律、土壤供肥性能与肥料效应，提出施用各种肥料的适宜用量和比例及相应的施肥方法。加强和完善测土配方施肥中的各项技术措施，不断充实完善施肥参数，如单位产量养分吸收量、土壤养分利用率、化肥利用率等。在原来检测土壤、植物营

养需求的基础上，新增对水质和土壤有害物质、化肥农药污染等环境条件的分析检测项目，优化配方施肥技术。通过合理施肥，既保证庄稼旺盛生长，促使增强作物的抗病和防病能力，提高农产品产量和品质，又节省能源，减少化肥的浪费，避免对环境造成污染。

（3）调整作物布局

针对土壤的养分状况，调整作物布局，安排营养要求相适应的作物，以充分发挥土壤和作物各自的优势做到节肥增产。根据不同地区养分状况和不同作物需肥规律，以土壤地力定位监测点为依据，建立各种农作物优质化标准施肥体系，在有机肥的基础上合理确定无机肥中氮、磷、钾及中微量元素的科学配比，配制作物专用肥料，以提高肥料利用率、减少肥料浪费、减轻环境污染、提高农产品品质。

（4）施硝化抑制剂

硝化抑制剂（Nitrification inhibitor），又称氮肥增效剂（Nitrogen fertilizer synergist），一类对硝化细菌有毒的有机化合物。加入铵态氮肥中以抑制土壤内亚硝酸细菌对铵态氮的硝化，从而减少铵态氮转化为硝态氮而流失所用的添加剂。

硝化抑制剂能够选择性地抑制土壤中硝化细菌的活动，从而阻缓土壤中铵态氮转化为硝态氮的反应速度。铵态氮可被土壤胶体吸着而不易流失，但是在土壤透气条件下，铵态氮在微生物作用下可转化为硝态氮，该过程称硝化。反应的速度取决于土壤湿度和温度。低于10℃时，硝化反应速度很慢；20℃以上时，反应速度很快。除水稻等一些作物在灌水条件下能够直接吸收铵态氮外，多数作物吸收硝态氮。但硝态氮在土壤中容易流失，合理使用硝化抑制剂以控制硝化反应速度，能够减少氮素的损失，提高氮肥的利用率。通常硝化抑制剂要与氮肥混匀后再施用。据报道，早春或秋季土壤施肥后，容易造成淋溶和反硝化损失，这时施用硝化抑制剂最为有效。如位于美国五大湖地区密歇根州的研究表明，硝化抑制剂既可提高玉米产量，又能提高氮肥利用率，每公顷可增产1050千克，每千克氮可增产玉米17%；但在某些情况下，硝化抑制剂对作物的增产效果不够稳定。

硝化抑制剂除有减少氮肥损失、提高氮肥利用率而增加产量的作用外，还可降低农作物中亚硝酸盐含量，提高农作物品质，减少施肥量过高时对土壤、地下水和环境的污染。

常用的硝化抑制剂：一是2-氯-6-(三氯甲基) 吡啶（商品名为N-Serve)，施入土壤的最低浓度为0.5~10mg/kg时，有效时间为6周；二是叠氮化钾（含2%~6%的硝酸钾）可溶于无水氨中施用；三是2-氨基-4-氯-9-甲基吡啶（日本商品名为AM)。

（5）配施有机肥料

有机肥是我国传统的农家肥，包括秸秆、动物粪便、草木灰、绿肥等。施用有机肥能够增加土壤有机质和土壤微生物，改善土壤结构，提高土壤的吸收容量，增加土壤胶体对重金属等有毒物质的吸附能力。发展绿色农业强调有机肥料的施用，但化肥的作用也不容忽视。有机肥料虽然养分比较全面，但含量较低而且养分比例并不完全合理，故仅仅施用有机肥料并非就是平衡施肥。不同的作物对养分需求比例有所不同，必须有针对性地合理供应，才能较好地满足其生长需要。把有机肥与化肥合理搭配施用，则不仅有利于平衡施肥，而且对作物和土壤改良等均有良好作用。某些有机肥源C/N比偏高，施入土壤后由于微生物活动的需要将与作物争氮，引起氮素不足，该类有机肥料就必须配施适量的化学氮肥。此外，有机肥配施磷肥也有利于提高磷的肥效。在生产实践中，以有机肥配合化肥作底肥、以化肥作追肥，能较好发挥肥料的缓效与速效相结合的优点，调控作物的生长与品质，是比较理想的施肥方式。

5. 科学种田养地

（1）粮草作物间作

耕地是一种特殊的农业生产资料，只要合理利用，耕地的地力不仅不会下降，反而会不断得到提高，这就要靠建立科学的种田养地制度，比如实行引草入田、草田轮作、粮草经济作物带状间作和根茬肥田等形式种植。多种植一些有利于改善土壤结构的绿肥和豆科作物，不仅能积累和更新土壤有机质，而且还能改善土壤结构。据测定，1 亩绿肥作物一般每年可固定氮素 6～16 千克，相当于 20～50 千克标准化肥；另外，作物秸秆本身含有较丰富的养分，比如稻草含有 0.5%～0.7% 的氮、0.1%～0.2% 的磷、1.5%～1.8% 的钾以及硫和硅等，推行秸秆还田有利于增加土壤有机质。因此，恢复和扩大种植绿肥、油菜和豆科作物是解决种田养地相结合的重要措施。

（2）改进施肥方法

改进施肥方法，也有利于种田养地和节约肥料。据报道，苏联科学家发明了一种新的施肥方法，可使肥料用量减少到数百分之一。这种施肥法是用含有各种所需元素的肥料粉末直接包裹在种子外，然后再播种，这样可以最大限度地发挥肥料各种营养成分的作用。经试验，每公顷甜菜或玉米只需 160 克肥料；每公顷豆类作物只需 1 千克肥料；每公顷粮食作物仅需 2 千克肥料。如此少的肥料所起的增产作用相当于原先每公顷施用 500～800 千克肥料量，从而大大减少肥料淋失，提高肥料利用率。

据我国农业部统计，在保持作物相同产量的情况下，深施效果显著：氮铵深施可提高利用率 31%～32%，尿素可提高 5.0%～12.7%，硫铵可提高 18.9%～22.5%；磷肥按照旱重水轻的原则集中施用，可以提高磷肥的利用率，减少对土壤的污染。此外，推广水肥综合管理技术，基肥采用无水层混施，追肥采用铵态氮带水深施，以减少氮的流失和逸失，有效防止农产品污染及环境污染。

（3）做好土壤修复

做好耕地土壤修复工程，对于施肥、灌溉造成的耕地土壤重金属污染及土壤 pH 变化，可采取施用石灰、增施有机肥、生物降解肥料、土壤调理剂等方法降低作物对重金属元素的吸收积累，并防止过低 pH 对作物生长的毒害作用；采用翻耕、客土深翻和换土等方法，以去除或稀释土壤中重金属和其他有毒元素的污染，也有利于耕地修复实现种田养地。

（4）卫星定位施肥

采用全球卫星定位系统（GPS）技术，精确施肥，提高肥料利用率，减少肥料淋失，保护生态环境。近年来，美、英、日、德等发达国家纷纷采用全球卫星定位系统来解决一般技术不能解决的肥料因作物、地块及地块内不同肥力的片段而不同配方、不同用量的施肥问题。真正做到精准施肥，大大提高肥料利用率，降低成本，减少环境污染。据报道，英国马西·费格森公司采用该项高新技术精准施肥，节省 15%～20% 的农业成本。

目前，我国已在上海地区开展卫星定位系统技术精准施肥试验。建议有条件的地方，积极开展这项高新科技的科研开发工作，并组织农业、化工、化肥、机械、电机、计算机、地理、土壤等多学科、多部门的大协作，作为一项农业工程的重大项目抓紧抓好，抓出成效。

6. 应用新型肥料

随着科学技术突飞猛进的发展，肥料科学领域的新知识、新理论、新技术不断涌现，推动肥料向环保高效的方向发展。把利用新技术、新方法、新工艺生产的具有环保高效特征的肥料称为新型肥料。环保高效新型肥料能有效提高肥料利用率、减少环境污染、提高作物产量和品质，有利于保障粮食安全。

(1) 环保高效新型肥料的目标功效

①提供养分：为农作物的生长、发育、开花、结果等各阶段提供必需的营养成分。

②高效环保：肥料利用率高，符合高效、安全、环保要求，保障农业可持续发展。

③改良土壤：调节土壤酸碱度、改良土壤结构、改善土壤理化性质和生物学性质。

④改善作物：改善作物生长机制，提高作物的抗病虫、抗旱涝、抗早衰等抗逆性。

⑤增产高质：提高产品产量和品质，达到有机、绿色、生态农业的质量标准要求。

(2) 环保高效新型肥料的发展趋势

①生态环保：随着生态农业的发展、食品安全意识的提高，对新型肥料提出了生态环保的要求，必须严格控制肥料质量，尤其是重金属等有害物质含量绝对不能超标。

②高效长效：现代农业不但要求新型肥料效能高，而且有效期长，一次性施肥即可满足农作物生长发育、开花结果的全程需求，实现农业生产成本低、收效高之目的。

③复合功能：为满足现代农业生产的需要，新型肥料的功能大为拓展，它除了为作物提供所需的养分之外，还拓展保水、抗寒、抗旱、除草、杀虫、防病及其他功能。

④形态更新：肥料的形态出现了新的变化，除了固体肥料外，根据不同使用目的而生产的液体肥料、气体肥料、膏状肥料等，通过形态变化，改善肥料的使用效能。

(3) 环保高效新型肥料的主要品种

环保高效新型肥料为适应生态农业应运而生，新型肥料这一朝阳产业的蓬勃兴起和推广应用，对农业的高产、高效、安全、环保有着重要意义。

主要品种有：中量元素肥料、微量元素肥料、稀土元素肥料、缓释肥料、控释肥料、稳定性肥料、微生物肥料、水溶性肥料、专用配方肥料、工业有机肥料、多维场能肥料、聚氨酸增效剂等。

7. 发展生态农业

生态农业是按照生态学原理和经济学原理，运用现代科学技术成果和现代管理手段，以及传统农业的有效经验建立起来的，能获得较高的经济效益、生态效益和社会效益的现代化农业。它要求把发展粮食与多种经济作物生产，发展大田种植与林、牧、副、渔业，发展大农业与第二、三产业结合起来，利用传统农业精华和现代科技成果，通过人工设计生态工程、协调发展与环境之间、资源利用与保护之间的矛盾，形成生态上与经济上两个良性循环，经济、生态、社会三大效益的统一。

生态农业强调发挥农业生态系统的整体功能，以大农业为出发点，按“整体、协调、循环、再生”的原则，全面规划，调整和优化农业结构，使农、林、牧、副、渔各业和农村一、二、三产业综合发展，并使各业之间互相支持，相得益彰，提高综合生产能力。

生态农业重视有机物的循环再利用，一次投入多次收益，方法实用可行。例如：建造沼气池、实行秸秆还田、办种植养殖和加工一条龙企业。实践表明，猪饲料中掺入一定比例的鸡粪或牛粪，可节省饲料粮 20%~30%，而猪的生长可加快。畜禽粪便循环利用途径主要有：饲料养鸡-鸡粪喂猪-猪粪养鱼-鱼粪肥田增产饲料；牧草饲料喂牛-牛粪喂猪-猪粪养鱼-鱼粪肥田增产饲料。此生态农业生物循环链可以起到明显的省肥增收效果。

由于长期过量施用化肥，导致我国土壤功能退化和农田环境污染，因此，务必要采取多种措施，多管齐下，尽快改变我国施肥状况，为我国农业的可持续发展、为国民经济发展创造有利条件。

第3节　面源污染防治

随着化肥的大量生产和不合理使用，人类赖以生存的自然资源和生态环境正面临越来越严峻的挑战。就资源而论，化肥生产消耗了大量不可再生资源，如生产氮、磷、钾肥用的煤炭、石油、天然气、磷矿、硫铁矿、钾盐等，按目前的使用量，均只能开采几百年甚至几十年。就环境而言，化肥在生产和使用环节，均不同程度地造成环境污染，特别是一些企业环保意识差，净化设备投入不足，三废没有达标排放，甚至非法偷排，造成大气、水体、土地污染；就使用来看，由于化肥的大量和不合理使用，导致一半以上养分流失到大气、江河湖海、土壤中，造成空气中氮氧化物及PM2.5等超标，水体富营养化，土壤板结和有机质含量少，甚至形成重金属污染。

据调查，全国受污染的耕地约有1.5亿亩，几乎占到了中国耕地总面积的十分之一。为此有识之士呼吁，守住18亿亩耕地“红线”不仅仅是守住其数量，还要守住其肥沃、洁净、健康之“红线”。

一、农业面源污染概念

面源污染（Diffused Pollution，DP）即引起水体污染的排放源分布在广大的面积上。面源污染也称非点源污染（Non-point Source Pollution，NPSP），是指溶解和固体的污染物从非特定地点，在降水或融雪的冲刷作用下，通过径流过程而汇入受纳水体（包括河流、湖泊、水库和海湾等）并引起有机污染、水体富营养化或有毒有害等其他形式的污染。

农业面源污染（Agricultural Non-Point Source Pollution，ANPSP）系指在农业生产和农村农民生活等的活动中，由于化肥、农药、农膜、垃圾以及其他有机或无机污染物质在灌溉或降水过程中，通过农田地表径流、农田渗漏、农田排水、农村地表径流等进入水体、土壤和大气中，引起地表水体氮、磷等营养盐质量浓度上升、溶解氧减少，导致地表水水质的恶化，从而最终形成水环境的污染。

农业面源污染是面源污染的最主要组成部分，重视农业面源污染是国际大趋势。在美国，自从20世纪60年代以来，虽然点源污染逐步得到了控制，但是水体的质量并未因此而有所改善，人们逐渐意识到农业面源污染在水体富营养化中所起的作用。经统计，面源污染约占总污染量的2/3，其中农业面源污染占面源污染总量的68%~83%，农业生产已经成为全美河流污染的第一污染源。

农业面源污染相比于点源污染，具有涉及范围广、隐蔽性强、成分复杂、监测和治理难度较大等特点，正逐渐成为我国农村生态环境恶化的主要原因之一。农业面源污染会直接威胁到人畜饮水安全、农产品的质量安全以及人民群众的生命安全，严重制约着农业经济的可持续发展和农村的现代化进程。我国农业面源污染问题日益突出，研究和分析农业面源污染的现状，探讨针对性的防治对策，对改善农村环境质量，创建农村宜居环境，建设社会主义新农村，构建和谐社会等具有十分重要的现实意义。

二、我国农业面源污染

20世纪70年代以来，中国重要的湖泊和河流水域如五大湖泊、三峡库区、滇池、白洋淀、南四湖、异龙湖等，氮、磷富营养化问题急剧恶化。研究结果表明，在中国水体污染严重的流域，农田肥料流失、农村畜禽养殖和城乡接合部的生活排污是造成水体氮、磷富营养化的主要原因，其贡献率大大超过来自城市生活污水的点源污染和工业的点源污染。20世纪80年代初以

来，在各重要流域中菜果花（蔬菜、水果、花卉）播种面积增加了4.4倍，菜果花种植为新型产业，农民并未掌握合理的施肥技术。由于种植效益高，为了追求效益，超高量使用氮、磷肥料，单季作物化肥纯养分用量平均达到569~2000kg/ha，为普通大田作物的数倍甚至数十倍，成为水体富营养化的主要潜在威胁之一。与此同时，农村养殖产业带的发展，使得一些地方畜禽养殖产生的氮、磷数量剧增，最大N和P_2O_5含量已分别达到1721kg/ha和639kg/ha，大大超过了农田可承载的安全负荷，成为各大水域的重要污染源。

现今，我国每年化肥用量超过5000万吨，平均利用率不到30%；尤其氮肥施用过量、利用率过低，每年有超过1500万吨的废氮流失到了农田之外，并引发了环境污染问题：污染地下水；使湖泊、池塘、河流和浅海水域生态系统营养化，导致水藻生长过盛、水体缺氧、水生生物死亡；施用的氮肥中约有一半挥发，以一氧化二氮气体形式逸失到空气里（一氧化二氮是对全球气候变化产生影响的温室气体之一）。施用过量的氮肥，造成了“从地下到水中直至天空”的立体污染。

我国每年各种农药制剂约600多种，使用量超过120万吨，但只有约1/3能被作物吸收利用。我国每年产出的秸秆有6.5亿多吨，畜禽养殖场排放的粪便及粪水超过17亿吨，农膜年残留量高达35万吨，残膜率高达42%，基本没有回收利用。这些大量的污染物大多数没有经过无害化处理和有效利用，直接进入到了农田、湖泊、河流中，其结果引起水体的富营养化，造成土壤板结，影响到农田、水域和土地的持续生产能力。越来越多的证据表明，不控制农业面源污染就不可能根本解决水质污染问题。

由于我国化肥、农药、农膜等使用量的持续上升，加之规模化畜禽养殖业的快速发展，以及农村生活垃圾和农业废弃物也急剧增加，近年来农业面源污染日益严重，已超过了工业和生活污染，成为当前我国最大的污染源。在中国环境与发展国际合作委员会2004年会上，中外专家指出，中国肥料产品的低质、施肥过量及施用方法不当，已使中国生态环境受到不同程度的污染。过量施用化肥和农药导致的农村面源污染，已成为中国水环境污染的“元凶”,《寂静的春天》（1962年在美国问世，是标志着人类首次关注环境问题的著作）警钟仍在长鸣。

2010年，我国环境保护部发布《第一次全国污染源普查公报》显示，农村的污染排放已经占到了全国的一半左右，如果用COD（化学需氧量）排放量来衡量污染源比重的话，农业现已超过工业成为最大的污染源。根据第一次全国污染源普查公报，2007年全国农业源的化学需氧量（COD）排放达到1324.09万吨，占全国排放总量的43.7%，农业源总氮、总磷分别为270.46万吨和28.47万吨，占全国排放总量的57.2%和67.4%，污染排放已占到全国半壁江山。这些数字说明当前中国农业面源污染问题相当严重，值得引起高度重视。

由于大量和不合理使用化学肥料、化学农药、农用地膜，导致我国农业面源污染形势严峻，水资源受到前所未有的污染，部分地区土壤重金属和有机污染物严重超标。此外，我国水土流失、土地盐渍化、土地沙化等土地退化的趋势严重威胁着耕地的数量和质量，生态环境退化问题突出。农业面源污染涉及整个农业生产的可持续发展，事关环境保护生态平衡、全国农民生命安全、亿万民众食品安全的大事，其治理是一项系统工程，涉及行政管理、农业技术、农业基础等各个层面，加强农业面源污染治理时不我待。

三、农业面源污染防治

目前我国农业资源环境遭受着外源性污染和内源性污染的双重压力，已经日益成为农业可持续发展的瓶颈约束。一方面，由

于工矿业和城乡生活污染向农业转移排放，导致农产品产地的环境质量下降和污染问题日益突出；另一方面，在农业生产内部，由于化肥、农药等农业投入品长期不合理过量的使用，以及粪便、农作物秸秆和农田的残膜等农业废弃物未经无害化处置等等，形成的农业面源污染的问题日益严重。这些都加剧了土壤和水体污染，以及农产品质量安全风险。

总体上来看，我国现在农业面源污染量大面广，复杂多样，污染防治工作起步较晚，综合防治工作仍然面临着很多困难和问题，形势不容乐观。

2015 年 4 月农业部发布《关于打好农业面源污染防治攻坚战的实施意见》（简称《意见》）要求，力争到 2020 年农业面源污染加剧的趋势得到有效遏制。

加强农业面源污染治理，是转变农业发展方式、推进现代农业建设、实现农业可持续发展的重要任务。习近平总书记指出，农业发展不仅要杜绝生态环境欠新账，而且要逐步还旧账，要打好农业面源污染治理攻坚战。李克强总理提出，要坚决把资源环境恶化势头压下来，让透支的资源环境得到休养生息。2015 年中央 1 号文件对“加强农业生态治理”作出专门部署，强调要加强农业面源污染治理；2015 年政府工作报告也提出了加强农业面源污染治理的重大任务。为贯彻落实好党中央、国务院一系列部署要求，坚决打好农业面源污染防治攻坚战，加快推进农业生态文明建设，不断提升农业可持续发展支撑能力，促进农业农村经济又好又快发展，提出如下意见。

1. 治污总体要求

打好农业面源污染防治攻坚战的总体要求。

（1）认识重要意义

深刻认识打好农业面源污染防治攻坚战的重要意义。农业资源环境是农业生产的物质基础，也是农产品质量安全的源头保障。随着人口增长、膳食结构升级和城镇化不断推进，我国农产品需求持续刚性增长，对保护农业资源环境提出了更高要求。目前，我国农业资源环境遭受着外源性污染和内源性污染的双重压力，已成为制约农业健康发展的瓶颈约束。一方面，工业和城市污染向农业农村转移排放，农产品产地环境质量令人担忧；另一方面，化肥、农药等农业投入品过量使用，畜禽粪便、农作物秸秆和农田残膜等农业废弃物不合理处置，导致农业面源污染日益严重，加剧了土壤和水体污染风险。打好农业面源污染防治攻坚战，确保农产品产地环境安全，是实现我国粮食安全和农产品质量安全的现实需要，是促进农业资源永续利用、改善农业生态环境、实现农业可持续发展的内在要求。同时，农业是高度依赖资源条件、直接影响自然环境的产业，加强农业面源污染防治，可以充分发挥农业生态服务功能，把农业建设成为美丽中国的“生态屏障”，为加快推进生态文明建设做出更大贡献。

（2）理清总体思路

理清打好农业面源污染防治攻坚战的总体思路。要坚持转变发展方式、推进科技进步、创新体制机制的发展思路。要把转变农业发展方式作为防治农业面源污染的根本出路，促进农业发展由主要依靠资源消耗向资源节约型、环境友好型转变，走产出高效、产品安全、资源节约、环境友好的现代农业发展道路。要把推进科技进步作为防治农业面源污染的主要依靠，积极推进农业科技计划、项目和经费管理改革，提升农业科技自主创新能力，坚定不移地用现代物质条件装备农业，用现代科学技术改造农业，全面推进农业机械化，加快农业信息化步伐，加强新型职业农民培养，努力提高土地产出率、资源利用率和劳动生产率。要把创新体制机制作为防治农业面源污染的强大动力，培育新型农业经营主体，发展多种形式适度规模经营，构建覆盖全程、综合配套、便捷高效的新型农业社会化服务体系，逐步推进政府购买

服务和第三方治理，探索建立农业面源污染防治的生态补偿机制。

（3）明确工作目标

明确打好农业面源污染防治攻坚战的工作目标。力争到2020年农业面源污染加剧的趋势得到有效遏制，实现“一控两减三基本”。“一控”，即严格控制农业用水总量，大力发展节水农业，确保农业灌溉用水量保持在3720亿立方米，农田灌溉水有效利用系数达到0.55；“两减”，即减少化肥和农药使用量，实施化肥、农药零增长行动，确保测土配方施肥技术覆盖率达90%以上，农作物病虫害绿色防控覆盖率达30%以上，肥料、农药利用率均达到40%以上，全国主要农作物化肥、农药使用量实现零增长；“三基本”，即畜禽粪便、农作物秸秆、农膜基本资源化利用，大力推进农业废弃物的回收利用，确保规模畜禽养殖场（小区）配套建设废弃物处理设施比例达75%以上，秸秆综合利用率达85%以上，农膜回收率达80%以上。农业面源污染监测网络常态化、制度化运行，农业面源污染防治模式和运行机制基本建立，农业资源环境对农业可持续发展的支撑能力明显提高，农业生态文明程度明显提高。

2. 明确重点任务

明确打好农业面源污染防治攻坚战的重点任务。

（1）发展节水型农业

大力发展节水农业。确立水资源开发利用控制红线、用水效率控制红线和水功能区限制纳污红线。严格控制入河湖排污总量，加强灌溉水质监测与管理，确保农业灌溉用水达到农田灌溉水质标准，严禁未经处理的工业和城市污水直接灌溉农田。实施“华北节水压采、西北节水增效、东北节水增粮、南方节水减排”战略，加快农业高效节水体系建设。加强节水灌溉工程建设和节水改造，推广保护性耕作、农艺节水保墒、水肥一体化、喷灌、滴灌等技术，改进耕作方式，在水资源问题严重地区，适当调整种植结构，选育耐旱新品种。推进农业水价改革、精准补贴和节水奖励试点工作，增强农民节水意识。

（2）化肥零增长行动

实施化肥零增长行动。扩大测土配方施肥在设施农业及蔬菜、果树、茶叶等园艺作物上的应用，基本实现主要农作物测土配方施肥全覆盖；创新服务方式，推进农企对接，积极探索公益性服务与经营性服务结合、政府购买服务的有效模式。推进新型肥料产品研发与推广，集成推广种肥同播、化肥深施等高效施肥技术，不断提高肥料利用率。积极探索有机养分资源利用有效模式，鼓励开展秸秆还田、种植绿肥、增施有机肥，合理调整施肥结构，引导农民积造施用农家肥。结合高标准农田建设，大力开展耕地质量保护与提升行动，着力提升耕地内在质量。

（3）农药零增长行动

实施农药零增长行动。建设自动化、智能化田间监测网点，构建病虫监测预警体系。加快绿色防控技术推广，因地制宜集成推广适合不同作物的技术模式；选择“三品一标”农产品生产基地，建设一批示范区，带动大面积推广应用绿色防控措施。提升植保装备水平，发展一批反应快速、服务高效的病虫害专业化防治服务组织；大力推进专业化统防统治与绿色防控融合，有效提升病虫害防治组织化程度和科学化水平。扩大低毒生物农药补贴项目实施范围，加速生物农药、高效低毒低残留农药推广应用，逐步淘汰高毒农药。

（4）养殖业污染防治

推进养殖污染防治。各地要统筹考虑环境承载能力及畜禽养殖污染防治要求，按照农牧结合、种养平衡的原则，科学规划布局畜禽养殖。推行标准化规模养殖，配套建设粪便污水贮存、处理、利用设施，改进设施养殖工艺，完善技术装备条件，鼓励和

支持散养密集区实行畜禽粪污分户收集、集中处理。在种养密度较高的地区和新农村集中区因地制宜建设规模化沼气工程，同时支持多种模式发展规模化生物天然气工程。因地制宜推广畜禽粪污综合利用技术模式，规范和引导畜禽养殖场做好养殖废弃物资源化利用。加强水产健康养殖示范场建设，推广工厂化循环水养殖、池塘生态循环水养殖及大水面网箱养殖底排污等水产养殖技术。

（5）农田残膜的治理

着力解决农田残膜污染。加快地膜标准修订，严格规定地膜厚度和拉伸强度，严禁生产和使用厚度 0.01 毫米以下地膜，从源头保证农田残膜可回收。加大旱作农业技术补助资金支持，对加厚地膜使用、回收加工利用给予补贴。开展农田残膜回收区域性示范，扶持地膜回收网点和废旧地膜加工能力建设，逐步健全回收加工网络，创新地膜回收与再利用机制。加快生态友好型可降解地膜及地膜残留捡拾与加工机械的研发，建立健全可降解地膜评估评价体系。在重点地区实施全区域地膜回收加工行动，率先实现东北黑土地大田生产地膜零增长。

（6）秸秆资源化利用

深入开展秸秆资源化利用。进一步加大示范和政策引导力度，大力开展秸秆还田和秸秆肥料化、饲料化、基料化、原料化和能源化利用。建立健全政府推动、秸秆利用企业和收储组织为轴心、经纪人参与、市场化运作的秸秆收储运体系，降低收储运输成本，加快推进秸秆综合利用的规模化、产业化发展。完善激励政策，研究出台秸秆初加工用电享受农用电价格、收储用地纳入农用地管理、扩大税收优惠范围、信贷扶持等政策措施。选择京津冀等大气污染重点区域，启动秸秆综合利用示范县建设，率先实现秸秆全量化利用，从根本上解决秸秆露天焚烧问题。

（7）重金属污染治理

实施耕地重金属污染治理。加快推进全国农产品产地土壤重金属污染普查，启动重点地区土壤重金属污染加密调查和农作物与土壤的协同监测，切实摸清农产品产地重金属污染底数，实施农产品产地分级管理。加强耕地重金属污染治理修复，在轻度污染区，通过灌溉水源净化、推广低镉积累品种、加强水肥管理、改变农艺措施等，实现水稻安全生产；在中、重度污染区，开展农艺措施修复治理，同时通过品种替代、粮油作物调整和改种非食用经济作物等方式，因地制宜调整种植结构，少数污染特别严重区域，划定为禁止种植食用农产品区。实施好湖南省耕地重金属污染治理修复和种植结构调整试点工作。

3. 推进综合治理

加快推进农业面源污染综合治理。

（1）农业清洁生产

大力推进农业清洁生产。加快推广科学施肥、安全用药、绿色防控、农田节水等清洁生产技术与装备，改进种植和养殖技术模式，实现资源利用节约化、生产过程清洁化、废物再生资源化。在“菜篮子”主产县全面推行减量化生产和清洁生产技术，提高优质安全农产品供给能力。进一步加大尾菜回收利用、畜禽清洁养殖、地膜回收利用等为载体的农业清洁生产示范建设支持力度，大力推进农业清洁生产示范区建设，积极探索先进适用的农业清洁生产技术模式。建立完善农业清洁生产技术规范和标准体系，逐步构建农业清洁生产认证制度。

（2）农业标准生产

大力推行农业标准化生产。推行生产全程监管，加快推进全国农产品质量追溯管理信息平台建设，强化生产经营主体责任，推进农产品质量标识制度。加快制修订农兽药残留标准，尽快制定推广一批简明易懂的生产技术操作规程，继续创建一批标准化农产品生产基地，实现生产设施、过程和产品标准化。创新政府支持方式，引导社会资本参与园艺作物标准园、畜禽标准化养殖

场和水产健康养殖场建设，大力扶持新型农业经营主体率先开展标准化生产。积极发展无公害农产品、绿色食品、有机农产品和地理标志农产品。

（3）生态循环农业

大力发展现代生态循环农业。推进浙江省现代生态循环农业试点省和10个循环农业示范市建设，深入实施现代生态循环农业示范基地建设，积极探索高效生态循环农业模式，构建现代生态循环农业技术体系、标准化生产体系和社会化服务体系。依托国家现代农业示范区和国家农业科技创新与集成示范基地，以种植业减量化利用、畜禽养殖废弃物循环利用、秸秆高值利用、水产养殖污染减排、农田残膜回收利用、农村生活污染处理等为重点，扶持和引导以市场化运作为主的生态循环农业建设，探索形成产业相互整合、物质多级循环的产业结构和生态布局。

（4）适度规模经营

大力推进适度规模经营。加强新型农业经营主体培育，因地制宜探索适度规模经营的有效实现形式。引导土地重点流向种养大户、家庭农场，使之成为引领适度规模经营的有生力量。引导农民以承包地入股组建土地股份合作组织，通过自营或委托经营等方式发展农业适度规模经营。支持种养大户、家庭农场、农民合作社和农业产业化龙头企业等发展现代生态循环农业，提高农业投入品利用效率，实施好农业废弃物资源化利用。积极推广合作式、托管式、订单式等服务形式，以社会化服务推动生产经营的规模化、标准化和清洁化。

（5）新型治理主体

大力培育新型治理主体。大力发展农机、植保、农技和农业信息化服务合作社、专业服务公司等服务性组织，构建公益性服务和经营性服务相结合、专项服务和综合服务相协调的新型农业社会化服务体系。采取财政扶持、税收优惠、信贷支持等措施，加快培育多种形式的农业面源污染防治经营性服务组织，鼓励新型治理主体开展畜禽养殖污染治理、地膜回收利用、农作物秸秆回收加工、沼渣沼液综合利用、有机肥生产等服务。探索开展政府向经营性服务组织购买服务机制和 PPP 模式（Public-Private-Partnership，即公私合营模式）创新试点，支持具有资质的经营性服务组织从事农业面源污染防治。鼓励农业产业化龙头企业、规模化养殖场等，采用绩效合同服务等方式引入第三方治理，实施农业面源污染防治工程整体式设计、模块化建设、一体化运营。

（6）综合示范工程

大力推进综合防治示范区建设。落实好《全国农业可持续发展规划（2015—2030 年）》和《农业环境突出问题治理总体规划（2014—2018 年）》部署的农业面源污染防治重点任务，在重点流域和区域实施一批农田氮磷拦截、畜禽养殖粪污综合治理、地膜回收、农作物秸秆资源化利用和耕地重金属污染治理修复等农业面源污染综合防治示范工程，总结一批农业面源污染防治的新技术、新模式和新产品。继续实施太湖、洱海、巢湖和三峡库区农业面源污染综合防治示范区建设，尽快再建设一批跨区域、跨流域、涵盖农业面源污染全要素的综合防治示范区，加强单项治理技术的集成配套，积极探索流域农业面源污染防治有效机制。

4. 强化保障措施

不断强化农业面源污染防治保障措施。

（1）加强组织领导

农业部成立相关司局参加的农业面源污染防治推进工作组，及时加强对地方工作的指导与服务。各级农业部门要切实增强对农业面源污染防治工作重要性、紧迫性的认识，将农业面源污染防治纳入打好节能减排和环境治理攻坚战的总体安排，积极争取当地党委政府关心与支持，及时加强与发展改革、财政、国土、

环保、水利等部门的沟通协作，形成打好农业面源污染防治攻坚战的工作合力。

（2）强化工作落实

农业部要强化顶层设计，做好科学谋划部署，并加强对地方工作的督查、考核和评估，建立综合评价指标体系和评价方法，客观评价农业面源污染防治效果。各级农业部门要强化责任意识和主体意识，分工明确、责任到位，科学制定规划和具体实施方案，加大投入力度，因地制宜创设实施一批重大工程项目，加强监管与综合执法，确保农业面源污染防治工作取得实效。

（3）加强法制建设

贯彻落实《农业法》《环境保护法》《畜禽规模养殖污染防治条例》等有关农业面源污染防治要求，推动《土壤污染防治法》《耕地质量保护条例》《肥料管理条例》等出台及《农产品质量安全法》《农药管理条例》等修订工作。制定完善农业投入品生产、经营、使用，节水、节肥、节药等农业生产技术及农业面源污染监测、治理等标准和技术规范体系。依法明确农业部门的职能定位，围绕执法队伍、执法能力、执法手段等方面加强执法体系建设。

（4）完善政策措施

不断拓宽农业面源污染防治经费渠道，加大测土配方施肥、低毒生物农药补贴、病虫害统防统治补助、耕地质量保护与提升、农业清洁生产示范、种养结合循环农业、畜禽粪污资源化利用等项目资金投入力度，逐步形成稳定的资金来源。探索建立农业生态补偿机制，推动落实金融、税收等扶持政策，完善投融资体制，拓宽市场准入，鼓励和吸引社会资本参与，引导各类农业经营主体、社会化服务组织和企业等参与农业面源污染防治工作。

（5）加强监测预警

建立完善农田氮磷流失、畜禽养殖废弃物排放、农田地膜残留、耕地重金属污染等农业面源污染监测体系，摸清农业面源污染的组成、发生特征和影响因素，进一步加强流域尺度农业面源污染监测，实现监测与评价、预报与预警的常态化和规范化，定期发布《全国农业面源污染状况公报》。加强农业环境监测队伍机构建设，不断提升农业面源污染例行监测的能力和水平。

（6）强化科技支撑

发挥全国农业科技协同创新联盟作用，促进科研资源整合与协同创新，紧紧围绕科学施肥用药、农业投入品高效利用、农业面源污染综合防治、农业废弃物循环利用、耕地重金属污染修复、生态友好型农业和农业机械化关键技术问题，启动实施一批重点科研项目，尽快形成一整套适合我国国情农情的农业清洁生产技术和农业面源污染防治技术模式与体系。健全经费保障和激励机制，进一步加强农业面源污染防治技术推广服务力度。

（7）加强舆论引导

充分利用报纸、广播、电视、新媒体等途径，加强农业面源污染防治的科学普及、舆论宣传和技术推广，让社会公众和农民群众认清农业面源污染的来源、本质和危害。大力宣传农业面源污染防治工作的意义，推广普及化害为利、变废为宝的清洁生产技术和污染防治措施，让广大群众理解、支持、参与到农业面源污染防治工作。

（8）推进公众参与

建立完善农业资源环境信息系统和数据发布平台，推动环境信息公开，及时回应社会关切的热点问题，畅通公众表达及诉求渠道，充分保障和发挥社会公众的环境知情权和监督作用。深入开展生态文明教育培训，切实提高农民节约资源、保护环境的自觉性和主动性，为推进农业面源污染防治的公众参与创造良好的社会环境。

第4节　治污行动计划

2013年以来国务院正式发布《大气污染防治行动计划》（简称“大气十条”）、《水污染防治行动计划》（简称“水十条”）、《近期土壤环境保护和综合治理工作安排》（简称《工作安排》）等防治污染的三个重要文件，为我国的大气污染防治、水体污染防治和土壤污染防治制定了明确的治理目标，并且提出了具体的治理措施。

治理污染是一项极其复杂的系统工程，需要付出长期坚持不懈的努力。根据国外治理经验，估计我国大气污染治理需要10～20年，水污染治理则需要30～40年，而土壤污染治理则需要60～80年之久。我们既要有长期治理的思想准备，更要有从我做起的自觉行动，为早日实现治理目标尽职尽力。

一、大气污染防治

1. 大气污染概念

大气污染（又称为空气污染，Atmospheric pollution），按照国际标准化组织（ISO）的定义：“大气污染（空气污染）通常系指由于人类活动或自然过程引起某些物质进入大气中，呈现出足够的浓度，达到足够的时间，并因此危害了人体的舒适、健康和福利或环境的现象。”

大气污染源可分为自然的和人为的两大类。自然污染源是由于自然原因（如火山爆发，森林火灾等）而形成，人为污染源是由于人们从事生产和生活活动而形成。人为排放的大气污染物有数十种之多，量多危害也较大的主要大气污染物有颗粒物质、硫氧化物 SO_x、氮氧化物 NO_x、CO 和 CO_2、烃类 C_xH_y 等5种。

氮氧化物（NO_x）种类很多，造成大气污染的主要是NO和

NO_2 等。它们主要来自矿物燃料的高温燃烧（如汽车、飞机、内燃机及工业窑炉等的燃烧）过程中，由空气中的 N_2 和 O_2 反应生成的 NO、NO_2，然而，氮肥厂和施用氮肥不当也产生氮氧化物。

人需要呼吸空气以维持生命。一个成年人每天呼吸大约 2 万多次，吸入空气达 15 ~ 20 立方米。因此，被污染了的空气对人体健康有直接的影响。1952 年 12 月 5 ~ 8 日英国伦敦发生的煤烟雾事件死亡 4000 人，人们把这个灾难的烟雾称为“杀人的烟雾”。

大气污染物，尤其是二氧化硫、氟化物等对植物的危害是十分严重的。当污染物浓度很高时，会对植物产生急性危害，使植物叶表面产生伤斑，或者直接使叶枯萎脱落；当污染物浓度不高时，会对植物产生慢性危害，使植物叶片褪绿，或者表面上看不见什么危害症状，但植物的生理机能已受到了影响，造成植物产量下降，品质变坏。

比较常见的空气污染物包括悬浮微粒、一氧化碳、硫氧化物、氮氧化物和碳氢化合物等，大多是由人为因素而产生。

2. 大气污染现状

近年来，虽然我国大气污染防治工作取得了很大的成效，但由于各种原因，我国大气环境面临的形势仍然非常严峻。大气污染物排放总量居高不下，城市大气环境中总悬浮颗粒物浓度普遍超标，机动车尾气污染物排放总量迅速增加，这也是雾霾污染形成的主要原因；二氧化硫污染保持在较高水平；氮氧化物污染呈加重趋势；全国形成华中、西南、华东、华南多个酸雨区，以华中酸雨区为重。据了解，全国大多数城市的大气环境质量达不到国家规定的标准。全国 47 个重点城市中，约 70% 以上的城市大气环境质量达不到国家规定的二级标准，参加环境统计的 338 个城市中，137 个城市空气环境质量达不到国家三级标准，占统计

城市的40%，属于严重污染型城市。

3. 大气污染治理

2013年6月14日，国务院常务会部署大气污染防治十条措施。9月国务院正式下发《大气污染防治行动计划》（简称"大气十条"）。

从《大气污染防治行动计划》提出到2017年全国地级及以上城市可吸入颗粒物浓度比2012年下降10%以上，优良天数逐年提高。京津冀、长三角、珠三角等区域PM2.5分别下降25%、20%、15%以上。《大气污染防治行动计划》奋斗目标称，到2017年或更长时间，全国空气质量总体改善，重污染天气较大幅度减少；京津冀、长三角、珠三角等区域空气质量明显好转。

大气污染防治十条措施，包括减少污染物排放；严控高耗能、高污染行业新增耗能；大力推行清洁生产；加快调整能源结构；强化节能环保指标约束；推行激励与约束并举的节能减排新机制，加大排污费征收力度，加大对大气污染防治的信贷支持等。内容如下：

一是减少污染物排放。全面整治燃煤小锅炉，加快重点行业脱硫脱硝除尘改造。整治城市扬尘。提升燃油品质，限期淘汰黄标车。

二是严控高耗能、高污染行业新增产能，提前一年完成钢铁、水泥、电解铝、平板玻璃等重点行业"十二五"落后产能淘汰任务。

三是大力推行清洁生产，重点行业主要大气污染物排放强度到2017年底下降30%以上。大力发展公共交通。

四是加快调整能源结构，加大天然气、煤制甲烷等清洁能源供应。

五是强化节能环保指标约束，对未通过能评、环评的项目，不得批准开工建设，不得提供土地，不得提供贷款支持，不得供电供水。

六是推行激励与约束并举的节能减排新机制，加大排污费征收力度。加大对大气污染防治的信贷支持。加强国际合作，大力培育环保、新能源产业。

七是用法律、标准“倒逼”产业转型升级。制定、修订重点行业排放标准，建议修订大气污染防治法等法律。强制公开重污染行业企业环境信息。公布重点城市空气质量排名。加大违法行为处罚力度。

八是建立环渤海包括京津冀、长三角、珠三角等区域联防联控机制，加强人口密集地区和重点大城市 PM2.5 治理，构建对各省（区、市）的大气环境整治目标责任考核体系。

九是将重污染天气纳入地方政府突发事件应急管理，根据污染等级及时采取重污染企业限产限排、机动车限行等措施。

十是树立全社会“同呼吸、共奋斗”的行为准则，地方政府对当地空气质量负总责，落实企业治污主体责任，国务院有关部门协调联动，倡导节约、绿色消费方式和生活习惯，动员全民参与环境保护和监督。

2015 年底，环保部公布了《重点区域大气污染防治“十二五”规划》，这是我国第一部综合性大气污染防治规划。规划提出到 2015 年，我国重点区域可吸入颗粒物、细颗粒物年均浓度要分别下降 10% 和 5% 。这份规划最大的亮点，就是把解决人民群众最关心、最直接、最现实的 PM2.5 污染问题作为根本出发点和落脚点，切实维护人民群众身体健康和环境权益。

大气污染防治既是重大民生问题，也是经济升级的重要抓手。我国日益突出的区域性复合型大气污染问题是长期积累形成的。治理好大气污染是一项复杂的系统工程，需要付出长期坚持

不懈的努力。当前必须突出重点、分类指导、多管齐下、科学施策，把调整优化结构、强化创新驱动和保护环境生态结合起来，用硬措施完成硬任务，确保防治工作早见成效，促进改善民生，培育新的经济增长点。“空气质量与人民群众的幸福指数息息相关。”我国大气环境形势依然严峻，以 PM2.5 为特征污染物的区域性大气环境问题日益突出。“既然同呼吸，就要共奋斗，大家都尽一把力。”

二、水体污染防治

1. 水体污染概念

水体污染（Pollution of waters）是指水体因某种物质的介入，超过了水体的自净能力，导致其物理、化学、生物等方面特征的改变，从而影响到水的利用价值，危害人体健康或破坏生态环境，造成水质恶化的现象。水体（water body）就是江河湖海、地下水、冰川等的总称，是被水覆盖地段的自然综合体。它不仅包括水，还包括水中溶解物质、悬浮物、底泥、水生生物等。

造成水体污染的原因是多方面的，其主要来源有以下几方面：工业废水；生活污水；农业污水（主要含氮、磷、钾等化肥、农药、粪尿等有机物及人畜肠道病原体等）。

2. 水体污染现状

江河水：对我国 532 条河流的污染状况进行的调查表明，已有 436 条河流受到不同程度的污染，占调查总数的 82%。到 1994 年为止，全国各大江均受到不同程度的污染，并呈发展趋势，工业发达城市（镇）附近水域的污染尤为突出。据全国七大水系和内陆河流的 110 个重点河段统计，符合《地面水环境质量标准》的 1、2 类的占 32%，3 类的占 29%，属于 4、5 类的占 39%。主要污染指标为氨氮、高锰酸盐指数、挥发酚和生化需氧量。

湖泊水库水：我国湖泊达到富营养水平的已达到63.3%，处于富营养和中营养状态的湖泊水库面积占湖泊水库总面积的99.5%。

海水：沿岸海域各海区无机氨和无机磷普遍超标，污染程度有所增加，局部海域营养盐含量已超过国家3类水水质标准，油类污染有所减轻，但珠江口、大连湾、胶州等海域污染仍较严重。

地下水：我国的饮用水源污染非常严重，符合饮用水标准者约占30%，在以地下水为饮用水源的城市受到不同程度的污染。

我国水体污染形势和大气、土壤一样，可用极为严峻来形容。早在2005年就有统计称，全国地表水的COD（需氧量）环境容量是740.9万吨，而排放量达到1414.2万吨。地表水氨氮的环境容量是29.8万吨，而排放量接近150万吨。全国水环境的形势依然非常严峻，涉及饮水安全的水环境突发事件数量依然不少，这几年每年都有十几起。

3. 水体污染治理

2014年4月16日国务院发布《水污染防治行动计划》（下称“水十条”）行动计划提出，到2020年，全国水环境质量得到阶段性改善，污染严重水体较大幅度减少，饮用水安全保障水平持续提升，地下水超采得到严格控制，地下水污染加剧趋势得到初步遏制，近岸海域环境质量稳中趋好，京津冀、长三角、珠三角等区域水生态环境状况有所好转。到2030年，力争全国水环境质量总体改善，水生态系统功能初步恢复。到21世纪中叶，生态环境质量全面改善，生态系统实现良性循环。

主要指标是：到2020年，长江、黄河、珠江、松花江、淮河、海河、辽河等七大重点流域水质优良（达到或优于Ⅲ类）比例总体达到70%以上，地级及以上城市建成区黑臭水体均控制在10%以内，地级及以上城市集中式饮用水水源水质达到或

优于Ⅲ类比例总体高于93%，全国地下水质量极差的比例控制在15%左右，近岸海域水质优良（一、二类）比例达到70%左右。京津冀区域丧失使用功能（劣于Ⅴ类）的水体断面比例下降15个百分点左右，长三角、珠三角区域力争消除丧失使用功能的水体。到2030年，全国七大重点流域水质优良比例总体达到75%以上，城市建成区黑臭水体总体得到消除，城市集中式饮用水水源水质达到或优于Ⅲ类比例总体为95%左右。

为实现以上目标，行动计划确定了十个方面的措施：

一是全面控制污染物排放。针对工业、城镇生活、农业农村和船舶港口等污染来源，提出了相应的减排措施。

二是推动经济结构转型升级。加快淘汰落后产能，合理确定产业发展布局、结构和规模，以工业水、再生水和海水利用等推动循环发展。

三是着力节约保护水资源。实施最严格水资源管理制度，控制用水总量，提高用水效率，加强水量调度，保证重要河流生态流量。

四是强化科技支撑。推广示范先进适用技术，加强基础研究和前瞻技术研发，规范环保产业市场，加快发展环保服务业。

五是充分发挥市场机制作用。加快水价改革，完善收费政策，健全税收政策，促进多元投资，建立有利于水环境治理的激励机制。

六是严格环境执法监管。严惩各类环境违法行为和违规建设项目，加强行政执法与刑事司法衔接，健全水环境监测网络。

七是切实加强水环境管理。强化环境治理目标管理，深化污染物总量控制制度，严格控制各类环境风险，全面推行排污许可。

八是全力保障水生态环境安全。保障饮用水水源安全，科学防治地下水污染，深化重点流域水污染防治，加强良好水体和海洋环境保护。整治城市黑臭水体，直辖市、省会城市、计划单列市建成区于2017年底前基本消除黑臭水体。

九是明确和落实各方责任。强化地方政府水环境保护责任，落实排污单位主体责任，国家分流域、分区域、分海域逐年考核计划实施情况，督促各方履责到位。

十是强化公众参与和社会监督。国家定期公布水质最差、最好的10个城市名单和各省（区、市）水环境状况。加强社会监督，构建全民行动格局。

为实现目标，行动计划要求要全面控制污染物排放，推动经济结构转型升级，着力节约保护水资源，强化科技支撑，充分发挥市场机制作用。同时，要严格环境执法监管，切实加强水环境管理，全力保障水生态环境安全，明确和落实各方责任，强化公众参与和社会监督。

三、土壤污染治理

1. 土壤污染概念

土壤污染（Soil pollution）是指在人类生产和生活活动中排出的有害物质进入土壤中，直接或间接地危害人畜健康的现象。

土壤污染物大致可分为无机污染物和有机污染物两大类。无机污染物主要包括化肥、酸、碱、重金属，盐类、放射性元素铯、锶的化合物、含砷、硒、氟的化合物等；有机污染物主要包括有机农药、有机肥、酚类、氰化物、石油、合成洗涤剂、苯并芘以及由城市污水、污泥及厩肥带来的有害微生物等。

2. 土壤污染现状

（1）重金属污染

国土资源部统计表明，目前全国耕种土地面积的10%以上已受重金属污染。华南部分城市约有一半的耕地遭受镉、砷、汞等有毒重金属和石油类有机物污染；长江三角洲地区有的城市连

片的农田受多种重金属污染，致使10%的土壤基本丧失生产力，成为“毒土”。

（2）利用率低下

当前我国化肥和农药的综合利用率大概在30%。2007年以来每年化肥的使用量超过5000万吨（有效成分），约占世界总量的1/3，每公顷施肥量高达437.7千克，是安全上限的1.95倍；我国农药使用量达30多万吨（有效成分），是世界平均水平的2.5倍。

（3）转移扩散广

不仅污染加重，而且还在转移扩散。当前我国土壤污染还出现了有毒化工和重金属污染由工业向农业转移、由城区向农村转移、由地表向地下转移、由上游向下游转移、由水土污染向食品链转移的趋势。逐步加重和转移的污染，在演变成污染事故的频繁爆发。

土壤污染已造成如下严重后果：

①生态环境恶化。土壤污染造成生态关系失衡，引起生态环境恶化。中国科学院地理科学与资源研究所在长江三角洲等地调查的主要农产品，农药残留超标率高达16%以上，致使稻田中生物多样性不断减少，系统稳定性不断降低。

②作物减产降质。土壤污染造成耕地质量下降，使农作物减产降质。由于化肥、农药和工业三废导致的土壤污染，使我国粮食每年因此减产高达数亿公斤；污染物向食品链转移，对人们身体健康和农业可持续发展构成严重威胁。

目前我国大地污染现状严峻，成因十分复杂，形成令人扼腕的“大地之殇”。据报道，2008年以来，全国已发生百余起重大污染事故。包括砷、镉、铅等重金属污染事故达30多起。污染的加剧一方面导致土壤中的有益菌大量减少，土壤质量下降，自净能力减弱，影响农作物的产量与品质，危害人体健康，甚至出现环境报复风险。另一方面频繁爆发的污染事故损失惨重，不仅增加了环境保护治理成本，也使社会稳定成本大增，而土壤污染修复所需的费用更是天价。土壤污染导致的疾病将严重威胁人类健康和农业可持续发展，最终危害中华民族的子孙的未来。

3. 土壤污染治理

2013 年 1 月 24 日国务院办公厅发布《近期土壤环境保护和综合治理工作安排》（简称《工作安排》）。为切实保护土壤环境，防治和减少土壤污染，《工作安排》进一步提出了严格控制新增土壤污染、确定土壤环境保护优先区域、强化被污染土壤的环境风险控制、开展土壤污染治理与修复、提升土壤环境监管能力、加快土壤环境保护工程建设等六项主要任务。明确我国土壤环境保护和综合治理工作的近期目标为：

要求到 2015 年，全面摸清我国土壤环境状况，建立严格的耕地和集中式饮用水水源地土壤环境保护制度，初步遏制土壤污染上升势头，确保全国耕地土壤环境质量调查点位达标率不低于 80%；建立土壤环境质量定期调查和例行监测制度，基本建成土壤环境质量监测网，对全国 60% 的耕地和服务人口 50 万以上的集中式饮用水水源地土壤环境开展例行监测；全面提升土壤环境综合监管能力，初步控制被污染土地开发利用的环境风险，有序推进典型地区土壤污染治理与修复试点示范，逐步建立土壤环境保护政策、法规和标准体系。力争到 2020 年，建成国家土壤环境保护体系，使全国土壤环境质量得到明显改善。

为实现上述目标，土壤污染的治理措施如下：

一是施用改良剂增加土壤净化能力：向土壤中施用石灰、氧化铁、碳酸盐等化学改良剂，以减轻土壤中重金属的毒害；增加土壤有机质含量、砂掺黏改良性土壤，增加土壤对有害物质的吸附力，减少污染物在土壤中活性。

二是强化污染土壤环境管理与综合防治：控制和消除土壤污

染源，组织有关部门和科研单位，筛选污染土壤修复实用技术，加强污染土壤修复技术集成，选择有代表性的污灌区农田和污染场地，开展污染土壤的治理与修复。

三是调控土壤的氧化还原条件：调节土壤氧化还原电位，使某些重金属污染物转化为难溶态沉淀物，控制其迁移和转化，降低污染物的危害程度。调节土壤氧化还原电位，主要是通过调节土壤水分管理和耕作措施来实现。

四是大力推广和发展清洁生产：在工业生产中，必须大力推广闭路循环、无毒工艺等先进技术，以便减少或消除污染物排放；对工业“三废”进行回收净化处理，变废为宝、化害为利，严格控制污染物的排放量及其浓度。

五是改变耕作制度，实行翻土和换土：改变耕作制度会引起土壤环境条件的有益变化，消除某些污染物的危害；对于污染严重的土壤，采取铲除表土和换客土的方法；对于轻度污染的土壤采取深翻土或换无污染客土的方法。

六是采用农业生态工程措施：在污染土壤上繁殖非食用的种子、种经济作物，从而减少或消除污染物进入食物链的途径；或利用某些特定的动植物和微生物较快地吸走或降解土壤中的污染物质，从而有效达到净化土壤的目的。

七是利用机械、物理化学原理治理污染土壤：这是一种治本的措施，但投资大，仅适于小面积的重度污染区，主要有隔离法、清洗法、热处理、电化法等。近年来引入治理水体和大气污染技术，为土壤污染治理开辟了新途径。

八是施用高效环保新型肥料：高效环保新型肥料中的重金属等有害物质种类和含量均严格控制，不致污染土壤和作物；新型肥料的营养成分配方较合理，有效期长便于作物吸收，大幅度提高肥料的利用率，减少残留污染。

第三章　肥料种类识别

肥料广义概念：能给作物提供养分；或能改善作物品质与增加产量；或能维持与增进地力；或能改良土壤性质；而由人工补给的物质均称为肥料。

肥料是农业生产的重要物质基础之一，对农作物增产增收和农业的永续发展至关重要。了解肥料分类知识，有助于对肥料的成分、性质、功效和用途有一个较为全面的认识，有利于合理使用肥料，有助于识别假冒伪劣肥料产品。

第1节　肥料元素功能

一、肥料基本概念

1. 肥料定义

国际标准化组织（ISO）定义："以提供植物养分为其主要功效的物料。"

德国定义："肥料是可直接或间接的供之于作物以促进作物生长，增加产量，改善品质的一类物质。"

法国定义："主要功能是对植物提供它们在营养上直接利用元素的物质。"

日本定义："在法规范围内，肥料这一术语应定义为施用在土壤中，为了供给植物养分的目的，使土壤发生化学变化而有益于植物栽培或者施之于植物，为植物提供养分的任何物质。"

根据我国国家标准《肥料和土壤调理剂　术语 GB/T 6274—1997》和农业行业标准《肥料合理使用准则　通则 NY/T 496—2010》中的定义，肥料（Fertilizer）系指以提供植物养分为其主要功效的物料。

植物不能直接吸收和直接利用有机物质，植物直接吸收的是无机形态养分，又称矿质养分。经长期实践和大量研究发现，植物正常生长发育、开花结果所需的营养元素大约有 20 多种，他们基本以无机形态被植物吸收，在光合作用下合成蛋白质、脂肪、糖（碳水化合物）、氨基酸、维生素等有机物。

所需的 20 多种营养元素有必需元素和有益元素之分。

2. 所需元素

（1）必需元素

指植物正常生长发育所必需而不能用其他元素代替的植物营养元素。根据植物需要量的多少，必需元素又分为必需大量元素、必需中量元素和必需微量元素。

必需元素的生理功能：构成植物体内有机结构的组成，参与酶促反应或能量代谢及生理调节。如纤维素、单糖和多糖中含有碳、氢、氧；蛋白质中含有碳、氢、氧、氮、磷、硫；某些酶中含有铁或锌；Mg^{2+} 和 K^{+} 是两种不同的酶的活化剂；K^{+} 和 Cl^{-} 对渗透调节具有重要作用，等等。

①必需大量元素：它们在植物体内含量较多，一般为植物干重的千分之几至百分之几。包括碳（C）、氢（H）、氧（O）、氮（N）、磷（P）、钾（K）。我国农业行业标准《肥料合理使用准则　通则 NY/T 496—2010》中，把氮（N）、磷（P）、钾（K）元素通称为大量元素。

②必需中量元素：它们在植物体内含量也比较多，一般为植物干重的千分之几至百分之几。我国农业行业标准《肥料合理使用准则　通则 NY/T 496—2010》中，把钙（Ca）、镁（Mg）、

硫（S）元素通称为中量元素；最新研究认为硅（Si）元素也是必需的中量元素。

③必需微量元素：植物生长所必需的、但相对来说是少量的元素，一般仅为植物干重的十万分之几至千分之几。我国农业行业标准《肥料合理使用准则　通则 NY/T 496—2010》中，把硼（B）、锰（Mn）、铁（Fe）、锌（Zn）、铜（Cu）、钼（Mo）、氯（Cl）、镍（Ni）元素通称为微量元素；最新研究认为钠（Na）元素也是必需的微量元素。

（2）有益元素

按照我国农业行业标准《肥料合理使用准则　通则 NY/T 496—2010》中定义：有益元素（Beneficial element）不是所有植物生长必需的，但对某些植物生长有益的元素，如钠（Na）、硅（Si）、钴（Co）、硒（Se）、铝（Al）、钛（Ti）、钒（V）、碘（I）等。

3. 有关说明

按照 GB/T 6274—1997《肥料和土壤调理剂术语》（等同采用 ISO 8157—1984）中定义：元素氮、磷、钾在某些国家通称为主要养分；元素钙、镁、钠、硫在某些国家通称为次要养分；植物生长所必需的、但相对来说是少量的元素，例如硼、锰、铁、锌、铜、钼或钴等通称为微量养分或微量元素。

二、肥料元素功能

植物对各种营养元素的需要量不一定相同，各种营养元素在植物的生命代谢中各自有不同的生理功能，相互间是同等重要和不可代替的。了解各种元素的生理功能对于科学合理施肥、实现优质高产具有相当重要的意义。

1. 必需元素

（1）必需大量元素

①碳氢氧：碳氢氧占植物干重的 90% 以上，以碳水化合物

形式存在（如纤维素等），是细胞壁的组成物质。它们也是糖、脂肪、酸类、植物激素的组成成分。氢和氧在生物氧化还原过程中起重要作用。由于碳氢氧主要来自空气中的二氧化碳和水，一般无须另外施加；但塑料大棚和温室要施用 CO_2 肥，实践表明 CO_2 的浓度控制在 0.1% 以下为宜。

②氮：没有氮就没有生命现象。氮是蛋白质的主要成分，是植物细胞原生质组成中的基本物质，也是植物生命活动的基础。氮是植物体内许多重要有机化合物的成分，在多方面影响着植物的代谢过程和生长发育。氮是叶绿素、核酸、生物酶等的组成成分；此外氮还是生物碱（如烟碱、茶碱）、维生素（如维生素 B_1、维生素 B_2 以及维生素 B_6）等的组成成分。

③磷：磷是植物体内许多有机化合物的组成成分，参与植物体内的各种代谢过程，在植物生长发育中起着重要的作用。磷是核酸的主要组成部分，在植物生长发育和代谢过程中极为重要，细胞分裂和根系生长不可或缺。磷是磷脂、生物膜、三磷酸腺苷、脱氢酶、氨基转移酶等的组成成分，磷还具有提高植物的抗逆性和适应外界环境条件的能力。

④钾：钾不是植物体内有机化合物的成分，主要呈离子状态存在于植物细胞液中。它是多种酶的活化剂，在代谢过程中起着重要作用，不仅可促进光合作用，还可以促进氮代谢，提高植物对氮的吸收和利用。钾调节细胞的渗透压，调节植物生长和经济用水，增强植物的抗不良因素（旱、寒、病害、盐碱、倒伏）的能力。钾还可以改善农产品品质。

（2）必需中量元素

①钙镁硫：钙能稳定生物膜结构，保持细胞完整性，在植物离子选择性吸收、生长、衰老、信息传递以及植物抗逆性方面有重要作用；镁是叶绿素的组成成分，叶绿素 A 和叶绿素 B 中都含有镁，对植物的光合作用、碳水化合物的代谢和呼吸作用具有

重要意义；硫是构成蛋白质和酶的不可缺少的成分，硫在植物体内参与胱氨酸和蛋氨酸等的形成。

②硅：硅是禾本科和莎草科植物所必需的，对果蔬等也有作用。缺硅会使植物生殖生长期的受精能力减弱，降低果实数和果重；硅提高植物茎秆的硬度，增加害虫取食和消化的难度；硅是植物抵御逆境因素（旱、寒、盐碱、倒伏、病虫害、紫外辐射）、缓解 Na、Mn 等金属离子胁迫作用、调节植物与其他生物之间相互关系所必需的营养元素。

（3）必需微量元素

①铁：铁在植物体内的含量为干重的千分之三左右，铁参与叶绿素的合成，铁是植物有氧呼吸的酶的重要组成物质，铁在生物固氮中起重要作用。

②锰：锰是放氧复合体组分，又是酶的活化剂（例如：转磷酸基酶、酮戊二酸脱氢酶、硝酸还原酶、二肽酶等），还是叶绿素生物合成的必需因子。

③锌：锌是某些酶的成分或活化剂，由此对植物碳、氮代谢产生广泛影响并参与光合作用，参与生长素的合成，促进生殖器官发育和提高抗逆性。

④铜：铜是植物体内许多氧化酶的成分，或是某些酶的活化剂，参与多种氧化还原反应，它还参与光合作用，影响氮的代谢，促进花器官的发育。

⑤硼：硼对生物膜的结构和功能有重要影响，促进碳水化合物正常运转、生殖器官形成和发育、细胞分裂和细胞伸长，提高豆科植物的固氮能力。

⑥钼：钼是固氮酶和硝酸还原酶的成分，参与氮代谢和豆科植物共生固氮作用，钼能促进光合作用并对植物体内的其他代谢活动也有一定的影响。

⑦氯：氯在植物体内以离子状态维持着各种生理平衡。氯参

与植物光合作用和水的光解反应，调节气孔的开闭，增强作物对某些病害的抑制能力。

⑧镍：镍可催化尿素降解为氨和二氧化碳，参与豆科植物生物固氮；缺镍症状：叶片中脉积累，叶的尖端和边缘组织坏死，严重时叶片整体坏死。

⑨钠：钠能增大植物细胞的渗透势，在适当盐浓度的土壤中能提高植物吸水吸肥能力，钠可促进细胞体积的增大和数目增多，使植物生长得更好。

须知，钠元素是大多数利用 C_4 或 CAM 途径进行光合作用的植物必需的。钠离子对这类植物光合作用过程中 PEP 的再生至关重要。当钠元素缺乏时，植物出现失绿或坏死，甚至不能开花。钠离子能够提高细胞的渗透势，有利于细胞的扩大。低水平钠对于 C_3 植物的生长也是有利的。在渗透调节方面，钠离子有部分代替钾离子的功能。

2. 有益元素

它们对某些植物的生长发育具有良好的作用，或为某些植物在特定条件下所必需，被称为种植业增产的秘密武器。

①钴：钴是微生物固定大气氮的必需元素，因此在豆科和桤木结瘤以及固氮藻类中均需要钴。植株干物质中的正常含钴量为 $0.02 \times 10^{-6} \sim 0.5 \times 10^{-6}$。土壤是动物所需植物钴的来源，施钴能改善棉花、菜豆和芥菜的生长、蒸腾和光合作用，使菜豆和芥菜的还原活性和叶绿素含量提高，增加棉铃、减少落铃。施钴能提高叶片含水量和过氧化氢酶活性。最常用的钴肥是硫酸钴和硝酸钴，钴肥可以用于基施、喷施或者浸种。

②硒：硒是动物所必需的微量元素，为了满足动物对钛的需求，首先应在植物体内保持有一定的含量。硒在植物体内通过含硒谷胱甘肽过氧化酶活性升高，增强植株体内抗氧化能力，从而提高植株抗逆性和抗衰老能力，保障了植株正常生长。所以在低

硒地区种植水稻、玉米、小麦时，施用适量的含硒肥料，有良好的增产效果。但是过量硒对农作物有毒害作用，这可能是由于硒促进体内过氧化作用占主导地位所致。

③钛：钛对经济作物和粮食作物的生长和增产均有良好作用。浙江大学化学系研制的钛螯合物，经农业部门试验表明：早稻、晚稻，在始穗—齐穗期喷施 Ti 0.25%～0.5%（质量分数，下同）的钛肥，分别能增产 5.2%～8.3% 和 6.3%；Ti 0.25%～0.5% 钛肥用 100 毫升拌麦种 12.5 千克，可增产 10.1%；Ti 0.25% 的钛肥在油菜抽苔—初花期喷施，增产 13.5%；Ti 0.25%～0.5% 的钛肥在西瓜苗期—膨瓜期喷施可增产且提高甜度。

④钒：钒是有益元素之一，它促进固氮作用、促进种子发芽、提高光合作用效率、促进叶绿素的合成和提高叶绿素的含量、促进铁的吸收和利用、促进某些酶的活性等，因而，能促进某些作物生长、提高产量、改善品质、特别能提高蛋白质含量。据有关资料报道，当培养液含偏钒酸铵（NH_4VO_3）250μg/L 时，蕃茄的株高、鲜重、叶数和花数分别比对照增加 15%、20%、27%、16%；水稻种子用 0.04% 浸种 24 小时，产量比对照增产 15%。

⑤铝：铝是抗坏血酸氧化酶的专性激活剂；低浓度的铝能刺激植物的生长，其原由是铝可防止过量铜、锰、磷的毒害；植物体内含铝量通常为 20～200mg/kg，低于 200mg/kg 为非积累型植物，铝超过 0.1% 的植物为铝积累型植物。对于铝积累型植物铝可改变它们的颜色，绣球花色可由粉红（铝小于 150mg/kg）变为蓝色（大于 250mg/kg）。铝的毒害是可抑制根尖分生组织的细胞分裂，铝还可以抑制对钙、镁等的吸收。

第 2 节　肥料基本种类

为适应各种作物生长发育的需要，各种肥料的成分、性质、功效和用途有所差别，故其种类颇多。为有助于合理使用肥料，现介绍肥料比较常见的八种分类方法。

一、按化学组成分类

按化学组成可把常用肥料分为：有机肥料、无机肥料、生物肥料等三大类。

1. 有机肥料

按照我国国家标准《肥料和土壤调理剂　术语 GB/T 6274—1997》（等同采用 ISO 8157—1984 及其补充件 ISO 8157/DADI，1988）中定义：有机肥料（Organic fertilizer）系指主要来源于植物和（或）动物、施于土壤以提供植物营养为其主要功效的含碳物料。

有机肥料是天然有机质经微生物分解或发酵而成的一类肥料，我国又称农家肥。其特点为：原料来源广，数量大；养分全，含量低；肥效迟而长，须经微生物分解转化后才能为植物所吸收；改土培肥效果好。常用的自然肥料品种有绿肥、厩肥、饼肥、圈肥、堆肥、沤肥、人粪尿、沼气肥和废弃物肥料等。

2. 无机肥料

按照我国国家标准《肥料和土壤调理剂　术语 GB/T 6274—1997》（等同采用 ISO 8157—1984 及其补充件 ISO 8157/DADI，1988）中定义：无机肥料（Inorganic fertilizer）系指标明养分呈无机盐形式的肥料，由提取、物理和（或）化学工业方法制成。

无机肥料为矿质肥料，又称化学肥料，简称化肥。一般采用提取、机械粉碎、混合、合成等工艺技术所制成的无机盐态肥料。无机肥料具有成分简单、有效成分含量高、易溶于水、分解快、易被作物根系吸收等特点，故称“速效性肥料”。无机肥料包括氮肥、磷肥、钾肥、中微量元素肥料以及复混肥料等。

注：硫磺、氰氨化钙、尿素及其缩缔合产品，骨粉、过磷酸钙，习惯上归作无机肥料。

3. 生物肥料

生物肥料（Biological fertilizer），又叫细长肥料，属于改善植物营养条件的肥料，不能直接供给养分。狭义的生物肥料是通过微生物生命活动，使农作物得到特定的肥料效应的制品，也被称为接种剂或菌肥，它本身不含营养元素，不能代替化肥；广义的生物肥料是既含有作物所需的营养元素，又含有微生物的制品，是生物、有机、无机的结合体，它可以代替化肥，提供农作物生长发育所需的各类营养元素。

主要特点：一是无污染无公害；二是配方科学养分齐全；三是低成本高产出；四是降低有害积累提高产品品质；五是活化土壤增加肥效；六是改善土壤供肥环境提高耕地肥力；七是抑制土传病害；八是促进作物早熟。包括微生物接种剂、复合微生物肥料、光合细菌肥料、乳酸菌有机肥、微生物发酵剂、生物有机肥、秸秆腐熟剂等。

化肥和农药的大量应用对于人类而言利弊并存，为兴利除弊，提出了“生态农业”，逐步实现在农田里少使用或不使用化学肥料和化学农药，而使用有机生物肥料和采用微生物方法防治病虫害。

二、按物理状态分类

按肥料物理状态可分为：固体肥料、液体肥料、气体肥料等三大类。

1. 固体肥料

固体肥料（Solid fertilizer）系指呈固体状态的肥料。绝大多数的商品肥料是固体肥料，就其外观形态可分为颗粒肥料、粉状肥料和包膜肥料。常用固体肥料可分为单元肥料、多元肥料和完全肥料。

单元肥料（Straight fertilizer）也称单质化肥、单一肥料，系指氮、磷、钾三种养分中，仅具有一种养分标明量的氮肥、磷肥或钾肥的通称。

多元肥料（Multiple fertilizer）系指含有氮、磷、钾三种主要养分元素中至少两种标明量养分的肥料。

完全肥料（Complete fertilizer）系指含有作物生长发育、开花结果所需要的各种主要营养元素的肥料，常指含有氮、磷、钾三要素或兼含其他营养元素的肥料。

固体肥料产品容易包装、运输和贮存，固体肥料施用也比较方便，既可手工施肥，也适用于机械化的农田施肥。固体肥料使用非常简单，可以直接撒在土壤上，也可以埋在土壤下，也可以溶于水后再浇洒或灌溉到田地里（特别要注意浓度，一般要用水稀释500倍以上）。

2. 液体肥料

按照我国国家标准《肥料和土壤调理剂　术语 GB/T 6274—1997》（等同采用 ISO 8157—1984 及其补充件 ISO 8157/DADI，1988）中定义：液体肥料（Liquid fertilizer）系指悬浮肥料、溶液肥料和液氨肥料的总称。

液体肥料，又称流体肥料，俗称液肥，是含有一种或一种以上作物所需的营养元素的液体肥料产品，一般均以氮（N）、磷（P）、钾（K）三大营养元素或者其中之一为主题，还常常包括许多微量营养元素的液体肥料。

液体肥料品种很多，大致可分为液体氮肥和液体复混肥两大类。液体氮肥有铵态、硝态和酰胺态的氮，如液氨、氨水、硝酸铵与氨的氨合物、尿素与氨的氨合物等。液体复混肥含有 N、P、K 中两种或者三种营养元素，如磷酸铵、尿素磷酸铵、硝酸磷酸铵、磷酸铵钾等，它们均可添加中量营养元素（Ca、Mg、S）和微量元素（Zn、B、Ca、Fe、Mn、Mo）以及除草剂、杀虫剂、植物激素等，综合效果明显，对作物增产效果显著。

液体肥料（溶液形态或胶体形态）既可根际土施，也可叶面喷施；液体肥料的生产成本较低，但需要相应专用的包装、贮存和施用机具。液体肥料适用于机械化的农田施肥，特别是可持续农业发展，适合节水农业的要求。发达国家采用测土配制专用液体肥，利用水肥一体化系统喷灌。

3. 气体肥料

气体肥料（Gas fertilizer）系指在常温、常压下呈气体状态的肥料。由于气体肥料呈气体状态，扩散性强，因此气体肥料主要是用于日光温室和塑料大棚中的农作物施肥。目前，能够开发利用的气体肥料主要是二氧化碳气肥，大田二氧化碳施肥试验已获得成功。在温室中施用二氧化碳可提高植物光合作用的强度和效率，促进根系发育，进而提高产品品质以及提高作物产量。

在设施农业中（如日光温室、塑料大棚等），除设有温度、湿度的自控调节设施外，还有二氧化碳自动发生器，以便及时补充二氧化碳（我国塑料大棚喜用碳酸氢铵，除供氮肥外，还可补充二氧化碳）。美国科学家在新泽西州的一家农场试验显示，作物在生育盛期和成熟期，如每茬平均补充 5 次二氧化碳气体，蔬菜可增产 90%，水稻可增产 70%，大豆可增产 60%，高粱甚至可增产 200%。

气体肥料发生器，不需要任何水、电等外界条件，只需将发生剂简单地吊挂在植物以上 50 厘米处，每亩均匀吊挂 20 袋，在白天阳光照射下可自动产生二氧化碳气体，晚间无太阳光则不产

生二氧化碳，一般可连续使用一个月左右。气体肥料发生器的使用成本比较低，操作容易，安全方便；有抗病、防病、防虫、增产等功效，不会对农作物造成任何损害；具有绿色、环保、无污染等特点。

二氧化碳气肥是以固体草酸或过磷酸钙与碳酸铵等为原料，以等量混合后，经粉碎、成粒、烘干而成。使用气肥具有很多优点，比如无毒、无味、无腐蚀性，而且使用时，只需简单的吊挂在植株上（有些产品定量投放到水中）即可，操作简便，使用气肥有利于农业生态平衡。鉴于以上特点二氧化碳气体肥料在荷兰、日本、韩国、英国和美国等已普遍使用，在我国虽有使用，但还有待推广。

除了二氧化碳外，是否还有其他气体可作气体肥料呢？德国地质学家埃伦斯特发现，凡是在有地下天然气冒出来的地方，植物都生长得特别茂盛。于是他将液化天然气通过专门管道送入土壤，结果在两年之中这种特殊的气体肥料都一直有效。原来是天然气中的主要成分甲烷起的作用，甲烷用于帮助土壤微生物的繁殖，而这些微生物可以改善土壤结构，帮助植物充分地吸收营养物质。

三、按肥效快慢分类

按肥效快慢可把肥料分为：速效肥料、缓释肥料、控释肥料、稳定性肥料。

1. 速效肥料

速效肥料（Fertilizer with quick result）系指分解得快、被植物吸收得快、见效也快的肥料，如尿素、氯化钾、硫酸铵，腐熟的人粪尿等。这种肥料施入土壤后，随即溶解于土壤溶液中而被作物吸收，见效很快。速效化肥一般用作追肥，也可用作基肥。大部分的氮肥品种，磷肥中的普通过磷酸钙等，钾肥中的硫酸钾、氯化钾都属于速效化肥。

2. 缓释肥料

根据我国国家标准《缓释肥料 GB/T 23348—2009》中定义：缓释肥料（Slow release fertilizer，SRF）系指通过养分的化学复合或物理作用，使其对作物的有效态养分随着时间而缓慢释放的化学肥料。

联合国工业发展组织（UNIDO）委托国际肥料发展中心（IFDC）编写的《肥料手册》1998年版列出了缓释肥料定义为：一种肥料所含的养分是以化合的或以某种物理状态存在，以使其养分对植物的有效性延长（国际标准化组织ISO的定义）。

缓释肥特点：通过化学的和生物的因素使肥料中的养分释放速率变慢。主要为缓效氮肥，也叫长效氮肥，一般在水中的溶解度很小。施入土壤后，在化学和生物因素的作用下，肥料逐渐分解，氮素缓慢释放，满足作物整个生长期对氮的需求。

缓释肥大部分为单质肥，以氮肥为主。在释放时受土壤pH、微生物活动、土壤中水分含量、土壤类型及灌溉水量等许多外界因素的影响，肥料释放不均匀，养分释放速度和作物的营养需求不一定完全同步。

常见的缓释肥：钙镁磷肥、钢渣磷肥、磷矿粉、磷酸二钙、脱氟磷肥、磷酸铵镁、偏磷酸钙等，一些有机化合物有脲醛、亚丁烯基二脲、亚异丁基二脲、草酰胺、三聚氰胺等，还有一些含添加剂（如硝化抑制剂、脲酶抑制等）或加包膜肥料，前者如长效尿素，后者如包硫尿素都列为缓释肥料，其中长效碳酸氢铵是在碳酸氢铵生产系统内加入氨稳定剂，使肥效期由30～45天延长到90～110天，氮利用率由25%提高到35%。缓效肥料常作为基肥使用。

3. 控释肥料

根据我国化工行业标准《控释肥料 HG/T 4215—2011》中

定义：控释肥料（Controlled release fertilizer，CRF）系指能按照设定的释放率（%）和释放期（d）来控制养分释放的肥料。

控释肥为缓释肥的高级形式，是指通过各种机制措施预先设定肥料在作物生长季节的释放模式，使其养分释放规律与作物养分吸收基本同步，从而达到提高肥效的一类肥料。

联合国工业发展组织（UNIDO）委托国际肥料发展中心（IFDC）编写的《肥料手册》1998 年版列出了控释肥料定义为：肥料中的一种或多种养分在土壤溶液中具有微溶性，以使它们在作物整个生长期均有效，理想的这种肥料应该是养分释放速率与作物对养分的需求完全一致。微溶性可以是肥料的本身特性或通过包膜（Coating）可溶性粒子而获得。

控释肥特点：控释肥料的养分释放速率、数量和时间是由人为设计的，其养分释放动力得到控制，使其与作物生长期内养分需求相匹配，是一类专用型肥料。如蔬菜 50 天、稻谷 100 天、香蕉 300 天等和各生育段（苗期、发育期、成熟期）需配与的养分是不相同的。控制养分释放的因素一般受土壤的湿度、温度、酸碱度等影响。控制释放的手段最易行的是包膜方法，可以选择不同的包膜材料，包膜厚度以及薄膜的开孔率来达到释放速率的控制。根据成膜物质不同，分为非有机物包膜肥料、有机聚合物包膜肥料、热性树脂包膜肥料、纳米高级包衣材料等。

控释肥的释放曲线有三种，一种是抛物线的前一半，即前期快速释放，这种膜通常厚度较薄或材料性能差；第二种为匀速释放，即温度恒定的前提下，每天释放基本完全一样，如果温度有波动，只是差异很小，主要因为这种包衣材料膜没有膨胀性，微孔或孔隙的大小是恒定的；第三种是“S”的释放曲线，S 型曲线是植物生长最喜欢的养分释放曲线，前期植物苗期时，对养分需求少，随着生长的加快，对养分的需求随之加快，释放时间与植物的生长基本一致。因此，S 型的释放曲线是较为理想的曲线。

控释肥多为 N-P-K 复合肥或再加上中微量元素的全营养肥。施入土壤后，它的释放速度只受土壤温度的影响，但土壤温度对植物生长速度的影响也很大，在比较大的温度范围内，土壤温度升高，控释肥的释放速度加快，同时植物的生长速度加快，对肥料的需求也增加。因此，控释肥释放养分的速度与植物对养分的需求速度比较吻合，从而能满足作物在不同的生长阶段对养分的需求。

常见的控释肥的控释材料：硫包衣（肥包肥）、树脂包衣、尿酶抑制剂等，按生产工艺的不同，又可分为：化合型、混合型及掺混型等。

常见的控释肥种类：均衡型控释肥、高氮型控释肥、高钾型控释肥、硫酸钾型控释复合肥、复混肥料生物控释肥、玉米专用控释肥以及其他作物专用控释肥等。

4. 稳定性肥料

稳定性肥料（Stabilized fertilizer）系指生产过程中加入了硝化抑制剂和（或）脲酶抑制剂，或者两种同时加入的一类肥料。这类肥料能够调解土壤微生物活性，降低尿素的水解过程，延迟铵态氮向硝态氮的转化，从而达到尿素缓解释放的作用，使肥效期得到延长的一类含氮肥料（包括含氮的二元或三元肥料和单质氮肥）。

稳定性肥料的核心作用就是稳定肥料的添加剂，也就是抑制剂，现今抑制剂类型已经由单一转向复合型抑制剂。

四、按酸碱性质分类

按酸碱性质可把肥料分为：酸性肥料、碱性肥料、中性肥料等三大类。

1. 酸性肥料

呈现酸性反应的肥料被称为酸性肥料（Acidic fertilizer）。酸性肥料又可分为两种：化学酸性肥料和生理酸性肥料。化学酸性肥料的水溶液呈酸性反应，如普通过磷酸钙、硫酸亚铁、硫酸铜溶液；生理酸性肥料的水溶液呈中性反应，但施入土壤后，一部分被作物吸收，另一部分遗留在土壤中，呈酸性，如氯化铵、氯化钾、硫酸铵、硫酸钾等。

农家肥中，常用的石膏、鸡粪、羊粪蛋等均属于酸性肥料。

农用石膏主要成分为硫酸钙，其水溶液呈中性，属生理酸性肥料，主要用于碱性土壤，为作物提供钙和硫等营养元素，并有改良土壤作用。

鸡粪、羊粪蛋都是很好的酸性肥料；淘米水发酵后也是很好的微酸性有机肥，加水稀释后可用于浇花。

据报道，偏碱性生物有机肥与酸性肥料搭配使用后，化肥可被有机肥料吸收保蓄，减少流失，化肥掺入有机肥料还可以促进有机肥进一步腐熟，提高肥效。试验表明，化肥与有机肥搭配使用，既可降低土壤氧化还原电位，减少氨的硝化，也可以减少氨素的挥发损失，一般可提高氮肥利用率10%～15%。

须知，酸性肥料（如氯化铵）不宜与碳酸钾混合使用，因为它们之间会发生双水解反应，产生氨气，降低肥效，污染大气；磷酸二氢钙不能与碳酸钾混合使用，否则相互作用产生磷酸钙或磷酸氢钙，它们难溶于水，不利于作物吸收，从而降低肥效，污染土壤；此外，也不能与石硫合剂、波尔多液等碱性农药混合使用，否则也会降低药效和污染环境。

2. 碱性肥料

呈现碱性反应的肥料被称为碱性肥料（Alkaline fertilizer）。碱性肥料又可分为两种：化学碱性肥料和生理碱性肥料。化学碱性肥料的水溶液呈碱性反应，如液氨、氨水、碳酸钾、钙镁磷肥等；生理碱性肥料的水溶液呈中性，但施入土壤后，未被作物吸收的一部分遗留在土壤中呈碱性，如硝酸钠，硝酸钙等。

钙镁磷肥是一种多元素肥料，水溶液呈碱性，为化学碱性肥料。可改良酸性土壤，使植物有较好的防止倒伏和病虫害的能力。培育大苗时作为底肥效果很好，植物能够缓慢吸收所需养分。它广泛地适用于各种作物和缺磷的酸性土壤，特别适用于南方钙镁淋溶较严重的酸性红壤土。

农家肥中，常用的草木灰、石灰、石灰氮等都属于碱性肥料。

草木灰系由枯枝杂草等烧成的灰，含钾较多的农家肥，是钾肥的主要来源之一，属于碱性肥料。

石灰是一种碱性肥料，石灰中所含的钙是作物所需的大量元素之一，石灰主要施在酸性土壤上，除了提供作物钙营养以外，它的主要作用是中和土壤酸性，消除毒害。施用石灰以后，增加土壤钙的含量，使土壤胶体凝聚，通透性好，能改善土壤物理性状。石灰能直接杀死土壤中的病菌、虫卵，能消灭杂草，抑制土壤真菌和地下害虫活动，所以酸性土壤施用石灰，一举多得。

石灰氮（分子式：$CaCN_2$），别名氰氨化钙，是氮肥品种之一，属碱性肥料。石灰氮是一种无残留、无污染、能改良土壤、抑制病虫危害、提高作物品质和产量的多功能肥料，已成为当今菜地的一种好肥料。由于石灰氮中的氮素缓慢释放，而最终分解形成的铵态氮在土壤中又不易淋失，故氮肥肥效期可达 3 ~ 4 个月，能满足蔬菜作物前期生长对氮肥的需求，减少化学氮肥的施用量，降低农产品中硝酸盐的含量和对地下水的污染。石灰氮在土壤中分解产生的氢氧化钙，又能对酸性土壤有中和作用，还可预防作物缺钙症，增厚果皮及增强果皮韧性，减少果实生理性病害的发生，如番茄脐腐病、白菜的干烧心病等，同时还可增加水果及蔬菜的耐贮性。

须知，腐熟的有机肥不宜与碱性肥料混用，因为与碱性肥料混合，会造成氨的挥发，降低有机肥养分含量。

3. 中性肥料

呈现中性反应的肥料被称为中性肥料（Neutral fertilizer）。中性肥料又可分为两种：化学中性肥料和生理中性肥料。化学中性肥料的水溶液呈现中性或接近中性反应，如氯化钾、硫酸钾、硝酸钙等；生理中性肥料的水溶液呈现中性或接近中性反应，肥料中的阴阳离子都是作物吸收的主要养分，而且两者被吸收的数量基本相等，施入土壤经植物吸收利用后，不改变土壤酸碱度的那些肥料，如硝酸铵、尿素等。

尿素是一种高浓度酰胺态氮肥，属中性速效肥料，施入土壤后要通过土壤微生物经 3～4 天作用，转化成碳酸铵或碳酸氢铵后才能被作物吸收利用。须知，用尿素追肥时切忌与碱性化肥混合同时施用，以防降低肥效。但尿素与氯化钾、磷矿粉和过磷酸钙等肥料混合施用时，其增产效果很显著。

生物肥系由不同功能作用的有益菌团以有机质及一定氮源为载体所构成，它是呈中性或弱酸性。

中性肥料的水溶液既非酸性，也非碱性，施入土壤后也不呈酸性或碱性，因此可适用于任何土壤。

五、按养分种数分类

按肥料中所含养分种数可分为：单一肥料、多元肥料、完全肥料等三大类。

1. 单一肥料

按照我国国家标准《肥料和土壤调理剂　术语 GB/T 6274—1997》（等同采用 ISO 8157—1984 及其补充件 ISO 8157/DADI，1988）中定义：单一肥料（Straight fertilizer）系指氮、磷、钾三种养分中，仅具有一种养分标明量的氮肥、磷肥或钾肥的总称。

所谓单一肥料就是指仅含有一种植物必须营养元素的肥料，但由于大量元素氮、磷、钾的用量远超过其他的中微量元素，因此在一般情况下，我们通常把只含有一种大量元素（N、P、K）的肥料称为单一肥料，又称单质肥料、单元肥料等。例如：碳铵、尿素、普钙、过钙、氯化钾等等。

须知，若要把若干种单一肥料混施，则应选择化学性相容的单一肥料才行。如果将化学不可混用性的两种单一肥料掺混在一起，会产生热量、增加湿度、放出气体或者结块。例如，普钙和碳酸钙相混可导致氨的损失；硝酸铵与尿素是完全不相容的两种单一肥料，如果将它们混合堆放，其混后的吸湿性大大增强，甚至出现溶化现象而无法施用。尿素与过磷酸钙是有限性混合的两种肥料，只能现混现用，混后立马施入土壤不能等过夜，否则混合物料会慢慢潮解而变成糊状。在复混肥加工厂是预先将过磷酸钙中的游离酸用铵中和后生成氨化过磷酸钙，则可与尿素混配。

2. 多元肥料

多元肥料（Multiple fertilizer）系指含有氮、磷、钾三种主要养分元素中至少两种标明量养分的肥料。其中各营养元素的含量一般用 $N-P_2O_5-K_2O$ 的相应百分数表示，其总和即为肥料的浓度。多元肥料不仅含有大量营养元素氮磷钾中的至少两种，往往同时还含有多种微量元素。

复肥（Compound fertilizer 或者 Complex fertilizer）系指将多种单元肥料或者多元肥料按照不同作物对养分的需求，以一定比例进行混合，并经过适宜的生产工艺制成的肥料。例如：烟草专用肥、蔬菜专用肥、果树专用肥、小麦专用肥、水稻专用肥等等。

复肥的特点：能同时均匀地供给作物几种养分，从而能充分发挥营养元素间的相互促进作用；有效成分较高，副成分少；产品大多经过加工造粒，物理性状较好，易于包装、贮运和施用，

其中有些还可根据实际需要专门进行加工配制。复肥呈固体状态或呈液体状态（流体肥料），一般根据土壤和作物的需要，以湿法磷肥为基础，再配入不同单元肥料或其他原料加工制成。因生产工艺不同，可分为复混肥料、复合肥料、掺混肥料等3大类。

（1）复混肥料

按照我国国家标准《复混肥料（复合肥料）GB 15063—2009》中定义：复混肥料（Compound fertilizer）系指氮、磷、钾三种养分中，至少有两种养分标明量的由化学方法和（或）掺混方法制成的肥料。

复混肥料至少由两种单元化学肥料经加工混合、造粒而成的肥料，有时也指在复合肥料生产流程中配入某单元化学肥料而成的均一肥料。大都为含有3种有效成分的三元复合肥料。如硝磷钾和铵磷钾，就是以磷酸铵或硝酸磷肥为基础，添加钾盐（根据需要，还可添加一些氮肥）配制加工而成。硝磷钾为淡褐色粒状肥料，常用品种 $N-P_2O_5-K_2O$ 含量为10%-10%-10%，其中氮和钾为水溶性，磷有30%~50%为水溶性，50%~70%为枸溶性，在中国多用作烟草专用肥，增产效果良好。由于 $N-P_2O_5-K_2O$ 配比不同，含量可以有12%-24%-12%，10%-25%-15%，10%-30%-10%等多种产品，物理性状较好，不易吸湿，所含的氮、磷、钾基本上均为水溶性，可作基肥，也可作追肥。

（2）复合肥料

按照我国国家标准《复混肥料（复合肥料）GB 15063—2009》中定义：复合肥料（Complex fertilizer）系指氮、磷、钾三种养分中，至少有两种养分标明量的仅由化学方法制成的肥料，是复混肥料的一种。

复合肥料各元素之间以化学键相结合，并具有固定组成分的肥料。常用的品种有：磷酸铵（目前用作肥料的磷酸铵产品，实际上为磷酸一铵和磷酸二铵的混合物，含N为12.12%~18.73%，

P_2O_5 为 47.31%～53.47%）、硝酸磷（一般含 N 为 20%，P_2O_5 约 20%）、硝酸钾（含 N 约 13%，K_2O 约 46%）等。

（3）掺混肥料

按照我国国家标准《复混肥料（复合肥料）GB 15063—2009》中定义：掺混肥料（Bulk blending fertilizer）系指氮、磷、钾三种养分中，至少有两种养分标明量的由干混方法制成的颗粒状肥料，也称 BB 肥。

掺混肥料由两种或两种以上的单元化学肥料按一定比例机械混合而成。可根据当地土壤、作物及其不同生育期的具体要求就地掺和就地施用。生产掺混肥料应选用颗粒大小一致的各种单元肥料，以免产品组分分布不匀；同时须按肥料混合规则进行掺混，以免造成养分损失或产生不良的物理性状。

多功能复混肥：根据需要加入微量元素、植物生长调节剂、农药等制成的复混肥料。

注：其他相关术语可参阅国家标准《复混肥料（复合肥料）GB 15063—2009》。

3. 完全肥料

完全肥料（Complete fertilizer）系指含有作物生长发育、开花结果所需要的各种主要营养元素的肥料，常指含有氮、磷、钾三要素或兼含其他营养元素的肥料。例如，粪肥、厩肥、堆肥、绿肥等大多数有机肥被认为是完全肥料；无机肥料中也有完全肥料，如硝磷酸钾肥以及氮、磷、钾按一定比例配制成的混合肥料等。

国外曾提出“理想的完全肥料”概念：一次施用，能供给作物当季所必需的全部养分；养分的释放应与作物不同生长阶段的需肥量相适应；为节省劳力，肥料中应含有除草剂、杀虫剂、杀菌剂；含有抗旱、防寒、防倒伏以及调节植物生长的物质；具有改良土壤，特别是改良下层土壤的作用。

六、按作物需量分类

经长期实践和大量研究发现，植物正常生长发育、开花结果所需的营养元素有 20 多种，它们基本以无机形态被作物吸收。

依据作物对营养元素的需要量可分为：大量元素肥料、中量元素肥料、微量元素肥料、超微元素肥料等四大类。

大量元素为氮、磷、钾；中量元素为钙、镁、硫、硅等；微量元素为铁、锰、硼、锌、铜、钼、氯、钠和镍等；超微元素为稀土元素。

1. 大量元素肥料

我国农业行业标准《肥料合理使用准则　通则 NY/T 496—2010》中，把氮、磷、钾通称为大量元素。故把以含氮、磷、钾为主要成分的肥料称为大量元素肥料。

按照我国农业行业标准《大量元素水溶肥料 NY 1107—2010》定义：水溶肥料（Water soluble fertilizer，WSF）系指经水溶解或稀释，用于灌溉施肥、叶面施肥、无土栽培、浸种蘸根等用途的固体或液体肥料。

大量元素水溶肥其真正内涵的名称应叫“水溶性复混肥”。它是一种可以溶于水的多元复合肥料，它能迅速地溶解于水中，更容易被作物吸收，而且其吸收利用率相对较高，营养全面、用量少、见效快的速效肥料。更为关键的是它可以应用于喷滴灌等设施农业，实现水肥一体化，达到省水省肥省工的效能。

（1）主要特点

①施用安全：所用原料纯度高、杂质少、电导低，可安全施用于各种蔬菜、花卉、果树、茶叶、棉花、烟草、草坪等多种农作物。

②配比均衡：植物所需的各种元素配比均衡，采用先进的工艺技术所生产的肥料，能满足农业生产者对高质量、高稳定度的

需求。

③易溶于水：完全水溶性，适合一切施肥系统，可用于底施、冲施、滴灌、喷灌、叶面喷施，长期施用不会造成土壤酸化、板结。

④有效吸收：可与农药（强碱性除外）混合使用，减少操作成本；微量元素以螯合态形式存在于产品中，可完全被植物有效吸收。

（2）技术指标

按照我国农业行业标准《大量元素水溶肥料 NY 1107—2010》，其主要技术指标如下。

①大量元素水溶肥料（中量元素型）产品登记技术指标

大量元素水溶肥料（中量元素型）固体产品，大量元素含量% ≥50.0，中量元含量% ≥1.0，水不溶物含量% ≤5.0，pH（1∶250 倍稀释）3.0～9.0，水分% ≤3.0。

大量元素水溶肥料（中量元素型）液体产品，大量元素含量 g/L≥500，中量元含量 g/L≥10，水不溶物含量 g/L≤50，pH（1∶250 倍稀释）3.0～9.0。

②大量元素水溶肥料（微量元素型）产品登记技术指标

大量元素水溶肥料（微量元素型）固体产品，大量元素含量% ≥50.0，微量元含量% ≥0.2～0.3，水不溶物含量% ≤5.0，pH（1∶250 倍稀释）3.0～9.0。水分% ≤3.0。

大量元素水溶肥料（微量元素型）液体产品，大量元素含量 g/L≥500，微量元含量 g/L≥2～30，水不溶物含量 g/L≤50，pH（1∶250 倍稀释）3.0～9.0。

（3）使用方法

①灌溉施肥：灌溉包括喷灌、滴灌等方式进行灌溉施肥，既节约用水，又节约肥料，而且植物吸收快。

②叶面施肥：把肥料先稀释溶解于水中进行叶面喷施，或者

与非强碱强酸性农药一起溶于水中进行均匀叶面喷施，通过叶面气孔进入植株内部，植物可以通过叶片营养吸收，极大地提高肥料吸收利用效率。

2. 中量元素肥料

以钙、镁、硫、硅元素为主要成分的肥料称为中量元素肥料。

常用品种为：钙肥主要有石灰、石膏、硝酸钙、石灰氮、粉煤灰、炉渣钙肥、过磷酸钙、钙镁磷肥等；镁肥主要有钙镁磷肥、硫酸镁、氯化镁、白云石粉等；硫肥主要有硫磺粉、普通过磷酸钙、硫酸铵、硫酸镁、硫酸钾、硫基复合肥等；硅肥主要有硅钙肥、硅锰肥、硅镁钾肥、硅酸钠等。有些肥料含有作物需要的多种元素，称之为多元素肥料，施用这种肥料可以在一定程度上满足作物多种元素的需求。

钙、镁、硫、硅这些元素在土壤中贮存较多，一般情况下可满足作物的需求，但随着氮磷钾高浓度而不含中量元素化肥的大量施用，以及有机肥施用量的减少，在一些土壤上表现出作物缺乏中量元素的现象，因此要有针对性地施用和补充中量元素肥料。

（1）钙肥功效与施用

钙能促进植物的发芽、长根、分枝、结实及成熟，具有改良碱性土壤作用。石灰是酸性土壤上常用的含钙肥料，在土壤 pH 为 5.0 ~6.0 时，石灰每亩适宜用量为黏土地 73 ~ 120 千克，壤土地 46 ~ 73 千克，砂土地 26 ~ 53 千克；土壤酸性大可适当多施，酸性小可适当少施；石膏是碱性土常用的含钙肥料，石膏每亩用量 100 千克或者含磷石膏 133 千克左右。

钙肥用于改良酸性土壤时，一般秋季作基肥施用效果较好，须知施用过多，会加速土壤有机质的分解。钙肥与氮肥混合使用，有固氮作用，减少氮的损失。钙肥可用作生产复混肥的原料，可用作基肥、根外追肥、叶面喷洒。硝酸钙、氯化钙、氢氧化钙可用于叶面喷施，浓度因肥料作物而异，在果树、蔬菜上硝酸钙喷施浓度0.5%~1.0%。

（2）镁肥功效与施用

镁可提高作物的光合作用，促进脂肪和蛋白质的合成，能提高油料作物的含油量。土壤中交换性镁（Mg^{2+}）含量小于50mg/kg时，施用镁肥增产效果好。缺镁土壤中，酸性土壤施用钙镁磷肥和白云石粉为好，碱性土壤以施用氯化镁或硫酸镁为宜。生石灰是理想的镁肥，既供应镁，又兼有供应钙和改良土壤酸性的作用；镁肥可作基肥或追肥。

常用镁肥的含镁量：钙镁磷肥含镁8%~20%、硫酸镁含镁10%左右、氯化镁含镁25%左右、白云石粉含镁11%~13%。此外，草木灰、碳酸镁、硝酸镁、硫酸钾镁肥等都是含镁的肥料。以镁计算，每亩施用1.0~2.0千克；柑橘等果树，每株施硫酸镁约0.5千克，硫酸镁属于水溶性肥料，可作根外追肥，喷施浓度为1%~2%，每亩喷施50千克左右。

（3）硫肥功效与施用

硫能改善作物品质（如增加油料作物含油量），增强作物抗旱、抗虫、抗寒能力，促进作物提前成熟。当土壤中有效硫含量小于12mg/kg（临界值），菜园土壤中如果有效硫小于40mg/kg属于比较缺乏的，即应施用。硫肥可作基肥、追肥和种肥。常用品种含硫量：过磷酸钙含硫12%、硫基复合肥含硫11%、硫酸钾含硫17%、硫酸铵含硫24%。

缺硫地区施硫肥可使作物增产15%~20%。硫肥推荐使用量：谷物为1.3~2.7千克/亩，豆类、油料、蔬菜为2.4千克/亩，糖料为2.7~5.3千克/亩。同时，硫肥施用应与氮、磷、钾配合施用，达到养分平衡。要使作物达到最佳生长，植物体内氮硫的比例为15∶1~20∶1。作物施肥时，氮硫比例一般为7∶1，五氧

化二磷与硫的比例 3∶1 为宜。

（4）硅肥功效与施用

按照我国农业行业标准《硅肥 NY/T 797—2004》定义：硅肥（Silicate fertilizer）系指包括炼铁炉渣、黄磷炉渣、钾长石、海矿石、赤泥、粉煤灰等为主原料，以有效硅（SiO_2）为主要标明量的各种肥料。

硅可以提高作物的光合作用，提高根系活性，增强抗倒伏、抗病虫害能力，提高产量和改善品质。硅肥一般为碱性，对于酸性缺硅土壤施用效果好，不仅能中和酸性，同时能改善和提高磷肥的效果。当土壤中有效硅 SO_2 含量（mg/kg 土壤）小于 90 ~ 105 时，要及时施用硅肥，硅肥一般作基肥，每亩施用硅酸钠约 20 千克，或硅钙肥、硅锰肥约 100 千克。

另据报道，大粒硅是一种新型专一土壤施用硅肥，有效硅含量大于 20%，有效营养成分大于 98%，对防治作物倒伏有独特效果，适用于水稻、小麦、玉米、大豆、花生、棉花、烟草等作物，用于蔬菜、瓜果等也效果明显。能增强作物抗病虫性能和抗旱、抗寒能力，提高氮、磷、钾肥利用率，改善产品品质。缺硅土壤施用，农作物增产 10% 以上。

3. 微量元素肥料

（1）基本概念

我国农业行业标准《肥料合理使用准则　通则 NY/T 496—2010》中定义微量元素：植物生长所必需的、但相对来说是少量的元素，包括硼、锰、铁、锌、铜、钼、氯和镍。最新研究成果认为钠也是植物生长所必需的微量元素。

微量元素肥料，通常简称为微肥，是指含有微量营养元素的肥料。微量元素肥料可以是含有一种微量元素的单纯化合物，也可以是含有多种微量和大量营养元素的复合肥料或复混肥料；微量元素肥可用作基肥、种肥或喷施肥等。

微量元素具有生物学意义，是植物和动物正常生长和生活所必需的，称为“必需微量元素”或者“微量养分”，通常简称“微量元素”。必需微量元素在植物和动物体内的作用有很强的专一性，是不可缺乏和不可替代的，当供给不足时，植物往往表现出特定的缺乏症状，农作物产量减少、质量下降，严重时可能绝产。而适量施用微量元素肥料，有利于产量和质量的提高。

（2）常用种类

硼肥常用的有硼砂、硼酸、硼泥（硼渣）、硼镁肥，硼镁磷肥等。

锰肥常用的有硫酸锰、碳酸锰、氯化锰、氧化锰、锰矿渣、螯合锰等。

铁肥常用的有硫酸亚铁、硫酸亚铁铵、有机络合铁等。

锌肥常用的有硫酸锌、碳酸锌、氯化锌、氧化锌、螯合锌等。

铜肥常用的有硫酸铜、一水硫酸铜、硫化铜、氧化铜、铜矿渣、螯合铜等。

钼肥常用的有钼酸铵、钼酸钠、钼矿渣等。

氯肥常用的有氯化钠、氯化铵、氯化钾等。

镍肥常用的有氯化镍、硫酸镍和硝酸镍。

钠肥常用的有农盐和硝石。

微量元素肥料由于单位面积的施用量很少，施用过量或施用不均匀都会对作物造成毒害，所以一定要用大量惰性物质稀释后才能施用。

（3）生产方法

微量元素肥料常以均匀混入常量元素肥料之后才宜施用。

①在生产常量颗粒肥料中混入：在生产常量颗粒肥料时，把微量元素肥料混入其中，让其混合均匀，然后造颗。这种方法比较方便和经济，一般不会产生微量元素分布不均匀现象；然而，

可能一时难以满足市场对于各种微量元素肥料产品要求。

②涂包在常量颗粒肥料的表面：把常量颗粒肥料与微量元素肥料放入小型混合器内，混合1分钟左右，然后喷入少量的油、水或微量元素盐类的水溶液，并继续混合，产品仍保持外观干燥，从而把微量元素肥料粉末涂包在常量颗粒肥料的表面上。

（4）使用方法

①均匀基施：在播种前结合整地施入土中，或者与氮、磷、钾等化肥混合在一起均匀施入，施用量要根据作物和微肥种类而定，一般不宜过大。如对水稻，硫酸锌每亩施1千克，硼砂每亩施0.5～1千克，并要与厩肥等有机肥混合均匀基施，防止集中施用造成局部危害。

②根外追肥：将可溶性微肥配成一定浓度的水溶液（一般喷洒浓度为0.01%～0.05%），对作物茎叶进行喷施。可避免施入土壤中肥料不均匀而造成的危害，并可根据作物不同发育阶段的需要进行多次喷施，以提高肥效。大面积施用时可采用机械操作或飞机喷洒。

③种子处理：播种前用微量元素的水溶液浸泡种子或拌种。例如：硼酸或硼砂的浸种液的浓度一般为0.01%～0.03%，每500千克种子仅用5升这种溶液即可；用钼酸铵拌种大豆种子，每亩只需要10～20克。浸泡种子或拌种是一种最经济有效的使用方法，可节省用肥量。

（5）注意事项

①切莫施用过量：作物对微量元素的需要量很少，而且从适量到过量的范围很窄，要防止微肥过量。施用时还必须施得均匀，浓度要保证适宜，否则会引起植物中毒，污染土壤和生态环境，甚至进入食物链，危害人畜安全。

②调节土壤条件：微量元素的缺乏，不一定是土壤中微量元素含量低，而是其有效性低，通过调节土壤条件，如土壤酸碱

度、氧化还原性、土壤质地、有机质含量、土壤含水量等，可以有效地改善土壤的微量元素营养条件。

③与氮磷钾配用：微量元素与大量元素氮（N）、磷（P）、钾（K）等植物营养元素都是同等重要不可代替的，只有在满足了植物对大量元素需要的前提下，施用微量元素肥料才能充分发挥肥效，才能表现出明显的增产效果。

4. 稀土元素肥料

稀土元素肥料（Rare-earth element fertilizer）即超微量元素肥料（Ultra trace element fertilizer），系指含稀土元素的肥料。稀土元素是15种镧系元素氧化物，以及与其相似化学性质的钪（Sc）和钇（Y），共17种元素氧化物的总称。

（1）稀土元素

稀土元素是世界上发现很少的天然矿物质，它是化学元素周期表中镧系家族的15种元素：镧（La）、铈（Ce）、镨（Pr）、钕（Nd）、钷（Pm）、钐（Sm）、铕（Eu）、钆（Gd）、铽（Tb）、镝（Dy）、钬（Ho）、铒（Er）、铥（Tm）、镱（Yb）、镥（Lu），以及与镧系密切相关的两个元素：钪（Sc）和钇（Y），共17种元素组成，统称为稀土元素（Rare Earth），简称稀土（RE或R）。

（2）稀土功效

稀土没有放射性，它在农用领域起着重要作用，在农作物上显示出良好的功效，有农用“维生素”之称，故被称为“神奇的稀土”。

①促进种子萌发和生根发芽，促进植物主根及侧根的生长与发育。

②促进植物对氮磷钾等元素的吸收，增强植物对矿物质营养代谢。

③增强植物的光合作用，促进叶绿素增加，提高产量和改善

品质。

此外，稀土元素能增强植物抗逆性及抗病虫害的能力，能有效抑制虫卵、疫病、重茬病，病毒病、根线结虫病、各类土传病（即土壤中含有大量的有害病原体，在条件适宜下就会发病，造成作物根腐、枯萎、黄萎、立枯、猝倒、黑根、茎腐等）；并且对植物各类生理性病害及稻瘟病、立枯病等有极好的预防效果。

据报道，稀土肥料促进小麦生长提高产量5%～10%，水稻上施用的增产幅度为30千克/亩，玉米的增产幅度为41～50千克/亩，油菜增产7.6%～11.4%，茶叶平均增产12%～15%，蔬菜如黄瓜为25%和草莓增产30%，其他蔬菜和经济作物上也都有很好的增产效果。

目前稀土肥料种类有：稀土微肥和冲施肥，稀土多元复合肥，稀土引酵有机生物肥。此外，还有稀土饲料添加剂。

（3）稀土使用

①拌种：可结合药剂拌种，适量加水至种子全湿，加入拌匀，阴干后播种。

②浸种：可结合其他催芽措施浸种，浸泡5～10小时，对难发芽种子效果显著。

③喷施：在植物整个生长期间喷施2～4次即可，连续喷施需间隔10天以上。

（4）注意事宜

①稀土肥料可与酸性农药及生理酸性肥料混合施用，不可与碱性农药或碱性肥料混合施用，以免产生沉淀。

②稀土活性较强，密封状态下效果不变；天气温度变化致其颜色、物理状态有所不同，故以现配现用为宜。

③配制稀土溶液时，不可用铁、铝制品，其容器应是塑料或搪瓷的器皿。应避免在烈日或在有露水时施用。

七、按作用方式分类

按作用方式可把肥料分为：直接肥料、间接肥料、激素肥料等三大类。

1. 直接肥料

能直接供给作物必需营养的那些肥料称为直接肥料，如氮肥、磷肥、钾肥、微量元素和复合肥料都属于这一类。

2. 间接肥料

为了改善土壤物理性质、化学性质和生物性质，从而改善作物的生长条件的肥料称为间接肥料，如石灰、石膏和细菌肥料等就属于这一类。

然而，直接肥料与间接肥料有时是难以截然分开的，如有机肥料既是直接肥料又是间接肥料。

3. 激素肥料

激素肥料（Hormone fertilizer）系指那些对作物的代谢、生长、发育和繁殖等起重要调节作用的肥料，如腐植酸类肥料、木素激素肥料、激素类复合肥料等。实际上激素肥料中的激素本身并非是植物的营养成分，而是通过激素去激活植物中的某些细胞，从而达到促进、协调、增强植物生长发育的能力。

（1）激素功效

作物的代谢、生长、发育和繁殖除了受遗传因素和栽培条件影响外，还受激素的控制，它在促进生根、防止植株徒长、矮化株形、防止落花落果形成无籽果实、控制花性别转化、增加产量等方面都发挥着积极作用。而且，植物激素一般较快分解，对环境污染少。

（2）合理选用

激素种类很多，应根据不同的目的选用不同的植物激素。移栽生根选用吲哚乙酸和萘乙酸，促长增产选用赤霉素，保花保果

选用2，4-D防落素，抑旺促壮选用矮壮素，诱雌催熟选用乙烯利，贮藏保质选用2，4-D，生长抑制剂选用抑芽丹又称马拉酰肼或青鲜素等。

（3）注意事宜

激素肥料合理使用是至关重要的，切不可过量使用。合理使用激素肥料，可使作物生长发育获得良好的效果。在花卉培育、蔬菜栽培及其他作物生长过程中都显示出激素有益的调节作用。须知，如果滥造激素肥料和（或）滥用激素肥料，都将产生弊端而造成损害。

4. 腐植酸肥

腐植酸肥（Humic acid fertilizer）系指在有机物降解产物（腐殖酸）中再加入适量的磷、钾及中微量养分而成的肥料。腐植酸肥具有较高的肥效，又是化肥的增效剂，使氮肥的利用率提高10%以上，磷肥的肥效可提高5%～10%，钾肥的肥效可以提高5%以上。

腐植酸肥具有刺激和缓冲等功能，被称为激素肥、缓冲肥、呼吸肥。腐植酸肥中除了含碳、氢、氧、氮等主要元素，还含有糖类、氨基酸类、有机酸类、酚类、生物碱类、维生素类、纤维素类、激素类、酶类及其衍生物和中间产物及芳香类等物质和大有益微生物菌群等，它们是植物生长发育所必需的物质。植物为完成生命过程和繁衍后代需要大量有机营养，如形成组织构成物（纤维素、半纤维素、木质素）、储藏物（淀粉、蛋白质、脂肪）、生命活动能源（葡萄糖、磷脂、激素、维生素），抵御环境胁迫（生物碱、黄酮）。腐植酸能直接提供这些营养，而其他肥料难以做到。

八、按施肥用途分类

按施肥用途可把肥料分为：基肥、追肥、种肥等三大类。

1. 基肥

基肥（Base fertilizer；Basal dressing）也叫底肥，系指为满足农作物整个生育时期对养分的要求，在播种前或定植前施入的肥料，或者多年生果树每个生长季第一次施用的肥料。它除了供给植物整个生长期中所需要的养分之外，还为作物生长发育创造良好的土壤条件，也有改良土壤、培肥地力的作用。

（1）基肥种类

作基肥施用的肥料大多是肥效较缓和而持久的肥料。厩肥、堆肥、家畜粪等有机肥是最常用的基肥。化学肥料的磷肥和钾肥一般也作基肥施用，化肥的氮肥（如氨水、液氨以及碳酸氢铵）、沉淀磷酸钙、钙镁磷肥、磷矿粉等化肥也可用作基肥。

基肥的施入深度通常在耕作层，可以在犁底条施（如氨水等），或和耕土混合施用（如有机肥料或磷矿粉），也可以分层施用。

基肥的配料：一般用草炭、珍珠岩、蛭石等。

（2）相关事宜

强调基肥深施，不同肥料对深施的要求不一样。对于有机肥和钾肥，由于它们在土壤中移动性小，浅施不能使肥料与作物根系很好接触，故应深施。对于像碳酸氢铵这样的挥发性氮肥，浅施容易导致养分挥发性损失，也应深施。而磷肥则施在10～15厘米深的土层比较好，这样植物对磷的吸收较完全。

基肥可以在耕地翻土时将其均匀撒入，然后用土覆盖，切莫让基肥直接接触植物的根部；也可以在撒种时于种子附近穴播。盆栽施入时，将基肥埋于盆底即可，一般盆栽的草本花卉，也可不施基肥。施用基肥时要注意用量适当和深度适宜。根据土壤和作物的情况，也可在基肥中添加适当的微量元素。

2. 追肥

追肥（Top dressing；Top application；After manuring）系指

在作物生长过程中，根据作物的生长发育阶段对营养元素的需要而补施的肥料。相对于基肥（底肥）而言追肥是农作物在生长过程中对某些元素需求量临时施加的，以补充基肥不足而施用的肥料。例如：小麦在春季发青时节开始生长需要大量的氮，这时要施尿素、碳铵等化肥，而在夏季抽穗时需要大量的钾，此时施含钾多的化肥追肥。追肥施用的特点是比较灵活，要根据作物生长的不同时期所表现出来的元素缺乏症，对症追肥。

（1）追肥种类

追肥种类比较多，大致都是根据作物不同的生育期来称呼的，例如育苗肥、分蘖肥、拔节肥、孕穗肥、粒肥、喷肥等。最常用的追肥品种是化学肥料中的氮肥和钾肥。

（2）追肥用量

农业生产上通常是种肥、基肥和追肥相结合，一般是以基肥为主、追肥为辅。一般追肥施用量应占总施肥量的40%~50%为宜，其中作物生长的旺盛时期应占总施肥量的50%。

（3）施用方法

一是撒施法（适宜于小麦）；二是沟施法（适宜于棉花、玉米等作物）；三是环施法（在果树周围开一条围沟施肥）；四是根外追肥法（叶面喷施）；五是滴灌法和插管渗施法。

（4）使用原则

一要看土施肥，即肥土少施轻施，瘦土多施重施；砂土少施轻施，黏土适当多施、重施；二要看苗施肥（看作物的长势长相），即旺苗不施，壮苗轻施，弱苗适当多施；三看作物的生育阶段，苗期少施轻施，营养生长与生殖生长旺盛时多施重施；四看肥料性质，一般追肥以速效肥为主（苗期），而营养生长与生殖生长旺盛时则以有机、无机配合施用为主；五看农作物种类，播种密度大的作物（如小麦）以速效肥为主。

须知，当土壤湿度太高时，就不应采用把水溶肥直接施入基质的追肥方式，此时可采用叶面喷施。叶面追肥可结合喷药进行。此法肥料用量少，见效快，又可避免肥料被土壤固定，在缺素明显和作物生长后期根系衰老的情况下使用，更能显示其优势。除可用磷酸二氢钾、尿素、硫酸钾、硝酸钾等常用的大量元素肥料进行追肥外，还可在大量元素中添加微量元素或多种氨基酸成分。

3. 种肥

种肥（Seed manure）系指为满足作物苗期对养分的要求，在播种时与种子同时混播或撒入的肥料，或者与种子拌混的肥料；在定植时采取沾秧根的方式，所用的肥料也属种肥。

种肥是最经济有效的施肥方法。它是在播种或移栽时，将肥料施于种子附近或与种子混播供给作物生长初期所需的养料。由于肥料直接施于种子附近，要严格控制用量和选择肥料品种，以免引起烧种、烂种，造成缺苗断垄。

（1）常用种类

一般以速效性化肥或腐熟良好的优质农家肥做种肥。例如：腐熟的有机肥、腐殖酸、氨基酸固体、液体肥、微生物肥料、速效性化肥。而碳酸氢铵、氯化铵、尿素原则上不宜作种肥。尿素中的缩二脲对种子有毒害作用，若用作种肥，要严格控制用量和选用缩二脲含量小于0.5%的尿素，每亩用量2.5千克。

硫酸铵（简称硫铵）作种肥时，每亩用肥2.5千克为宜。应避免与种子有过多接触，确保种子与硫铵呈干燥状态，并确保随拌随播不可久置。

过磷酸钙（简称普钙）作种肥时，每亩施肥量以5～10千克为宜。施用时先碾细过筛，最好拌上优质农肥，避免普钙与幼苗接触发生烧苗现象。

重过磷酸钙（简称重钙）作种肥时，每亩施肥2.5～5千克为宜。重钙不含硫酸钙，对喜硫作物（如马铃薯、豆类作物）

的施肥效果不及普钙。

速效氮肥每亩用量2.5～5千克；磷铵或三元素复合肥2.5～5千克；腐植酸、氨基酸类液体肥稀释600～800倍；微肥稀释到浓度为0.05%～0.1%。

（2）种肥优点

①肥料用量少：种肥用量不宜过多，因为种肥是直接与种子接触的，一般氮肥以硫酸铵计，每亩仅需2～3千克。

②有利于壮苗：因为种肥施入后增加了根系周围速效养分的浓度，可以满足幼苗生长需要，促进根系早发育。

③可提高产量：对种子施用种肥后，能及时弥补种子胚乳贮藏养分较少的缺陷，一般可以提高农作物的产量。

（3）施用方法

种肥的施用方法有多种，常用的有：拌种、浸种、蘸根及其他方法（如沟施或穴施）。

①拌种：用少量的清水将肥料溶解或稀释成一定浓度的溶液，喷洒在种子表面，边喷边拌，使肥料溶液均匀地沾在种子表面，阴干后播种的一种方法。

②浸种：把肥料溶液溶解或稀释成一定浓度的溶液，按液种1∶10的比例，把种子放入溶液中浸泡12～24小时，使肥料溶液渗入种皮，阴干后随即播种。

③蘸根：系指对水稻及其他移植作物，在插秧或移栽前，把肥料稀释成一定浓度（一般是0.01%～0.1%）的溶液，把作物的根部往肥液中蘸一下即插栽。

④其他：还有采用沟施或穴施的方法，开沟或挖穴后将肥料施入耕层3～5厘米的沟或穴中，再在肥带附近拌种，种子与肥料之间距离宜保持在3厘米以上。

（4）注意事宜

用作种肥的肥料要求养分释放要快，因种肥和种子相距很近，故过酸、或过碱、或含有毒物质、或浓度过高、或挥发性过大以及产生高温的肥料均不宜作种肥施用，否则将对种子发芽和生长发育造成毒害。

忌用未腐熟农家肥：如果未经腐熟的农家肥作种肥，因其在发酵过程中会释放大量热能，不仅极易造成烧根，而且释放氨气还会烧伤幼苗。人畜粪等农家肥，要经过堆沤高温发酵，充分腐熟后方可用于种肥。

忌用有害离子肥料：氯化钾、氯化铵等化肥中含有氯离子，施入土壤后会产生水溶性氯化物，对种子发芽和幼苗生长不利，甚至烧种烧苗；硝酸铵、硝酸钾等肥料含有硝酸根离子，对种子发芽有毒害作用。

忌用强酸性的肥料：强酸性肥料和游离酸超标的肥料产品，其腐蚀性强，很容易伤害植物种子和幼苗，若游离酸含量高于5%，施入土壤后容易引起作物的根系中毒腐烂。此外，这类肥料易导致土壤板结。

忌用强碱性的肥料：窑灰钾肥、钢渣磷肥等为强碱性肥料，吸湿后放出大量热量，易烧坏种子和幼根。若将其作种肥时，必须与高于10倍的有机肥料充分混合，施入播种沟或穴下层，勿与种子直接接触。

第四章　常用肥料种类

科学试验和生产实践表明，合理配合施用有机肥料和无机肥料，不仅能全面及时地提供作物生长所需养分，改良土壤培肥地力，还可以改善作物品质，促进作物稳产高产，同时可提高肥料利用率，降低生产成本。合理施用有机肥料和无机肥料，符合“加快建设资源节约型、环境友好型社会”的要求，对于从源头上促进农产品安全清洁生产、保护生态环境平衡有着重要意义，有利于实现农业与资源、农业与环境、人与自然的和谐共生和永续发展。

第1节　农家有机肥料

有机肥料（Organic fertilizer）系指主要来源于植物和（或）动物、施于土壤以提供植物营养为其主要功效的含碳物料。即含有大量有机物质的肥料，既能提供农作物多种无机养分和有机养分，又能改良和培肥土壤的一类肥料。

这类肥料原料来源广，数量大，养分全，含量低；肥效迟而长，须经微生物分解转化后才能为植物所吸收利用。这类肥料主要是在农村就地取材，就地积制，就地施用的自然肥料的总称，人们习惯称作农家肥料。

有机肥料含有大量生物物质、动植物残体、排泄物、生物废料等物质，施用有机肥料不仅能为农作物提供全面营养，而且肥效长，可增加和更新土壤有机质，促进微生物繁殖，改善土壤的理化性质和生物活性，提高土壤肥力，提高农产品的产量和品质，还能遏制环境污染。有机肥料为有机农业、生态农业所必需，是绿色食品生产的主要养分来源。

一、有机肥料特点

1. 资源丰富

中国地域辽阔，人口众多，有机肥料资源十分丰富。有机肥料种类多，数量大，是中国农业生产的重要肥源，也是农业、畜牧业生产的副产物。可以说，哪里有农业、畜牧业，哪里就有有机肥源。城市中可以利用的有机生活垃圾，主要来自农产品和畜产品，所以农业、畜牧业越发展，有机肥资源就越丰富。根据全国各地区调查，使用的有机肥料有 14 类 100 多种。如：绿色植物、作物秸秆、人畜粪便、餐厨垃圾、生物残体、豆粕棉粕、酒糟醋糟、城市垃圾、河塘淤泥等等都是有机肥料的来源。

每年可用作有机肥料的秸秆就有 1. 3 亿多吨，约可提供氮素 66 万吨，磷素 40 万吨，钾素 10. 6 万吨；中国农村人口约有 7 亿，每年可积攒人粪尿 1. 3 亿多吨；我国畜禽产量数以亿计，每年提供了数量巨大的粪便有机肥源。据报道，我国每年各种有机肥料的总产量达到 20 多亿吨。

2. 养分全面

有机肥料中除主要含有有机质之外，还含有植物所需要的氮、磷、钾等大量营养成分，以及硼、锌、锰、钼、铁、钙、镁、硫、铝、铜等多种中微量元素；含有氨基酸、酰胺、核酸、胡敏酸、生长素、维生素、酶及微生物等活性物质；还含有纤维素、半纤维素、糖类和脂肪等，可称得上是一种完全肥料。据有关分析测试显示，猪粪含有机质约 15%，植物生长所需的养分种类比较齐全，但总养分含量不高：氮（N）0. 5%~0. 6%、磷（P_2O_5）0. 45%~0. 5%、钾（K_2O）0. 35%~0. 45%，畜禽粪便

中含硼 21.7～24mg/kg，锌 29～290mg/kg，锰 143～261mg/kg，钼 3.0～4.2mg/kg，有效铁 29～290mg/kg。据报道，中国农业科学院土壤肥料研究所和山东莱阳农学院进行的长期定位试验显示，单施有机肥 9 年平均年产量比对照增产 54.7%～107.7%，而有机无机肥料配合施用 9 年平均产量比对照增产 130.8%～153.3%。说明有机无机肥料配合施用是实现高产稳产的重要途径，有机肥氮与无机肥氮比（以氮素计算）以 1：(1～2) 为宜。此外，有机肥料配施适量无机肥料，还能提高作物抗逆能力，可大大提高作物产品率。

3. 肥效持久

新鲜的有机肥中，养分基本以有机化合物的形态存在，难以被植物直接利用，必须经过微生物发酵分解，使养分逐步分解释放才能被植物吸收。因此，有机肥料的肥效持久，能在较长时间内供给农作物生长发育所需要的养分。有机肥料施入土壤，经微生物分解，可源源不断地释放出各种养分供植物吸收，还能释放出二氧化碳，改善作物碳素营养；在有益土壤微生物和有机胶体的作用下，使所施用的各种肥料利用率得到提高并且作用持久；有机肥料还有利于提高土壤难溶性磷的有效性。此外，连年增施有机肥料，能提高土壤孔隙度和通透交换性，增加有益菌和土壤微生物及种群，有效增强土壤蓄水和保肥能力，可节水 50%～80% 和节省化肥 20%～30%，能明显延长肥效。

4. 改良土壤

施用有机肥料能改善土壤理化性状和生物特性，熟化土壤，培肥地力。我国农村的“地靠粪养、苗靠粪长”谚语，反映了施用有机肥料对于改良土壤的作用。施用有机肥料既增加有机物和许多有机胶体，同时借助微生物的作用把许多有机物也分解转化成有机胶体，产生许多胶黏物质，使土壤颗粒胶结起来变成稳定的团粒结构，大大增加土壤吸附表面，提高土壤保水、保肥和透气的性能，以及调节土壤温度的能力，有利于农作物的抗旱和抗寒能力。

施用有机肥料，还可使土壤中的微生物大量繁殖，特别是许多有益的微生物，如固氮菌、氨化菌、硝化菌、纤维素分解菌等。有机肥料中有动物消化道分泌的活性酶以及微生物产生的各种酶，这些活性物质施到土壤后，可大大提高土壤中酶的活性。多施有机肥料，可以提高土壤活性和生物繁殖转化能力，从而提高土壤的吸收性能、缓冲性能和抗逆性能。

5. 增产高质

有机肥料中的有益微生物含量高，进入土壤后，其内含的多种有机介质能促进多种功能性微生物在生长繁殖过程中产生大量的次生代谢产物，促使有机物的分解转化，能直接或间接为作物提供多种营养物质，促进和调控作物生长。有机肥料在分解过程中，产生腐殖质，胡敏酸、氨基酸、黄腐酸等，对种子萌发、根系生长均有刺激作用，有利于促进作物生化代谢；同时，在作物根系形成的优势有益菌群能抑制有害病原菌繁衍，增强作物抗逆抗病能力。

科学合理施用有机肥，能使作物产量增加和产品品质提升，作物产品的外观、口味和营养品质均可得到明显改善。与常规施肥方法相比，把有机肥与无机肥料科学合理配合施用，能显著提高农产品质量。例如：小麦、玉米中蛋白质含量可提高 2%～3. 5%，氨基酸提高 2. 5%～3. 2%；大蒜优质率增加 20%～30%，大蒜素含量提高 0. 9%～1. 1%，蛋白质含量提高 0. 84%；蔬菜中的铬、硝酸盐和亚硝酸盐的含量显著降低，而维生素 C 明显提高，有试验显示，不施有机肥的小白菜含铬量高达 29. 7mg/kg，增施有机肥的小白菜含铬量急剧下降至正常含铬量 0. 1～0. 3mg/kg，可见施用有机肥可以有效地减轻铬污染土壤对作物的毒害。

6. 绿色肥源

合格的有机肥料是一种环保型肥料，不含人类病原菌和重金属的有机肥料是生产有机绿色食品的主要绿色肥源。

国际有机农业运动联盟（IFOAM，全称 International Federation of Organic Agriculture Movements）在《有机生产和加工基本标准》中提出土壤肥力和施肥总则："有机农业应当将动植物和微生物残体返回土壤，以提高或至少维持土壤肥力和微生物活性。"并且建议："应当避免重金属或其他污染物的积累。""天然矿物质和外来生物源肥料的使用必须仅仅只作为营养元素供应系统的一部分、而且仅仅是补充，不替代物质的再循环利用。""含有人粪尿的肥料不能使用，除非不含有人类病原菌。"这些规定表明，在绿色食品生产中必须十分注意保护良好的生态环境，必须限制无机肥料的过量使用，不含人类病原菌和重金属的有机肥料才是生产绿色食品的主要肥源。

无公害安全优质的绿色食品首先在西欧、美国等发达国家受到欢迎。尽管绿色食品价格比一般食品高 50%～200%，但仍然走俏。近十年来我国人民的生活水平迅速提高，对绿色食品的需求与日俱增，有机肥料是生产无公害、安全优质的绿色食品不可或缺的肥料，因此，科学生产和合理使用不含人类病原菌和重金属的有机肥料势在必行。

二、农家有机肥料

（一）粪便

粪便（Feces）系指人体、畜禽排泄的粪和尿的混合物的总称。粪便肥料包括人粪便、家畜粪便以及家禽粪便等，是我国农村应用最早最普遍的一种有机肥料。

利用粪便作为肥料，不仅提供了养分，而且有利于清洁卫生和保护环境。粪尿经过无害化处理还田，可以变害为利，一举两得。因此，粪便肥返田是生物圈内物质循环和能量转换的重要环节，具有保持生态平衡的重要作用。

粪便肥料来源广泛、易流失，氮素易挥发损失；同时含有较多的病原菌和寄生虫卵，若未经无害化处理或者使用不当，容易传播病虫害。因此，施用粪便肥料的关键是杀虫灭菌、无害化处理、科学贮存和合理使用。

1. 粪便概况

（1）人粪便

人粪便是一种重要有机肥源，平均每个成年人每年粪便排泄量约为790千克，折含氮素（N）4.4千克，磷素（P_2O_5）1.36千克，钾素（K_2O）1.67千克。如收集利用率按人粪60%、人尿30%计算，中国农村人口有7亿，每年就可积攒人粪便约1.3亿吨，可为农业生产提供氮素70万吨，磷素22万吨，钾素27万吨。

1）基本特点

人粪便的特点是氮素含量高、腐熟快、肥效显著，在有机肥料中素有“细肥”之称。人粪便中磷、钾含量相对较低，但大多为无机态的，容易为作物吸收利用，且有较好的肥效。

2）主要养分

①人粪中含水分约75%，有机质约20%，含氮素（N）约1%、磷素（P_2O_5）约0.50%、钾素（K_2O）约0.37%，其余为纤维、脂肪、蛋白质、无机物，少量粪臭质、粪胆质、色素等。

②人尿中含水分约95%，约5%为可溶性物质及无机盐，其中大约2%为尿素、1%为食盐，还有少量的尿酸、马尿酸、肌酸酐、黄嘌呤、磷酸盐、铵盐、微量元素以及生长素等。

③人粪便是一种偏氮的完全肥料，其中含水分80%以上，有机质5%~10%，氮素（N）0.5%~0.8%、磷素（P_2O_5）0.17%~0.40%、钾素（K_2O）0.2%~0.3%，还含少量硅、钙、

硫、铁、钠等。

（2）畜粪便

家畜粪便是指猪、牛、马、羊等饲养动物排泄物的总称。据相关研究报道，平均每头牲畜每日排泄量：猪粪3～5千克和尿1～3千克，牛粪20～30千克和尿7～10千克，马粪18～22千克和尿10～12千克，羊粪2～3千克和尿0.5～1.0千克，兔粪0.1～0.2千克和尿0.03～0.06千克。

据《中国农业年鉴2010》第254、255和271页统计数据显示，2009年全国猪存栏数为46996.0万头，出栏量达64538.6万头；牛存栏数为10726.5万头，出栏量达4602.2万头；马存栏数为678.5万匹，出栏量达145.2万匹；驴存栏数为648.4万匹，出栏量达227.9万匹；骡存栏数为279.3万匹，出栏量达56.7万匹；骆驼存栏数为24.8万峰，出栏量达6.3万峰；羊存栏数为28469.6万只，出栏量达26732.9万只；兔存栏数为22221.3万只，出栏量达43281.4万只。

家畜粪便是我国主要的有机肥料资源，根据2008年中国农业统计年鉴，2007年牛马等大牲畜、猪、羊这几种家畜共产生粪173931万吨，尿101075万吨，可提供有机物30385万吨，全氮1170万吨、磷240万吨、钾1122万吨，相当于尿素2543万吨、一级过磷酸钙1333万吨、硫酸钾2244万吨，这些还不包括其他家畜的粪便。

1）基本特点

家畜粪便含有丰富的有机质和各种营养元素，是良好的有机肥料。与各种垫圈物料混合堆沤后的肥料称之为厩肥（或圈肥），是我国农村的主要有机肥源之一。厩肥的垫料最常用的是作物秸秆，也有用泥炭或土作垫料的。

2）主要养分

家畜粪尿的成分随家畜的种类、年龄、饲料和收集方法而有很大变化，以下提供一些参考数据。

家畜粪便中，平均含有机质约 18%，氮素（N）约 0.5%、磷素（P_2O_5）0.5%~0.6%、钾素（K_2O）0.35%~0.45%，还含蛋白质、脂肪、有机酸、纤维素、半纤维素和无机盐。含氮较多，碳氮比例较低（14/1），较容易被微生物分解，释放出可被植物吸收利用的养分。

①猪粪含水 70%~80%、有机质 15%~18%、氮素（N）0.40%~1.00%、磷素（P_2O_5）0.22%~1.76%、钾素（K_2O）0.14%~0.40%；猪尿含水 94%~98%、有机质 0.02%~2.50%、氮素（N）0.17%~0.78%、磷素（P_2O_5）0.03%~0.16%、钾素（K_2O）0.16%~1.00%。

②牛粪含水 80%~85%、有机质 12%~15%、氮素（N）0.25%~0.50%、磷素（P_2O_5）0.10%~0.40%、钾素（K_2O）0.10%~0.30%；牛尿含水 92%~99%、有机质 0.02%~3.10%、氮素（N）0.17%~1.10%、磷素（P_2O_5）0.01%~0.10%、钾素（K_2O）0.50%~1.80%。

③马粪含水 75%~76%、有机质 20%~23%、氮素（N）0.40%~0.60%、磷素（P_2O_5）0.20%~0.40%、钾素（K_2O）0.24%~0.40%；马尿含水 89%~90%、有机质 6.50%~7.00%、氮素（N）1.00%~1.50%、磷素（P_2O_5）0.01%~0.05%、钾素（K_2O）1.00%~1.80%。

④羊粪含水 65%~68%、有机质 24%~30%、氮素（N）0.60%~0.75%、磷素（P_2O_5）0.26%~0.50%、钾素（K_2O）0.20%~0.40%；羊尿含水 87%~88%、有机质 7.20%~8.00%、氮素（N）1.40%~1.50%、磷素（P_2O_5）0.03%~0.20%、钾素（K_2O）1.80%~2.10%。

（3）禽粪便

禽粪尿系指鸡、鸭、鹅、鸽等排泄物的总称。每只家禽的排

泄量不算多，但如果是养殖场，其排泄数量就不少，据相关研究报道，平均每只鸡每日排泄量粪为0.05～0.15千克，鸭粪为0.08～0.17千克，也即每只家禽年排泄量为15千克以上。

据《中国农业年鉴2010》统计数据显示，全国2009年家禽存栏数为53.6亿只，出栏量达106.1亿只。其排泄物的总量相当可观，因此禽粪也是一种不可缺少的肥源。

1）基本特点

禽粪尿的特点是养分含量高，有机质丰富，除了含三要素养分外，还含有多种微量元素。禽粪中所含的氮素主要是尿酸态氮，这种氮素有两个特点：一是容易分解，分解出的氨气容易挥发，因此贮存时一定要放在阴凉干燥的地方盖好盖子，以防止氮素损失。二是这种氮素不能被作物直接吸收利用，而且鲜粪容易引来地下害虫，所以必须经过腐熟后才可以施用。腐熟后的禽粪可以作追肥用。由于粪源少，一般多用于菜地或者和其他肥料混合施用。

2）主要养分

家禽是杂食性的动物，虫、鱼、谷、菜都食，饮水较少，粪尿混合排出，所以家禽粪中的氮、磷、钾三要素的含量较高。

鸡、鸭、鹅、鸽的粪尿是一种氮磷钾含量较高的完全肥料，其中含水分50%～80%，有机质20%～30%，氮素（N）0.5%～1.8%、磷素（P_2O_5）0.5%～1.8%、钾素（K_2O）0.6%～1.0%，还含有多种微量元素。

①鸡粪中含水量为50%～80%，有机质为24%～26%，含氮（N）为0.9%～1.8%，含磷（P_2O_5）为0.4%～2.7%，含钾（K_2O）为0.1%～1.4%。

②鸭粪中含水量为50%～60%，有机质为25%～27%，含氮（N）为1.0%～1.2%，含磷（P_2O_5）为0.6%～1.4%，含钾（K_2O）为0.5%～0.7%。

③鹅粪中含水量为70%~80%，有机质为20%~25%，含氮（N）为0.5%~0.6%，含磷（P_2O_5）为1.4%~1.6%，含钾（K_2O）为0.9%~1.0%。

④鸽粪中含水量为50%~55%，有机质为28%~31%，含氮（N）为1.6%~1.8%，含磷（P_2O_5）为1.6%~1.8%，含钾（K_2O）为0.9%~1.0%。

2. 杀虫灭菌

粪便中常混有病菌和寄生虫卵，施前应杀虫灭菌，进行无害化处理，以免污染土壤和农作物，以便保护生态环境。

（1）通过堆肥产生的高温可杀虫杀菌，使粪尿达到无害化标准。将粪便与秸秆、马粪、泥土、垃圾等制成堆肥，产生60~70℃高温杀虫灭菌，可达到无害化的要求。

（2）实施沼气池和改厨、改厕、改圈的“一池三改”工程，有利于粪便的科学积存并进行无害化处理。粪便在沼气池里发酵产生沼气可作燃料、沼液和沼渣可作肥料。

3. 施用方法

（1）粪便一般需要贮存10~15天，经过发酵腐熟后方可施用。这样既提高肥效，也起到消灭传染病菌和寄生虫的作用。

（2）氮素中70%~80%呈尿素态氮，容易发酵腐熟转化成碳酸铵被植物吸收利用，腐熟之后可直接施用或与土掺混制成追肥。

（3）中国农业科学院土壤肥料研究所的试验显示，在粪便中掺入3~4倍的细干土或1~2倍的草炭，其保氮效果比较明显。

（4）在粪便中加入2%~3%的过磷酸钙，不但能使碳酸铵变成比较稳定的化合物，起到固氮保肥的作用，同时也补充了磷素。

（5）经发酵腐熟的粪便可用作追肥，在施用时应添加适量

的清水；在施肥之前田土应停止浇水，让土壤稍干后再施效果较好。

（6）可作基肥、追肥、种肥，每亩施 50～100 千克，掺混 2～4 倍细土，宜配合施用其他肥料，以便满足作物生长发育的要求。

4. 相关说明

（1）粪便碳氮比（C/N）较低，易腐熟，在腐熟过程中产生热量；粪便中有机态氮易分解成氨而挥发，温度越高损失越大。

（2）新鲜粪便不但不能直接被作物吸收利用，还可能对作物根系造成伤害，而且含有病虫害，故必须堆沤熟腐后才能施用。

（3）粪便宜与磷、钾肥配合施用，但不能与碱性肥料（草木灰、石灰）混用；每次用量不宜过多，以免使作物徒长或烧坏。

（4）水田应结合耕田，浅水匀泼，以免挥发或流失；旱地应加水稀释，施后覆土；忌氯作物不宜施用，否则影响产品品质。

（二）厩肥

厩肥（Barnyard manure）又称圈肥、栏肥，系指禽畜粪便、垫圈材料、饲料残茬等混合堆积并经微生物作用而成的肥料。

厩肥是我国农村的主要肥源，其数量庞大，约占农家肥总量的 70%，其中猪粪便约占 36%，牛粪便占 17%～20%，羊粪便约占 8%，马驴粪便约占 5%。

1. 厩肥概况

厩肥富含有机质和作物生长发育所需的多种营养元素。各种禽畜粪便中，一般以羊粪中的氮磷钾含量最高，猪粪和马粪次之，牛粪最低；排泄量则牛粪最多，猪、马类次之，羊粪最少。垫圈材料有秸秆、杂草、落叶、泥炭和干土等。厩肥分圈内积制（将垫圈材料直接撒入圈舍内吸收粪便）和圈外积制（将牲畜粪便清出圈舍外与垫圈材料逐层堆积），经嫌气分解腐熟。在积制期间，其化学组分受微生物的作用发生变化。

2. 积制方式

厩肥积制方式，可分圈内堆积和圈外堆积，还有介于二者之间的方法，即在圈内堆积一段时间后，出圈再堆（沤）一段时间。具体的积肥方法，因地制宜。

（1）圈内积制法

按圈内挖深浅不同的粪坑积制，可分为深坑式、浅坑式、平底式三种形式。

（2）圈外积制法

按其堆积松紧程度分为紧密堆积、疏松堆积和疏松紧密交替堆积三种形式。

3. 厩肥养分

据相关研究报道，猪牛马羊等家畜圈肥中的养分含量大致如下。

（1）猪厩肥中含有机质约25.0%，氮（N）约0.45%，磷（P_2O_5）约0.19%，钾（K_2O）约0.60%，钙（CaO）约0.08%，镁（MgO）约0.08%，硫（SO_3）约0.08%。

（2）牛厩肥中含有机质约20.3%，氮（N）约0.34%，磷（P_2O_5）约0.16%，钾（K_2O）约0.40%，钙（CaO）约0.31%，镁（MgO）约0.11%，硫（SO_3）约0.06%。

（3）马厩肥中含有机质约25.4%，氮（N）约0.58%，磷（P_2O_5）约0.28%，钾（K_2O）约0.53%，钙（CaO）约0.21%，镁（MgO）约0.14%，硫（SO_3）约0.01%。

（4）羊厩肥中含有机质约31.8%，氮（N）约0.83%，磷

(P_2O_5) 约 0.23%，钾 (K_2O) 约 0.67%，钙 (CaO) 约 0.33%，镁 (MgO) 约 0.28%，硫 (SO_3) 约 0.01%。

4. 厩肥作用

(1) 提供养分

厩肥中含有植物生长发育所必需的大量元素氮、磷、钾，以及中微量元素钙、镁、硫、铁、锰、硼、锌、钼、铜等无机养分，还有氨基酸、酰胺、核酸等有机养分和活性物质如维生素 B_1、维生素 B_6 等。

(2) 提高肥效

厩肥中含有大量微生物及多种酶（蛋白酶、脲酶、磷酸化酶），促使有机态氮、磷变为无机态，供作物吸收；并能使土壤中钙、镁、铁、铝等形成稳定络合物，减少对磷的固定，提高有效磷的含量。

(3) 改良土壤

积制厩肥时，垫圈材料为秸秆、杂草、落叶等有机质，经发酵腐熟所得厩肥腐殖质胶体促进土壤团粒结构形成，降低容重，提高土壤通透性，协调水气矛盾；还能提高土壤的缓冲性和改良矿毒田。

(4) 培肥地力

厩肥能提高土壤的保肥保水能力，厩肥腐熟后主要作基肥用。新鲜厩肥的养分多为有机态，碳氮比（C/N）值比较大，不宜直接施用，尤其不能直接施入水稻田，否则将对作物生长发育造成伤害。

5. 厩肥施用

(1) 厩肥用途

厩肥最好作基肥，旱地采取开沟条施或者穴施，水田撒施；作追肥时，应结合中耕培土施用，作追肥用的厩肥必须充分腐熟。

（2）因地施肥

根据土壤条件施用厩肥，如潮砂田等热性土壤，应施猪、牛等的凉性厩肥；如冷浸田等冷性土壤，应施马、羊等的热性厩肥。

（3）厩肥选用

通透良好的砂质田，厩肥施入后容易发酵腐熟，可施半腐熟厩肥；通气性差的黏土田，厩肥施入后不易分解，应施腐熟厩肥。

（4）参考用量

一般亩施 1000 ~ 1500 千克，对经济作物和块根作物亩施 1500 ~ 2000 千克；厩肥中氮的当季利用率比较低，宜配施一些速效氮肥。

（三）堆肥

堆肥（Manure mixture for fertilizing）系指用作物茎秆、绿肥、杂草等植物性物质与泥土、粪便、垃圾等混合堆置，经好气微生物分解而成的肥料。由于它的堆制材料、堆制原理，和其肥分的组成及性质和厩肥相类似，所以又称人工厩肥。

1. 堆肥概况

（1）堆肥是利用作物秸秆、杂草、树叶、泥炭、垃圾以及其他废弃物等为主要原料，混合人畜粪便经堆制腐解而成的有机肥料。

（2）堆肥是一种肥效长而稳定的有机肥料，有利于促进土壤固粒结构的形成，能增加土壤的保水、保温、透气以及保肥等能力。

（3）堆肥宜与化肥料混合使用，既可使作物得到多种养分，又可弥补长期单一使用化肥致土壤板结、保水保肥性能减退的缺陷。

2. 堆肥养分

在堆肥中含氮素（N）为0.4%~0.5%，含磷素（P_2O_5）为0.18%~0.26%，含钾素（K_2O）为0.45%~0.70%，还含有微量元素等。

3. 堆制原理

主要利用多种微生物的作用，将植物有机残体，进行矿质化、腐殖化和无害化，使各种复杂的有机态的养分，转化为可溶性养分和腐殖质，同时利用堆积时所产生60~70℃的高温来杀死原材料中所带来的病菌、虫卵和杂草种子，达到无害化的目的。因此，为了获得优质堆肥，在堆制过程中，为微生物的生命活动创造良好的条件是加快堆肥腐熟和提高肥效的关键。

4. 堆制方法

按原料的不同，分高温堆肥和普通堆肥。两者都需要铺一层农作物秸秆等，再铺一层粪便，并泼一些石灰水（碱性土壤地区则不用泼石灰水），然后盖一层土成堆。若添加适量的氰氨化钙，可促其发酵；若覆盖上稻草或塑胶布，可减少肥分损失。

（1）高温堆肥

以纤维含量较高的植物材料为主要原料，在通气条件下堆制发酵，产生大量热量，堆内温度高达50~60℃，因而腐熟比较快，养分含量较高；高温发酵过程中能杀死其中的病菌、虫卵和杂草种子。

（2）普通堆肥

在堆制过程中，一般需要掺入较多泥土，故发酵温度较低，腐熟过程比较缓慢，堆制时间比较长。堆制中使养分化学组成改变，碳氮比值降低，逐步形成腐殖质，能被植物直接吸收的矿质营养成分增多。

一般堆肥所用材料的配合比例是：各种作物秸秆、杂草、落叶等100千克左右，加入粪便20~30千克，水10~20千克（加水多少随原材料干湿而定），每一层可以适当覆盖一层薄土。

为了加速腐熟，每层可接种高湿分解纤维细菌（如酵素菌），若缺乏时，可加入适量骡马粪或老堆肥、深层暗沟泥和肥沃泥土，促进腐解。也可添加适量的氰氨化钙，促其发酵。

5. 腐熟条件

（1）水分适当

保持适当的含水量是促进微生物活动和堆肥发酵的首要条件，在一般情况下，以堆肥材料的最大持水量的 60% ~ 75% 为宜。

（2）通风透气

堆中要有适当的空气，有利于好气微生物的繁殖和活动，促进有机物分解；高温堆肥时更应注意堆积松紧适度以利通气。

（3）适宜环境

堆中必须保持中性或微碱性的环境，可适量加入石灰或石灰性土壤，中和调节堆内的酸碱度，以促进微生物繁殖和活动。

（4）碳氮比值

微生物对有机质正常分解的碳氮比 25∶1。根据堆肥材料加入适量含氮较高的物质调节碳氮比值，以便促进微生物活动。

注：据相关研究报道，人粪便碳氮比为 2. 59∶1，豆科绿肥为（15 ~ 25）∶1，杂草为（25 ~ 45）∶1，禾本科作物茎秆为（60 ~ 100）∶1。

6. 腐熟指标

堆肥腐熟度鉴别的综合指标：

（1）大约经过 3 个月，腐熟肥堆的体积比刚堆积时塌陷 1/3 ~ 1/2；

（2）堆肥中的秸秆变成黑褐色，有氨臭味，手握秸秆湿时柔软，干时易碎；

（3）堆肥浸出液的颜色成黄褐色，碳氮比为（20 ~ 30）∶1，

腐殖化系数约30%。

在实际操作中，每隔3~4周翻积一次，经过3个月左右，即可腐熟。

7. 施用方法

（1）优质肥料

堆肥是富含氮、磷、钾及有机质的优质肥料，因施入土壤中能使土壤疏松，所以最好施用于块根、块茎作物，对其他作物也适用。

（2）改良土壤

堆肥为迟效肥料，不宜作追肥；堆肥可提供作物所需的多种营养元素，并能改良土壤性状，特别适于改良砂土、黏土以及盐渍土。

（3）参考用量

堆肥宜作基肥，一般在翻土整地时施入，使其在土壤中继续分解释放养分，供作物吸收利用。堆能的用量，一般亩施1.5~2.5吨。

（四）沤肥

沤肥（Waterlogged compost）系指作物茎秆、绿肥、杂草等植物性物质与河泥、塘泥及粪便同置于积水坑中，经微生物厌氧呼吸发酵而成的肥料。

1. 沤肥概况

沤肥是利用作物秸秆、杂草、泥土、垃圾、人粪便、家畜粪便等各种有机物等混合，在淹水条件下，经嫌气微生物分解而成的肥料。沤肥可分凼肥（有的地方称垱肥、窑肥）和草塘泥两类。凼肥可随时积制，草塘泥则多在冬春季节积制。

2. 沤肥养分

沤肥一般含氮素（N）0.3%~0.45%，沤肥的养分含量也随材料的不同而有差异。据分析资料显示，草塘泥的成分比较稳定，pH 多为 6～7，有机质含量为 5%～8%，氮（N）含量为 0.21%～0.40%，磷（P_2O_5）含量为 0.14%～0.26%，钾（K_2O）含量为 0.30%～0.50%。

3. 沤制方法

（1）积制沤肥的原材料与堆肥相似，不同在于积制堆肥时为好气性发酵分解，而积制沤肥时为厌气性发酵分解，需加入过量的水（污水或污泥），使其在水淹没的条件下进行，在相对低温、嫌气条件下腐熟，分解速度慢，但有机质和氮损失少，腐殖质积累较多。

（2）积制沤肥时，因缺氧，使二价铁、锰和各种有机酸的中间产物大量积累，且碳氮比值过高，钙镁养分不足，均不利于微生物活动。因此，应翻塘和添加绿肥及适量粪便、石灰等，以补充氧气、低降碳氮比值、改善微生物的生存环境及营养状况，以加速腐熟。

（3）积制少量沤肥时，将沤肥的材料装入大口容器中，加水充分浸没，有些干料要多加水胀泡，水要有余量，然后将盖子盖好并略为旋好，留有透气余地，因发酵过程中会释放气体，盖得过紧容易将容器胀裂，不盖好又容易长蛆。注意适当翻动，促其均匀腐熟。

（4）沤制时间长些，腐熟较好。夏天沤制时，温度较高发酵较快，一般 1～2 个月即可沤制好；冬天沤肥，因气温比较低，则应沤至来年开春才能腐熟。肥料沤制好之后，物料颜色发生明显的变化，一般是变深、有些变为黑色，有些变成酱色等，再则还有臭味。

4. 沤肥施用

（1）优质肥料

沤肥是利用作物秸秆、杂草、泥土、垃圾等有机质与适量粪

便混合沤制腐熟而成，是优质的有机肥料。

（2）不施生肥

沤制的肥料一定要充分发酵腐熟后再使用，不能施生肥，否则会将作物的根系烧坏，还容易滋生虫害。

（3）用作基肥

沤肥一般多作基肥，既给作物提供养分，又有利于改良土质，施用时腐熟较好的也可集中沟施、穴施。

（4）参考施量

沤肥养分含量较低，故施用量较大，作基肥时每亩用量达 2.5～4.0 吨；作面肥时每亩施用量为 2 吨左右。

（五）沼肥

沼肥（Biogas fertilizer）又称沼气肥，系指作物秸秆、青草和人畜粪便等在沼气池中经微生物发酵制取沼气后的残留物肥料，包括上层液肥、中层糊肥、底层渣肥。

1. 沼肥概况

沼气肥中富含有机质和必需的营养元素。沼气发酵慢，有机质消耗较少，氮、磷、钾损失少，氮素回收率达 95%、钾在 90% 以上。沼气肥除了含有丰富的氮、磷、钾元素之外，还含有硼、铜、铁、锰、锌、钙等元素，并含有大量有机质、多种氨基酸和维生素等。

上层液肥含有大量速效氮，适用于粮食作物和蔬菜作早期追肥，施用前应先贮存于密封坑内数日后再用；中层糊肥的肥力强，铵态氮的含量比丰富，肥力有效期较长，适用于粮食作物和蔬菜作中期追肥；底层渣肥含有大量腐殖质，并能提高土壤保肥蓄水能力，适用于水田农作物底肥。

2. 施量参考

沼气肥的渣液混合物作基肥时，每亩施用量为 1.6 吨左右；

作追肥时每亩施用量约为1.2吨；上层液肥作追肥时每亩施用量约为2吨。沼气肥应深施覆土，深施6~10厘米为宜。

3. 注意事宜

（1）还原性强

沼气肥还原性强，出池后应在贮池中存放1周后施用，否则会与作物争土壤中的氧气，影响种子发芽和根系发育，叶子发黄凋萎。

（2）液肥兑水

沼气肥的上层液肥不能直接追施，应先兑入沼液量约1/2的水混合均匀才能作追肥施用，否则会灼伤作物，尤其幼苗更容易灼伤。

（3）施量适当

过量施用沼气肥，将导致作物徒长，不但造成减产，也将影响农作物质量。因此，不要过量施用沼气肥，一般以少于猪粪肥为宜。

（4）施肥守则

不能与钙镁磷肥、石灰、草木灰等碱性肥料混合施用，否则造成氮肥损失。另外，不能表土撒施，应采用穴施、沟施，然后盖土。

（六）饼肥

饼肥（Cake fertilizer）系指油料作物种子经榨油后剩下的残渣作肥料，这些残渣可直接作肥料施用。

1. 饼肥概况

（1）饼肥的种类很多，其中主要的有豆饼、菜籽饼、麻籽饼、棉籽饼、花生饼、桐籽饼、茶籽饼等。饼肥的养分含量因原料的不同、榨油的方法不同，各种养分的含量也不相同。一般含水为10%~13%，有机质为75%~86%，它是含氮量比较多的一

种有机肥料。

（2）饼肥中的氮、磷多呈有机态，氮以蛋白质形态为主，磷以植物磷脂、卵磷脂和核素形态为主，钾大多是水溶性的。此外，饼肥含有一定量的油脂和脂肪酸化合物等化合物。饼肥吸水缓慢，是一种迟效性有机肥料，必须经过微生物发酵分解后才能发挥其肥效。

2. 饼肥养分

饼肥富含氮、磷、钾等植物生长发育所需的营养元素，其中含氮素较多。油饼中平均含有机质为80%左右，氮素（N）为2%～7%，磷素（P_2O_5）为1%～3%，钾素（K_2O）为1%～2%。

3. 施用方法

（1）用途广泛

饼肥是一种营养丰富的有机肥料，肥效高并且持久，适用于各种土壤和作物。饼肥可作基肥也可作追肥施用；由于饼肥为迟效性肥料，宜配合施用适量速效性氮磷钾肥。

（2）施前粉碎

饼肥可作基肥和追肥，施用前必须把饼肥粉碎。如作基肥，应播种前7～10天施入土中，旱地可条施或穴施，施后与土壤混匀，不要靠近种子，以免因发酵影响种子发芽。

（3）发酵腐熟

如用作追肥，需发酵腐熟，否则施入土中发酵产生高热使作物根部烧伤。在水田施用须先排水后均匀撒施，结合耕田使饼肥与土壤充分混合；旱地宜采用穴施或者条施。

（4）施用时期

作瓜类茄果类基肥宜在定植前7～10天施用，作追肥可在结果后5～10天沟施或穴施，施后盖土；部分施作甘蔗基肥，第一次中耕作追施攻蘖肥，第二次作追施攻茎肥。

（5）参考用量

应根据土壤肥力和作物品种而定，土壤肥力低和耐肥品种宜适当多施；反之，应适当减少施用量。中等肥力的土壤，种植黄瓜、番茄、甜辣椒等作物时每亩施100千克左右。

（6）间接使用

大豆饼肥、花生饼肥、芝麻饼肥等含有较多的蛋白质及一部分脂肪、营养价值较高，是牲畜的精饲料；可先用于喂猪等畜禽，再以其粪便肥田，比饼肥直接施用的效益更大。

4. 注意事宜

（1）防止徒长

饼肥中含氮素较高，而磷素和钾素含量相对较低，如果长期单施饼肥，作物可能徒长，影响产量和品质，故宜与磷肥和钾肥配合施用。

（2）防止伤害

未发酵的饼肥则不宜作种肥或追肥，否则当其发酵分解时会产生甲酸、乙酸、乳酸等有机酸，将影响种子发芽和幼苗生长，伤害作物。

（3）防止被食

饼肥是一种营养丰富并有香味的有机质，施后应立即盖土，以免被蛙及其他动物吃掉；在饼肥中混合少许硫酸铵，有良好的防食效果。

（七）绿肥

绿肥（Green manure）系指利用植物生长过程中所产生的全部或部分绿色植物体，直接耕翻到土壤中作肥料，经发酵分解得到作物生长发育所需的营养成分，这类绿色植物体称为绿肥。

中国是世界上利用绿肥最早和栽培面积最大的国家，绿肥是一种养分完全的生物肥源。栽培绿肥不仅是增辟肥源的有效方

法，对改良土壤、防止污染、维护农业生态平衡也很有意义。

1. 绿肥作用

（1）提供养分

养分含量各异，一般鲜草氮素（N）为0.31%~0.64%，磷素（P_2O_5）0.06%~0.36%，钾素（K_2O）0.15%~0.89%。

（2）改善土壤

有机碳约占干物重的40%，施入后增加土壤有机质，改善土壤的物理性状，提高土壤保水、保肥和供肥能力。

（3）固氮作用

栽培豆科绿肥作物还能把不能直接利用的氮气固定转化为可被作物吸收利用的氮素养分，可减少养分的损失。

（4）增产减害

合理种植绿肥，不仅发挥绿肥的增产作用，还可改善农作物茬口，减少因作物多年连作易发生病虫害的弊端。

（5）旁扩肥源

绿肥可作饲料喂牲畜，发展畜牧业，而畜粪可肥田；绿肥还可作沼气原料，解决部分能源，并且可产沼气肥。

2. 绿肥种类

（1）按绿肥来源分类

①栽培绿肥，指人工栽培的绿肥作物，如猪屎豆、毛叶苕子、箭筈豌豆等。

②野生绿肥，指非人工栽培的野生植物，如青草、水草、树叶、鲜嫩灌木等。

（2）按植物学科分类

①豆科绿肥，其根部有根瘤，根瘤菌有固定空气中氮素的作用，如紫云英、苕子、蚕豆、豌豆、豇豆、猪屎豆、大猪屎豆等。

②非豆科绿肥，指一切没有根瘤的，本身不能固定空气中氮

素的植物，如黑麦草、水葫芦、水花生、油菜、茹菜、金光菊等。

（3）按生长季节分类

①冬季绿肥，指秋冬播种，第二年春夏收割的绿肥，如紫云英、苕子、蚕豆等。

②夏季绿肥，指春夏播种，夏秋收割的绿肥，如田菁、柽麻、竹豆、猪屎豆等。

（4）按生长期限分类

①短期绿肥，系指生长期很短的绿肥，如绿豆、黄豆等。

②一年生或越年生绿肥，如柽麻、竹豆、豇豆、苕子等。

③多年生绿肥，如山毛豆、三叶草、银合欢、紫穗槐等。

（5）按生态环境分类

①水生绿肥，如水花生、水葫芦、水浮莲以及绿萍等。

②旱生绿肥，如紫云英、苕子、油菜、绿豆、黄豆等。

③稻底绿肥，水稻未收前种下的稻底紫云英、苕子等。

3. 种植绿肥

（1）易种植产量大

绿肥种类多，适应性强，易栽培，农田荒地均可种植；鲜草产量高，一般亩产可达 1～2 吨；有些产量更高，如紫云英亩产可达 2～4 吨。

（2）质量好肥效高

绿肥作物有机质丰富，含有氮磷钾和多种微量元素等养分，它分解快，肥效迅速，一般含 1 千克氮素的绿肥，稻谷、小麦等可增产 9～10 千克。

（3）提地力减流失

由于绿肥含有大量有机质，能改善土壤结构，提高田地的保水保肥和供肥能力；绿肥有茂盛的茎叶覆盖地面，能防止或减少水土肥流失。

（4）改良土壤先锋

绿肥作物大多具有较强的抗逆性，可在条件较差的土地（例如：酸性红壤、沙荒地、盐碱地等）中生长，能起到改良障碍性土壤的先锋作用。

（5）投资少成本低

绿肥只需少量种子和肥料，就地种植，就地施用，节省人工和运输费，比化肥成本低。此外还有大量野生的绿色植物体可免费采集利用。

（6）用途广效益大

栽培绿肥作物不仅为农作物提供绿肥，有些绿色植物还是工业、医药和食品的原料；有些绿肥如紫云英等是很好的蜜源，可以发展养蜂业。

4. 合理施用

（1）适时收割

绿肥过早收割翻压产量低，植株过分幼嫩，压青后分解过快，肥效短；翻压过迟，绿肥植株老化，养分多转移到种子中去了，茎叶养分含量较低，而且茎叶碳氮比大，在土壤中不易分解，降低肥效。一般豆科绿肥植株适宜的翻压时间为盛花至谢花期；禾本科绿肥植株最好在抽穗期翻压，十字花科绿肥植株最好在上花下荚期。间、套种绿肥作物的翻压时期，应与后茬作物需肥规律相符合。

（2）翻压方法

先将绿肥茎叶切成长 10～20 厘米，然后撒在地面或施在沟里，随后翻耕入土壤中，一般入土 10～20 厘米深，旱地 15 厘米左右，水田 10～15 厘米，砂质土可深些，黏质土可浅些，然后严密盖土；一般在后茬作物播种前 15～30 天进行翻压，还应注意气候和土壤状况、绿肥品种及其老嫩程度等因素。土壤水分较少、质地较轻、气温较低、绿肥作物植株较嫩时，耕翻宜深些，反之则以浅些为宜。

（3）参考施量

一般亩施1000～1500千克鲜草基本能满足农作物的需要，施用量过大，可能造成作物后期贪青迟熟。具体施量以绿肥种类、气候状况、土壤肥力以及农作物对养分的需求而定。绿肥虽有较长肥效期，但如果单一施用时，往往不能及时满足作物全生长期对养分的需求，因为绿肥虽然能提供较全面养分，但因其含量较低，特别是磷素和钾素含量更低，所以，绿肥配合施用化学肥料是必要的。

（4）综合利用

把绿肥植物先作饲料，然后利用畜禽粪便作肥料，是提高绿肥效益的有效途径；绿肥植物还可以用于青饲料贮存或制成干草或干草粉。豆科绿肥的茎叶大多数可作为畜禽良好的饲料，其中的氮素约1/4被畜禽吸收利用，其余3/4的氮素又通过粪尿排出体外，成为很好的厩肥。因此，利用绿肥先喂畜禽，再用粪便肥田，这种绿肥过腹还田的方式，是一举两得、经济有效的利用绿肥的好方法。

（八）其他肥料

除了前述7种有机肥之外，农村中还有泥肥、熏土、坑土、糟渣等等。土肥类应经存放和晾干后用作基肥为宜，糟渣经腐熟后才能用作基肥或追肥；这些肥料因有效营养成分含量不高，宜与化肥配合施用。

三、无害化处理法

有机肥料无害化处理有多种方法，当前比较成熟和用得较多的方法是：发酵催熟堆腐法、EM堆腐法、工厂化无害处理法等。

1. 发酵催熟堆腐法

（1）制催熟粉

原料：米糠（稻米糠、小米糠等各种米糠）、油饼（菜籽饼、花生饼、茶籽饼、蓖麻饼等）、豆粕（加工豆腐等豆制品后的残渣，各种豆类均可）、糖类（各种糖类和含糖物质均可）、酵母粉、黑炭粉或沸石粉或泥类。

配方：按米糠 14.5%，油饼 14.0%，豆粕 13.0%，糖类 8.0%，水 50.0% 和酵母粉 0.5% 的比例计量。

制法：先将糖类加于水中，搅拌溶解后，加入米糠、油饼和豆粕，经充分搅拌混合后堆放，在 60℃ 以上的温度下发酵 30 ~ 50 天；然后把发酵后的物料与黑炭粉（或沸石粉）按重量 1∶1 的比例，进行掺和混匀，再仔细搅拌均匀，即成催熟粉。

（2）堆肥操作

先将粪便风干至含水分 30% ~ 40%。将粪便与切碎稻草等膨松物按重量 10∶1 的比例混合，每 100 千克混合肥中加入 1 千克催熟粉，充分拌和均匀，然后在堆肥舍中堆积成高 1.5 ~ 2.0 米的肥堆，进行发酵腐熟。

在发酵期间，根据堆肥的时间长短、温度变化状况进行翻混处理：当气温为 15℃ 时，堆积后第 3 天，堆肥表面以下 30 厘米处的温度可达 70℃；堆积 10 天后可进行第一次翻混，翻混时堆肥表面以下 30 厘米处的温度可达 80℃，几乎无臭；第一次翻混后第 10 天，进行第二次翻混，翻混时堆肥表面以下 30 厘米处的温度为 60℃ 左右；再过 10 天后，进行第三次翻混，翻混时堆肥表面以下 30 厘米处的温度为 40℃ 左右，翻混后的温度为 30℃，水分含量达 30% 左右。之后不再翻混，等待后熟，后熟一般需 3 ~ 5 天（最多 10 天即可），后熟完成，堆肥即制成。

这种高温堆腐，可以把粪便中的虫卵和杂草种子等杀死，大肠杆菌也可大为减少，达到有机肥无害化处理之目的。

2. EM 益生菌堆腐法

EM 益生菌（Effective Microorganisms）是由大约 80 种微生物组成，EM 益生菌是一种好氧和嫌氧有效微生物群，主要由光合细菌、放线菌、酵母菌和乳酸菌等组成，可用于食品添加、养殖病害防治、土壤改良、生根壮苗、污水治理等等。在农业、养殖、种植、环保上有广泛的用途。它具有除臭、杀虫、灭菌、净化环境和促进植物生长等多种功能。用它处理人畜粪便作堆肥，可以起到无害化作用。

（1）操作过程

①按清水 100 毫升和蜜糖或红糖 20～40 克、米酪 100 毫升、烧酒（含酒精 30%～35%）100 毫升和 EM 原液 50 毫升的配方，配制成 EM 备用液。

②取稻草、玉米秆和青草等，切成长 1.5 厘米的碎料，加少量米糠拌匀，作堆肥膨松物；将人畜粪便风干至含水量为 30%～40%。

③将上述制作的膨松物与风干粪便按重量 10：100 混合搅拌均匀，在水泥地上铺成长约 6 米、宽约 1.5 米、厚 20～30 厘米的肥堆。

④在肥堆上撒上一层薄薄的米糠或麦麸等物，然后洒上前述所制备的 EM 备用液，每 1000 千克肥料洒 1000～1500 毫升 EM 备用液。

⑤按同样的方法在上面再铺第二层，每一堆肥料铺 3～5 层后盖上塑料薄膜发酵，当堆内的温度升到 45～50℃时翻动一次。

⑥肥堆一般要翻动 3～4 次才能完成，完成之后一般肥料中会长出许多白色的霉毛，并有一种特别的香味，这时就可以施用。

（2）注意事宜

肥料中水分过多会使堆肥失败，产生恶臭味。

夏天7～15天成熟可用，春天要15～25天。

各地要根据具体条件，反复试验后才能成功。

3. 工厂化无害处理

如果有大型畜牧场和家禽场，有大量粪便，可采用工厂化无害化处理。

（1）工艺流程

粪便集中→脱水→消毒→除臭→配制→搅拌→造粒→烘干→过筛→包装→入库。

（2）操作过程

①先把粪便集中，进行脱水，使水分含量达到20%～30%；然后输送到蒸汽消毒房。

②于80～100℃经20～30分钟消毒，能杀死全部的虫卵、有害病菌以及杂草种子等。

③消毒之后的粪便配上必要的天然矿物，如磷矿粉、白云石和云母粉等，混合搅拌。

④粪便与天然矿物粉混匀之后，进行造粒，再烘干，过筛，包装即成有机肥料产品。

（3）注意事宜

①蒸汽消毒房内温度不能太高，否则容易使肥料养分发生分解或者挥发，而造成损失。

②消毒房内装有脱臭塔除臭，烘便在消毒房内不断转动、消毒，臭气通过脱臭塔排出。

③有机肥料通过上述无害化处理，可以达到降解有机污染物以及生物污染物之目的。

四、商品有机肥料

按照我国农业部标准NY 525—2012《有机肥料》中定义：有机肥料（Organic fertilizer）系指主要来源于植物和（或）动

物，经过发酵腐熟的含碳有机物料，其功能是改善土壤肥力、提供植物营养、提高作物品质。

商品有机肥料（Commodity organic fertilizer）系指以禽畜粪便、动植物残体等富含有机质的副产品资源为主要原料，经工厂化加工，经发酵腐熟、无害化处理后所制成的有机肥料，其产品质量按国家农业部标准 NY 525—2012《有机肥料》执行。

NY 525—2012《有机肥料》适用于以禽畜粪便、动植物残体和以动植物产品为原料加工的下脚料为原料，并经发酵腐熟后制成的有机肥料。而不适用于绿肥、农家肥及其他农民自积自造的有机粪肥。

1. 感观要求

外观颜色为褐色或灰褐色，粒状或粉状，均匀，无恶臭，无机械杂质。

2. 质量指标

（1）有机肥料的技术指标应符合表 4-1-1 的要求。

表 4-1-1 有机肥料质量指标（NY 525—2012）

项　　目	指　　标
有机质的质量分数（以烘干基计），%	≥45
总养分（氮＋五氧化二磷＋氧化钾）的质量分数（以烘干基计），%	≥5.0
水分（鲜样）的质量分数，%	≤30
酸碱度（pH）	5.5～8.5

（2）有机肥料中重金属的限量指标应符合表 4-1-2 的要求。

表 4-1-2 有机肥料中重金属的限量指标（NY 525—2012）

项　　目	指　　标
总砷（As）（以烘干基计），mg/kg	≤15
总汞（Hg）（以烘干基计），mg/kg	≤2
总铅（Pb）（以烘干基计），mg/kg	≤50
总镉（Cd）（以烘干基计），mg/kg	≤3
总铬（Cr）（以烘干基计），mg/kg	≤150

（3）有机肥料中蛔虫卵死亡率和粪大肠菌群数指标应符合 NY 884—2012 的要求。

3. 包装贮运

（1）有机肥料用覆膜或塑料编织袋衬聚乙烯内袋包装，每袋净含量（50 ±0.5）千克，（40 ±0.4）千克，（25 ±0.25）千克，（10 ±0.1）千克。

（2）有机肥料包装袋上应注明：产品名称、商标、有机质含量、总养分含量、净含量、标准号、登记证号、企业名称以及厂址等；其余按 GB 18382 的规定执行。

（3）有机肥料应贮于干燥、通风处，在运输过程中应防潮、防晒、防破裂。

五、使用注意事宜

前面已经了解到有机肥料的诸多优越性，为了使绿色食品的生产有足够数量的符合要求的有机肥料，积制、生产和施用有机肥料过程中需要注意如下事宜。

1. 除去有害杂物

制作有机肥的原料都是自然产物，有害重金属含量很微，一般不造成重金属为害。然而，关键在于收集有机肥原料时，要防止含有重金属的材料混入；并要过筛，除去有害的各种杂物。

2. 符合无害指标

许多有机肥料带有病菌、虫卵和杂草种子，这些不利于作物生长、有损人体健康，所以必须要经过加工发酵和无害化处理后才能施用；各类有机肥料要符合 NY 884—2012 无害化卫生指标。

3. 配施无机肥料

有机肥在土壤中分解相对较慢，肥效也就比较迟缓，虽然有机肥中的营养元素含量较齐全，但其含量都比较低。因此建议：把有机肥与无机肥配合施用，二者取长补短，发挥各自优势。

4. 增施有机肥料

无机肥使用不当容易污染环境，合理配施则能有效增加作物产量。关键在于增加有机肥用量，合理配施无机肥，调节氮磷钾比例，实行无机肥深施等措施则可防止污染又能使作物高产。

5. 科学混施肥料

腐熟的有机肥不宜与碱性肥料混施，若与碱性肥料混合，会造成氨的挥发损失，降低有机肥养分含量，从而导致营养失衡；此外，生物有机肥含有较多的有机物，不宜与硝态氮肥混用。

6. 有机肥作基肥

有机肥一般用作基肥，可根据不同土壤肥力、不同作物、不同的肥料质量来确定施肥量。腐熟的达到无害化要求的沼肥水和人畜粪尿可作追肥，严禁在蔬菜等作物上浇洒未腐熟的粪便。

7. 多种有机肥源

为了保证有充足的有机肥源，首先要把现有的有机肥资源利用好，人畜禽的排泄物、食品加工的下脚料、秸秆、饼粕、泥炭、山青、湖草等。选用适宜的绿肥品种，合理科学发展绿肥。

8. 遵循生态规律

遵循生态规律，创造良好的生态环境，是生产绿色农产品不可或缺的条件。生态农业具有综合经营和农业资源多重利用的特

点，能够避免以至消除恶性循环和消除污染，促进良性循环。

第 2 节　氮磷钾无机肥

根据我国国家标准《肥料和土壤调理剂　术语 GB/T 6274—1997》中的定义，无机肥料（Inorganic fertilizer）系指标明养分呈无机盐形式的肥料，由提取、物理和（或）化学工业方法制成。

注：硫磺、氰氨化钙、尿素及其缩缔合产品，骨粉、过磷酸钙，习惯上归作无机肥料。

无机肥料又称矿质肥料（Mineral fertilizer），也叫化学肥料（Chemical fertilizer），简称化肥。一般经过粉碎、提取、合成等工业生产工艺而制得。所含的氮、磷、钾等营养元素都以无机化合物的形式存在。

我国当前常用的无机肥料种类包括：氮肥，磷肥，钾肥，微肥，复肥等。它们具有以下一些共同的特点：成分单一，养分含量高；肥效快，肥劲猛，故又称“速效性肥料”。

单一肥料（Straight fertilizer）系指氮、磷、钾三种养分中，仅具有一种养分标明量的氮肥、磷肥或钾肥的通称（GB/T 6274—1997）。

肥料溶解度（Solubility of fertilizer）系指在规定温度下，溶解在 100 升水中的肥料质量，以千克数表示（GB/T 6274—1997）。肥料的有效组分在水中的溶解度通常是度量肥料有效性的标准。

肥料品位（fertilizer grade）系指以百分数表示的肥料养分含量（GB/T 6274—1997）。品位是化肥质量的主要指标，它是指化肥产品中有效营养元素或其氧化物的含量百分率，如氮、磷、钾、钙、镁、硫、硅、铁、锰、锌、铜、钼、硼、氯、镍、钠的百分含量。

根据我国农业行业标准《肥料合理使用准则　通则 NY/T 496—2010》中的定义，大量元素（Macro-nutrient）系指氮、磷、钾元素的通称。故将氮肥、磷肥、钾肥称为大量元素肥料。

一、氮肥

我国农业行业标准《肥料合理使用准则　通则 NY/T 496—2010》中氮肥的定义：氮肥（Nitrogen fertilizer）系指具有氮（N）标明量，以提供植物氮养分为其主要功效的单一肥料。

植物体内的含氮量约占植物干重的 1.5%。合理施用氮肥能促进作物生长发育，增加作物产量，提高作物品质。

（一）氮肥对植物的作用

（1）生命基础

氮素是组成蛋白质的主要元素，蛋白质是生物体生命存在的形式，如果没有氮素就没有蛋白质，也就没有了作物的生命。

（2）新陈代谢

氮素是氨基酸和核糖核酸的组成元素、维生素和植物激素的成分、酶以及辅酶的成分，是作物新陈代谢不可或缺的元素。

（3）光合作用

氮素是叶绿素的组成元素，叶绿素是与光合作用有关的最重要色素，它能吸收太阳能、二氧化碳和水，产生氧和有机物。

（4）作物增产

氮素能帮助作物分殖，施用氮肥增产效果明显，在增加作物产量的作用中，氮肥所占份额在磷（P）和钾（K）肥等肥料之上。

（5）提高品质

氮素是植物体内氨基酸、核糖核酸、叶绿素、激素、酶和辅

酶的成分，特别是能增加种子中蛋白质，提高产品营养价值。

（二）提高氮肥的利用率

（1）因地制宜

施用氮肥必须充分考虑土壤的供肥保肥特性，一般土层深厚，保肥性能好的土壤，以基肥为主；保肥性能差的沙土、漏沙土应以少吃多餐的原则，进行多次施肥。

（2）利用率高

依据土壤分析测试状况，把氮肥应用在增产效果好的土壤上。试验结果表明：一般在地下水质好、基础产量较低的贫肥低产型土壤上利用率较高，增产效果显著。

（3）深施覆土

依据肥料特性、深施覆土，深施结合覆土可以增加土壤对铵离子的吸附，减少挥发，对铵态氮肥有显著的增产效果，施肥深度应根据作物特性与施肥量灵活掌握。

（4）配合施用

农作物正常生长发育要求氮磷钾等多种营养元素的协调供应，因此，需要氮肥与其他肥料配合施用。具体应依据土壤各种养分的丰缺状况，科学合理地配合施用。

（5）区别施氮

根据作物的不同生育期对氮的需要量也有差别。例如，小麦是一般要求氮肥的 60% 作基肥，其余的一次或分次追施；而玉米则在拔节期及大喇叭期是需氮高峰期。

（6）合理施氮

依据作物特性和习性，科学合理施氮。例如，小麦、玉米等禾谷类作物，需氮肥较多应适当多施；而豆类作物，由于其根瘤菌具有固氮作用，则相应需氮肥较少。

（三）氮肥常用主要品种

常见的氮肥品种可分为铵态、硝态、铵态硝态和酰胺态氮肥4种类型。

铵态氮肥：碳酸氢铵、硫酸铵、氯化铵、氨水和液体氨；

硝态氮肥：硝酸钠、硝酸钙；

铵态硝态氮肥：硝酸铵、硝酸铵钙和硫硝酸铵；

酰胺态氮肥：尿素、氰氨化钙。

1. 铵态氮肥

（1）碳酸氢铵

碳酸氢铵（Ammonium bicarbonate）简称碳铵，是氨的碳酸盐，分子式为NH_4HCO_3，相对分子质量为79.01。

1）理化性状

碳酸氢铵是一种白色斜方晶系或单斜晶系结晶体。无毒，有氨臭，密度1.58g/cm^3。能溶于水，水溶液呈碱性，难溶于乙醇。碳酸氢铵的化学性质不稳定，受热易分解，36℃以上分解为二氧化碳（CO_2）、氨（NH_3）和水（H_2O），60℃可以分解完，故又称气肥。有吸湿性，潮解后分解加快。

生产碳铵的原料是氨、二氧化碳和水。碳酸氢铵含氮17.7%左右，属于铵态氮肥中的一种。碳酸氢铵是无（硫）酸根氮肥，其三个组分都是作物的养分，不含有害的中间产物和最终分解产物，长期使用不影响土质，是最安全氮肥品种之一。

2）技术指标

农用碳酸氢铵外观为白色或微灰色结晶，有氨气味，氮含量≥16.8%。吸湿性强，易溶于水，水溶液呈弱碱性。简易鉴别碳酸氢铵时，可用手指取少量样品进行摩擦，即可闻到较强的氨气味。

感观要求：外观为白色或浅色结晶状。

理化指标：按表4-2-1农用碳酸氢铵产品的技术指标（GB 3559—2001）执行。

表4-2-1　农用碳酸氢铵产品的技术指标（GB 3559—2001）

项　目	优等品碳酸氢铵	一等品碳酸氢铵	合格品碳酸氢铵	干品碳酸氢铵
外　观	白色或浅色结晶	白色或浅色结晶	白色或浅色结晶	白色或浅色结晶
氮（N），% ≥	17.2	17.1	16.8	17.5
水分（H_2O），% ≤	3.0	3.5	5.0	0.5

注：优等品和一等品必须含有添加剂，以保证碳酸氢铵具有良好的物理性能和使用方便。

碳酸氢铵用作氮肥，适用于各种土壤，可同时提供作物生长所需的铵态氮和二氧化碳，但含氮量低、易结块。

因为碳酸氢铵是一种碳酸盐，所以不能和酸一起放置，因为酸会和碳酸氢铵反应生成二氧化碳，使碳酸氢铵变质。但是也有利用碳酸氢铵能和酸反应这一性质，将碳酸氢铵放在蔬菜大棚内，将大棚密封，并将碳酸氢铵置于高处，加入稀盐酸。这时，碳酸氢铵会和盐酸反应，生成氯化铵（NH_4Cl）、水（H_2O）和二氧化碳（CO_2）。二氧化碳可促进植物光合作用，增加蔬菜产量，而生成的氯化铵也可再次作为肥料使用。

3）初步识别

①看形状：农用碳酸氢铵为结晶小颗粒。

②观颜色：白色、微黄色、灰白或灰色。

③闻气味：碳酸氢铵有特殊的刺鼻氨味。

④水溶性：合格碳酸氢铵能全部溶于水。

⑤酸碱性：0.8%的碳铵的水溶液pH =7.8。

⑥观灼烧：把铁片烧红，然后置少许碳酸氢铵于铁片上观察，无熔融过程直接分解、冒白烟有强烈氨味、铁片无残留物。

4）施用方法

①作基肥：施入深度6～12厘米为宜，沙质土壤则应更深些，施后立即覆土盖严，以减少氮素损失，若耕翻深施效果更好。水田作基肥时，一般应在耕地前，先把碳铵均匀地撒施于田面，立即耕翻入土，耕深10～12厘米，每亩施用碳铵20千克左右；旱地碳铵作基肥也要深施，一般用穴施或沟施，可在耕地前施下，施后随即深耕覆土。

②作追肥：碳铵用于水田追肥，在水稻分蘖初期，每亩15～20千克。田面应保持适当水层（4～6厘米），在早晚气温较低，叶面无露水时施用，施后立即耘耥；碳铵用作旱地追肥，可采用条施或穴施，距作物根6～9厘米处，开6～9厘米深的施肥沟或打6～9厘米深的小穴，施入碳铵立即覆土盖严，还应及时浇水，每次亩施10～15千克。

须知：碳铵具体施用量需要根据作物种类及土壤含氮量多少而定。水田追肥如果水层太浅，出现稻叶被熏伤发黄时，应立即灌水促使稻苗转绿；在水稻封行后追肥应注意防止灼烧叶片。在施用粉状碳铵时，不论在水田或者旱地，不论作基肥、面肥或追肥，都应“一不离土，二不离水”，以减少氨素的挥发损失和防止灼伤作物。

施用碳酸氢铵的最大优点在于：适用于多种作物和各种土壤，长期施用不影响土质。

5）有关说明

①不能与碱性肥料混施，否则容易造成氨素挥发损失。

②切勿撒施在土壤表面，以免造成氨挥发和熏伤作物。

③碳酸氢铵不宜作种肥，否则可能影响作物种子发芽。

④碳铵极不稳定、易挥发，土壤干旱或墒情不足勿施用。

⑤施用时勿与种子、根、茎、叶接触，以免灼伤作物。

⑥露水未干或雨后勿施，以免碳铵沾叶片上灼伤叶片。

6）贮运事宜

贮存碳酸氢铵的库房地面平整、阴凉、通风、干燥。不能堆放在日晒或潮湿的环境中，注意防潮、防雨、防晒、防火、防高温等，以免造成氮素损失。

特别提示：应严格按照碳酸氢铵的安全生产、装卸、运输、贮存、使用等相应的法律、法规执行。

（2）硫酸铵

硫酸铵（Ammonium sulfate）简称硫铵，分子式为 $(NH_4)_2SO_4$，相对分子质量为132.14。

1）理化性状

硫酸铵为无气味，无色斜方晶体，工业品为白色至淡黄色结晶体。易溶于水，水溶液呈酸性。难溶于乙醇和丙酮。有吸湿性，吸湿后固结成块。280℃以上分解，加热到513℃以上完全分解成氨气、氮气、二氧化硫及水。与碱类作用则放出氨气，与氯化钡溶液反应生成硫酸钡沉淀，也可以使蛋白质发生盐析。

硫酸铵低毒，半数致死量 LD_{50}（大鼠经口）为3000mg/kg；有刺激性。

2）技术指标

硫酸铵属于铵态氮肥，是一种优良的氮肥（俗称肥田粉），适用于一般土壤和作物，能使枝叶生长旺盛，提高果实品质和产量，增强作物对灾害的抵抗能力，可作基肥、追肥和种肥，但是长期使用可能导致土壤板结。

感观要求：外观为白色、灰色或粉红色等，无可见机械杂质。

理化指标：按表4-2-2农用硫酸铵产品的技术指标（GB 535—1995）执行。

表 4-2-2　农用硫酸铵产品的技术指标（GB 535—1995）

项　目	优等品	一等品	合格品
外　观	白色结晶，无可见机械杂质	无可见机械杂质	无可见机械杂质
氮（N）以干基计，% ≥	21.0	21.0	20.5
水分（H_2O），% ≤	0.2	0.3	1.0
游离酸（H_2SO_4），% ≤	0.03	0.05	0.2

3）初步识别

①看形状：硫酸铵为结晶小颗粒状。

②观颜色：白色、灰色或者粉红色。

③闻气味：硫酸铵没有特殊的气味。

④水溶性：硫酸铵能完全溶解于水。

⑤酸碱性：硫酸铵水溶液呈微酸性。

⑥观灼烧：把铁片烧红，然后置少许硫酸铵于铁片上观察，可看到硫酸铵逐渐融化（但不发生燃烧），并冒白色烟雾和刺鼻的氨味，融化完毕后铁片上留有残烬。

4）施用方法

①作基肥：硫酸铵作基肥时，要深施覆土，以利于作物吸收和减少肥料损失。

②作追肥：硫酸铵适宜作追肥，对保水保肥性能好的土壤每次施用量可适当多一些，相反的土壤则分期追施而每次不宜多施；旱地施用时需要适当浇水，水田则应先排水落干并结合耕耙施用；用于果树时可开沟条施、穴施或环施；另外，不同作物施用量也有所不同。

③作种肥：硫酸铵对种子发芽无不良影响，可用作种肥。

④施用量：硫酸铵每亩施肥量一般为 20 ~ 30 千克，具体施

用量要根据作物种类、目标产量以及土壤含氮量多少而定。

5）有关说明

①不能与其他碱性肥料或碱性物质接触或混合施用，以免降低肥效。

②如果必须硫酸铵与石灰配合施用，那么两者要相隔最少3天。

③因为硫酸铵肥料属于强酸弱碱盐，所以不适于在酸性土壤上施用。

④不宜在同一地块上长期施用硫酸铵，否则会使土壤变酸造成板结。

6）贮运事宜

贮存硫酸铵的库房地面应平整、阴凉、通风、干燥。袋装肥料堆置高度应小于7米，不能堆放在日晒或潮湿的环境中，注意防潮、防雨、防晒、防火、防高温等；严禁与石灰、水泥、草木灰等碱性物质同库存放。

特别提示：应严格按照硫酸铵的安全生产、装卸、运输、贮存、使用等相应的法律、法规执行。

（3）氯化铵

氯化铵（Ammonium chloride）又称氯铵，分子式为 NH_4Cl，相对分子质量为53.49。

1）理化性状

氯化铵外观为白色或略带黄色的方形或八面体的小结晶；无臭，味咸凉而微苦；难溶于丙酮和乙醚，微溶于乙醇，易溶于水，水溶液呈弱酸性，常温下饱和氯化铵溶液pH一般在5.6左右；对黑色金属和其他金属有腐蚀性，特别对铜腐蚀更大，对生铁无腐蚀作用。吸湿性小，但在潮湿的阴雨天气也能吸潮结块。能升华而无熔点，加热至100℃时开始分解，337.8℃时可以完全分解为氨气和氯化氢气体，遇冷后又重新化合生成颗粒极小的氯化铵而呈现为白色浓烟，不易下沉，也不易再溶解于水。

氯化铵低毒，半数致死量 LD_{50}（大鼠经口）为 1650mg/kg，有刺激性。

2）技术指标

农用氯化铵属于铵态氮肥，是一种生理酸性速效氮肥，正常的含氮量在22%~25%，吸湿性比硫酸铵大，比硝酸铵小。农用氯化铵肥料一般不结块，适用于中性土壤和石灰性土壤。可直接施用，主要用于粮食作物、油菜等，但也作为生产复混肥料的原料。

感观要求：外观为白色或带微黄色，结晶小颗粒。

理化指标：按表 4-2-3 农用氯化铵产品的技术指标（GB 2946—2008）执行。

表 4-2-3 农用氯化铵产品的技术指标（GB 2946—2008）

项　目	优等品	一等品	合格品
含氮（N）的质量分数（以干基计），% ≥	25.4	25.0	24.0
水分（H_2O），% ≤	0.5	1.0	7.0
钠盐的质量分数（以 Na 计），% ≤	0.8	1.0	1.6
粒度（2.00~4.00mm），% ≥	75	70	—

注：水分以出厂检验结果为准；钠盐质量分数以干基计；结晶状产品无粒度要求，粒状产品则至少要达到一等品要求。

3）初步识别

①看形状：氯化铵为细小块或结晶小颗粒。

②观颜色：氯化铵外观为白色或带微黄色。

③闻气味：一般没有气味，个别有氨气味。

④水溶性：溶于水生成铵根离子和氯离子。

⑤酸碱性：饱和氯化铵水溶液 pH 5.6 左右。

⑥观灼烧：把铁片烧红，然后置少许氯化铵于铁片上观察，可看到它迅速消失，放出白色浓烟，并能闻到氨味和盐酸味，融

化完后铁片上无残烬。

4）施用方法

①作基肥：氯化铵作基肥时，每亩用量一般为15～25千克，施用后应及时浇水，以便将肥料中的氯离子淋洗至土壤下层，尽量减小对作物的不利影响。

②作追肥：氯化铵最适用于作水稻的追肥，它要比等氮量的硫酸铵效果好，每亩用量一般在10～18千克；氯化铵作追肥时一定要掌握少量多次的原则。

须知，氯化铵施肥量一般每亩为10～25千克，具体施用量要根据作物种类及土壤含氮量多少而定。

5）有关说明

①氯化铵不宜施于烟草、土豆、甘薯、甘蔗、西瓜、葡萄、柑橘、甜菜、苹果、茶叶以及辣椒等忌氯作物。

②氯化铵最适宜于水田施用，而不适于干旱少雨地区；氯化铵不能用于排水不利的盐碱地，以免加重盐害。

③氯化铵不宜用作种肥和秧田肥，因为氯化铵在土壤中会生成水溶性氯化物，影响种子发芽和幼苗生长。

6）贮运事宜

贮存氯化铵的库房地面应平整、阴凉、通风、干燥，不能堆放在日晒或潮湿的环境中，注意防潮、防雨、防晒、防火、防高温等；避免与碱性物质同库存放。

特别提示：应严格按照氯化铵的安全生产、装卸、运输、贮存、使用等相应的法律、法规执行。

（4）氨水

氨水（Ammonia water）又称氢氧化铵（Ammonium hydroxide），系指氨气溶于水形成的水溶液。分子式为 $NH_3 \cdot H_2O$（或 NH_4OH），相对分子质量为35.05。氨水属于铵态氮肥，我国目前氨水的产量不到氮肥总产量的0.2%。

碳化氨水：即在氨水中通入二氧化碳，制成碳化氨水。为了尽可能减少贮运和施用过程中氨挥发损失，在氨水中通入一定量的二氧化碳将其碳化，使一部分氨与二氧化碳结合，形成含有 NH_4HCO_3、$(NH_4)_2CO_3$ 和 $NH_3 \cdot H_2O$ 的混合液，称为“碳化氨水”。碳化氨水比普通氨水能明显减少氨挥发损失。

1）理化性状

氨水为无色或微黄色的液体，呈弱碱性，易挥发，具有强烈的刺鼻的臭味，对眼睛、鼻子、皮肤有刺激性和腐蚀性，能使人窒息，空气中最高容许浓度为 $30mg/m^3$；氨水对水生生物有极高毒性。易溶于乙醇和水，在水中，氨气分子发生微弱水解生成氢氧根离子和铵离子。氨水能与酸性物质及铜、锌、铝、铁等金属反应。在正常条件下从氨水中分离出来的氨气具有强烈的气味、有毒、有燃烧和爆炸的危险。氨水由氨气通入水中制得，氨水一般用于化肥等农资用品中。

氨水相对密度为 0.91（质量分数 25% 的氨水），氨含量越高则相对密度越低，如 35% 氨水相对密度为 0.88，10% 氨水则为 0.96。

纯氨水为无色透明液体，农用氨水常因含有硫（S）、铁（Fe）、铜（Cu）等杂质，而略带淡黄、褐、绿或黑色等色彩。氨水中的氮呈不稳定的结合态，因而，氨水易于蒸发，氨水浓度越大，温度越高，氨气蒸发越多，烧苗也越严峻。

氨水有毒，氨水急性毒性 LD_{50} 为 350mg/kg（大鼠经口）；人体经口氨水最低致死剂量（LDLo）为 43mg/kg；人体吸入氨气最小致死浓度（LCLo）为 5000ppm/5min。在贮存运输或者施用氨水过程中，一定要注意安全。

2）技术指标

国外农用氨水的浓度稍高，一般为含氨 25%（含氮 20%）的产品。我国常用的氨水浓度为含氨 15%、17% 和 20% 三种，

含氮 12%～16%。

感观要求：外观为无色透明或微黄色液体。

理化指标：按表 4-2-4 农用氨水产品的参考技术指标（HG 1-88—1981　氨水）执行。

表 4-2-4　农用氨水参考技术指标（HG 1-88—1981）

项　目	工业用 1	工业用 2	农业用
外　观	无色透明或微黄色液体	无色透明或微黄色液体	无色透明或微黄色液体
色度，号≤	80	80	—
氨（NH_3）含量，%≥	25	20	15
残渣含量，g/L≤	0.3	0.3	—

3）初步识别

①看外形：农用氨水为透明液体。

②观颜色：氨水为无色或微黄色。

③闻气味：具有强烈刺鼻的臭味。

④水溶性：易溶于水中，氨气分子发生微弱水解生成氢氧根离子和铵离子。

⑤酸碱性：氨水是一种弱碱，pH 一般在 10 以上，如 1% 溶液为 11.7。能使无色酚酞试液变红色，能使紫色石蕊试液变蓝色，能使湿润红色石蕊试纸变蓝。

⑥观反应：氨水能与酸反应生成铵盐，浓氨水与挥发性酸（如浓盐酸和浓硝酸）相遇会产生白烟。

4）施用方法

氨水是氨态氮肥，价格便宜，肥效快，在土壤中几乎不会残留有害物质，氨水可作基肥也可作追肥。只要合理施用，在水田和旱地上的增产效果都比较明显。

氨水的施用原则：一不离土，二不离水，三于气温较低时施用。不离土就是要深施覆土，因为氨可被土粒所吸附；不离水就是加水稀释以降低浓度，以减少挥发，或结合灌溉施用；氨的挥发率除与氨水的浓度有关之外，还与温度密切相关，气温越高挥发越快，故宜于气温较低时施用。由于氨水比水密度小，灌溉时要注意避免局部地区积累过多而灼伤植株。

①作基肥：一般每亩施用氨水 30 ~ 50 千克。

旱地：可结合犁地沟施，兑水 5 ~ 10 倍，注意覆土盖严，一般深度为 10 ~ 15 厘米；碱性土壤和含水量低的土壤均宜施深些。

水田：田里应有一层薄水，把氨水与泥浆混匀施于田面，随即犁田耘耙、插秧；也可在灌水整地后泼施氨水，然后耘耙、插秧。

②作追肥：每亩施用氨水 20 ~ 40 千克，兑水 20 ~ 40 倍，采用沟施、穴施或随水浇施，但应兑水 150 ~ 200 倍，以免挥发或者烧苗。

旱地：兑水 100 倍以上，采用沟施法或穴施法，深度和距离植株各约 10 厘米，施后覆土盖严压实。沟施法常用于密播作物，而穴施法较适用于玉米、棉花等行距较宽和株距较大的作物。

水田：施前先将田里的水放干，用灌溉法施用。利用虹吸原理把氨水导入灌水沟，用砖块阻挡让氨水回流，使氨水与灌水尽可能混合均匀，然后流入水田中；旱田水浇地也可采用此法。

③作种肥：氨水中的氨会妨碍种子发芽，氨水不宜作种肥。

④施用量：氨水每亩施肥量一般为 20 ~ 50 千克，具体施用量要根据作物种类及土壤含氮量多少而定。

注：氨水还有杀虫作用，能杀死地老虎、蛴螬等地下害虫。施用时，应防止氨水触及作物，以免灼伤植物体。施用人员应有防护措施，以免伤及自身。

5）有关说明

①氨水的施用方法，概括起来，可分为沟施法、穴施法、随

水灌施法、泼施法等。施肥后一定要注意覆土，深度不要小于9厘米。

②施用氨水最重要的是防蒸发损失，防熏伤作物。施用时切忌喷洒于植株叶片上，以免灼伤作物。另外，氨水不宜作麦苗追肥。

③施用氨水最好选在清晨、黄昏或者阴天气温较低的时候进行；氨水不能用于塑料大棚、温室和水稻育秧，否则会灼伤植株。

④施用氨水时应穿戴适当的防护服、手套和护目镜或面具，施用氨水时最好站在上风向，防止氨水对眼睛和呼吸道的强烈刺激。

⑤不慎触及眼睛时立即用大量清水冲洗；损伤皮肤时用水洗后以3%~5%乙酸或柠檬酸冲洗；若发生事故或感不适，立即就医。

⑥氨水易分解放出氨气，温度越高分解越快，若遇高热，容器内压增大，有开裂和爆炸的危险，因此，要特别注意贮罐的安全。

6）贮运事宜

①搬运氨水时要轻装轻卸，防止包装及容器损坏；氨水在贮运中要注意三防，即防蒸发、防渗漏和防腐蚀。

②远离火种、热源，防止阳光直射，应与酸类、金属粉末等分开，切忌混贮；露天贮罐夏季要有降温措施。

③氨水贮存于阴凉、干燥、通风的库房，库温不能超过32℃，相对湿度不能超过80%，保持容器密封。

④贮区应备有泄漏应急处理设备，应备有雾状水、二氧化碳、砂土等灭火材料；施用人员要有安全防护。

特别提示：应严格按照氨水的安全生产、装卸、运输、贮存、使用等相应的法律、法规执行。

（5）液体氨

液体氨（Liquid ammonia）简称液氨，又称为无水氨（Anhydrous ammonia)，分子式为 NH_3，相对分子质量为17.04。

1）理化性状

液体氨是一种无色液体，有强烈刺激性气味。熔点（℃）为-77.7℃，沸点为-33.42℃，自燃点为651.11℃，爆炸极限为15.7%~27.4%，其火灾危险性属于乙类2项物品。

液氨极易溶于水，1%水溶液pH为11.7；溶于水后形成铵根离子 NH_4^+ 和氢氧根离子 OH^-，水溶液呈碱性。

液氨在室温条件下容易气化，气化后转变为气氨，能吸收大量的热，可用作“致冷剂”。液氨具有一定的杀菌作用，所以在家禽养殖业中，被用于杀菌。

液氨有毒，急性毒性 LD_{50} 为350mg/kg（大鼠经口），LC_{50} 为1390mg/m³（大鼠吸入4小时）；人体吸入液氨最低中毒浓度（TDLo）为0.15mL/kg，人体吸入液氨最小致死浓度（LCLo）为5000ppm/5min。

2）技术指标

液氨属于铵态氮肥，由合成氨直接加压冷却、分离而成的一种高浓度液体氮肥。含氮（N）83.5%，含水仅0.2%~0.5%，是含氮量最高的氮肥品种。它与等氮量的其他氮肥相比，具有成本低、节约能源、便于管道输送等优点。

感观要求：外观为无色透明液体，具有强烈的刺激性气味。

理化指标：按表4-2-5农用液氨产品的技术指标（GB 536—1988）执行。

表4-2-5　农用液氨产品的技术指标（GB 536—1988）

项　目	优等品	一等品	合格品
氨（NH_3）含量，%≥	99.9	99.8	99.6
残留物含量，%≤	01.（重量法）	0.2	0.4
水分含量，%≤	0.1	—	—

续表

项　目	优等品	一等品	合格品
油含量，mg/kg≤	5（重量法），2（红外法）	—	—
铁含量，mg/kg≤	1	—	—

3）初步识别

①看外观：农用液氨为液体。

②观颜色：农用液氨为无色。

③闻气味：强烈刺激性气味。

④水溶性：液氨极易溶于水。

⑤酸碱性：1% 水溶液 pH 11.7。

⑥观反应：液氨能够溶解金属生成一种蓝色溶液。这种金属液氨溶液能够导电，并缓慢分解放出氢气，有强还原性。例如钠的液氨溶液：金属液氨溶液显蓝色，能导电并有强还原性的原因是在溶液中生成“氨合电子”的缘故。

4）施用方法

①用作基肥：液氨可作基肥，结合翻地或起垄施用，施用量每亩 4～7 千克为宜。比较适于土质较黏和含水量较高的土壤，沙质土和含水量较低时，氨易挥发损失。施肥深度一次不少于 15 厘米为好，施后要严密覆土。

②机械施肥：机械施液氨肥料需有专用装置，直接注入 15 厘米的土层中。施肥时的土壤以含水率在 20% 左右为宜，在此湿度下氨可以很好地被土壤所吸附；水田施液氨肥料之后，应待氨被土壤充分吸附后再灌水。

③随灌水施：施用液氨肥料也可随灌溉水施，此法是将盛装液氨的钢瓶置于田间，经过减压装置之后，用管子将液氨插入灌溉水中，由计量器严格控制液氨的流出量，使灌溉水中氨的浓度保持在 100mg/kg 以内。

④适宜施量：根据现有施用经验显示，液氨每亩施肥量一般4~7千克为宜，但是具体施用量要根据作物种类及土壤含氮量多少而定。

⑤节支增收：据有关试验，液氨与等氮量的碳酸氢铵粉状肥相比，增产率高10%以上；与施用固体氮肥相比，肥料成本省1/3~1/2。

⑥优质肥料：施用液体氨一次性投入比较大，但液氨的含氮量高、肥效好、成本低，对土壤无残留无毒害，是很有发展前途的氮肥。

5）有关说明

①操作人员佩戴过滤式防毒面具（半面罩），戴化学安全防护眼镜，穿防静电工作服，戴橡胶手套。

②氨气能侵袭湿皮肤、黏膜和眼睛，可致咳嗽、肺水肿、气管痉挛，甚至会造成失明和窒息死亡。

③使用防爆型的通风系统和设备，避免与氧化剂、酸类、卤素接触；远离火种、热源，严禁吸烟。

④搬运时轻装轻卸，防止钢瓶及附件破损；配备相应品种和数量的消防器材及泄漏应急处理设施。

⑤如果皮肤接触高压液氨，要防止冻伤；不慎接触氨，引起化学烧伤，要止痛补液，应立即就医。

⑥如果眼睛接触或眼睛有刺激感，要用大量清水或生理盐水冲洗20分钟以上，然后立即就医。

6）贮运事宜

①液氨一般装于耐压钢瓶中，不能与乙醛、丙烯醛、硼等物质共存放。

②液氨应与氧化剂、酸类、卤素、食用品分开存放，切忌混运或混贮。

③运输、贮存、使用时，应有防火防爆措施，以免发生泄漏

爆炸事故。

④采用防爆型照明、通风设施，禁止使用产生火花的机械设备和工具。

⑤液氨贮罐存于阴凉通风的库房，远离火种、热源，库温不超过30℃。

⑥贮区应备有泄漏应急处置设备；消防人员须戴防毒面具，穿防护服。

特别提示：应严格按照液氨的安全生产、装卸、运输、贮存、使用等相应的法律、法规执行。

2. 硝态氮肥

（1）硝酸钠

硝酸钠（Sodium nitrate），又称为智利硝石或秘鲁硝石，分子式为 $NaNO_3$，相对分子质量为84.99。

1）理化性状

硝酸钠为无色三方结晶或菱形结晶或白色细小结晶或粉末，密度（g/mL，25/4℃）为1.1，相对蒸汽密度（g/mL，空气=1）为2.26，熔点为308℃，沸点（常压）为380℃；极易溶于水、液氨，微溶于甘油，难溶于乙醇、甲醇，极难溶于丙酮。溶解性：1克溶于1.1毫升水、0.6毫升沸水、125毫升乙醇、52毫升沸乙醇、3470毫升无水乙醇、300毫升无水甲醇，硝酸钠溶解于水时能吸收热量。

硝酸钠加温到380℃以上即分解成亚硝酸钠和氧气，400～600℃时放出氮气和氧气，700℃时放出一氧化氮，775～865℃时才有少量二氧化氮和一氧化二氮生成。与硫酸共热，则生成硝酸及硫酸氢钠；与盐类能起复分解作用。硝酸钠是氧化剂，与木屑、布、油类等有机物接触，能引起燃烧和爆炸；可与铅共热反应产生亚硝酸钠和氧化铅。

硝酸钠有多种用途，是常用的氮肥品种之一；硝酸钠属硝态氮肥，适用于作酸性土壤的速效性氮肥，特别适用于块根作物，如甜菜、萝卜等。

硝酸钠急性毒性 LD_{50} 为 1267mg/kg（大鼠经口）。在食物中、水中、胃肠道内，特别是在婴儿的胃肠道内硝酸钠被还原成亚硝酸钠而具有较大的毒性；人经口摄入后会发生腹痛、呕吐、肠胃炎、心律不齐、脉搏不匀等症状，严重者痉挛而至死亡，人经口的致死量 LD 为 15.3 克。

硝酸钠、亚硝酸钠对环境和人体都有危害，应特别注意防止对水体的污染。

2）技术指标

硝酸钠为速效性硝态氮肥，我国硝酸钠产量已经从 1981 年的 6.3 万吨，发展到 2011 年的 45 万吨，2013 年硝酸钠产业产量达到 70 万吨。

感观要求：外观为三方结晶或菱形结晶或细小结晶或粉末，白色允许带浅灰色或浅黄色。

理化指标：按表 4-2-6 工业硝酸钠产品的技术指标（GB/T 4553—2002）执行。

表 4-2-6　工业硝酸钠产品的技术指标（GB/T 4553—2002）

项　目	优等品	一等品	合格品
硝酸钠（$NaNO_3$）质量分数（干基），% ≥	99.7	99.3	98.5
水分（H_2O）质量分数，% ≤	1.0	1.5	2.0
水不溶物质量分数，% ≤	0.03	0.06	—
氯化物（NaCl）质量分数（干基），% ≤	0.25	0.30	—
亚硝酸钠（$NaNO_2$）质量分数（干基），% ≤	0.01	0.02	0.15
碳酸钠（Na_2CO_3）质量分数（干基），% ≤	0.05	0.10	—
铁（Fe）质量分数，% ≤	0.005	—	—
松散度≥	90	90	90

注：水分以出厂检验结果为准；松散度指标为加防结块剂产品控制项目。

3）初步识别

①看形状：细小结晶或粉末。

②观颜色：白色或带浅黄色。

③水溶性：硝酸钠易溶于水。

④酸碱性：硝酸钠呈中性。

⑤观燃烧：在火焰上呈黄色。

4）施用方法

①用作追肥：硝酸钠一般比较适合作追肥，但宜少量多次；硝酸钠施入土壤后，很快溶解、离解成为钠离子和硝酸根离子。

②用作基肥：硝酸钠不宜施用于水田，而在干旱地区可作基肥，但要深施到湿润土层中；若与有机肥混合施用，效果更好。

③土壤对象：硝酸钠是生理碱性速效肥料，不适用于盐碱化土壤，比较适用中性或酸性土壤，肥效比等氮量的硫酸铵要好。

④作物对象：因硝酸钠中含有钠，故特别适用于糖用甜菜、菠菜和萝卜等喜钠作物，其效果比施用等氮量的其他氮肥要好。

⑤适宜施量：硝酸钠最好用作追肥，每亩施肥量一般为10～15千克，最佳施用量则要根据作物种类及土壤含氮量多少而定。

5）有关说明

①不宜连施：在透水性差的土壤上，不可过多施用或连年施用硝酸钠，以防土质变坏。

②少量多次：在沙质土壤中施用硝酸钠时，最好少量多次，以免淋失养分，降低肥效。

③配合施肥：最好能配施钙质肥料和有机肥料，以消除钠离子对土壤产生的不利影响。

④健康危害：硝酸钠对皮肤、黏膜有刺激，若不慎与眼睛接触，应立即用大量清水冲洗至少15分钟后就医。

⑤燃爆危险：硝酸钠强氧化性，与有机物或磷硫接触，摩擦

或撞击能引起燃烧和爆炸。

⑥灭火方法：消防人员须佩戴防毒面具、穿消防服，采用雾状水、砂土，在上风向灭火。

6）贮运事宜

①硝酸钠是一级无机氧化剂，硝酸钠与有机物、硫磺或亚硫酸盐等混合时能引起燃烧爆炸。

②搬运时要轻装轻卸，防止包装及容器损坏；在搬运和码垛时应轻拿轻放，防止摩擦撞击。

③硝酸钠贮存于阴凉、通风、干燥的库房，垛与垛、垛与墙之间应保持0.7～0.8米间距。

④库温不超过30℃，相对湿度不超过80%；远离火种、热源；切忌与活性物和易燃物混贮。

⑤贮区应配备消防器材及泄漏应急处置设施；硝酸钠引起的火灾，可用大量的水进行灭火。

特别提示：应严格按照硝酸钠的安全生产、装卸、运输、贮存、使用等相应的法律、法规执行。

（2）硝酸钙

硝酸钙（Calcium nitrate）系指四水硝酸钙，分子式为 $Ca(NO_3)_2 \cdot 4H_2O$，相对分子质量为236.15；无水硝酸钙（Calcium nitrate anhydrous）的分子式为 $Ca(NO_3)_2$，相对分子质量为164.09。

1）理化性状

硝酸钙（四水物）为无色透明单斜晶体，有α-型和β-型两种晶体。易吸湿，易溶于水、乙醇、甲醇和丙酮，几乎不溶于浓硝酸。相对密度α-型1.896，β-型1.82；熔点α-型42.7℃，β-型39.7℃。加热至132℃分解；有氧化性，加热放出氧气，遇有机物、硫等即发生燃烧和爆炸。

无水硝酸钙为无色立方晶体，密度2.504g/cm，熔点

561℃，在空气中潮解，灼烧时分解成氧化钙；易溶于水、乙醇和丙酮，溶于水可形成一水合物和四水合物。一水物是颗粒状物质，熔点约560℃。

硝酸钙低毒，半数致死量 LD_{50}（大鼠，经口）为3900mg/kg。

农用硝酸钙肥料主要特点：

①高效快速：硝酸钙属硝态氮肥，它是含氮和速效钙的新型高效复合肥料，有快速补钙补氮的特点，广泛用于温室和大面积农田。

②独特结合：硝酸钙的硝态氮与百分之百水溶性钙的独特结合，具有其他化肥所没有的特性和优点，是最有价值的化肥品种之一。

③提高品质：硝酸钙含有硝态氮及水溶性钙，有利于作物对营养元素吸收，增强瓜果和蔬菜的抗逆性，促进早熟，提高果菜品质。

④附加施肥：硝酸钙适用于冬季作物的再生施肥，谷物的后附加施肥，消耗过多的苜蓿生长施肥，甜菜、玉米等的缺钙附加施肥。

⑤用途广泛：硝酸钙最适宜施用于甜菜、马铃薯、大麦、麻类等作物，广泛适用于基施、追施、冲施、喷施、无土栽培的营养液。

⑥改善土壤：硝酸钙适用于各类土壤，含有丰富的钙离子，连年施用不仅不会使土壤的物理性质变坏，还能改善土壤的物理性质。

2）技术指标

硝酸钙中含有11.8%硝态氮以及23.7%的水溶性钙（CaO），有利于作物对营养元素的吸收。农用硝酸钙是一种典型的快速作用的叶面肥料，它能更顺利地作用于酸性土壤，肥料中的钙能中和土壤中的酸性。

感观要求：外观为无色透明或白色或略带其他颜色的细小晶体。

理化指标：按表 4-2-7 农用硝酸钙产品的技术指标（HG/T 3787—2005）执行。

表 4-2-7　农用硝酸钙产品的技术指标（HG/T 3787—2005）

项　　目	一等品	合格品
硝酸钙［$Ca(NO_3)_2 \cdot 4H_2O$］质量分数，% ≥	99.0	98.0
水不溶物质量分数，% ≤	0.05	0.10
pH（50g/L 溶液）	5.5～7.0	5.5～7.0
氯化物（以 Cl 计），% ≤	0.015	0.015
铁（以 Fe 计）质量分数，% ≤	0.001	0.001

3）初步识别

①看外形：硝酸钙为单斜细小晶体状。

②观颜色：无色透明或略带其他颜色。

③耐热性：加热到 500℃硝酸钙分解。

④水溶性：硝酸钙能完全溶解于水中。

⑤酸碱性：硝酸钙水溶液 pH 5.5～7.0。

⑥观反应：遇碳酸钠溶液生成白色沉淀。

4）施用方法

硝酸钙既可作基肥，也可作追肥，它含有丰富的钙离子，连年施用能改善土壤的物理性质；硝酸钙还是水溶性肥料的良好原料。

①用作追肥：硝酸钙较宜作旱田的追肥，一般每亩用量为 20～30 千克；需要注意，硝酸钙的肥料养分较易流失，以少量分次施用为宜，且一般在雨后施用。

②用作基肥：作基肥时可与腐熟的有机肥料、磷肥（过磷

酸钙）、钾肥配合施用，这样可以明显地提高肥效。但不宜单独与过磷酸钙混合，以防降低磷肥肥效。

③作物对象：硝酸钙表现弱生理碱性，由于有充足的钙离子而不会引起副作用，适用于多种土壤和作物，对甜菜、烟草、大麦、麻类、马铃薯等尤为适宜。

④适宜施量：硝酸钙含氮量较低，用量差异较大，一般农作物的使用量每亩为 5～50 千克；硝酸钙的适宜施用量，要根据作物种类以及土壤含氮量多少而定。

5）有关说明

①不施水田：硝酸钙可施用于多种土壤和多种作物，但因为硝酸钙属于硝态氮，易随水淋失，故水田不宜施用。

②适施土壤：硝酸钙是生理碱性肥料，因此很适合酸性土壤施用，尤其在缺钙的酸性土壤中施用，其效果更好。

③搭配施用：施用硝酸钙时应避免硝酸根流失，同时因其含氮量较低，故最好能与尿素等高浓度氮肥搭配施用。

④防止分解：不能与新鲜的厩肥、堆肥混用，因为其中的有机酸，会使硝酸钙分解为硝酸，造成肥料养分损失。

⑤健康危害：长期接触硝酸钙粉尘对皮肤和眼睛有刺激并造成伤害，若不慎与眼睛接触，应立即用大量清水冲洗至少 15 分钟后就医。

⑥燃爆危险：硝酸钙强氧化性，与有机物或易燃物等接触、摩擦或撞击能引起燃烧和爆炸，应有好的消防措施。

6）贮运事宜

①硝酸钙是一级无机氧化剂。运输时单独装运，运输过程中要确保容器不泄漏、不倒塌、不坠落、不损坏，应配消防器材。

②严禁与酸类、易燃物、有机物、还原剂、自燃物品、遇湿易燃物品等并车混运；运输时车速不能过快，也不得强行超车。

③硝酸钙储存于阴凉、通风、干燥的库房，远离火种、热

源，库温不宜超过26℃。切忌与氧化剂、还原剂、碱类物质混贮。

④采用防爆型照明、通风设施，禁止使用易产生火花的机械设备和工具。贮区应备有泄漏应急处理设施和合适的收容材料。

特别提示：应严格按照硝酸钙的安全生产、装卸、运输、贮存、使用等相应的法律、法规执行。

3. 铵态硝态氮肥

（1）硝酸铵

硝酸铵（Ammonium nitrate）简称硝铵，分子式为NH_4NO_3，相对分子质量为80.04。

1）理化性状

硝酸铵是无色无臭的透明结晶或呈白色的结晶，熔点为169.6℃，沸点为210℃（分解），相对密度（水=1）为1.72。易溶于水、丙酮、氨水，微溶于乙醇，难溶于乙醚。有潮解性，易吸湿结块，溶于水时能吸收大量热能而降低温度。硝酸铵是铵盐，受热易分解，在210℃分解为水和一氧化二氮，剧烈加热时在300℃以上分解为氮气、氧气和水。硝酸铵遇碱分解，与氢氧化钠、氢氧化钙、氢氧化钾等碱反应有氨气生成，具刺激性气味。

硝酸铵主要用作肥料及工业用和军用炸药，并可用于杀虫剂、冷冻剂、氧化氮吸收剂等，还用于制造笑气、烟火等。

硝酸铵的急性毒性LD_{50}为2217mg/kg（大鼠经口），另有报道LD_{50}为4820mg/kg（大鼠经口）。

2）技术指标

硝酸铵属硝态铵态氮肥，在农业上有速效性肥料之称，其产量约占我国目前氮肥总产量的2%。硝酸铵中的总氮量为33%～35%，在所有氮肥中硝酸铵的含氮量居中等；硝酸铵产品中含有铵态氮和硝态氮，两者都是能被作物吸收利用的氮素形态；硝酸铵性质更接近硝态氮肥。

由于工艺技术和生产过程不同，农用硝酸铵有结晶状硝酸铵和颗粒状硝酸铵两大类产品。

①结晶状农用硝酸铵

感观要求：外观为无色透明、白色或淡黄色的结晶状。

理化指标：按表4-2-8 农用结晶状硝酸铵产品的技术指标（GB 2945—1989）执行。

表 4-2-8 农用结晶状硝酸铵产品的技术指标（GB 2945—1989）

项 目	优等品	一等品	合格品
总氮含量（以干基计），% ≥	34.6	34.6	34.6
游离水（H_2O）含量，% ≤	0.3	0.5	0.7
酸 度	甲基橙指示剂不显红色		

注：游离水含量以出厂检验为准。

②颗粒状农用硝酸铵

感观要求：外观为白色或淡黄色的颗粒，无可见杂质。

理化指标：按表 4-2-9 农用颗粒状硝酸铵产品技术指标（HG/T 3280—1990）执行。

表 4-2-9 农用颗粒状硝酸铵的技术指标（HG/T 3280—1990）

项 目	优等品	一等品	合格品
外 观	肉眼无可见的杂质		
总氮含量（以干基计），% ≥	34.4	34.0	34.0
游离水（H_2O）含量，% ≤	0.6	1.0	1.5
10% 硝酸铵水溶液 pH≥	5.0	4.0	4.0
防结块添加剂（以氧化钙计的硝酸镁和硝酸钙含量），%	0.2～0.5	—	—
颗粒平均抗压强度（N/颗粒）≥	5	5	5

续表

项　目	优等品	一等品	合格品
粒度（1.0～2.8mm 颗粒），% ≥	85	85	85
松散度，% ≥	80	50	—

注：游离水含量以出厂检验为准；允许采用新的防结块添加剂，但必须经全国肥料及土壤调理剂标准化委员会认可。

3）初步识别

①看形状：硝酸铵为结晶或小颗粒固体。

②观颜色：无色透明、白色或者淡黄色。

③闻气味：正常的硝酸铵无特殊的臭味。

④水溶性：硝酸铵易溶解于水并且吸热。

⑤酸碱性：硝酸铵的水溶液呈显微酸性。

⑥观灼烧：把铁片烧红，然后置少许硝酸铵于铁片上观察，可看到硝酸铵边燃烧边冒白色烟雾和刺鼻的氨味，完毕后铁片上无残烬。

4）施用方法

硝酸铵在土壤中无留残物，均能被作物吸收。硝酸铵是生理中性肥料，适用多种土壤和多种作物，但最适于旱地和旱作物，对烟、棉、菜等经济作物尤其适用；对水稻一般用作中、晚期追肥，效果也很好。

①用作基肥：旱地作物一般每亩施用硝酸铵 15～20 千克，撒施要均匀，施后立即耕耙覆土。

②用作追肥：硝酸铵最适宜作追肥使用，一般每亩施用量 10～20 千克，尤适用旱地追肥。

③用作种肥：硝酸铵可用作小麦种肥，每亩用量不超过 3 千克，与干细土混匀后随拌随播。

须知：硝酸铵具体施用量要根据作物种类、目标产量以及土

壤含氮量多少等各种因素而定；旱地追肥多采用沟施或穴施，施后覆土盖严，浇水时不宜大水漫灌，以免硝态氮淋失；水稻田分次追肥可减少氮素淋失，浅水时追施后应立即除草耘田，不再灌水，让其自然落干；水稻应在幼穗形成期重施追肥，此时需肥多，吸肥快，氮素损失少；若用硝酸铵作基肥，其肥效比其他氮肥低。

5）有关说明

①施用对象：硝酸铵易溶于土壤溶液中，容易随灌溉水进入地下水中，因而硝酸铵不适宜施于水田和水生作物。

②混用禁忌：硝酸铵不能与强碱性肥（如氰氨化钙）、酸性肥（如过磷酸钙）混用，以防氮挥发损失。

③环境危害：硝酸铵无毒可作农肥，但长期使用会对土壤造成酸化以及板结等不良影响，因此，不宜连年施用。

④健康危害：长期接触硝酸铵粉尘对皮肤和眼睛有刺激并造成伤害，若不慎与眼睛接触，应立即用大量清水冲洗至少 15 分钟后就医。

⑤易燃易爆：硝酸铵强氧化性，与有机物或易燃物等接触、摩擦或撞击能引起燃烧和爆炸，应有良好消防措施。

6）贮运事宜

①硝酸铵是强氧化剂，在运输过程中要确保容器不泄漏、不倒塌、不坠落、不损坏，运输车辆应配备相应品种和相应数量的消防器材。

②贮存硝酸铵的库房地面应平整、阴凉、通风、干燥，不能堆放在日晒或潮湿的环境中，要注意防潮、防雨、防晒、防火、防高温等。

③硝酸铵受热分解，放出高毒的烟气。严禁与强还原剂、强酸、易燃或可燃物、活性金属粉末等物同库存放；可用雾状水、砂土灭火。

特别提示：应严格按照硝酸铵的安全生产、装卸、运输、贮存、使用等相应的法律、法规执行。

7）附加说明

①硝酸铵隐患：硝酸铵是一种极易溶于水，具有较强吸湿性、结块性和易燃易爆性的氮肥品种。这些特性不仅给农业使用上带来很大困难，还决定了硝酸铵在贮存、运输中如果管理不当，会引起火灾或爆炸。事实上，世界上很多国家（包括中国）都曾经发生过硝酸铵所引起的重大事故。为此，我国曾禁止硝酸铵进入肥料市场。较早时期欧洲一些国家在农业应用中就明文禁止施用单一硝酸铵，一些生产企业在硝酸铵中加入硫酸铵、氯化钾、硝酸钙等制成复混型肥料施用。

②硝酸铵改性：由于硝酸铵具有肥效快，可同时供应铵态和硝态两种不同形态氮源的优点，这无疑对许多作物的生长是有利的。为了充分发挥硝酸铵肥料的优点、又尽可能克服其缺点，因此就出现了改性硝酸铵产品：其一，生产颗粒状硝铵，加入吸湿性低的稳定剂或加入不溶解的惰性物质（如骨粉、磷矿粉等）；其二，使用成膜剂，在硝酸铵颗粒表面涂覆一层保护膜（如油脂、石蜡）以隔绝空气；其三，适当改变硝铵的组成成分，生产硝酸铵钙、硫硝铵和磷硝铵等。

（2）硝酸铵钙

硝酸铵钙（Calcium ammonium nitrate），又名复盐硝氨钙、氨化硝酸钙和农用硝酸铵钙。分子式为$5Ca(NO_3)_2 \cdot NH_4NO_3 \cdot 10H_2O$，相对分子质量为1080.71。硝酸铵钙属铵态硝态氮肥，其产品中含有硝态氮和铵态氮，两者都是能被作物吸收利用的氮素形态。

硝酸铵钙是硝酸铵的一种改性产品，系由熔融的硝酸铵和石灰石粉按60∶40的比例混合熔融而制成；也有用白云石（碳酸钙和碳酸镁的混合物）和硝酸铵制造；还有以硝酸、液氨、石

灰或石灰石或白云石等为主要原料，经化合、造粒工艺加工而成的水溶化合物。其中含 15%～27% 的氮素（N），所含成分及其含量，不同厂家生产的产品会有所差异。

硝酸铵钙由于含硝态氮和铵态氮，易被农作物吸收；含钙适合喜钙作物，适合酸性土壤。硝酸铵钙尤其适合用作叶面肥喷施于水果、蔬菜、瓜果等。

1）理化性状

硝酸铵钙的外观颜色一般为白色或灰白或灰褐色颗粒，也有绿色的。吸湿性小，不易结块，分散性好，具有良好的物理性状。

硝酸铵钙对土壤作用为中性。由于其中有硝酸钙的存在，其吸湿性低于硝酸铵，改善了其结块性和热稳定性，从而减轻了运输和贮存中的火灾和爆炸隐患。

农用硝酸铵钙产品含氮量较常见的有 15%、23%、26%，由于这些产品的含氮量均不超过 26%，无爆炸性。因此，属于安全的化学肥料。

农业用硝酸铵钙的主要特点：

①安全可靠，绿色环保：农业用硝酸铵钙，是一种高效环保的绿色肥料，它保留了硝态氮含量高的优势。由于其中有硝酸钙的存在，它的吸湿性小于硝酸铵，抗结块性和稳定性增强了，消除了易燃易爆的隐患，较大程度满足在农业生产、流通、施用等环节中的安全需要。

②均衡补氮，高效补钙：易溶于水、肥效快，有快速补氮和直接补钙的特点。硝态氮与铵态氮的相互配合能够均衡按照作物的生长曲线供给作物所需要营养，高效提升产量与改善作物品质；农业用硝酸铵钙所含的钙素是离子钙，在自然界中溶解度最大，作物更容易吸收。

③抗病虫害，增产提质：提高作物对病虫害的抵抗力，增强

土壤有益微生物的活性，预防作物生理病害功效显著；作物一般能增产 10%～30%，并有效提高作物品质，延长花期，光鲜亮丽，果实周正，甜度高、酸度低、口感好，而且明显延长农产品的贮存和运输期限。

④改良土壤，用途广泛：硝酸铵钙属中性肥料，生理酸性度小，施入土壤后酸碱度小，不会引起土壤板结，使土壤疏松。适合在温室大棚经济作物施用，也适合在大田作物上使用；可以用作基肥、追肥、种肥，可以灌施、喷施、撒施和无土栽培等，施用方法较为便捷。

2）技术指标

农用硝酸铵钙为白色或灰白色球形颗粒，可溶于水，是一种含氮素和速效钙的新型高效复合肥料，其肥效快，有快速补氮的特点，其中增加了钙和镁，养分比硝酸铵更加全面，植物可直接吸收。

感观要求：外观为白色或灰白色的固体颗粒。

理化指标：按表 4-2-10 农用硝酸铵钙产品的技术指标（NY 2269—2012 和 HG/T 3790—2005）执行。

表 4-2-10　农用硝酸铵钙产品的技术指标

（NY 2269—2012 和 HG/T 3790—2005）

项　目	NY 2269—2012	HG/T 3790—2005
外　观	白色或灰白色固体颗粒	白色或灰白色固体颗粒
总氮（N）含量，% ≥	15.0	26.0
硝态氮（N）含量，% ≥	14.0	—
钙（Ca）含量，% ≥	18.0	3.0
镁（Mg）含量，% ≥	—	2.0
水分（H_2O）含量，% ≤	3.0	1.0

续表

项　目	NY 2269—2012	HG/T 3790—2005
水不溶物含量，% ≤	0.5	—
pH（1∶250 倍稀释）	5.5 ~ 8.5	—
粒度（1 ~ 4.75mm），% ≥	90	90

3）初步识别

①看形状：硝酸铵钙为球状固体。

②观颜色：白色、灰白、浅绿色。

③闻气味：硝酸铵钙无特殊臭味。

④水溶性：在水中只能部分溶解。

⑤酸碱性：硝酸铵钙水溶液（1∶250 倍稀释）pH 为 5.6 ~ 8.5。

⑥观灼烧：硝酸铵钙置于火炉中有明光；放到烟头上滋滋冒泡。

4）施用方法

①中性肥料：硝酸铵钙是一种低浓度的生理中性肥料，长期施用对土壤性质能起良好的作用。用在禾谷类粮食作物上可作追肥，也适宜作农作物及经济作物的底肥和追肥，一般亩施 25 ~ 40 千克；在沙质土壤、高温多雨的地区，应根据实际情况适当增减使用量；与农家肥料混合使用效果更佳。

②性能较好：硝酸铵钙含氮量比硝酸铵少得多，但性能比硝酸铵好，吸湿性小不易结块，分散性好，可以用作基肥、追肥、种肥、叶面肥；硝酸铵钙中含有比较多的碳酸钙，施于酸性土壤上用作追肥有良好的效果；在水田施用，其肥效稍低于等氮量的硫酸铵；在旱地施用肥效与硫酸铵相似。

③适宜用量：硝酸铵钙产品可以用于机施、追施、冲施、撒施、滴灌和喷施，蔬果类每亩 10 ~ 25 千克；大田作物每亩 15 ~

30 千克。滴灌和喷施建议 800 ~ 1000 倍水稀释后施用。具体的施用量和施用次数，应根据不同的土壤、不同的作物施肥方案确定，根据作物实际生长需肥状况，宜分多次施用。

5）有关说明

①硝酸铵钙久存若有结块属于正常情况，不影响肥效，未用完的产品应密封保存。

②硝酸铵钙不得与强还原剂、有机化学品等混合贮放；不得与过磷酸钙混合施用。

6）贮运事宜

①运输过程中应防潮、防雨、防晒、防火以及防破损等。

②贮存硝酸铵钙的库房地面应平整、阴凉、通风、干燥。

特别提示：应严格按照硝酸铵钙的安全生产、装卸、运输、贮存、使用等相应的法律、法规执行。

（3）硫硝酸铵

硫硝酸铵（Ammonium sulfate-nitrate）简称硫硝铵，其化学式为 $(NH_4)_2SO_4 + NH_4NO_3$，它是硝酸铵的改性新产品，系由硫酸铵和硝酸铵按一定比例混合后熔融而成。硫硝酸铵大大改善了硝酸铵吸湿性的缺点，增加了硝酸铵的生理酸性。

硫硝酸铵是含硝酸铵和硫酸铵的复盐，属铵态硝态氮肥品种之一，其产品中含有铵态氮和硝态氮，两者都是能被作物吸收利用的氮素形态，肥效迅速，适宜用作追肥。

1）理化性状

硫硝酸铵是仅次于尿素的高氮肥，外观为淡黄色固体颗粒，易溶解于水，化学性质稳定，吸湿性小，不易结块，贮存运输比较安全。

硫硝酸铵中一般硫酸铵占 64%、硝酸铵占 36%，其含氮量约为 26%，其中约 3/4 为铵态氮，约 1/4 为硝态氮，所以是一种特别适合于农业生产的含有铵态硝态氮的氮素化学肥料。

硫硝酸铵也有由硝铵（74% 左右）与硫铵（26% 左右）混合共熔而成；还有由硝硫酸混合后吸收氨，结晶、干燥造粒而成。

农业用硫硝酸铵产品主要特点：

①性能良好：硫硝酸铵为靠近生理中性肥料，施在土壤中不形成明显的酸性，而单施硫酸铵在土壤中可形成强酸，是生理酸性肥料。适宜多种土壤，可散装掺混或直接施用。硫硝酸铵性质比硝酸铵明显改善，如易流动、无粉尘、吸湿性小、不易结块、不易燃易爆，便于贮存和施用。

②快速补氮：硫硝酸铵所含的硝态氮和铵态氮均可供作物直接吸收利用。早春气温偏低时施用效果尤为突出，温度较高时不易挥发，大棚蔬菜施用特别安全。适用于各种土壤，肥效高，广泛使用于烟草、果树、瓜果、蔬菜、茶叶、棉花等经济作物，用于小麦、玉米追肥效果显著。

③快速补硫：硫硝酸铵中的水溶性硫易被作物快速吸收，不仅能增加作物的产量，而且能大大提高产品的质量。在葱、蒜、韭菜、茄子、辣椒、黄瓜、西瓜、叶菜、豆类、西红柿、葡萄、小麦、玉米、棉花等喜硫作物上施用，可明显提高产品的蛋白质、可溶性糖、维生素 C 含量。

④提高品质：水溶性硫是作物生长所必需的第四大营养元素，它参与作物体内含氮物质的合成，是大多数蛋白质和酶的基本成分，还具有增加作物的抗旱和抗寒的性能。不含氯特别适用于对氯敏感的经济作物如烟草、花卉、糖料、果树等，对提高产品的风味和品质有明显作用。

2）技术指标

农用硫硝酸铵的成分和含量，不同企业生产的产品之间有所差异，例如美国和德国产的就不相同。硫硝酸铵含氮量一般为 26%，还有含氮量 31% 的产品，通常会有过量的硫铵，含有 5%

左右的硫，尤适用于缺硫土壤和喜硫作物施用。

感观要求：外观为白色、灰白色的固体颗粒。

理化指标：按表 4-2-11 农用硫硝酸铵产品的技术指标参考执行。

表 4-2-11　农用硫硝酸铵产品质量参考技术指标

项　目	参考指标 1	参考指标 2
外　观	淡黄色或 灰黄色固体颗粒	淡黄色或 灰黄色固体颗粒
总养分含量，% ≥	46.3	39.0
总氮（N）含量，% ≥	31.0	26.0
铵态氮（N）含量，% ≥	23.0	18.0
硝态氮（N）含量，% ≥	8.0	8.0
水溶性硫（S）含量，% ≥	15.3	13.0
水分（H_2O）含量，% ≤	0.2	1.0
锌（Zn）含量，% ≥	5.0	—
铁（Fe）含量，% ≥	5.0	—
钼（Mo）含量，% ≥	5.0	—
硼（B）含量，% ≥	5.0	—
活力肽，% ≥	0.2	—
粒度（1～4.75mm），% ≥	90	粒径 3～4mm

3）初步识别

①看形状：硫硝酸铵为球形颗粒。

②观颜色：外观为淡黄或灰黄色。

③水溶性：硫硝酸铵易溶解于水。

④酸碱性：农用硫硝酸铵为中性。

4）施用方法

①肥效较快：硫硝酸铵施用方法与硫酸铵相仿，肥效比硫酸铵快一些。硫硝酸铵水溶性好，可以土施，也适用于喷施和灌施。酸性土施用硫硝酸铵时，要配合施用少量石灰，二者必须分开施用，相隔3～5天即可。

②懒汉肥料：硫硝酸铵是一种很好的懒汉肥料，撒到地表一个月不下雨不浇水也不会挥发失效，特别适合作追肥用。在大田作物上每亩施用10～20千克，撒到地表即可；施于蔬菜每亩用量5～10千克，随水冲施即可。

③宜作追肥：硫硝酸铵中含有氮和硫，尤其适宜喜氮、硫的各种作物包括十字花科及葱蒜等。土壤施肥宜作追肥施用，不适宜作基肥施用。硫硝酸铵因为含硫，比单纯施氮肥的吸氮率和氮肥利用率都有增加的效应。

5）有关说明

①硫硝酸铵施用量与作物种类、土壤养分含量以及农用硫硝酸铵肥料中的养分含量有关，应根据具体情况而定。

②硫硝酸铵不宜与碱性肥料混合施用，以免氮素挥发损失而降低肥效；与作物适宜距离为5～10厘米，以免烧苗。

③硫硝酸铵作基肥或追肥都可，但它是速效性肥料，见效快，所以最好是以农家肥料作基肥，用硫硝酸铵作追肥。

6）贮运事宜

①硫硝酸铵应贮存在地面平整、阴凉、通风、干燥的库房。

②不能堆放在日晒或潮湿的环境中，注意防火、防高温等。

③硫硝酸铵严禁与石灰、水泥、草木灰等碱性物质同存放。

特别提示：应严格按照硫硝酸铵的安全生产、装卸、运输、贮存、使用等相应的法律、法规执行。

4. 酰胺态氮肥

（1）尿素

尿素（Urea）又称碳酰胺（Carbamide），分子式为 H_2NCONH_2 或 $CO(NH_2)_2$，相对分子质量为60.06。尿素是碳酸的二酰胺，最简单的有机化合物之一；工业上用氨气和二氧化碳在一定条件下合成尿素。

1）理化性状

尿素为无色或白色针状或棒状结晶体，无臭无味，密度 $1.335g/cm^3$，熔点为132.7℃，沸点（760mmHg）为196.6℃。呈弱碱性。易溶于水、醇，水溶性为1080g/L（20℃），微溶于乙醚、氯仿、苯。

尿素是一种高浓度的酰胺态氮肥，属中性速效肥料，也可用于生产多种复合肥料。在土壤中不残留任何有害物质，长期施用对土壤没有不良影响。畜牧业可用作反刍动物的饲料。尿素是有机态氮肥，经过土壤中的脲酶作用，水解成碳酸铵或碳酸氢铵后，才能被作物吸收利用。因此，尿素要在作物的需肥期前4～8天施用。

农用尿素产品特别用途：

①调节花量：为了克服苹果的大小年，遇小年时，于花后5～6周叶面喷施0.5%尿素水溶液，连喷2次，可以提高叶片含氮量，加快新梢生长抑制花芽分化，使大年的花量适宜。

②疏花疏果：桃树的花器对尿素较为敏感，试验结果显示，尿素浓度为8%～12%，喷后1～2周内，即能达到疏花疏果之目的。须知，不同土地、不同时期及不同品种有所差异。

③防治虫害：用尿素、洗衣粉、清水以4∶1∶400的比例，搅拌混匀后即成效果良好的杀虫剂；可防治果树、蔬菜、棉花的蚜虫、红蜘蛛、菜青虫等害虫，杀虫效果达90%以上。

④尿素铁肥：尿素以络合物的形式与 Fe^{2+} 形成螯合铁。这

种有机铁肥防治缺铁失绿效果良好；叶面喷0.3%硫酸亚铁时加入0.3%尿素，防治失绿效果比单喷0.3%硫酸亚铁要好。

⑤水稻制种：为了提高杂交稻父母本的异交率，用价廉的尿素代替赤霉素实验，在孕穗盛期、始穗期（20%抽穗）使用1.5%~2%尿素，其繁种效果与赤霉素类似，且不增加株高。

2）技术指标

尿素是目前含氮量最高的氮肥，作为一种中性肥料，尿素适用于各种土壤和农作物。它易保存，使用方便，对土壤的破坏作用小，是目前使用量较大的一种化学氮肥。

农用尿素产品一般为无色或白色固体颗粒，无臭无味，含氮（N）量约为46.67%，是固体氮肥中含氮量最高的。我国国家标准GB 2440—2001中规定肥料用尿素中的缩二脲含量不应超过1.5%，缩二脲含量超过1%时，不能作种肥、苗肥和叶面肥，因为过量缩二脲将对作物幼根和幼芽起抑制作用；其他施用期的尿素中的缩二脲含量也不宜过多或过于集中。

感观要求：外观为白色或浅色的固体颗粒。

理化指标：按表4-2-12农用尿素产品的技术指标（GB 2440—2001）执行。

表4-2-12 农用尿素产品的技术指标（GB 2440—2001）

项 目	优等品	一等品	合格品
外 观	白色或浅色颗粒	白色或浅色颗粒	白色或浅色颗粒
总氮（N）量（以干基计），% ≥	46.4	46.2	46.0
缩二脲含量，% ≤	0.9	1.0	1.5
水分（H_2O），% ≤	0.4	0.5	1.0
亚甲基二脲（以HCHO计），% ≤	0.6	0.6	0.6

续表

项目	优等品	一等品	合格品
粒度（直径0.85～2.80mm）≥	93	90	90
粒度（直径1.18～3.35mm）≥	93	90	90
粒度（直径2.00～4.75mm）≥	93	90	90
粒度（直径4.00～8.00mm）≥	93	90	90

注：若在尿素生产工艺中不加甲醛，可不作亚甲基二脲含量的测定；粒度只需符合四档中的任一档即可，包装标志中应有标明。

3）初步识别

①看形状：农用尿素为固体颗粒状。

②观颜色：白色略带微黄或微红色。

③闻气味：尿素无特殊气味或臭味。

④水溶性：尿素水溶液呈中性反应。

⑤潮解性：尿素会吸潮可化为液体。

⑥观反应：取尿素0.5克，置试管中加热，液化并放出氨气；取尿素0.1克，加水1毫升溶解后，加硝酸1毫升，即生成白色结晶性沉淀。

4）施用方法

①用作追肥：水田追肥施用前先排水，保持薄水层，施后除草耘田，3～4天内不要灌水，待大部分尿素转化后再灌水耙田；旱地追肥时可采用沟施或穴施，深度7～10厘米，施后立即覆土盖严以防尿素转化后氨挥发。

②用作基肥：作水田基肥时，先把水排干后撒施随即翻犁，约1周尿素转化后再灌水耙田；作旱地基肥时可撒施田面随即耕耙。春播尿素条施用量不能过大，否则引起土壤局部碱化或缩二脲增加、烧伤作物种子种苗。

③不作种肥：由于尿素在土壤中转化可积累大量的铵离子，

会导致 pH 升高 2 ~ 3 个单位，再加上尿素本身含有一定数量的缩二脲，其浓度在 500mg/kg 时，便会对作物幼根和幼芽起抑制作用，因此尿素不宜用作种肥。

④作叶面肥：尿素为中性有机肥，可与多种肥料和农药混配；尿素溶解度大，便于制成水溶液进行叶面喷施，当喷施到叶面水分挥发后，残留于叶面上的尿素具有一定的吸湿性，仍处于溶解状态，易被作物吸收利用。

⑤适宜施量：尿素能促进细胞的分裂和生长，使枝叶长得繁茂。尿素适用于一切作物和所有土壤，可用作基肥和追肥，旱地水田均能施用。一般每亩用量为 10 ~ 15 千克，具体施用量与作物种类及土壤含氮量多少有关。

5）有关说明

①无害土壤：尿素施入土壤中之后，在脲酶的作用下水解成碳酸铵，进而生成碳酸氢铵和氢氧化铵，解离出来的铵离子（NH_4^+）等均能被植物吸收利用，或被土壤胶体吸附，故尿素施入土壤后不残留任何有害成分。

②转化时间：尿素中含有的缩二脲也能在脲酶的作用下分解成氨和碳酸，尿素在土壤中转化受土壤 pH、温度和水分的影响，在土壤呈中性反应，水分适当时土壤温度越高，转化越快，当 20℃需 4 ~5 天即可。

③追肥浇水：尿素最适合作追肥，水田追肥主要在分蘖期或拔节期施用，施用前先排水后施肥；在小麦地上也可土表撒施，随即浇水，一般土壤每亩灌水量以 20 ~ 30 吨为宜，砂质土易漏损，每亩灌 15 ~ 20 吨即可。

④深施覆土：尿素在转化前是分子态的，难被土壤吸附，应防止随水流失；尿素水解后生成铵态氮，表施会引起氨的挥发，尤其是碱性或碱性土壤上更为严重，因此在施用尿素时应深施覆土，水田要深施到还原层。

⑤安全使用：施用尿素时应避免与皮肤和眼睛接触。使用时袋内若未用完则应立即封口，存于阴凉通风干燥处，以免吸湿化水；尿素呈弱碱性，不要和硫酸铜、乙烯利水剂等酸性农药混配，否则将降低尿素的肥效。

6）贮运事宜

①尿素如果运输和贮存不当，容易吸湿结块，影响尿素的原有质量。运输过程中要轻拿轻放，一定要保持尿素包装袋完好无损；贮存在干燥、通风良好、温度在20℃以下的库房。

②如果是大量贮存，下面要用木方垫起20厘米左右，堆置高度应小于7米，上部与房顶要留有50厘米以上的空间，以利于通风散湿，垛与垛之间要留出过道，以利通风和便于检查。

③贮存尿素的库房地面应平整、阴凉、通风、干燥。不能堆放在日晒或潮湿环境中，注意防潮、防雨、防晒、防火、防高温等；严禁与石灰、水泥、草木灰等碱性物质同库存放。

特别提示：应严格按照尿素的安全生产、装卸、运输、贮存、使用等相应的法律、法规执行。

（2）石灰氮

石灰氮学名氰氨化钙（Calcium cyanamide），又称碳氮化钙，分子式为 CH_2CaN_2，相对分子质量为82.12。因其含有多量石灰，故称之为石灰氮。

氰氨化钙可由电石粉碎、渗入1%～3%萤石或氯化钙，混匀，在回转窑内加热到1100℃左右，通入氮气反应后即得产品。

氰氨化钙是一种碱性肥料，也是高效低毒多菌灵农药的主要原料之一，可用作除草剂、杀菌剂、杀虫剂（防止血吸虫病的蔓延，预防根腐病、锈病、白霉病，可杀死钉螺、蚂蟥等），还可土壤改良和用作棉花落叶剂。

1）理化性状

氰氨化钙纯品是无色六方晶体，含氮约34%；不纯品呈灰

黑色的粉末或小颗粒，含氮量20%～22%，有电石或氨的特殊臭味；密度（g/mL，25/4℃）为2.29，在1150～1200℃升华。能溶于盐酸，在水中生成氰胺。微溶于水，呈碱性反应；有吸湿性，遇水分解为氨气，不宜久存。

氰氨化钙毒性：LD_{50}为334mg/kg（小鼠经口），158mg/kg（大鼠经口）；对人的致死量为40～50克。氰氨化钙对人体有毒，有全身毒性作用，特别是对血管运动中枢、呼吸中枢及血液的作用，发生自主神经衰弱综合征，同时有内分泌器官和基础代谢的功能障碍。

农业用氰氨化钙产品主要特点：

①肥效长：氰氨化钙施入土壤之后，先与土壤中的水分、二氧化钙、土壤胶体上吸附的氢离子等发生化学反应，生成氢氧化钙、碳酸钙、游离氰氨。游离氰氨进一步水解生成尿素，在尿素酶的作用下尿素水解为碳酸铵，而最终分解形成的铵态氮在土壤中不易淋失，氮肥肥效可长达3～4个月，能满足蔬菜作物前期生长对氮肥的需要，减少化学氮肥的用量，降低农产品中硝酸盐的含量和对地下水的污染。

②功能多：氰氨化钙含氮20%左右，含38%以上的钙，能满足作物生长中对氮和钙的需要，特别是对喜钙作物有显著作用，故有“果蔬钙片”之称。有效预防作物缺钙症，减少果实生理性病害的发生，如番茄脐腐病、白菜的干烧心病等，同时还可增加水果及蔬菜的耐贮性；氰氨化钙是一种碱性肥料，能防止土壤特别保护地土质的酸化；应用氰氨化钙的秸秆还田，可有效防治土壤中的病虫害以及杀灭钉螺等。

③助腐熟：氰氨化钙还能促进堆肥中的秸秆和稻草等有机物的分解。制造堆肥时，秸秆、稻草等有机物腐熟分解是微生物的作用过程，氰氨化钙不仅是有机物混合发酵腐熟过程中的最好氮源之一，而且所含的石灰又是中和有机酸不可或缺的碱性物质，

为微生物的生长发育创造了适宜的环境条件，从而促进了秸秆和稻草等的腐熟过程加快，腐熟程度可提高 50% 以上，氮、磷、钾和有机质的含量明显增加。

2）技术指标

氰氨化钙是一种肥、药两用的土壤净化剂，既可给作物供肥，又可用作除草剂、杀菌剂、杀虫剂，还可用作棉花落叶剂和起改良土壤的作用。氰氨化钙具有培肥地力和土壤消毒的双重作用，因此，氰氨化钙被认为是当前无公害农产品生产中极具使用价值的一种好肥料。特别在蔬菜种植区施用氰氨化钙，不仅能正常供给养分，而且能改善土壤结构和抑制病虫害发生，从而提高蔬菜品质和产量。

氰氨化钙是一种无残留、无污染、能改良土壤的多功能肥料，它是迟效碱性氨肥，是唯一难溶于水的含氮化肥。

感观要求：外观为灰黑色粉末。

理化指标：按表 4－2－13 农用氰氨化钙产品的技术指标（HG 2427—1993）执行。

表 4-2-13　农用氰氨化钙产品的技术指标（HG 2427—1993）

项　目	优等品	一等品	合格品
外　观	灰黑色粉末	灰黑色粉末	灰黑色粉末
总氮（N）含量，% ≥	20.0	19.0	17.0
电石（CaC_2），% ≤	0.2	0.5	1.0
筛余物（850 微米筛）≤	3	3	3

3）初步识别

①看外形：氰氨化钙为固体粉末状。

②观颜色：农用氰氨化钙呈灰黑色。

③闻气味：有电石或氨的特殊臭味。

④溶解性：微溶于水，能溶于盐酸。

⑤酸碱性：微溶于水，呈碱性反应。

4）施用方法

①广泛适用：氰氨化钙广泛适用于农作物种植，如水稻、小麦、玉米等粮食作物，大豆、油菜、芝麻等油料作物，棉花、蔬菜、瓜果、果树以及甘蔗等经济作物。

②适作基肥：氰氨化钙适作基肥，每亩施肥量一般为 20～50 千克，结合耕耘施下，保持土壤一定水分，既供肥又能清除杂草种子、防治土壤中的病菌以及虫害等。

③用于灭螺：氰氨化钙适用于灭螺，水田或水域用药量约为 $50g/m^3$，旱地用药量一般约 $30g/m^2$，可采用浸杀法、喷粉法、喷洒法或抛施等，应根据具体情况而定。

④能助腐熟：氰氨化钙适用于秸秆腐熟还田，若每亩干秸秆 400 千克，切成 5～10 厘米后，加入 15～20 千克氰氨化钙，翻耕入土、腐熟，既可灭病虫害，又能增加肥效。

⑤不含酸根：氰氨化钙为无酸根肥料，适用于莲藕、果树、桑树、蔬菜、花卉等多种农作物，每亩用药量为 25～50 千克，可防治病虫害以及杂草，还能增产增收。

5）有关说明

①变为尿素：氰氨化钙、酸性氰氨化钙、游离氰氨或双氰氨对作物都有毒性，只有在土壤中转变为尿素以后，才能被微生物分解成铵态氮，才能被作物吸收和利用。

②碱性土壤：在碱性土壤或石灰性的土壤中，不仅氰氨化钙分解缓慢，而且分解至游离氰氨阶段时，碱性条件下氰氨聚合成难分解的双氰氨，难被作物吸收利用。

③适用对象：氰氨化钙不宜直接作种肥或追肥，如要作追肥，一定要预先堆制处理后才能使用。氰氨化钙并不能完全地杀灭土壤中的病虫害，只是暂时减少而已。

④适宜施量：氰氨化钙的施用量，每亩施肥量一般为 20 ~ 50 千克，具体施用量应根据作物种类、土壤状况及施用目的而定。若能与有机肥配合施用效果更为显著。

⑤存在危险：氰氨化钙遇水或潮气、酸类产生易燃气体和热量，有发生燃烧爆炸的危险；如含有杂质碳化钙或少量磷化钙时，遇水易自燃，应特别注意安全。

⑥注意安全：施用时应穿戴防护服、手套和护目镜或面具，切勿吸入氰氨化钙粉尘，以免伤害呼吸系统和眼睛。不慎与眼睛接触，应立即用大量清水冲洗并就医。

6）贮运事宜

①贮存条件：氰氨化钙贮存于阴凉、干燥、通风良好的库房。远离火种、热源。库温不超过 25℃，相对湿度不超过 75%。

②消防事宜：可采用干粉、二氧化碳、砂土等材料作灭火剂；消防人员必须佩戴防毒面具、穿全身消防服，于上风向灭火。

特别提示：应严格按照氰氨化钙的安全生产、装卸、运输、贮存、使用等相应的法律、法规执行。

二、磷肥

我国农业行业标准《肥料合理使用准则　通则 NY/T 496—2010》中磷肥的定义：磷肥（Phosphorus fertilizer）系指具有磷（P_2O_5）标明量，以提供植物磷养分为其主要功效的单一肥料。

植物体内的含磷量约占植物干重的 0.2%。合理施用磷肥，能促进作物开花结果，籽实早熟，增加作物产量，改善作物品质。

（一）磷肥对植物的作用

（1）磷在植物体内是组成细胞核、原生质的重要元素，是

核酸及核苷酸的组成部分，对细胞的生长和增殖起重要作用。

（2）磷参与构成生物膜及碳水化合物，含氮物质和脂肪合成、分解和运转，加强光合作用，促进根系细胞分裂和增殖。

（3）磷能增强作物的抗逆性，如提高抗旱抗寒能力，有利于作物越冬；增强对酸碱变化的适应性，提高作物抗盐碱能力。

（4）磷肥可促使瓜类、茄果类蔬菜及果树等作物的花芽分化和开花结实，提高结果率，增加薯类作物薯块中淀粉含量。

（5）在栽种豆科绿肥时，施用适量的磷肥能明显提高绿肥鲜草产量，使根瘤菌固氮量增多，达到“以磷增氮”的目的。

（6）合理施用磷肥可增加浆果、甜菜、甘蔗以及西瓜等的糖分、油料作物籽粒含油量以及豆科作物种子蛋白质的含量。

（7）合理施用磷肥可增加作物产量，改善产品品质，加速谷类作物分蘖，促进幼穗分化、灌浆和籽粒饱满，促使早熟。

（二）提高磷肥的利用率

（1）集中施磷

把磷肥集中施在种子或根部附近，是一种有效的施用方法。这种方法既减少磷肥与土壤的接触面，又降低磷被土壤固定作用，便于作物根系吸收，一般提高利用率28%～39%。

（2）分层施磷

通过耙磨把速效磷肥施入5～10厘米土层中，供作物苗期吸收；把迟效磷肥结合耕翻条施于15～20厘米土层中，供作物中后期利用。施用量：浅层30%～40%，深层70%～60%。

（3）配氮施磷

凡缺磷的土壤一般也都缺氮，氮磷配合施用，可使磷肥利用率平均达到23%～28%；氮磷配合的比例，在土壤肥力较低时为1∶1，中等肥力1∶0.5，上等肥力1∶0.25。

（4）磷肥堆沤

磷肥与有机肥混合堆沤，加入过磷酸钙约 2%，钙镁磷肥 5% 左右，磷矿粉约 7%；磷肥与有机肥混合堆沤后施用，可使磷肥利用率提高 10% 以上；弱酸溶性磷素增加 65% 左右。

（5）喜磷作物

应把磷肥优先分配在喜磷作物上，如花生、大豆、蚕豆、油菜、荞麦等，将过磷酸钙或钙镁磷肥直接施在前茬豆科作物上，比施在后茬禾本科作物上利用率高，增产幅度大。

（6）叶面施磷

用过磷酸钙 1 ~3 千克，加水 100 千克，浸泡 1 昼夜后过滤去渣滓，在作物中后期叶面喷洒，一般每隔 5 ~10 天喷 1 次，共喷 2 ~3 次，每亩每次喷洒约 50 千克，增产效果较明显。

（7）因土施磷

应根据土壤状况合理施用磷肥，例如，最好把磷肥施在有机质含量低的土壤上；钙镁磷肥、磷矿粉施在缺磷的土壤上，过磷酸钙、重过磷酸钙则施在中性或石灰性土壤上。

（三）磷肥常用主要品种

水溶性磷肥：此类磷肥中的五氧化二磷全溶于水，容易被植物吸收利用。如磷酸、过磷酸钙、重过磷酸钙等，其主要成分是磷酸一钙。易溶于水，肥效较快，适用于各种土壤，但最好用于中性和石灰性土壤。其中磷酸铵是氮磷二元复合肥料，且磷含量高，为氮的 3 ~4 倍。除豆科作物外，大多数作物直接施用必须配施氮肥，调整氮磷比例，以免因氮磷比例不当而致减产。

枸溶性磷肥：此类磷肥微溶于水，可溶于 2% 枸橼酸水溶液，肥效较慢。主要有钙镁磷肥、磷酸氢钙、钙镁磷钾肥、偏磷酸钙、钢渣磷肥、脱氟磷肥等，其主要成分是磷酸二钙。在土壤中可被作物根系分泌的弱酸溶解，能被作物吸收利用；如果施于

石灰性碱性土壤中，与土壤中的钙结合，向难溶性磷酸方向转化，降低磷的有效性。因此，枸溶性磷肥适用在酸性土壤中施用。

难溶性磷肥：此类磷肥难溶于水，也难溶于2%枸橼酸水溶液。如磷矿粉、骨粉和鸟粪磷肥等，其主要成分是磷酸三钙。施入土壤后，主要依靠土壤中的酸度、土壤微生物、作物根系分泌的弱酸等的作用，逐渐转变为磷酸一钙或磷酸二钙，成为作物能利用的形态。肥效虽慢，但后效很长；适用于酸性土壤用作基肥，也可与有机肥料堆腐或与化学酸性、生理酸性肥料配合施用。

1. 水溶性磷肥

（1）磷酸

磷酸（Phosphoric acid），又称正磷酸，化学式H_3PO_4，相对分子质量为97.97，是一种常见的无机酸，属于水溶性磷肥。由十氧化四磷溶于热水中即可得到。正磷酸工业上用硫酸处理磷灰石即得。磷酸在空气中容易潮解，加热会失水得到焦磷酸，再进一步失水得到偏磷酸。磷酸主要用于肥料、制药、食品等领域。

1）理化性状

磷酸为白色结晶，熔点42.35℃，大于42℃时为无色黏稠液体，无臭，味很酸，相对密度1.874，沸点261℃（100%），158℃（85%），加热至300℃时变成偏磷酸。可与水以任意比例互溶，可混溶于乙醇等多种有机溶剂。磷酸是一种常见的无机酸，是中强酸，其酸性较硫酸、盐酸和硝酸等强酸弱，但较醋酸、硼酸、碳酸等弱酸强。

急性毒性LD_{50}为1530mg/kg（大鼠经口），2740mg/kg（兔经皮）；刺激性为595毫克（家兔经皮，24小时）重度刺激，119毫克（家兔经眼）重度刺激；亚急性与慢性毒性为10.6mg/m^3（动物长期吸入），使血清蛋白含量增加及肝糖原降低。

2）技术指标

以湿法磷酸为原料生产的肥料级磷酸产品技术指标如下。

感观要求：肥料级磷酸产品外观为有色黏稠状液体，无悬浮杂质。

理化指标：按表 4-2-14 肥料级磷酸产品的技术指标（HG/T 3826—2006）执行。

表 4-2-14　肥料级商品磷酸产品的技术指标（HG/T 3826—2006）

项　目	优等品	一等品	合格品
磷酸（以 P_2O_5 计）的质理分数，% ≥	50.0	46.0	42.0
倍半氧化物（以 $Fe_2O_3 + Al_2O_3$ 计），% ≤	3.0	3.5	3.5
氧化镁（MgO）的质量分数，% ≤	1.0	1.4	1.4
固含量，% ≤	1.0	2.0	4.0

注：适用于以湿法磷酸为原料生产的肥料级商品磷酸产品。

3）初步识别

①看外观：农用磷酸为黏稠状液体。

②闻气味：农用磷酸无臭，味很酸。

③水溶性：可与水以任意比例互溶。

④酸碱性：农用磷酸为中强酸性酸。

4）施用方法

①磷酸一般作为液体复合肥的磷源，生产出多种液体氮磷肥或三元复肥。

②磷酸也可直接作肥料使用，宜作基肥或溶于灌溉水中，施于碱性土壤。

5）有关说明

①磷酸具有很强的腐蚀性，操作时戴防护手套，并需戴化学安全防护眼镜。

②如果酸液滴在皮肤上，立即用大量5%碳酸氢钠水液冲洗，严重时需就医。

③如果酸液滴在眼上，必须立即用大量的水冲洗，不要转动眼球，尽快就医。

6）贮运事宜

①磷酸有腐蚀性，受热分解产生剧毒的氧化磷烟气。

②磷酸接触强腐蚀剂，放出大量热量，并发生溅射。

③磷酸禁配强碱、活性金属粉末、易燃或可燃物等。

贮存磷酸的库房应阴凉、通风、干燥，地面平整。不能把磷酸堆放在日晒或潮湿的环境中，注意防潮、防雨、防晒、防火、防高温等，以免发生安全事故。

特别提示：应严格按照磷酸的安全生产、装卸、运输、贮存、使用等相应的法律、法规执行。

（2）过磷酸钙

过磷酸钙（Calcium superphosphate）又称普通过磷酸钙，简称普钙，系由硫酸分解磷矿粉直接制得的磷肥，是一种水溶性磷肥。主要含有磷酸二氢钙的水合物［$Ca(H_2PO_4)_2 \cdot H_2O$］和硫酸钙（$CaSO_4 \cdot 2H_2O$），还含有少量游离的磷酸（H_3PO_4）。过磷酸钙中有效磷（P_2O_5）含量为14%~20%（其中80%~95%溶于水），属于水溶性速效磷肥。

过磷酸钙供给植物磷、钙、硫等元素，具有改良碱性土壤作用。可用作基肥、根外追肥。与氮肥混合使用，有固氮作用，减少氮的损失。能促进植物的发芽、长根、分枝、结实及成熟。

1）理化性状

过磷酸钙分子式$CaP_2H_4O_8$，相对分子质量为234.05，是一种无色或浅灰色的颗粒（或粉料）肥料，稍有酸味，易吸湿，易结块，有腐蚀性。大部分易溶于水，少部分难溶于水而易溶于2%柠檬酸（枸橼液）溶液中。属于弱酸性水溶性速效磷肥。

过磷酸钙主要用作农作物的追肥、基肥或种肥，可直接作磷肥，也可作制复合肥料的配料。

2）技术指标

GB 20413—2006 适用于由工业硫酸处理磷矿制成的农用疏松状和颗粒状过磷酸钙（包括加入有机质等添加物的过磷酸钙产品）。

①疏松过磷酸钙

感观要求：外观呈有色疏松状物，无机械杂质。

理化指标：按表 4–2–15 农用疏松过磷酸钙产品技术指标（GB 20413—2006）执行。

表 4–2–15　农用疏松过磷酸钙产品的技术指标（GB 20413—2006）

项　目	优等品	一等品	合格品 1	合格品 2
有效磷（以 P_2O_5 计）的质量分数，% ≥	16.0	16.0	14.0	12.0
游离酸（以 P_2O_5 计）的质量分数，% ≤	5.5	5.5	5.5	5.5
水分的质量分数，% ≤	12.0	14.0	15.0	15.0

②颗粒过磷酸钙

感观要求：外观呈有色颗粒状物，无机械杂质。

理化指标：按表 4–2–16 农用颗粒过磷酸钙产品技术指标（GB 20413—2006）执行。

表 4–2–16　农用颗粒过磷酸钙产品的技术指标（GB 20413—2006）

项　目	优等品	一等品	合格品 1	合格品 2
有效磷（P_2O_5）的质量分数，% ≥	18.0	16.0	14.0	12.0
游离酸（以 P_2O_5 计）的质量分数，% ≤	5.5	5.5	5.5	5.5
水分的质量分数，% ≤	10.0	10.0	10.0	10.0
粒度（1.00～4.75mm 或 3.35～5.60mm）质量分数，% ≥	80	80	80	80

3）初步识别

①看形状：过磷酸钙一般为粉末状，也有是颗粒状的产品。

②观颜色：外观一般为灰白色、深灰色、灰褐色或浅黄色。

③闻气味：合格品稍有酸味，若带刺激性或异味则不合格。

④水溶性：过磷酸钙约一半溶于水中，另约一半沉于杯底。

⑤酸碱性：用广泛试纸测试过磷酸钙水溶液，应显示红色。

4）施用方法

①过磷酸钙适用于各种作物和多种土壤。可将它施在中性、石灰性缺磷土壤上，以防止固定。它既可以作基肥、追肥，又可以作种肥以及根外追肥。

②过磷酸钙作基肥时，对缺少速效磷的土壤，每亩施用量可在 50 千克左右，耕地之前均匀撒上一半，结合耕地作基肥。播种前，再均匀撒上另一半。

③如与有机肥混合作基肥时，过磷酸钙的每亩施用量应在 20 ~ 25 千克左右，其有效成分的利用率也就比较高；也可采用沟施、穴施等集中施用方法。

④过磷酸钙作追肥时，每亩用量可控制在 20 ~ 30 千克，需要注意的是，一定要早施、深施，施到根系密集土层处。否则，过磷酸钙的效果就会不佳。

⑤过磷酸钙作种肥每亩用量应控制在 10 千克左右；过磷酸钙作根外追肥时，要在作物开花前后喷施，喷施最好选择浓度为 1% ~ 3% 的过磷酸钙水溶液。

5）有关说明

①主要用在缺磷的地块，以利于发挥磷肥的增产潜力。

②不能与碱性肥料混合施用，以防酸碱中和降低肥效。

③如果连年大量施用过磷酸钙，则会降低磷肥的效果。

④使用时过磷酸钙要碾碎过筛，否则会影响肥料效果。

⑤误食入过磷酸钙时，应立即饮足温水，催吐，就医。

⑥误吸时，立即脱离现场至空气新鲜处，给氧，就医。

⑦眼睛接触：立即提起眼睑，用大量清水冲洗，就医。

⑧皮肤接触：脱去污染的衣着，用大量流动清水冲洗。

6）贮运事宜

①运输中防潮，以免结块溶失，要避免日晒雨淋，减少养分损失，车船上要铺垫耐腐蚀垫板和篷布。

②贮存普钙的库房地面平整，库房内阴凉、通风、干燥；不能堆放在日晒或潮湿的环境中，以免造成损失。

特别提示：应严格按照过磷酸钙的安全生产、装卸、运输、贮存、使用等相应的法律、法规执行。

（3）重过磷酸钙

重过磷酸钙（Calcium biphosphate；Calcium superphosphate）又称浓缩过磷酸钙，三倍过磷酸钙，简称重钙，是一种水溶性磷肥。系由磷酸与磷矿粉反应所得的产物，其主要成分是磷酸一钙（即磷酸二氢钙），还含一些游离磷酸，但不含硫酸钙。有效磷（P_2O_5）含量达36%~45%，为普通过磷酸钙的2~3倍。

重过磷酸钙适宜作肥料，主要供给植物磷元素和钙元素等，具有促进植物发芽、根系生长、发育、分枝、结实及成熟等效果。

重过磷酸钙属微酸性速效磷肥，是目前广泛使用的浓度最高的单一水溶性磷肥，肥效高，适应性强，具有改良碱性土壤作用。

可作基肥、追肥、种肥及复混肥原料，既可以单独施用也可与其他养分混合使用，若和氮肥混合使用，具有一定的固氮作用。

重过磷酸钙适用于各种土壤和作物，广泛应用于水稻、小麦、玉米、高粱、棉花、瓜果、蔬菜等各种粮食作物以及经济作物。

1）理化性状

重过磷酸钙分子式为 $Ca(H_2PO_4)_2 \cdot H_2O$，相对分子质量为 252.07。

重过磷酸钙为小粒状或粉末状固体，微酸性，外观呈灰白色或暗褐色。易溶于盐酸和硝酸，难溶于乙醇，易溶于水中，有吸湿性，受潮后易结块，加热失水（100℃），腐蚀性和吸湿性比过磷酸钙更强。因不含硫酸铁、硫酸铝，不易发生磷酸盐的退化，适宜长途运输和贮存。

2）技术指标

GB 21634—2008 适用于湿法或热法处理磷矿粉制成的农业用粉状和粒状重过磷酸钙产品。

①粉状重过磷酸钙

感观要求：外观呈有色粉状物，无机械杂质。

理化指标：按表 4-2-17 农用粉状重过磷酸钙技术指标（GB 21634—2008）执行。

表 4-2-17　农用粉状重过磷酸钙产品的技术指标（GB 21634—2008）

项　目	优等品	一等品	合格品
总磷（以 P_2O_5 计）的质量分数，% ≥	44.0	42.0	40.0
有效磷（以 P_2O_5 计）的质量分数，% ≥	42.0	40.0	38.0
水溶性磷（以 P_2O_5 计）的质量分数，% ≥	36.0	34.0	32.0
游离酸（以 P_2O_5 计）的质量分数，% ≤	7.0	7.0	7.0
游离水的质量分数，% ≤	8.0	8.0	8.0

②粒状重过磷酸钙

感观要求：外观呈有色颗粒，无机械杂质。

理化指标：按表 4-2-18 农用粒状重过磷酸钙技术指标（GB 21634—2008）执行。

表 4-2-18 农用粒状重过磷酸钙产品的技术指标（GB 21634—2008）

项 目	优等品	一等品	合格品
总磷（以 P_2O_5 计）的质量分数，% ≥	46.0	44.0	42.0
有效磷（以 P_2O_5 计）的质量分数，% ≥	44.0	42.0	40.0
水溶性磷（以 P_2O_5 计）的质量分数，% ≥	38.0	36.0	35.0
游离酸（以 P_2O_5 计）的质量分数，% ≤	5.0	5.0	5.0
游离水的质量分数，% ≤	4.0	4.0	4.0
粒度（2.00～4.75mm）的质量分数，% ≥	90	90	90

3）初步识别

①看形状：重过磷酸钙有粉末状产品，也有是颗粒状的产品。

②观颜色：外观一般为灰白色、深灰色、灰褐色或者浅黄色。

③闻气味：合格品稍有酸味，若带刺激性或异味可能不合格。

④水溶性：重过磷酸钙绝大部分溶于水中，仅少量沉于杯底。

⑤酸碱性：用广泛试纸测试重过磷酸钙水溶液，应显示红色。

4）施用方法

①重过磷酸钙的施用方法与普通过磷酸钙相同，因其有效磷含量比普通过磷酸钙高 2～3 倍，可参照普通过磷酸钙适当减少。

②重过磷酸钙这种肥料施入土壤后，固定比较强烈，所以目前世界上生产量和使用量都比较少，只占磷肥总产量的 16% 左右。

5）有关说明

①重过磷酸钙腐蚀性和吸湿性比过磷酸钙更强，不宜用来蘸

秧根和拌种；对于酸性土壤而言，施用前几天最好普施一次石灰。

②对于需硫较多的作物，如油菜和豆科作物等，以施用普通过磷酸钙为宜，而不应选用重过磷酸钙，因后者没含硫酸钙成分。

6）贮运事宜

贮存重过磷酸钙的库房应阴凉、通风、干燥，地面平整；不能堆放在日晒或潮湿的环境中，以免造成损失。

特别提示：应严格按照重过磷酸钙的安全生产、装卸、运输、贮存、使用等相应的法律、法规执行。

2. 枸溶性磷肥

（1）钙镁磷肥

钙镁磷肥（Calcium-magnesium phosphate fertilizer）又称熔融含镁磷肥，是一种含有磷酸根（PO_4^{3-}）的硅铝酸盐玻璃体，无明确的分子式与分子量，是一种枸溶性磷肥。主要成分包括 $Ca_3(PO_4)_2$、$CaSiO_3$、$MgSiO_3$，是一种多元素肥料，其中 P_2O_5 含量 14%～12%，CaO 含量 25%～30%，SiO_2 含量 40% 左右，MgO 含量 5% 左右，水溶液呈碱性，可改良酸性土壤，培育大苗时作为底肥效果很好，植物能够缓慢吸收所需养分。

1）理化性状

钙镁磷肥是灰绿色或灰棕色粉末，含磷量为 8%～14%，主要成分是能溶于柠檬酸的 $\alpha-Ca_3(PO_4)_2$，还含有镁和少量硅等元素。镁对形成叶绿素有利，硅能促进作物纤维组织的生长，使植物有较好的防止倒伏和抗病虫害的能力。培育大苗时作为底肥效果很好，植物能够缓慢吸收所需养分。

钙镁磷肥可溶于 2% 柠檬酸溶液中，属枸溶性磷肥。难溶于水，有效磷不易淋失，无毒，无腐蚀性，不吸潮，不结块，为化学碱性肥料。

2）技术指标

我国国家标准《GB 20412—2006　钙镁磷肥》适用于以磷矿石与含镁、硅的矿石，在高炉或电炉中经高温熔融、水淬、干燥和磨细所制得的钙镁磷肥，包括含有其他添加物的钙镁磷肥产品，其用途为农业上作肥料和土壤调理剂。

感观要求：外观为灰色粉末，无机械杂质。

理化指标：按表4-2-19 农用钙镁磷肥产品的技术指标（GB 20412—2006）执行。

表4-2-19　农用钙镁磷肥产品的技术指标（GB 20412—2006）

项　目	优等品	一等品	合格品
有效五氧化二磷（P_2O_5）的质量分数，% ≥	18.0	15.0	12.0
水分（H_2O）的质量分数，% ≤	0.5	0.5	0.5
碱分（以CaO计）的质量分数，% ≥	45.0	—	—
可溶性硅（SiO_2）的质量分数，% ≥	20.0	—	—
有效镁（MgO）的质量分数，% ≥	12.0	—	—
细度：通过0.25mm试验筛，% ≥	80	80	80

注：优等品中的碱分、可溶性硅和有效镁含量如用户没有要求，生产厂可不作检验。

3）初步识别

①看形状：钙镁磷肥为粉末状产品。

②观颜色：灰白、黑褐以及绿色等。

③闻气味：合格品没有特殊有气味。

④水溶性：钙镁磷肥料难溶于水中。

⑤酸碱性：枸溶性磷肥，化学碱性。

4）施用方法

①缓效肥料：钙镁磷肥施入土壤后，其中磷只能被弱酸溶

解，要经过一定的转化过程，肥效慢长。

②早施深施：钙镁磷肥作基肥亩施约 16 千克，宜早施深耕均匀施入土中，以利于作物对它吸收利用。

③酸性红壤：适用于各种作物和缺磷的酸性土壤，特别适合于南方钙镁淋溶较严重的酸性红壤土。

④蘸秧根：南方水田可用来蘸秧根，每亩用量在 10 千克左右，对秧苗无伤害，效果也比较好。

⑤可作种肥：钙镁磷肥适合作种肥，每亩用量一般为 5 ~ 10 千克，可将其拌种施入种沟或种穴之内。

⑥混拌堆沤：与十倍以上的优质有机肥混拌堆沤 1 个月以上，沤好的肥料可作基肥、种肥、秧肥。

5）有关说明

①配合施用：钙镁磷肥与普钙、氮肥配合施用效果比较好，但不能与它们混施。

②不宜混施：钙镁磷肥通常不能与酸性肥料混合施用，否则会降低肥料的效果。

③参考用量：钙镁磷肥施用要适量，一般每亩用量控制在 10 ~ 25 千克为宜。

④肥效慢长：钙镁磷肥的肥效慢长，通常亩施钙镁磷肥 20 ~ 40 千克，可隔年再施。

⑤适宜作物：钙镁磷肥最适合油菜、萝卜、豆科绿肥、豆科作物和瓜类等作物。

⑥合理施用：若过多施用钙镁磷肥，肥效不仅不递增而且会出现报酬递减问题。

6）贮运事宜

贮存过钙镁磷肥的库房地面平整，阴凉、通风、干燥，不能堆放在风吹日晒或潮湿雨淋的环境中，以免造成损失。

特别提示：应严格按照钙镁磷肥的安全生产、装卸、运输、贮存、使用等相应的法律、法规执行。

（2）磷酸氢钙

磷酸氢钙（Calcium hydrogen phosphate）又称磷酸氢二钙、磷酸二钙、沉淀磷酸钙、沉淀磷酸，简称沉钙、白肥，是一种枸溶性磷肥。通常以二水合物的形式存在，其分子式为 $CaHPO_4 \cdot 2H_2O$，相对分子质量为172.09，各元素所占比例分别为磷18.01%、钙23.28%、氢2.91%、氧55.78%。

磷酸氢钙用途广泛，农业用作化肥；食品工业作强化剂（补充钙）、膨松剂、品质改良剂；作为饲料添加剂，以补充禽畜饲料中的磷、钙元素；用作分析试剂、塑料稳定剂；还应用于医药工业等。

1）理化性状

磷酸氢钙，白色单斜晶系结晶性粉末，无臭无味。密度（g/mL，16℃）为2.306，易溶于稀盐酸、稀硝酸、醋酸，微溶于水（100℃，0.025%），难溶于乙醇，呈中性或弱酸性反应；在空气中稳定，加热至75℃开始失去结晶水成为无水物，高温则变为焦磷酸盐。

毒理学数据显示，磷酸氢钙一日允许摄取量ADI为0～70mg/kg。生态学数据显示，通常来说对水是不危害的，若政府没有许可，勿将其排入周围环境。

肥料级磷酸氢钙中有效磷（即五氧化二磷）的含量为15%～30%，呈灰白色或灰黄色粉末。

2）技术指标

我国化工行业标准《HG/T 3275—1999　肥料级磷酸氢钙》，适用于盐酸、硫酸分解磷矿或利用副矿物制得的肥料级磷酸氢钙，在农业上用作肥料和复混肥的原料。

感观要求：外观为结晶状粉末，呈灰白色或灰黄色。

理化指标：按表4-2-20肥料级磷酸氢钙产品的技术指标

（HG/T 3275—1999）执行。

表 4-2-20　肥料级磷酸氢钙产品的技术指标（HG/T 3275—1999）

项　目	优等品	一等品	合格品
有效五氧化二磷（P_2O_5）含量，% ≥	25.0	20.0	15.0
游离水分含量，% ≤	10.0	15.0	20.0
pH（5g 试样加入 50mL 水中）≥	3.0	3.0	3.0

3）初步识别

①看形状：肥料级磷酸氢钙为结晶粉末状。

②观颜色：外观一般呈灰白色或灰黄色。

③闻气味：肥料磷酸氢钙合格品无臭无味。

④水溶性：肥料级磷酸氢钙基本不溶于水。

⑤酸碱性：磷酸氢钙呈中性或弱酸性反应。

4）施用方法

①因土施用：磷酸氢钙广泛适用于各种作物和缺磷的酸性土壤，尤适合于南方钙镁淋溶较严重的酸性红壤。

②肥效缓长：磷酸氢钙可作基肥，施入土壤后，磷需经酸溶解转化，才能被作物吸收利用，属于缓效肥料。

③宜作基肥：磷酸氢钙多作基肥。施用时，一般应结合深施，将肥料均匀施入土壤，使其与土壤充分混合。

④参考用量：亩用量 15～20 千克，若一年 30～40 千克，则隔年再施；南方水田也可以蘸秧根，亩用量约 10 千克。

⑤混拌沤堆：与优质有机肥混拌堆沤 1 个月以上，沤好的肥料可作基肥或种肥；且施用磷酸氢钙可以补硅。

⑥磷酸氢钙不含硫酸根和游离酸，不吸潮、不结块，很少被铁、铝固定，施于酸性土壤中肥效要比普钙好。

⑦最宜作物：磷酸氢钙对于吸收枸溶性磷能力强的作物如油

菜、萝卜、豆科绿肥、瓜类作物等的效果显著。

5）有关说明

①磷酸氢钙不能与酸性肥料混用，不要直接与普钙、氮肥等混合施用，但可以配合、分开施用。

②磷酸氢钙属于弱酸溶性磷肥，因此不宜用于碱性土质，我国北方多为石灰性土壤，不宜施用。

6）贮运事宜

①肥料级磷酸氢钙在运输和贮存过程中，应注意防潮、防晒，并轻搬轻放以免包装袋破裂造成损失。

②磷酸氢钙避免接触氧化物，若加热至75℃，则开始失去结晶水成为无水物，高温变为焦磷酸盐。

③磷酸氢钙应贮存在阴凉、干燥、通风、清洁的库房中，防止受潮、受热，应与有毒物品隔离堆放。

特别提示：应严格按照磷酸氢钙的安全生产、装卸、运输、贮存、使用等相应的法律、法规执行。

（3）钙镁磷钾肥

钙镁磷钾肥（Calcium magnesium potassium phosphate）又称含钾钙镁磷肥，系指由磷矿石、钾长石（或含钾矿石）与含镁、硅的矿石，在高炉或电炉中经高温熔融、水淬、干燥和磨细所得的钙镁磷钾肥，属枸溶性肥料。

钙镁磷钾肥实际上是一种复合肥，含有多种微量元素。钾肥能使作物茎秆长得坚强，防止倒伏，促进开花结实，增强抗旱、抗寒、抗病虫害能力；钙镁磷肥含磷量为8%～14%，主要成分是能溶于柠檬酸的$\alpha-Ca_3(PO_4)_2$，还含有镁和少量硅等元素。镁对形成叶绿素有利，硅能促进作物纤维组织的生长，使植物有较好的防止倒伏和病虫害的能力。

1）理化性状

钙镁磷钾肥成品为粒状、粉状，外观为灰白色、灰绿色或灰

黑色，是一种微碱性的玻璃质、枸溶性肥料，难溶于水，可溶于柠檬酸或柠檬酸铵水溶液中，有良好的物理性能，在土壤中不易流失。

2）技术指标

我国化工行业标准《HG 2598—1994　肥料级钙镁磷钾肥》，适用于磷矿石、钾长石（或含钾矿石）与含镁、硅的矿石，在高炉或电炉中经高温熔融、水淬、干燥和磨细所得的钙镁磷钾肥。钙镁磷钾肥系磷肥系列产品，其用途为农业上作肥料和土壤调理剂。

感观要求：外观呈灰白色、灰绿色或灰黑色粉末。

理化指标：按表 4-2-21 肥料级钙镁磷钾肥产品的技术指标（HG 2598—1994）执行。

表 4-2-21　肥料级钙镁磷钾肥产品的技术指标（HG 2598—1994）

项　目	一等品	合格品
总养分（$P_2O_5+K_2O$）含量，% ≥	15.0	13.0
有效钾（K_2O）含量，% ≥	2.0	1.0
水分含量，% ≤	0.5	0.5
细度：通过 250 微米标准筛，% ≥	80	80

3）初步识别

①看形状：肥料级钙镁磷钾肥为粉末状态。

②观颜色：外观呈灰白色、灰绿或灰黑色。

③闻气味：钙镁磷钾肥合格品为无臭无味。

④水溶性：肥料级钙镁磷钾肥很难溶于水。

⑤酸碱性：它是一种微碱性的枸溶性肥料。

4）施用方法

钙镁磷钾肥属多元素农用肥料，含有植物生长所必需的磷、钾、硅、钙、镁以及铜、铁、锌等多种微量元素，可以促使农作物抗倒伏、抗干旱，达到高产、稳产的效果。

①适作基肥：钙镁磷钾肥是一种微碱性肥料，适作基肥施于缺钙的酸性土壤。

②混拌沤堆：宜与有机肥混拌堆沤 1 个月以上，沤好的肥料可作基肥或种肥。

③长期施用：钙镁磷钾肥中不含酸性物质，连续多年施用也不会使土壤酸化。

④参考用量：钙镁磷钾肥施用要适量，一般每亩用量控制在 20~40 千克。

5）有关说明

①钙镁磷钾肥适宜施于酸土壤上，在酸性土壤上可作基肥，也可作追肥。

②如果施于石灰质土壤上，只能作基肥，而且可能要隔季才能发挥肥效。

6）贮运事宜

①钙镁磷钾肥可以用汽车、火车、轮船等交通工具运输，在运输过程中应防潮和防包装袋破损。

②钙镁磷钾肥应贮存于场地平整，阴凉、干燥、通风的库房中，包装件堆置高度不宜大于 7 米。

特别提示：应严格按照钙镁磷钾肥的安全生产、装卸、运输、贮存、使用等相应的法律、法规执行。

（4）偏磷酸钙

偏磷酸钙（Calcium metaphosphate）又称玻璃磷肥，分子式为 $Ca(PO_3)_2$，相对分子质量为 198.02。系由磷在空气中燃烧成五氧化二磷，再与磷矿粉在高温和蒸气存在下作用而制得。

肥料级偏磷酸钙呈玻璃状微黄色粉末，故又称玻璃磷肥；偏磷酸钙施入土中后，与水相接触，可逐渐水合，转变成正磷酸盐

而溶解，因此，偏磷酸钙的肥效较普钙迟缓而持久，据此将其看作是一种缓效（缓释）磷肥。

1）理化性状

偏磷酸钙密度 2.82g/cm^3，熔点 970～980℃，在自然界中分为结晶状和玻璃状两种。

结晶状外观为白色，难溶于水，也难溶于枸橼酸；结晶体基本上无肥效，不能用作肥料。

玻璃状纯品为无色透明的聚合体 $[Ca(PO_3)_2]_n$，但其聚合度至今尚未完全弄清。在空气中有微吸湿性，在水中能极缓慢溶解和水解，但当有酸或水蒸气存在时，能迅速分解成磷酸二氢钙。工业品呈浅绿色，总磷 64%～67% P_2O_5，枸溶性磷 62%～66% P_2O_5，是一种高浓度枸溶性磷肥；玻璃状偏磷酸钙的肥效大体上与普钙相当。

2）技术指标

以黄磷和磷矿石为原料制得的玻璃状偏磷酸钙肥料中，P_2O_5 含量高达 60%～70%，另含有 25% 左右 CaO 及少量二氧化硅、铁和铝的磷酸盐等。

偏磷酸钙虽然难溶于水，但是其中约 98% 或更多的 P_2O_5 溶于中性柠檬酸铵溶液中，是一种高浓度构溶性磷肥。

感观要求：外观呈玻璃状微黄色粉末状态。

理化指标：按表 4-2-22 肥料级偏磷酸钙的主要成分及其大致含量参考执行。

表 4-2-22　肥料级偏磷酸钙的主要成分及其大致含量

五氧化二磷	柠檬酸不溶磷	游离磷酸	氧化钙	二氧化硅	铁铝磷酸盐	铜铬锰镍钒钴均为
60%～70%	≤2	0～0.02%	18%～26%	4%～6%	1.5～3	≤0.5～1mg/kg

3）初步识别

①看形状：肥料级偏磷酸钙常为粉末状态。

②观颜色：偏磷酸钙肥料呈玻璃状微黄色。

③闻气味：偏磷酸钙肥料合格品无臭无味。

④水溶性：肥料级偏磷酸钼很难溶解于水。

⑤酸碱性：它是一种微碱性的枸溶性肥料。

4）施用方法

①偏磷酸钙的肥效缓慢而且持久，适合作基肥施用，它的施用方法与过磷酸钙的施用方法相同。

②偏磷酸钙肥料是一种良好的枸溶性磷肥，含磷量高，用量比过磷酸钙少，最好施于酸性土壤。

③田间试验表明，对谷物、小麦、棉花、豆科等的增产效果与等磷量的过磷酸钙相当或稍高些。

④常作基肥施用，对豆科、牧草、谷物、小麦的增产效果与等磷量的过磷酸钙相当或稍高一些。

田间试验表明，对水稻、小麦、油菜、棉花等作物，偏磷酸钙的肥效大体上与普钙相当。

5）有关说明

①偏磷酸钙施入土中后，与水相接触逐渐水合，转变成正磷酸盐而溶解，故其肥效迟缓而持久。

②偏磷酸钙是一种缓效（缓释）磷肥，一般只作基肥施用，其肥效接近重过磷酸钙和过磷酸钙。

6）贮运事宜

①偏磷酸钙在运输过程中，应注意防潮防晒和防包装袋破损。

②偏磷酸钙应贮存在场地平整，阴凉、干燥、通风的库房中。

特别提示：应严格按照偏磷酸钙的安全生产、装卸、运输、

贮存、使用等相应的法律、法规执行。

（5）钢渣磷肥

钢渣磷能（Thomas phosphatic fertilizer；Thomas phosphate）又称托马斯磷肥或矿渣磷肥。系含磷生铁用托马斯法炼钢时所生成的碱性炉渣经轧碎、磨细而得。一种热法磷肥，属于枸溶性磷肥。

1）理化性状

钢渣磷肥是用高磷生铁作原料来炼钢所得到的副产品。高磷生铁的含磷量可达1.7%~2.2%，高磷生铁炼钢主要采用托马斯法，该法所得的炉渣含 P_2O_5 为15%~20%，可作为农业磷肥使用。

钢渣磷肥大多是灰黑色、深棕色或黑褐色粉末，密度为3.0~3.3g/cm^3，呈强碱性，不含游离酸，微吸湿，不易结块，难溶于水，溶于柠檬酸铵水溶液中，为枸溶性磷肥。

钢渣磷肥主要有效成分是磷酸四钙［$Ca_4(PO_4)_2O$］和硅磷酸五钙（硅酸钙的固溶体），并含有镁、铁、锰及其他微量元素，钢渣磷肥的主要成分及其大致含量如表4-2-23所示。钢渣磷肥中五氧化二磷含量一般为12%~20%，适用作磷肥，施于缺磷的酸性土壤作基肥。

对于小麦、水稻、玉米、高粱、土豆、油菜和牧草等多种农作物均有明显的增产效果，还能提高农作物抗旱、抗倒伏和抵抗病虫害等方面的能力。钢渣磷肥对于保持土壤肥力、改良酸性土壤、防止土壤板结等方面也很有效。总之，钢渣磷肥中75%的物质对于农作物和土壤都是有益的。

2）技术指标

感观要求：钢渣磷肥外观呈灰黑色、深棕色或黑褐色粉末状态。

理化指标：按表4-2-23钢渣磷肥产品的主要成分及其大致

含量参考执行。

表 4-2-23　钢渣磷肥产品的主要成分及其大致含量

主要成分	P_2O_5	CaO	Fe_2O_3	SiO_2	MgO	MnO	Zn、Cu、Co、Mo
大致含量	15%～20%	40%～50%	12%～16%	6%～9%	3%～5%	2%～4%	微量

注：钢渣磷肥应磨碎到 0.16mm 以下；一级品 P_2O_5 含量≥14%，二级 P_2O_5 含量为 10%～14%。

3）初步识别

①看形状：肥料级钢渣磷肥为粉末状态。

②观颜色：呈灰黑色、深棕色或黑褐色。

③闻气味：钢渣磷肥合格品为无臭无味。

④水溶性：肥料级钢渣磷肥很难溶于水。

⑤酸碱性：是一种强碱性的枸溶性肥料。

4）施用方法

①适作基肥：钢渣磷肥是一种碱性肥料，适作基肥施于缺钙的酸性土壤。

②作物对象：含磷含钙量高，适施于豆科、甘蔗、果树、牧草及绿肥等。

③混拌沤堆：宜与有机肥混拌堆沤 1 个月以上，沤好的肥料其效果更好。

④参考用量：钢渣磷肥施用要适量，一般每亩用量宜在 20～40 千克。

5）有关说明

①钢渣磷肥的粒度应在 0.16 毫米以下为宜，以便农作物吸收利用。

②钢渣磷肥的碱性强，作基肥施用时应与种子相隔 1～2 厘

米为宜。

③钢渣磷肥若施于碱性石灰土壤，当年肥效仅为普钙的68%左右。

④钢渣磷肥需在土壤中转化成磷酸二氢钙后才有肥效，故应早施。

⑤因其中含钙量高，故不宜施于土豆等嫌钙作物，以免影响品质。

⑥钢渣磷肥的碱性强，不能与氮肥、酸性肥混施，否则影响肥效。

⑦法国磷肥标准中，要求磷肥中五氧化二磷的枸溶率在75%以上。

注：磷酸盐必须能溶解于柠檬酸（枸橼酸）中，才能成为有效的肥料，把磷酸盐在2%柠檬酸中的溶解度称为枸溶率。

6）贮运事宜

①钢渣磷肥在运输过程中，应注意防潮防晒和防包装袋破损。

②钢渣磷肥应贮存在场地平整，阴凉、干燥、通风的库房中。

特别提示：应严格按照钢渣磷肥的安全生产、装卸、运输、贮存、使用等相应的法律、法规执行。

（6）脱氟磷肥

脱氟磷肥（Defluorinate phosphate），系由磷矿与各种不同配料（硅砂或芒硝与磷酸等）混合（成为炉料），在有水蒸汽存在和1300℃左右高温下，将磷矿中大部分氟脱除，生成可被植物吸收利用的α-磷酸三钙和硅磷酸钙可变组成体，所得的属枸溶性碱性磷肥。

因炉料采用烧结或熔融进行脱氟方法的不同，所得产品而有烧结脱氟磷肥和熔融脱氟磷肥之分，主要成分是磷酸三钙

[α-$Ca_3(PO_4)_2$]，含有较多的硅酸钙（Ca_2SiO_4），还含有其他微量元素等。其氟含量，以F/P比表示，小于1/100，均适用于酸性土壤和中性土壤，一般用作基肥。

1）理化性状

脱氟磷肥外观呈灰白色、深灰色、灰褐色粉末，或细结晶状。微碱性，难溶于水，易溶于柠檬酸铵溶液中，不吸潮，不结块，无腐蚀性，便于贮存运输。

脱氟磷肥所含的磷酸盐大部分可溶于柠檬酸溶液中，属弱酸溶性磷肥，施入土壤后可被土壤酸性和作物根系所分泌的酸分解转化为作物可利用的磷酸盐。

2）技术指标

感观要求：脱氟磷肥呈灰白色、深灰色或灰褐色粉末状。

理化指标：按表4-2-24脱氟磷肥产品的主要成分及其大致含量参考执行。

表4-2-24 脱氟磷肥产品的主要成分及其大致含量

主要成分	氟磷比（F/P）	总五氧化二磷	有效 P_2O_5	氟含量	砷和重金属
大致含量	≤1%	20%～35%	20%～28%	≤0.2%（可作饲料）	≤0.001%（可作饲料）

3）初步识别

①看形状：肥料级脱氟磷肥为粉末状态。

②观颜色：呈灰白色、深灰色或灰褐色。

③闻气味：脱氟磷肥合格品为无臭无味。

④水溶性：肥料级脱氟磷肥很难溶于水。

⑤酸碱性：脱氟磷肥为枸溶微碱性肥料。

4）施用方法

①适作基肥：脱氟磷肥适宜作基肥，尤适合施于酸性土壤，也适于中性土壤。

②早施深施：脱氟磷肥施用方法与钙镁磷肥相似，亩施约16千克，早施深施。

③肥效较高：应用试验报告显示，脱氟磷肥的肥效要高于普钙和钙镁磷肥。

④混拌沤堆：与优质有机肥混拌堆沤1个月以上，沤好的肥料其效果更好。

5）有关说明

①在石灰性土壤中的应用试验报告显示，脱氟磷肥的肥效与钙镁磷肥相当。

②含氟量≤0.2%、砷和重金属含量均≤0.001%的脱氟磷肥可作饲料添加剂。

6）贮运事宜

①脱氟磷肥在运输过程中，应注意防潮防晒和防包装袋破损。

②脱氟磷肥应贮存在场地平整，阴凉、干燥、通风的库房中。

特别提示：应严格按照脱氟磷肥的安全生产、装卸、运输、贮存、使用等相应的法律、法规执行。

3. 难溶性磷肥

（1）磷矿粉

磷矿粉（Ground phosphate rock；Ground rock phosphate）系由磷矿石经粉碎、磨细、过筛而得的磷肥产品。

磷矿以含氟磷灰石［$Ca_5F(PO_4)_3$］为多，还有羟基磷灰石等，磷矿粉是天然磷矿石磨成的磷矿粉末，具有加工简单和可直接利用中低品位磷矿石等优点。

磷矿粉常呈灰、棕、褐等色，形状似土，矿粉中的磷只有极少部分是弱酸溶性的，而绝大部分磷是酸溶性的磷酸盐，必须经转化方能对作物有效，因此磷矿粉属于难性磷肥，其供磷特点是容量大、强度小、后效长。

1）理化性状

磷矿粉主要有灰色、褐色等，本身没有气味。主要成分为氟-磷灰石，含全磷（五氧化二磷）10%~35%，枸溶性磷含量1%~5%，可被作物吸收利用，其他大部分难于被作物直接吸收利用。

磷矿粉施入土壤以后，主要依靠土壤中的酸度、土壤微生物、作物根系分泌的弱酸等的作用进行转化之后，才能被作物吸收利用，其肥效很慢而且持久，施用一次肥效可维持几年。

2）技术指标

磷矿粉常呈灰、褐、棕等色，五氧化二磷（P_2O_5）含量大于14%，可溶于柠檬酸铵溶液的磷占磷矿粉总磷的3%~5%；磷矿石经过机械粉碎磨细而成100~150目的粉末，粒度要求90%以上通过100目筛孔（0.14mm），其比表面积不少于5~$10m^2/g$磷矿粉。

①酸法加工用的磷矿石

感观要求：呈灰色、褐色或者土黄色粉末状。

理化指标：按表4-2-25酸法加工用磷矿石技术指标（HG/T 2673—1995）执行。

表4-2-25　酸法加工用磷矿石质量标准（HG/T 2673—1995）

项　目	优等品1	优等品2	一等品1	一等品2	合格品
五氧化二磷（P_2O_5）含量，% ≥	34.0	32.0	30.0	28.0	24.0
氧化镁/五氧化二磷（MgO/P_2O_5），% ≤	2.5	3.5	5.0	10.0	—

续表

项 目	优等品1	优等品2	一等品1	一等品2	合格品
三氧化二物/五氧化二磷 (R_2O_3/P_2O_5), % ≤	8.5	10.0	12.0	15.0	—
二氧化碳 (CO_2) 含量, % ≤	3.0	4.0	5.0	7.0	—

注：①水分以交货地点计，水分含量≤8%。②除水分外各组分含量均以干基计。③当指标中仅 MgO/P_2O_5 或 R_2O_3/P_2O_5 一项超标，而另一项较低时，允许 MgO/P_2O_5 的指标增加（或减少）0.4%，但此时 R_2O_3/P_2O_5 的指标应减少（或增加）0.6%。④什邡式磷矿石合格品的五氧化二磷（P_2O_5）含量应≥26.0%。⑤合格品中杂质要求按合同执行。

②黄磷用的磷矿石

感观要求：呈灰色、褐色或者土黄色粉末状。

理化指标：按表 4-2-26 黄磷用磷矿石技术指标（HG/T 2674—1995）执行。

表 4-2-26 黄磷用磷矿石质量标准（HG/T 2674—1995）

项 目	优等品	一等品	合格品1	合格品2
五氧化二磷 (P_2O_5) 含量, % ≥	30.0	28.0	26.0	24.0
二氧化硅 (SiO_2)/氧化钙 (CaO), % ≥	—	—	0.2	0.4
二氧化碳 (CO_2) 含量, % ≤	6.0	6.0	6.0	6.0
粒度, mm	5~50（小于 5mm 不超过 5%）			

注：各组分含量均以干基计。

③肥料用的磷矿粉

感观要求：外观无机械杂质，白度 45 度以上，颜色呈灰色、褐色或土黄色不等，偏灰不能偏黄；细度 100 目通过率大于 80%，40 目通过率 100%。

理化指标：按表 4-2-27 肥料用的磷矿粉质量指标参考执行。

表 4-2-27 肥料用的磷矿粉质量参考指标

项 目	优级品	一级品	二级品	合格品
五氧化二磷（P_2O_5）含量，% ≥	34.0	32.0	30.0	26.0
氧化镁/五氧化二磷（MgO/P_2O_5），% ≤	2.5	3.5	5.0	10.0
三氧化二物/五氧化二磷（R_2O_3/P_2O_5），% ≤	8.5	10.0	12.0	15.0
二氧化碳（CO_2）含量，% ≤	3.0	4.0	5.0	7.0

注：水分含量≤8%；粒度要求 90% 以上通过 100 目筛孔（0.14mm）。

3）初步识别

①看形状：肥料级磷矿粉为粉末状态。

②观颜色：呈灰色、褐色或者土黄色。

③闻气味：肥料级磷矿粉为无臭无味。

④水溶性：肥料级磷矿粉很难溶于水。

4）施用方法

①适作基肥：磷矿粉为难溶性磷肥，适宜在酸性土壤上作基肥施用，不宜作种肥和追肥；一般撒施后结合耕翻深施入土中，施于果树或经济林木上时可采用环形施肥法。

②因土施用：凡是在土壤呈酸性、pH 和钙的饱和度低、速效磷含量低的土壤上施用磷矿粉都有效；若施于石灰性、pH 和钙的饱和度高的土壤上，则其肥效较差。

③混合施用：磷矿粉宜与过磷酸钙、硫酸铁等酸性肥料或生理酸性肥料混合施用，借助其酸性来促进难溶性磷酸盐的溶解，以提高肥效，改善作物苗期的土壤供磷状况。

④作物对象：磷矿粉应首先施于吸磷能力强的作物，如萝

卜、油菜、荞麦、苕子、豌豆等；根据磷矿粉供磷强度小、容量大的特点，适于经济林木、果树以及多年生作物。

⑤吸磷作物：吸磷能力中等的作物有大豆、饭豆、紫云英、花生、猪屎豆、田箐、玉米、马铃薯、芝麻和胡枝子等；吸磷能力弱的有谷子、小麦、黑麦、燕麦和水稻等。

⑥参考用量：磷矿粉适宜作基肥或与有机肥堆沤后作基肥，施用量可依据全磷量及其可给性、作物种类、土壤类型和土壤的速效磷含量而定，每亩用量为 50 ~ 100 千克。

5）有关说明

①磷矿粉在酸性条件下溶解较明显，因而它适合在酸性土上施用，pH 6.5 以上的土壤，不宜施用磷矿粉。

②由于磷矿粉溶解作用比较慢，当季利用率很少超过 10%，往往到第二年甚至第三年才显出较好的效果。

③磷矿粉是难溶性磷肥，施用时要和土壤充分混合，可加入一定量的速效磷肥，以满足当季作物的需要。

④用 10 ~ 20 倍有机肥与磷矿粉堆沤，或者与 3 ~ 5 倍的鲜畜粪便共同堆沤一段时间，时间越长肥效越好。

⑤磷矿粉应尽量先安排在酸性较大和缺磷的土壤中施用；由于磷矿粉肥效有效期长，可隔 1 ~ 2 年再施。

⑥磷矿粉等难溶性磷肥不能与草木灰、石灰等碱性肥料混施，否则磷矿粉更难溶解，作物无法吸收利用。

6）贮运事宜

①磷矿粉挥发性小，吸湿性小，但空气湿度大时，也能吸湿结块，在贮运过程中也要注意干燥防潮。

②磷矿粉肥料不能堆放在日晒或潮湿的环境中，以免造成损失；贮库阴凉、通风、干燥，地面平整。

特别提示：应严格按照磷矿粉的安全生产、装卸、运输、贮存、使用等相应的法律、法规执行。

（2）骨粉

骨粉（Bone powder；Bone meal）系指以畜禽鱼骨为原料，经蒸煮、压碎、干燥、粉碎而制成的粉状产品，主要成分是磷酸三钙、骨胶和脂肪等。

骨粉可分粗制骨粉（煮骨粉）、脱胶骨粉（蒸骨粉）和脱脂骨粉三种。

粗制骨粉：又名煮骨粉，先将骨头压碎，经煮沸3～8小时，除去部分油脂和骨胶并沥尽水分后，在100～140℃的温度下烘干、粉碎，即为成品。因其中含有较多蛋白质和脂肪，较难保存。

脱胶骨粉：又名蒸骨粉，其制造系将骨头置高压罐中，通入蒸汽，于105～110℃的温度加热，每隔1小时放出一次油胶液体，然后将除去大部分油脂和胶液的残骨干燥、粉碎，即得成品。

脱脂骨粉：操作方法与蒸骨法大致相同，但在较高的压力和较高的温度下进行脱脂去油，直至骨中脂肪去除干净、骨胶大部分去除为止。然后在100～140℃温度烘干、粉碎，即为成品。

1）理化性状

骨粉一般是灰白色粉末，难溶于水，也难溶于中性柠檬酸铵溶液中，是一种难溶性磷肥。

骨粉中含有丰富的矿物质，最主要的是羟磷灰石晶体［$Ca_{10}(PO_4)_6(OH)_2$］和无定型磷酸氢钙（$CaHPO_4$），在其表面还吸附了 Ca^{2+}、Mg^{2+}、Na^{+}、Cl^{-}、HCO^{-}、F^{-} 及柠檬酸根等离子。

骨粉的成分和含量随骨头原料差异而有所不同，一般新鲜骨头加工成的骨粉中，蛋白质含量约为23%、磷酸钙约为48%，脂肪约为3%、粗纤维为2%以下。

2）技术指标

粗制骨粉含钙约23%，含磷（P_2O_5）约20%，含氮素（N）

为 3%～5%；脱胶骨粉含钙约 30%，含磷（P_2O_5）为 25%～30%，含氮素（N）为 2%～3%；脱脂骨粉含磷（P_2O_5）达 30% 以上，含氮素（N）为 0.5%～1.0%。

①饲料用骨粉

感观要求：饲料用骨粉为浅灰褐至浅黄褐色粉状物，具骨粉固有气味，无腐败气味。

理化指标：应符合国家检疫有关规定，应符合 GB 13078 的规定，沙门杆菌不得检出。按表 4-2-28 饲料用的骨粉技术指标（GB/T 20193—2006）执行。

表 4-2-28　饲料用的骨粉技术指标（GB/T 20193—2006）

总磷，%	粗脂肪，%	水分，%	酸价（KOH）/(mg/g)
≥11.0	≤3.0	≤5.0	≤3

注：钙含量应为总磷含量的 180%～220%。

②肥料用骨粉

感观要求：肥料用骨粉外观呈灰白色或棕灰色粉末，具骨粉固有气味，无腐败气味。

理化指标：肥料用骨粉质量可参考表 4-2-29 骨粉质量指标。

表 4-2-29　肥料用的骨粉质量参考指标

项　目	一级品	二级品	三级品
水分，%	≤10	≤10	≤10
粗蛋白，%	≥20	≥15	≤14
粗脂肪，%	≤4	≤15	≥15
粗灰分，%	≤60	≤60	≥60
粗灰分其中钙，%	≤25	≤22	≥25

续表

项　目	一级品	二级品	三级品
粗灰分其中磷，%	≥13	≥11	≤11
钙磷的比例	≤2/1	≤2/1	2.3/1 或≥2/1
细度	粒度要求 90% 以上通过 100 目筛孔（0.14mm）		

注：骨粉肥料另可参考我国台湾标准《CNS 11914—2002 生骨粉肥料》以及《CNS 11913—2002 肉骨粉肥料》的质量指标。

3）初步识别

①看形状：肥料骨粉为粉末状态。

②观颜色：骨粉一般是呈灰白色。

③闻气味：具有骨粉固有的气味。

④水溶性：肥料骨粉很难溶于水。

⑤辨真假：可用测色法辨别肥料骨粉中是否掺有淀粉等植物性粉末，具体操作如下：在玻璃器皿或瓷盘上放一张白纸，取少许骨粉样品放在白纸上。再取碘化钾 6 克溶于 100 毫升水中，配成碘化钾溶液后，加入 2 克碘，溶解混匀。然后取此溶液滴于骨粉样品上，观察颜色的变化；如果样品上有蓝紫色或橙色颗粒状物出现（直链淀粉显蓝紫色，支链淀粉显橙红色），说明掺有淀粉等植物性粉末，即为不合格品。

4）施用方法

①可作基肥：作基肥混入堆肥或厩肥中发酵后施用肥效好；由于骨粉很难溶于水，故在石灰性土壤中植物难以及时利用磷素，若在酸性土壤中则比较快。

②混合堆沤：骨粉与厩肥、堆肥混合堆沤，堆沤 20 ~ 30 天使其充分腐熟，在翻种或移植前施用，或在绿肥播种时和绿肥种子同时施下，肥效较好发挥。

③发酵方法：将 1 份骨粉和 1 份肥土拌匀，加尿或污水均匀

湿润堆积盖草，发酵发热，再加污水翻拌堆积盖草，如此翻堆2~3次，不再发热即可使用。

④水田施用：水田在插秧前1个月，将骨粉与厩肥混合发酵后作基肥施用；或者在插秧时，将骨粉和少量细土灰加入适量水，调成均匀糊状之后蘸秧根。

⑤旱地施用：在播种前将已发酵的骨粉混合细土在整地时施入土中，或播种时和种子一同施入土中。如作追肥，应离植株根旁6~8厘米处施下，施后盖土。

⑥参考用量：水稻、小麦、大麦每亩施20~25千克；瓜类每亩20~25千克；棉花、油菜每亩15~20千克；甘蔗、果树每亩25~40千克；豆类作物每亩15~20千克。

5）有关说明

①肥效慢长：骨粉为难溶性磷肥，为迟效性肥料，含脂肪多的粗骨粉应先经过发酵之后再用作基肥。骨粉对一切作物都有效，肥效一般可维持2~3年。

②配合施用：骨粉中含有多量磷酸和少量氮素，而缺钾素及有机物，因此施用骨粉时，仍需配合施用钾肥和农家肥料，如和硫酸铵混合施用，肥效更好。

③混施注意：骨粉等难溶性磷肥不宜与草木灰、石灰等碱性肥料混用，否则会中和土壤内的有机酸类物质，使难溶性磷肥更难溶解，作物无法吸收利用。

6）贮运事宜

①骨粉在运输过程中，应注意防潮防晒和防包装袋破损。

②运输时严禁与有毒有害物品或其他有污染的物品混装。

③应贮存在阴凉、干燥，防潮、防霉变、防虫蛀的库房。

④贮存在符合规定的条件下，骨粉的保质期约为180天。

特别提示：应严格按照骨粉的安全生产、装卸、运输、贮存、使用等相应的法律、法规执行。

（3）鸟粪磷肥

鸟粪磷肥（Guano phosphate；Guano phosphate fertilizer）又名海鸟粪磷、鸟粪堆积磷，是数亿万年前无数的海鸟排泄的粪便和尸体堆积物，经过火山爆发和地壳变动而形成的无味天然化石。

与普通磷矿的主要区别：鸟粪磷肥有机质含量高、高全磷、高有机磷、高钙、丰富的微量元素、低氟；广泛应用于无公害环保活性有机肥的原料和动物饲料添加剂，也可以直接施用于所有的农作物和花卉以及观赏植物。

1）理化性状

鸟粪磷肥为无味天然化石，外观多为棕黄色。鸟粪磷肥中的磷酸盐难溶于水，属于难溶性磷肥；然而，其中 50% 以上的磷可溶于中性柠檬酸铵溶液，故是一种优质磷肥。

2）技术指标

鸟粪磷肥主要成分为羟基磷灰石，其中一般含磷（P_2O_5）15%～30%，钙（CaO）30%～40%，氮（N）0.3%～1.0%，钾（K_2O）0.1%～0.2%。

感观要求：肥料用的鸟粪磷肥产品有颗粒状和粉末状两种，粉末状的鸟粪磷肥细度一般要求 90% 以上通过 100 目筛孔（0.14mm）。

理化指标：鸟粪磷肥产品质量可参考表 4-2-30 肥料用的鸟粪磷肥质量指标。

表 4-2-30　肥料用的鸟粪磷肥质量参考指标

种类	细度	颜色	全磷	枸溶性磷	氧化钙	水分
颗粒状 1	2～4mm	棕黄色	≥25%	≥10%	≥30%	≤7%
颗粒状 2	2～4mm	棕黄色	18%～25%	≥12%	≥30%	≤10%
颗粒状 3	2～4mm	棕黄色	≥26%	≥12%	—	—

续表

种类	细度	颜色	全磷	枸溶性磷	氧化钙	水分
粉末状 1	≥100 目	棕黄色	≥25%	≥10%	≥30%	≤5%
粉末状 2	≥325 目	棕黄色	≥26%	≥12%	—	—

3）初步识别

①看形状：鸟粪磷肥有粉状和颗粒状。

②观颜色：鸟粪磷肥一般呈棕黄色。

③闻气味：鸟粪磷肥为无味天然化石。

④水溶性：鸟粪磷肥一般难溶解于水。

⑤辨真假：在玻璃器皿或瓷盘上放一张白纸，取鸟粪磷肥样品少许放在白纸上。再取碘化钾 6 克溶于 100 毫升水中，配成碘化钾溶液后，加入 2 克碘，溶解混匀。然后取此溶液滴于鸟粪磷肥样品上，观察颜色的变化；如果产品上有蓝紫色或橙色颗粒状物出现（直链淀粉显蓝紫色，支链淀粉显橙红色），说明掺有淀粉等植物性粉末。

4）施用方法

①用作基肥：鸟类磷肥适作基肥，撒施、深施，多用于酸性土壤。具体用法可参考其他磷肥。

②混合堆沤：与厩肥、堆肥混合堆沤，堆沤 15～30 天使其充分发酵，腐熟之后施用肥效好。

③配合施用：鸟粪磷肥与酸性肥料、生理酸性肥料、有机肥料等配合施用，有利于提高肥效。

④肥效缓长：肥效缓释期长达 1 年，可施用于农作物、蔬菜、花卉，尤适于果树和经济林木。

⑤参考施量：一般每亩为 15～40 千克，具体用量与土质状况以及作物种类等多种因素有关。

5）有关说明

①鸟粪磷肥是海鸟粪便经过几百万年的沉淀积累，形成的固

体化石，其有机成分不容易被快速分解。

②鸟粪磷肥是天然的化石有机肥料，高磷含量，肥效长，好施用，尤其适用于各种花卉和果蔬类等。

③鸟粪磷肥含有丰富的氮磷钙，还有锌铁等，能给作物提供较全面的营养物质，有机磷功效缓慢长久。

④鸟粪磷肥所含有机质较丰富，肥效更稳定，它为改良土壤和防止土地硬化能起着至关重要的作用。

⑤鸟粪磷肥也是一种难得的有益细菌剂，可以作为一种天然的杀菌剂，能有效地防治农作物的疾病。

6）贮运事宜

①鸟粪磷肥在运输过程中，应注意防潮防晒和防包装袋破损。

②鸟粪磷肥应贮存在场地平整，阴凉、干燥、通风的库房中。

特别提示：应严格按照鸟粪磷肥的安全生产、装卸、运输、贮存、使用等相应的法律、法规执行。

三、钾肥

我国农业行业标准《肥料合理使用准则　通则 NY/T 496—2010》中钾肥的定义：钾肥（Potassium fertilizer）系指具有钾（K_2O）标明量，以提供植物钾养分为其主要功产的单一肥料。

钾肥以钾为主要养分的肥料，植物体内含钾量一般约占植物干重的1.0%，仅次于氮。合理施用钾肥可促进作物生长发育，增强作物抗逆能力，改善作物品质。

（一）钾肥对植物的作用

钾能提高作物产量和质量，钾元素常被称为“品质元素”，

钾能促进光合作用，参与蛋白质合成等；作物缺少钾肥，就会得"软骨病"，易伏倒，常受病菌害虫困扰。

（1）促进酶的活化

现已发现钾是60多种酶的活化剂，对酶的活化作用是钾在植物生长过程中最重要的功能之一，与植物许多代谢过程密切相关。

（2）促进光合作用

提高光合作用的效率，调节气孔的开闭，控制二氧化碳和水的进出，促进碳水化合物的合成，加速光合作用产物的流动和输送。

（3）增强抗逆性能

钾能使作物体内可溶性氨基酸和单糖含量减少，纤维素增多和细胞壁加厚，增强作物抗病、抗寒、抗旱、抗盐以及抗倒伏能力。

（4）改善作物品质

钾能提高作物中蛋白质、脂肪、淀粉、糖分等的含量；增加纤维长度、强度、细度；改善果蔬形状、色泽和风味，增强耐贮性。

（二）提高钾肥的利用率

根据土壤条件、作物种类等因素，科学配合和合理施用钾肥，可有效提高钾肥的利用率。

（1）因肥施用

不同作物应选施适宜钾肥，如西瓜、果树、茶叶、烟草等忌氯作物，以硝酸钾或硫酸钾为宜；氯化钾适施于花生、小麦等作物；磷肥二氢钾的溶解性能好，宜作液肥，适作种子培育、叶面喷施等。

（2）低钾土壤

土壤中有效钾含量越低，施钾肥效果越明显。经验表明，有

效钾低于 80×10^{-6} 的土壤，尤其是低于 50×10^{-6} 的极缺钾土壤，施钾效果特别明显；冷浸田等因水温低微生物活动能力差，施钾效果明显。

（3）因土施钾

在酸性土壤上钾易于被代换而消失，钾肥应优先分配在酸性土壤上；砂性土保肥保水能力差，易出现钾的匮乏，在砂性土壤上应优先施钾，并注意与有机肥结合施用，以逐步增加土壤中钾的贮量。

（4）适量施用

耕作土层水量过多时，容易致使有效钾的流失；土壤失水变干，特别是在速效丰富的情况下，会促进钾的固定。因此，化学钾肥应避免一次过量施用，应适量分次施用为宜，以减少钾的固定与流失。

（5）适当深施

作物根系大多集中在 10 ~ 25 厘米的土层中，因此钾肥作基肥全层施、条施、穴施应在 8 厘米以下为宜，追肥施用也不得浅于 8 厘米。而水稻是在水层掩盖下，通气差，作基肥时可在 8 厘米土层之内。

（6）配合施用

钾肥可与任何形式的氮肥、磷肥配合生产复合（混）肥，其有效成分不因化学反应而损失；氮磷钾多种养分配合施用，能产生协同效应，相互促进有利于作物吸收，肥效一般可提高 10% ~ 30%。

（7）施硼增效

据相关研究显示，在缺硼土壤上增施硼肥可以提高钾肥利用率 8% ~ 15%。在缺硼的土壤增施硼肥，作基肥施用每亩 0.5 ~ 1 千克；作追肥在烟株生长中期作叶面喷施，用量为每亩 0.2 千克，浓度为 0.2%。

（8）作物特性

施于喜钾的作物效果好。凡含碳水化合物较多的作物如烟草、甘薯、土豆、大豆等，需钾量较多，对这些作物施钾不仅增产，而且还能改善品质；豆科作物施用后增产显著，获得较高的经济效益。

（9）高产田块

作物每次收获要从土壤中带走大量的钾，作物产量提高后，造成土壤缺钾，如果不及时补足，就会明显影响后季产量，在一定程度上成为作物高产的制约因素。因此，钾肥应重点施在高产田块上。

（三）钾肥常用主要品种

具有单元素“钾”（K 或 K_2O）标明量的是单元素含钾肥料；标明“钾”元素高，其他元素低也是“钾肥”。“钾肥”分二元复合钾肥、三元复合钾肥。

根据钾肥的化学组成可分为含氯钾肥和不含氯钾肥。钾盐肥料均为水溶性，但也含有某些其他不溶性成分。

主要钾肥品种有：氯化钾（Potassium chloride）、硫酸钾（Potassium sulphate）、碳酸钾（Potassium carbonate）、硝酸钾（Potassium nitrate）、硫酸钾镁肥（Potassium magnesium of sulphate fertilizer）、窑灰钾（Cement kiln ash potash）、草木灰（Plant ash）等。

1. 氯化钾

氯化钾（Potassium chloride）是盐酸盐的一种，系以光卤石、钾石盐或苦卤为原料制成。其分子式为 KCl，相对分子质量为 74.55。

氯化钾在农业上是一种钾肥，其肥效快，直接施用于农田，能使土壤下层水分上升，有抗旱的作用，但在盐碱地及对烟草、甘薯、甜菜等作物不宜施用。

氯化钾在无机工业、医药工业、食品行业等应用甚广，我国规定可用于低钠盐的最大使用量为350g/kg，在低钠盐酱油中最大使用量60g/kg，在运动员饮料中最大使用量0.2g/kg。

（1）理化性状

青海省有部分钾盐矿，可提炼制造氯化钾，它一般含钾（K_2O）约52%，氯化钠3.3%，氯化镁2.1%，硫酸钙1.4%，水分6%左右。

不同原料所制得的氯化钾产品颜色有所不同，有灰白色、暗灰色、浅褐色、淡红色等，纯品为白色结晶或结晶性粉末。

氯化钾易溶于水和甘油，难溶于醇，不溶于醚和丙酮。不易燃不易爆。

口服过量氯化钾有毒；半数致死量约为2500mg/kg（与普通盐毒性近似）。静脉注射的半数致死量约为100mg/kg，但是它对心肌的严重的不良反应值得注意，高剂量会导致心脏停跳和猝死。注射死刑就是利用氯化钾过量静脉注射会导致心脏停跳的原理。

（2）技术指标

工农业用氯化钾产品一般含K_2O不低于60%（K不低于50%），或KCl不低于95%。我国农用氯化钾的产品标准要求含KCl为90%~96%。

感观要求：外观为白色、灰白色、微红色、浅褐色粉末状、结晶状或颗粒状。

理化指标：按表4-2-31工农业用氯化钾产品的技术指标（GB 6549—2011）执行。

（3）初步识别

①看形状：粉末状、结晶状或者颗粒状。

②观颜色：白色、灰白、微红和浅褐色。

表 4-2-31　工农业用氯化钾产品的技术指标（GB 6549—2011）

项　目	Ⅰ类			Ⅱ类		
	优等品	一等品	合格品	优等品	一等品	合格品
氧化钾（K_2O）的质量分数，% ≥	62.0	60.0	58.0	60.0	57.0	55.0
水分（H_2O）的质量分数，% ≤	2.0	2.0	2.0	2.0	4.0	6.0
钙镁含量（Ca + Mg）的质量分数，% ≤	0.3	0.5	1.2	—	—	—
氯化钠（NaCl）的质量分数，% ≤	1.2	2.0	4.0	—	—	—
水不溶物的质量分数，% ≤	0.1	0.3	0.5	—	—	—

注：①除水分外，各组分质量分数均以干基计。②Ⅰ类中钙镁含量、氯化钠及水不溶物的质量分数作为工业氯化钾推荐性指标，农业用不限量。

③观火焰：在酒精灯上燃烧显紫色火焰。

④水溶性：肥料级氯化钾极易溶解于水。

⑤酸碱性：氯化钾水溶液中性或微酸性。

⑥爆裂声：在烧红的木炭上，发生爆裂声的为氯化钾、硫酸钾；发生熔融，无爆裂声的为氯化钠，无反应的为红砖。

（4）施用方法

①适作基肥：氯化钾施用后钾离子容易被土壤胶体吸附，移动性小，因此氯化钾最好用作基肥，也可作追肥；氯化钾与硫酸钾一样适宜作基肥或早期追肥，肥效也相近，都不作种肥。

②不作种肥：氯化钾不能作种肥，否则大量氯离子会危害种子发芽和幼苗生长；施入土壤后会增加上壤中铝的溶解度，使土

壤溶液中活性铝增加，妨碍作物种子发芽，危害幼苗生长。

③早施为宜：氯化钾无论是作基肥还是作追肥，均以早施为宜。早施以便通过灌溉水或天然雨水将氯化钾中的氯离子淋洗到土壤下层，有利于减轻或者消除氯离子对作物的危害。

④因地施用：在中性或酸性土壤上施用氯化钾最好与有机肥或磷矿粉配合施用，一方面可以防止土壤酸化，另一方面还能促进磷的有效化；但在盐碱地或者忌氯作物上，则不宜施用。

⑤基肥用量：氯化钾适作基肥，亩用量为 10 ~ 15 千克。用于水田宜作耙面肥，以利灌溉水将氯离子淋至土壤下层，消除其对作物的不利影响；用于旱地时宜与有机肥混合后条（沟）施。

⑥追肥用量：氯化钾作追肥时，亩用量为 7 ~ 10 千克。施用时宜掺入约 5 倍的干细土，充分混合均匀后撒施或条（沟）施；对于保水保肥能力较低的沙质土壤，以少量多次施用为宜。

（5）有关说明

①氯化钾和氯化铵不能同时施用，否则成为双氯化肥，使土壤变酸，有益菌受抑制，导致病菌入侵；对忌氯作物造成危害，如烟草、茶树、葡萄、马铃薯、甘薯、甜菜、甘蔗、西瓜、白菜、辣椒、苋菜、莴笋、土豆等作物，尤其在幼苗或幼龄期更不能用。

②在酸性土壤中，氯化钾和硫酸钾均是生理酸性肥料。钾离子被作物吸收或土壤胶体吸附，氯离子与土壤胶体中氢离子生成盐酸（HCl），这就增加了土壤中活性铝、铁的溶解度，加重对作物的毒害作用。所以也要注意增施有机肥或石灰以降低土壤的酸性。

③在石灰性土壤中，残留的氯离子与土壤中钙离子结合，形成溶解度较大的氯化钙（$CaCl_2$），在排水良好的土壤中，能被雨水或灌溉水排走；在干旱或排水不良的地区，会增加土壤氯离子浓度，对作物生长不利，因此这种地区应控制氯化钾或氯化铵

用量。

（6）贮运事宜

①在运输和贮存过程中，应防止受潮和包装袋的破损。

②贮存氯化钾的库房要阴凉、通风、干燥，地面平整。

特别提示：应严格按照氯化钾的安全生产、装卸、运输、贮存、使用等相应的法律、法规执行。

2. 硫酸钾

硫酸钾（Potassium sulphate）系由硫酸根离子和钾离子结合生成的化合物，其固体为无色或白色六方形或斜方晶系结晶或颗粒状粉末。

用硫酸盐型的钾盐矿和含钾盐湖卤水为原料来制取；也可用98%硫酸和氯化钾在高温下进行反应，经蒸浓，冷却结晶，离心分离，干燥制得。

（1）理化性状

硫酸钾分子式为 K_2SO_4，相对分子质量为174.24。通常状况下为无色或白色结晶、颗粒或粉末，无气味，味苦，质硬；硫酸钾在空气中比较稳定；密度2.66g/cm^3，熔点1069℃。水溶液呈中性，常温下pH约为7；硫酸钾1克溶于8.3毫升水、4毫升沸水、75毫升甘油，难溶于乙醇。

硫酸钾在农业上用作钾肥，在化工、医药、生化等众多领域中有广泛用途。

（2）技术指标

农用硫酸钾为粉末结晶或颗粒，外观无色或者白色；国家标准GB 20406—2006规定了农用硫酸钾产品的技术指标和要求。

1）水盐体系工艺农用硫酸钾产品

感观要求：外观为无色或白色，粉末或颗粒状结晶。

理化指标：按表4-2-32水盐体系工艺农用硫酸钾产品的技术指标和要求执行。

表 4-2-32　水盐体系工艺农用硫酸钾产品的技术指标和要求（GB 20406—2006）

项　目	粉末结晶状			颗粒状		
	优等品	一等品	合格品	优等品	一等品	合格品
氧化钾（K_2O）的质量分数，% ≥	51.0	50.0	45.0	51.0	50.0	40.0
氯离子（Cl^-）的质量分数，% ≥	1.5	1.5	2.0	1.5	1.5	2.0
水分（H_2O）的质量分数，% ≤	2.0	2.0	3.0	2.0	2.0	3.0
游离酸（以 H_2SO_4）的质量分数，% ≤	0.5	0.5	0.5	0.5	0.5	0.5
粒度（粒径 1.00 ~ 4.75mm 或 3.35 ~ 5.60mm），% ≥	—	—	—	90	90	90

注：以水为介质的硫酸钾生产工艺方法为水盐体系法，包括硫酸盐盐湖卤水法、芒硝法、硫铵法、缔置法、泻利盐法等。

2）非水盐体系工艺农用硫酸钾产品

感观要求：外观为无色或白色，粉末或颗粒状结晶。

理化指标：按表 4-2-33 非水盐体系工艺农用硫酸钾产品的技术指标和要求执行。

（3）初步识别

①看形状：硫酸钾为结晶粉末或颗粒。

②观颜色：外观白色、灰色、灰绿色。

③闻气味：硫酸钾没有气味，味苦。

表 4-2-33　非水盐体系工艺农用硫酸钾产品的技术指标和要求（GB 20406—2006）

项　目	粉末结晶状			颗粒状		
	优等品	一等品	合格品	优等品	一等品	合格品
氧化钾（K_2O）的质量分数，% ≥	50.0	50.0	45.0	50.0	50.0	40.0
氯离子（Cl^-）的质量分数，% ≥	1.0	1.5	2.0	1.0	1.5	2.0
水分（H_2O）的质量分数，% ≤	0.5	1.5	3.0	0.5	1.5	3.0
游离酸（以 H_2SO_4）的质量分数，% ≤	1.0	1.5	2.0	1.0	1.5	2.0
粒度（粒径 1.00 ~ 4.75mm 或 3.35 ~ 5.60mm），% ≥	—	—	—	90	90	90

注：无介质或以有机溶剂等非水介质生产硫酸钾的工艺方法为非水盐体系法，包括曼海姆法等。

④观焰色：透过蓝色钴玻璃显示紫色。

⑤水溶性：农用硫酸钾能溶解于水中。

⑥酸碱性：优等品和一等品硫酸钾水溶液呈酸性，pH 广泛试纸显红色；合格品水溶液呈碱性，pH 广泛试纸显蓝色。

⑦爆裂声：在烧红的木炭上，发生爆裂声的为氯化钾、硫酸钾；发生熔融，无爆裂声的为氯化钠，无反应的为红砖。

（4）施用方法

①配制混肥：农用硫酸钾中 K_2O 含量一般在 40% ~ 50%，易溶于水，溶解度随温度的上升而增大，吸湿性较低，不易结块，

适合于配制混合肥料。

②广泛适用：硫酸钾为化学中性、物理酸性肥料，广泛适用于各类土壤和各种作物，特别是对氯敏感的作物；硫酸钾替代氯化钾，成为良好的钾肥。

③适施土壤：硫酸钾可作基肥、种肥、追肥和根外追肥，适于多种土壤，在中性和石灰性土壤中施用硫酸钾，能使土壤的酸化速度比施氯化钾缓慢。

④适施作物：硫酸钾不含氯而含硫，对一些忌氯又需钾较多的作物如茶树、烟草、马铃薯、甘蔗等施用硫酸钾；也适宜施于油菜、大蒜等喜硫作物。

⑤配施石灰：施用硫酸钾应考虑到它是生理酸性肥料，在酸性土壤上长期施用可引起土壤酸化板结，所以在酸性土上施用硫酸钾时要配合施用石灰。

⑥用作基肥：旱田用硫酸钾作基肥时，尽早施用效果较好；施用时一定要深施覆土，以减少钾的晶体固定，而且有利于作物根系吸收，提高利用率。

⑦用作追肥：由于钾在土壤中移动性较小，应集中条施或者穴施，将肥料施到根系较密集的土层，以促进吸收；砂性土壤常缺钾，宜作追肥以免淋失。

⑧参考用量：作基肥亩用量 10 ~ 20 千克；在沙性土先作基肥后作追肥，亩用量 15 ~ 25 千克；作种肥亩用量 1.5 ~ 2.5 千克；配制成约 2% 水溶液作根外追肥。

（5）有关说明

①硫酸钾一般用于旱地，而不用于水田。因为在有机质含量高和通气不良的水田，在硫细菌作用下，经还原而产生硫化氢等有毒物质，影响作物根系活力，严重时会产生黑根。

②硫酸钾与氮、磷肥料配合施用，肥效更好；施用硫酸钾不要贴近作物根部，也不要施在茎秆和叶子上。硫酸钾施于沙性土

壤易流失，最好少量分次施用或者与有机肥混合施用。

③硫酸钾施于油菜、豆类等十字花科作物和大蒜等需硫较多的作物，增产增质效果明显。硫酸钾价格比较贵，除对氯敏感的作物外，一般情况下能用氯化钾的就无须用硫酸钾。

（6）贮运事宜

①在运输过程中，应防止雨淋、防晒和包装袋的破损。

②贮存硫酸钾的库房要阴凉、通风、干燥，地面平整。

特别提示：应严格按照硫酸钾的安全生产、装卸、运输、贮存、使用等相应的法律、法规执行。

3. 碳酸钾

碳酸钾（Potassium carbonate）又称钾碱（Potash），可由氢氧化钾与二氧化碳反应得到；也可以用氯化钾与碳酸镁、水、二氧化碳在压力下共热，或桐籽灰和草木灰经浸渍而得。

碳酸钾分子式为 K_2CO_3，相对分子量 138.21。极易溶于水，冷却其饱和的水溶液，有玻璃状单斜晶体水合物 $2K_2CO_3 \cdot 3H_2O$ 结晶分出。

俗名草碱、桐碱或珠灰为非纯的碳酸钾，属早期的钾肥品种之一。

（1）理化性状

碳酸钾有无水物或含 1.5 分子的结晶品。无水物为白色粒状粉末，结晶品为白色半透明小晶体或颗粒，无臭，密度 $2.428g/cm^3$，熔点 891℃，沸点 333.6℃ 时分解，溶于水，水溶液呈强碱性（pH 11.6），难溶于乙醇、丙酮和乙醚。吸湿性强，暴露在空气中能吸收二氧化碳和水分，转变为碳酸氢钾，应密封包装。水合物有一水物、二水物、三水物。

碳酸钾低毒，半数致死量（大鼠，经口）LD_{50} 为 1870mg/kg。

碳酸钾在农业中用作钾肥，碳酸钾用途广泛，用于食品、玻璃、印染、肥皂、搪瓷、电子、无机盐和显像管等众多行业中。

（2）技术指标

1）食品添加剂用碳酸钾

感观要求：外观为白色，粉末或颗粒状结晶；

理化指标：按表4-2-34食品添加剂用碳酸钾产品的技术指标执行。

表4-2-34 食品添加剂用碳酸钾产品的技术指标（GB 25588—2010）

项目	碳酸钾	氯化物	硫化物	铁	重金属（Pb计）	砷	水不溶物	灼烧减量
指标	≥99.0%	≤0.015%	≤0.01%	≤0.001%	≤10mg/kg	≤2mg/kg	≤0.02%	≤0.60%

2）工业用碳酸钾

感观要求：外观为白色粉末或颗粒状。

理化指标：按表4-2-35工业用碳酸钾产品的技术指标执行。

表4-2-35 工业用碳酸钾产品的技术指标（GB/T 1587—2000）

项 目	Ⅰ型			Ⅱ型
	优等品	一等品	合格品	
碳酸钾（K_2CO_3）含量，% ≥	99.0	98.5	96.0	99.0
氯化物（以KCl计）含量，% ≤	0.01	0.10	0.20	0.03
硫化合物（以K_2SO_4计）含量，% ≤	0.01	0.10	0.15	0.04
铁（Fe）含量，% ≤	0.001	0.003	0.010	0.001
水不溶物含量，% ≤	0.02	0.05	0.10	0.04
灼烧失量，% ≤	0.60	1.00	1.00	0.80

注：①灼烧失量指标仅适用于产品包装时检验用。②Ⅰ型为一般工业用；Ⅱ型主要用于显像管玻壳。

3）肥料用碳酸钾

感观要求：外观为白色粉末或颗粒状。

理化指标：碳酸钾肥料中钾素（K_2O）含量在60%以上，有的可达68.12%；可按表4-2-35工业用碳酸钾产品的技术指标参考执行。

（3）初步识别

①看形状：外观为粉末状或者颗粒状。

②观颜色：白色、灰白色以及浅灰色。

③观火焰：在酒精灯燃烧显紫色火焰。

④水溶性：工业碳酸钾极易溶解于水。

⑤酸碱性：水溶液呈强碱性（pH 11.6）。

（4）施用方法

①施用安全：碳酸钾与土壤中二氧化碳作用后碱性降低，对土壤和作物都安全。

②宜作基肥：碳酸钾宜作基肥，作追肥时须深施入土；碳酸钾不宜作种肥。

③施用方法：碳酸钾的施用方法和施用量，参考硫酸钾施用方法和施用量。

（5）有关说明

碳酸钾具有较强的碱性和吸湿性，不宜与其他肥料混施，尤其不能与铵态氮肥掺混施用。

特别提示：应严格按照碳酸钾的安全生产、装卸、运输、贮存、使用等相应的法律、法规执行。

（6）贮运事宜

①碳酸钾在运输过程中应有遮盖物，应防止日晒、雨淋、受潮。

②碳酸钾贮存于阴凉、干燥、通风良好的库房，保持容器密封。

③远离火种、热源，应与毒物、酸类、碱类、食用品分开存放。

碳酸钾施入土壤之后，在施肥点周围虽能即时产生较高的碱性反应，但由于土壤溶液常为 CO_2 所饱和，K_2CO_3 很快转变成为 $KHCO_3$，碱性降低，同时，碳酸钾中所含的 K^+ 能进一步与土壤胶体上离子产生交换反应，大部分钾离子被胶体吸附，残留 $CaCO_3$ 等其他形态的碳酸盐，其阴离子转变成碳酸后释放出 CO_2 和 H_2O。因此，使用一定量的碳酸钾和草木灰，对土壤和作物都是安全的。

4. 硝酸钾

硝酸钾（Potassium nitrate）又称硝石、盐硝、火硝，是钾的硝酸盐，可用硝酸钠（智利硝石）与氯化钾反应来制取。分子式为 KNO_3，相对分子质量为 101. 10。

硝酸钾用途甚广，用作肥料、黑色火药、陶瓷釉药、强化玻璃、显像管玻壳、焰火以产生紫色火花、食品工业用作发色剂等。世界上硝酸钾 70% 用于农业，当今以色列和美国产量最大，约占世界总量的 3/4，智利居第三位。

（1）理化性状

硝酸钾外观为无色透明斜方或菱形晶体，或白色颗粒或结晶性粉末，味辛辣而咸有凉感。相对密度为 2. 11g/cm^3，熔点 334℃，沸点 400℃。吸湿性小，不易结块。微潮解，潮解性比硝酸钠微小。稍溶于乙醇，易溶于水，溶于水时吸热，溶液温度降低。在水中的溶解度为 13g/100mL，水溶液 pH 室温为 7。

硝酸钾的急性毒性 LD_{50} 为 3750mg/kg（大鼠经口）；该物质对环境可能有危害，在地下水中有蓄积作用。

（2）技术指标

1）农业用硝酸钾

感观要求：外观为白色或浅色的结晶粉末。

理化指标：按表 4-2-36 农业用硝酸钾产品的技术指标（GB/T 20784—2006）执行。

表 4-2-36　农业用硝酸钾产品的技术指标（GB/T 20784—2006）

项　目	优等品	一等品	合格品
氧化钾（K_2O）的质量分数，% ≥	46.0	44.5	44.0
总氮（N）的质量分数，% ≥	13.5	13.5	13.5
氯离子（以 Cl 计）的质量分数，% ≤	0.2	1.2	1.5
游离水（H_2O）的质量分数，% ≤	0.5	1.0	2.0

2）工业用硝酸钾

感观要求：外观为白色结晶或球形颗粒。

理化指标：按表 4-2-37 工业用硝酸钾产品的技术指标（GB 1918—2011）执行。

表 4-2-37　工业用硝酸钾产品的技术指标（GB 1918—2011）

项　目	优等品	一等品	合格品
硝酸钾（KNO_3）含量，% ≥	99.7	99.4	99.0
水分（H_2O）含量，% ≤	0.10	0.20	0.30
碳酸盐（以 K_2CO_3 计）含量，% ≤	0.01	0.01	—
硫酸盐（以 SO_4 计）含量，% ≤	0.005	0.010	—
氯化物（以 Cl 计）含量，% ≤	0.01	0.02	0.10
水不溶物含量，% ≤	0.01	0.02	0.05
吸湿率，% ≤	0.25	0.30	—
铁（Fe）含量，% ≤	0.003	—	—

注：铵盐含量根据用户要求，按本标准规定的方法进行。

（3）初步识别

①看形状：粉末状、结晶状或者颗粒状。

②观颜色：硝酸钾为白色或带其他浅色。

③看火焰：在酒精灯上燃烧显紫色火焰。

④水溶性：农业用硝酸钾极易溶解于水。

⑤酸碱性：农业用硝酸钾水溶液呈中性。

（4）施用方法

农用硝酸钾肥料所含硝态氮和钾两者间具有良好的协调作用，可互相促进被作物吸收，并促进其他营养元素的吸收；其所含的氮钾比为1∶3（一般作物都以此比例吸收氮、钾），可在作物需肥高峰期均衡迅速地被作物吸收利用。

①绿色环保：农用硝酸钾肥料为100%植物养分，所含硝态氮和钾均为农作物生长必需的大量元素，无氯、无钠，盐指数低，长期施用对土壤无危害。

②双素肥料：硝酸钾是一种含氮素和钾素的双元素肥料，含46%的氧化钾和13%的硝态氮，易溶于水，可全部被植物吸收，适合于粮食作物和经济作物。

③快速高效：施用后一般24小时见效，不但能显著增产，增产率一般可达25%~30%，而且还提早成熟，果实表面光滑、甜度增加，果实商品性也得到提高。

④适作追肥：硝酸钾施入土壤后移动快，适宜作追肥，适合在旱田施用，尤其作中晚期追肥或者作为受霜冻危害作物的追肥，每亩用量为10~20千克。

⑤用作基肥：在干旱地区，硝酸钾与有机肥混合作基肥施用，亩用硝酸钾量为10千克左右。作基肥或早期追肥，施用时宜配合氮、磷化肥，以提高肥效。

⑥全溶肥料：硝酸钾为全溶性肥料，可随水灌施或用作根外喷施。为促进根外吸收，使用前可在硝酸钾内加入5%尿素，配

成浓度0.5%~1.0%溶液喷施。

⑦适施作物：硝酸钾的含钾量较高，适用于马铃薯、甘薯、烟草、甜菜等喜钾作物；因含氮量较低，应根据土地的供氮情况，配施适量单质氮素化肥。

⑧需求上升：硝酸钾在农业生产中已有应用，它也是作物根外营养液和灌水肥料的主要氮钾源，随着滴灌肥、灌施肥的发展，硝酸钾需求量与日俱增。

（5）有关说明

①注意安全：硝酸钾是一种强氧化剂，与有机物接触，在一定条件下能引起燃烧爆炸，并放出有刺激性的有害气体，在贮运和使用的过程中应注意安全。

②生理碱性：硝酸钾所含的 NO_3^- 和 K^+ 都能被吸收，少量 K^+ 会残留于土壤，被土壤黏粒吸持或生成碳酸钾等弱酸强碱盐，因此硝酸钾是一种生理碱性肥料。

③混配施肥：硝酸钾肥料也可与硫酸铵等氮肥混合或配合施用，既可调整肥料中 $N:K_2O$ 比例，也可利用铵态氮肥的生理酸性，去消除硝酸钾的生理碱性。

④用途广泛：硝酸钾价格较高一般用于高产值作物；能与多种农药混用，增强杀虫、杀菌剂的稳定性和有效性；还是无土栽培中配置营养液的重要原料。

（6）贮运事宜

①硝酸钾在运输过程中应轻装轻卸，防止撞击，防止日晒、雨淋，不得与有机物、还原剂及易燃品等物质混运。

②硝酸钾应贮存在通风、阴凉、干燥的库房中，防止雨淋、受潮，不得与有机物、还原剂及易燃品等物质混贮。

③远离火源、可燃物，避免粉尘，避免与还原剂、酸类、活性金属粉末接触，配备消防器材及泄漏应急处理设备。

特别提示：应严格按照硝酸钾的安全生产、装卸、运输、贮存、使用等相应的法律、法规执行。

5. 硫酸钾镁肥

硫酸钾镁肥（Potassium magnesium of sulphate fertilizer）又称钾镁肥，系指从盐湖卤水或固体钾镁盐矿中仅经物理方法提取或直接除去杂质制成的一种含镁、硫等中量元素的化合态钾肥。

硫酸钾镁肥分子式为：$K_2SO_4 \cdot (MgSO_4)m \cdot nH_2O$，其中 $m=1\sim2$；$n=0\sim6$。

从盐湖卤水或固体钾镁盐矿中提取的硫酸钾镁肥，一般含氧化钾21%～30%，镁5%～7%，硫14%～18%，氯离子（Cl^-）3%。

硫酸钾镁肥是一种优质的天然矿物质新型肥料，被认为是硫酸钾的换代品，被誉为农作物肥料的“白金钾”和“黄金搭档”。

（1）理化性状

硫酸钾镁肥是含钾镁硫酸盐的低氯肥料，是钾和镁的硫酸盐复盐，如软钾镁矾（$K_2SO_4 \cdot MgSO_4 \cdot 6H_2O$）、钾镁矾（$K_2SO_4 \cdot MgSO_4 \cdot 4H_2O$）和无水钾镁矾（$K_2SO_4 \cdot 2MgSO_4$）等。

结晶硫酸钾镁肥属于枸溶性肥料，外观为白色粉状结晶或者颗粒状，含有作物生长发育所需的钾、镁、硫、钙、硅、铁等20多种元素。

（2）技术指标

我国国家标准《硫酸钾镁肥 GB/T 20937—2007》，适用于从盐湖卤水或固体钾镁盐矿中仅经物理方法提取或直接除去杂质制成的含镁、硫等中量元素的硫酸钾镁肥产品，不适用于用硫酸钾和镁化合物掺混而成的产品。

感观要求：粉状结晶或颗粒状产品，无机械杂质。

理化指标：硫酸钾镁肥产品应符合表4-2-38要求，同时应符合标明值。

表 4-2-38　硫酸钾镁肥产品的技术指标（GB/T 20973—2007）

项　目	优等品	一等品	合格品
氧化钾（K_2O）的质量分数，% ≥	30.0	24.0	21.0
镁（Mg）的质量分数，% ≥	7.0	6.0	5.0
硫（S）的质量分数，% ≥	18.0	16.0	14.0
氯离子（Cl^-）的质量分数，% ≤	2.0	3.0	3.0
游离水（H_2O）的质量分数，% ≤	1.5	4.0	4.0
水不溶物的质量分数，% ≤	1.0	2.0	2.0
pH	7.0~9.0	7.0~9.0	7.0~9.0
粒度（1.00~4.75mm），% ≥	90	80	80

注：粉状产品不做粒度要求；游离水（H_2O）的质量分数以出厂检验为准。

（3）初步识别

①看形状：粉状结晶或颗粒状产品。

②观颜色：白色、灰白或者带浅色。

③水溶性：结晶硫酸钾镁肥枸溶性。

④酸碱性：其水溶液的 pH 为 7~9。

（4）施用方法

①营养全面：硫酸钾镁肥是含多元素的钾肥，除含钾、硫、镁外，还有钙、硅、硼、铁、锌等元素，提供全面均衡的养分，可促进农作物生长中的光合作用。

②改良土壤：硫酸钾镁肥无毒无害，不污染环境；富含多种矿物质及微量元素，对土壤具有优异的改良及保护作用，如疏松土壤、防止酸化、防止板结等。

③抗逆性能：含有作物生长发育所需的 20 多种元素，肥效长期稳定，提高作物品质和增加产量，增强抗旱、抗寒、抗倒伏、抗药害、抗病虫害等抗逆性能。

④适施作物：适用于所有农作物，特别适用于水稻、小麦、玉米、棉花、甘蔗、花生、烟草、马铃薯、甜菜、果树、茶叶、花卉、蔬菜以及苜蓿等农作物。

⑤适作基肥：硫酸钾镁肥能为作物提供全面均衡的养分，可作基肥、追肥、冲施、叶面喷施；硫酸钾镁肥一般作基肥；呈弱碱性，特别适合酸性土壤施用。

⑥基肥用量：硫酸钾镁肥宜作基肥，施用时每亩施有机肥 1 吨（常用腐熟的厩肥或堆肥等有机肥料），一般可加硫酸钾镁肥 10～50 千克，可采用穴施、沟施等。

⑦追肥用量：硫酸钾镁肥也可作追肥，施用时追肥每亩 10～25 千克。追肥可加水溶解稀释后采用根外喷施，“薄量多施”；也可结合灌水施入植株根部土壤。

⑧参考用量：硫酸钾镁肥的施用量与作物种类、土质状况以及气候条件等多种因素有关，现据相关试验资料报道，每亩作物硫酸钾镁肥的参考施用量（含基肥和追肥总量）为：小麦、玉米、谷子为 10～30 千克，棉花 50～80 千克，花生 20～30 千克，油菜籽 15～25 千克，木薯 60～120 千克，土豆 20～35 千克，辣椒 20～40 千克，黄瓜 40～80 千克，番茄 40～80 千克，萝卜 20～30 千克，大葱 20～30 千克，大蒜 30～40 千克，白菜 7～15 千克，菠菜 20～30 千克，花椰菜 15～30 千克，草莓 30～40 千克，西瓜 25～45 千克，烤烟 50～70 千克，苹果 30～40 千克，桃树 50～60 千克，葡萄 5～15 千克，甘蔗 100～150 千克，菠萝 120～180 千克，龙眼每株 1～2 千克。

（5）有关说明

①有机天然硫酸钾镁肥是指符合国家标准（GB/T 20937—2007）并取得有机产品认证的硫酸钾镁肥。

②苦卤钾镁肥又称卤渣、高温盐、氯化钾镁肥，一般含 33% 的 K_2SO_4，28.7% 的 $MgSO_4$，30% 的 NaCl。

（6）贮运事宜

①硫酸钾镁肥产品用塑料编织袋内衬聚乙烯薄膜袋或涂膜聚丙烯编织袋包装。

②硫酸钾镁肥产品应贮存于阴凉干燥处，在运输过程中应防潮、防晒、防破裂。

特别提示：应严格按照硫酸钾镁肥的安全生产、装卸、运输、贮存、使用等相应的法律、法规执行。

6. 窑灰钾

窑灰钾（Cement kiln ash potash）又称水泥窑灰钾肥，系指水泥窑烟气中带出的粉尘，是水泥工业的副产物。

窑灰钾主要成分为碳酸钾、硫酸钾、铝酸钾、硅铝酸钾等钾盐和钙盐的混合物。所含钾中有 90% 为水溶性钾（主要是碳酸钾、硫酸钾等），1% ~ 5% 是能溶于 2% 柠檬酸水溶液中的钾（主要是铝酸钾、硅铝酸钾等），还有少量未分解的钾长石、黑云母等含钾矿物。

窑灰钾一般作基肥，也可作追肥，在酸性土、黑泥田对粮食作物、经济作物等多种农作物都有明显的改良品质和增产效果。

（1）理化性状

窑灰钾一般为灰黄色或灰褐色疏松粉末，结构松散，强碱性，吸湿性强，易结块，为碱性钾肥。其中氧化钾（K_2O）含量为 8%~15%，此外还含有石灰、石膏及多种微量元素。

（2）技术指标

我国建材行业标准《水泥窑灰钾肥 JC 216—1980》适用于用水泥回转窑和立窑的飞灰生产的水泥窑灰钾肥，以及在水泥生产中掺加高钾岩石生产的水泥窑灰钾肥（简称窑灰钾肥）。

感观要求：外观为灰黄或灰褐色疏松粉末或颗粒状。

理化指标：按表 4-2-39 水泥窑灰钾肥产品的技术指标（JC 216—1980）参考执行。

水泥窑灰钾肥以有效氧化钾含量作为评定品质的指标，按照有效氧化钾的含量，共分四级（见表4-2-39）。

表4-2-39 水泥窑灰钾肥产品的技术指标（JC 216—1980）

项　目	一级品	二级品	三级品	四级品
有效氧化钾（K_2O）含量，% ≥	20	15 ~ 20	10 ~ 15	5 ~ 10

注：窑灰钾肥除含有效氧化钾外，尚含有50%左右的枸溶性氧化钙、氧化镁、氧化硅等有效养分，但不作为评定产品质量的依据。

（3）初步识别

①看形状：外观为疏松粉末或颗粒状。

②观颜色：灰黄色、灰褐色和浅褐色。

③水溶性：水泥窑灰钾部分溶解于水。

④酸碱性：水泥窑灰钾水溶液呈碱性。

（4）施用方法

①施用要点：窑灰钾肥宜施于缺钾土壤，窑灰钾肥是碱性肥料（pH 9 ~ 12），适宜于酸性土壤，撒施前应与适量细土拌匀。

②适作基肥：水泥窑灰钾肥一般宜作基肥，或者基肥与早期追肥相结合，当作物出现明显缺钾症状时，也可作追肥施用。

③适宜作物：可在粮食作物、油料、棉、麻、糖料、橡胶、烟草等经济作物上施用，对喜钙、喜硅和忌氯作物均宜施用。

④参考用量：由于生产厂的不同，水泥窑灰钾肥中的有效氧化钾含量变动幅度较大，每亩施用量应以有效氧化钾含量计算实物用量。每亩施用量根据作物品种、氮磷化肥用量以及土壤速效钾含量的不同而有所差异，一般每亩施有效氧化钾以2.5 ~ 5.0千克为宜。

（5）有关说明

①窑灰钾肥久贮可能导致吸湿结块，但不影响效果。

②窑灰钾肥不能与种子、幼苗直接接触，以防灼伤。

③不能与化学氮肥、过磷酸钙、粪便直接混合使用。

④在水田施用窑灰钾肥时，应注意防止肥分的流失。

（6）贮运事宜

①不同等级的窑灰钾肥料，其质量有差异，应分别贮运。

②窑灰钾肥在运输过程中，应防止雨淋、水浸和破损。

③贮存于通风、阴凉、干燥的库房，防止雨淋、受潮。

特别提示：应严格按照窑灰钾的安全生产、装卸、运输、贮存、使用等相应的法律、法规执行。

7. 草木灰

草木灰（Plant ash）系指柴草燃烧后残留的灰烬物质，主要成分是碳酸钾（K_2CO_3），属碱性钾肥。

草木灰所含的成分与燃烧控制有关，见烟不见火时，其中90%的钾为碳酸钾［K_2CO_3（$K_2SiO_3+CO_2$）］；高温燃烧则以硅酸钾为主［K_2SiO_3（$K_2CO_3+SiO_2$）］，含有钙、钾、磷、硅、镁、铁等元素。

在化学肥料普遍使用之前，草木灰是农家常用的钾肥。草木灰是含钾、钙、磷较丰富的一种有机肥料，主要成分是碳酸钾，碳酸钾是强碱弱酸盐，在水中发生水解产生OH^-离子，显碱性。

（1）理化性状

因燃烧温度不同其颜色不差异，低温燃烧所得草木灰呈黑色或灰黑色，肥效较高；高温燃烧生成的草木灰呈灰白色，因在高温下钾与硅酸熔融形成溶解度较低的硅酸钾，故其肥效差得多。

正常控制燃烧所得草木灰，一般外观为灰黑色粉末，质地疏松，呈化学碱性。

草木灰中主要含钾，以碳酸钾形式存在；其次是磷和钙；还含有硅、硫、铁、镁、硼、铝、锰、铜、锌、钼等多种微量元素。

草木灰肥可分为草灰、木灰及草木灰肥。草灰含氧化钾

（K_2O）为8.1%～10.2%，含五氧化二磷（P_2O_5）为2.1%～2.4%；木灰含氧化钾为（K_2O）5.92%～12.4%，含五氧化二磷（P_2O_5）为3.1%～3.41%；草木灰含氧化钾（K_2O）约7.5%，含五氧化二磷（P_2O_5）约3.5%。此外，草木灰还含有1.9%以上的氧化钙（CaO）。

须知，草木灰中各种元素的含量与燃烧温度、植物种类及其生长期等多种因素有关。一般草木灰中含氧化钾（K_2O）为2%～14%，其中90%以上为水溶性钾，含氧化钙（CaO）为2%～25%，含五氧化二磷（P_2O_5）为0.5%～6.5%。

（2）技术指标

我国国家标准《复混肥料（复合肥料）GB 15063—2009》适用于复混肥料（包括各种专用肥料以及冠以各种名称的以氮、磷、钾为基础养分的三元或二元固体肥料），已有国家标准或行业标准的复合肥料，如磷酸一铵、磷酸二铵、硝酸磷肥、硝酸磷钾肥、农业用硝酸钾、磷酸二氢钾、钙镁磷钾肥及有机-无机复混肥料、掺混肥料等应执行相应的产品标准。缓释复混肥料同时执行相应的标准。

草木灰肥料尚未见有专属标准，故草木灰肥料的质量指标现在有许多单位按《复混肥料（复合肥料）GB 15063—2009》的技术指标参考执行。

感观要求：外观为粒状、条状或片状产品，无机械杂质。

理化指标：按表4-2-40复混肥料（复合肥料）产品的技术指标参考执行。

表4-2-40　复混肥料（复合肥料）产品的技术指标（GB 15063—2009）

项　目	高浓度	中浓度	低浓度
总养分（$N+P_2O_5+K_2O$）的质量分数，% ≥	40	30	25
水溶性磷占有效磷的百分数，% ≥	60	50	40

续表

项　目	高浓度	中浓度	低浓度
水分（H_2O）的质量分数，% ≤	2.0	2.5	5.0
粒度（1.00～4.75mm 或 3.35～5.60mm），% ≥	90	90	80
氯离子的质量分数-未标“含氯”产品，% ≤	3.0	3.0	3.0
氯离子的质量分数-标识“含氯-低氯”产品，% ≤	15.0	15.0	15.0
氯离子的质量分数-标识“含氯-中氯”产品，% ≤	30.0	30.0	30.0

注：①组成产品的单一养分不应小于4.0%，且单一养分测定值与标明值负偏差的绝对值不应大于1.5%。②以钙镁磷肥等枸溶性磷肥为基础磷肥并在包装容器上注明为“枸溶性磷”时，“水溶性磷占有效磷百分率”项目不做检测和判定。若为氮、钾二元肥料“水溶性磷占有效磷百分率”项目不做检测和判定。③水分为出厂检验项目。④特殊形状或更大颗粒（粉状除外）产品的颗度可由供需双方协议确定。⑤氯离子的质量分数大于30.0%的产品，应在包装袋上标明“含氯（高氯）”，标识“含氯（高氯）”的产品氯离子的质量分数可不做检验和判定。

（3）初步识别

①看形状：粉末状、片状或者颗粒状。

②观颜色：黑色、灰黑色或者深褐色。

③水溶性：草木灰肥料部分溶解于水。

④酸碱性：草木灰肥料水溶液呈碱性。

（4）施用方法

①用途广泛：可作基肥、种肥和追肥，肥量不能过大并应与种子隔离，以防烧种；还可作育苗、育秧的覆盖物即盖种肥。

②用作基肥：草木灰作基肥时，每亩用量为50～70千克，可用湿土拌和，防止被风吹散，以顺犁沟条施和穴施效果较好。

③用作种肥：种植棉花时，棉籽浸种之后，可用草木灰拌种

混匀，使种子分散有利于播种，还兼有供给棉苗营养的作用。

④用作追肥：草木灰作追肥以集中施用为宜，可沟施或穴施，深度约10厘米，施后覆土，施用前可加2~3倍的湿土拌种。

⑤根外追肥：在作物生长期根外撒施草木灰，每亩撒施量为20~40千克，掺湿土或喷少量水分使之湿润，撒在作物行间。

⑥配制溶液：草木灰5~10千克加热水，浸泡成灰汁，浸泡1天1夜后，滤去残渣，配成1%~10%的溶液，进行叶面喷施。

⑦适施土壤：草木灰为碱性，土壤施用以中性、酸性或黏性土壤为宜，特别适宜施用在酸性土壤上；不宜施于盐碱土壤。

⑧优先作物：草木灰适用于各种作物，尤其适用于喜钾或喜钾忌氯作物，如土豆、甘薯、烟草、葡萄、向日葵、甜菜等。

⑨蘸涂伤口：对于仙人掌、土豆、甘薯等多浆植物，草木灰不仅当种肥而且还能用于蘸涂薯块伤口，防止伤口感染腐烂。

⑩消毒杀菌：草木灰是农村广泛使用的消毒剂，具有很强的杀灭病原菌及病毒的作用，其效果与常用的消毒药烧碱相似。

（5）有关说明

①妥善存贮：草木灰中的养分易溶于水，如果草木灰受雨淋，那么钾素会受到严重的损失；故应单独贮存在灰库或灰棚等遮风避雨的地方，以防风吹雨淋。

②单独使用：草木灰不宜与有机农家肥、铵态氮肥混合施用，以免造成氮素的挥发损失；也不能与磷肥混合施用，以免造成磷素固定，降低磷肥的肥效。

③堆放注意：草木灰为碱性肥料，如果把草木灰垫厕所或与粪便、厩肥混合堆放，那么会致有机肥中氮素挥发，不但会造成肥料浪费，而且造成污染环境。

④施用注意：在与酸性肥料同时使用时，一定要注意碱性肥料草木灰，不可把它们混在一起；草木灰也不能与过磷酸钙混存

和混用，否则会降低磷的有效性。

（6）贮运事宜

①草木灰烧制之后，最好能及时用塑料袋装起来，及时密封保存。

②最好建造永久性的草木灰仓库，每次把灰放入仓内，便于积攒。

③库房要有遮雨棚，要高出地面以避免积水，地面硬化以防受潮。

特别提示：应严格按照草木灰的安全生产、装卸、运输、贮存、使用等相应的法律、法规执行。

第3节　钙镁硫硅肥料

在我国农业行业标准《肥料合理使用准则　通则 NY/T 496—2010》中，把氮、磷、钾元素通称为大量元素，而钙、镁、硫元素通称为中量元素；故将氮肥、磷肥、钾肥称为大量元素肥料，而把钙肥、镁肥、硫肥称为中量元素肥料。

植物中含量（占植物干重）为0.1%~0.5%的元素被称为中量元素，钙（Ca）、镁（Mg）、硫（S），它们分别约占植物干重的0.5%、0.2%、0.1%，被列为中量元素。新近研究发现，硅占植物干重的0.1%~20%，硅是继氮、磷、钾之后的第四大必需元素，也列入中量元素的范围，故把硅肥划入中量元素肥料之列。

中量元素肥料的土壤施用量与氮磷钾肥施用量大致相当，甚至更多，而微量元素肥料的土壤施用量较少，一般每亩不超过5千克。

一、钙肥

钙肥（Calcium fertilizer）系指具有钙（Ca）标明量的肥料。

施入土壤能给植物供钙，并有调节土壤酸度的作用。

（一）钙肥对植物的作用

（1）稳定细胞膜

钙能稳定生物膜结构，保持细胞的完整性。有利于提高生物膜的选择吸收能力，增强对环境胁迫的抗逆能力，防止植物早衰，提高作物品质。

（2）稳定细胞壁

果胶是植物细胞壁的重要组成部分，钙可与植物细胞壁胶层中的果胶酸形成果胶酸钙，它对维持果实硬度、增强果实耐贮性具有重要的作用。

（3）细胞壁形成

钙是细胞分裂所必需的物质，在细胞分裂后分隔两个子细胞核的就是中胶层果胶酸钙；若缺钙，则破坏细胞壁的粘接联系，抑制细胞壁形成。

（4）酶活化作用

钙能结合在钙调蛋白上，调节细胞内许多依赖钙的生理活动，对植物体内许多种关键酶起活化作用，参与第二信使传递，并对代谢有调节作用。

（5）调节渗透性

钙具有调节渗透作用以及酶促作用，在有液泡的叶细胞内大部分钙存在于液泡中，液泡中草酸钙的形成对液泡内阴阳离子平衡有重要作用。

（二）提高钙肥的利用率

（1）在施用底肥时，应根据不同作物的需求，合理调配氮磷钾钙镁等营养元素的比例，以适应土质状况和作物需求。

（2）田土基施钙肥，利用率低，应该在打好底肥的基础上，

依据作物的生长需求及时、适当地施钙才能充分发挥肥效。

（3）喷施微生物菌肥配合螯合钙及磷酸二氢钾，微生物菌肥的代谢产物可促进叶片对养分的吸收，提高钙肥利用率。

（4）作物对钙离子的吸收和传输过程都比较缓慢，因此应在作物需求高峰期到来之前及时施用钙肥，以提高利用率。

（5）钙在植物体内移动性最差，故应底肥补充和叶面补充，尤其是低温季节更应尽早补充钙镁肥，以提高使用效率。

（6）钙肥与磷肥会产生拮抗作用，当土壤中磷肥施用过量时，就会影响作物根系对钙的吸收，从而影响钙的利用率。

（7）当土壤中的 pH 大于 8 时，土壤中的钙镁离子容易形成碳酸盐沉淀，难以被作物根系吸收，影响钙的利用率。

（8）为了避免混施而造成的钙和其他养分利用率受影响，一般情况下以单独施用钙肥为宜，有利于提高钙的利用率。

（9）粪便肥料中有机质含高、养分丰富，有助于改良土壤，提高磷钙等易被固定的营养元素的活性，提高其利用率。

（10）施用颗粒过磷酸钙，可大大减少与土壤的接触面积，降低磷钙被土壤固定的机会，有利于提高磷和钙的利用率。

（三）钙肥常用主要品种

钙肥的主要品种是石灰（包括生石灰、熟石灰和石灰石粉），石膏及大多数磷肥，如钙镁磷肥、过磷酸钙等和部分氮肥如硝酸钙、石灰氮等也都含有相当数量的钙。

农用石灰：是含钙或钙镁的碳酸盐、氧化物和氢氧化物的总称。包括生石灰、熟石灰和石灰石粉，包括石灰石、白云石及其煅烧产物——氧化钙和氢氧化钙。白云石是碳酸钙和碳酸镁的复盐（$CaCO_3 \cdot MgCO_3$）。合理施用农用石灰能中和土壤酸度，将 pH 小于 5.5 的酸性土壤调节成 pH 6～7 弱酸性土壤，减少土壤对磷的固定，调节土壤对微量元素的供应，改善土壤微生物生活条件，增强土壤的通气透水性，从而提高土壤的保肥能力。

石膏和磷肥：如钙镁磷肥、过磷酸钙等和部分氮肥如硝酸钙、石灰氮等也都含有相当数量的钙。不但直接供给作物必需的钙和硫，而且可改善作物的氮、磷、钾三要素的营养条件，并可改良盐渍土。

炉渣钙肥：来自炼钢和其他工业副产品的碱性炉渣，主要含有枸溶性的硅酸钙 $CaSiO_3$，有效 CaO 含量一般在 20% 以上，可以用作钙肥，又能用于改良土壤，改善土壤的通气透水性。

1. 农用石灰

农用石灰（Lime for agricultural use；Lime for farm）系指用于农业生产中用作钙肥的石灰。

石灰（Lime）系以石灰石、白云石、白垩、贝壳等碳酸钙含量高的原料，经 900～1100℃煅烧而成。

生石灰（Quicklime）俗称石灰，主要成分是氧化钙（CaO）。（气硬性）生石灰由石灰石（包括钙质石灰石和镁质石灰石）焙烧而成，呈块状、粒状或粉状，化学成分主要为氧化钙，可与水发生放热反应生成消石灰。

由于生产原料中常含有碳酸镁（$MgCO_3$），因此石灰中还含有次要成分氧化镁（MgO），根据氧化镁含量的多少，石灰分为钙质石灰和镁质石灰。

钙质石灰（Caicium lime）主要由氧化钙和氢氧化钙组成，而不添加任何水硬性的或火山灰质的材料。

镁质石灰（Magnesian lime）主要由氧化钙和氧化镁（MgO >5%）或氢氧化钙和氢氧化镁组成，而不添加任何水硬性的或火山灰质的材料。

（1）理化性状

生石灰和水混合产生化学反应，得到熟石灰（Hydrated lime），又称消石灰，学名是氢氧化钙［$Ca(OH)_2$］。在 1 升水

中可溶解 1.56 克熟石灰，它的饱和溶液称为石灰水，呈碱性，与二氧化碳产生化学反应后，就会产生碳酸钙（$CaCO_3$）沉淀。

生石灰呈白色或灰色块状，为便于使用，块状生石灰常需加工成生石灰粉、消石灰粉或石灰膏。生石灰粉是由块状生石灰磨细而得到的细粉，其主要成分是 CaO；消石灰粉是块状生石灰用适量水熟化而得到的粉末，又称熟石灰，其主要成分是 $Ca(OH)_2$；石灰膏是块状生石灰用较多的水（生石灰体积的 3~4 倍）熟化而得到的膏状物，也称石灰浆，其主要成分也是 $Ca(OH)_2$。

（2）技术指标

1）生石灰标准

农用生石灰未见到专用标准，现参考我国建材行业标准《JC/T 479—2013　建筑生石灰》技术指标执行。

此标准适用于建筑工程用的（气硬性）生石灰和石灰粉。不包括水硬性生石灰，其他用途的生石灰粉也可参考使用。

①分类：按生石灰加工情况分为建筑生石灰和建筑生石灰粉。按生石灰化学成分分为钙质石灰和镁质石灰两类。根据化学成分的含量每类分成各个等级，见表 4-3-1 建筑生石灰的分类。

表 4-3-1　建筑生石灰的分类（JC/T 479—2013）

类　别	名　称	代　号
钙质石灰	钙质石灰 90	CL90
	钙质石灰 85	CL85
	钙质石灰 75	CL75
镁质石灰	镁质石灰 85	ML85
	镁质石灰 80	ML80

②标记：生石灰的识别标志由产品名称、加工情况和产品依据标准编号组成。生石灰块在代号后加 Q，生石灰粉在代号后加 QP。

示例：符合 JC/T 479—2013 钙质生石灰粉 90 标记为：CL90QP JC/T 479—2013。

说明：CL——钙质石灰；90——（CaO + MgO）百分含量；JC/T 479—2013——产品依据标准。

③化学成分：建筑生石灰的化学成分应符合表 4-3-2 指标要求（JC/T 479—2013）。

表 4-3-2　建筑生石灰的化学成分指标（JC/T 479—2103）

名　称	（氧化钙 + 氧化镁）（CaO + MgO）	氧化镁（MgO）	二氧化碳（CO_2）	三氧化硫（SO_3）
CL90-Q CL90-QP	≥90	≤5	≤4	≤2
CL85-Q CL85-QP	≥85	≤5	≤7	≤2
CL75-Q CL75-QP	≥75	≤5	≤12	≤2
ML85-Q ML85-QP	≥85	>5	≤7	≤2
ML80-Q ML80-QP	≥80	>5	≤7	≤2

④物理性质：建筑生石灰的物理性质应符合表 4-3-3 技术指标要求（JC/T 479—2013）。

表 4-3-3　建筑生石灰的物理性质（JC/T 479—2103）

名　称	产浆量，$dm^3/10kg$	0.2mm 筛余量，%	90μm 筛余量，%
CL90-Q	≥26	—	—
CL90-QP	—	≤2	≤7
CL85-Q	≥26	—	—
CL85-QP	—	≤2	≤7
CL75-Q	≥26	—	—
CL75-QP	—	≤2	≤7
ML85-Q	—	—	—
ML85-QP	—	≤2	≤7
ML80-Q	—	—	—
ML80-QP	—	≤7	≤2

注：其他物理特性，根据用户要求，可按照 JC/T 478.1 进行测试。

2）消石灰标准

农用消石灰未见到专用标准，现参考我国建材行业标准《JC/T 481—2013　建筑消石灰》技术指标执行。

此标准适用于以建筑生石灰为原料，经水化和加工所制得的建筑消石灰粉，不包括水硬性消石灰。

①分类：建筑消石灰分类按扣除游离水和结合水后（CaO + MgO）的百分含量加以分类，见表 4-3-4 建筑消石灰产品的分类。

表 4-3-4　建筑消石灰的分类（JC/T 481—2013）

类　别	名　称	代　号
钙质消石灰	钙质消石灰 90	HCL90
	钙质消石灰 85	HCL85
	钙质消石灰 75	HCL75

续表

类 别	名 称	代 号
镁质消石灰	镁质消石灰 85	HML85
	镁质消石灰 80	HML80

②标记：消石灰识别标志由产品名称和产品依据标准编号组成。

示例：符合 JC/T 481—2013 钙质消石灰 90 标记为：HCL90 JC/T 481—2013。

说明：HCL——钙质消石灰；90——（CaO + MgO）百分含量；JC/T 481—2013——产品依据标准。

③化学成分：建筑消石灰粉的化学成分应符合表 4-3-5 指标要求（JC/T 481—2013）。

表 4-3-5 建筑消石灰的化学成分（JC/T 481—2103）

名称	（氧化钙 + 氧化镁）（CaO + MgO）	氧化镁（MgO）	三氧化硫（SO_3）
HCL90	≥90	≤5	≤2
HCL85	≥85	≤5	≤2
HCL75	≥75	≤5	≤2
HML85	≥85	>5	≤2
HML80	≥80	>5	≤2

注：表中数值以试样扣除游离水和化学结合水后的干基为基准。

④物理性能：建筑消石灰粉的物理性能应符合表 4-3-6 技术指标要求（JC/T 481—2013）。

表 4-3-6　建筑消石灰产品的技术指标（JC/T 481—2103）

名　称	游离水，%	0.2mm 筛余量，%	90μm 筛余量，%	安定性
HCL90、HCL85、HCL75、HML85、HML80	≤2	≤2	≤7	合格

（3）初步识别

①看形状：生石灰和消石灰为固体。

②观颜色：生石灰和消石灰为白色。

③水溶性：1 升水能溶 1.56 克消石灰。

④酸碱性：饱和石灰水溶液呈碱性。

（4）施用方法

1）石灰的改土作用

①中和酸性：pH 5 以下的酸性土壤溶液，含有大量的能抑制植物生长的铝和锰，要使植物能正常生长，则需施生石灰以中和有毒的 Al^{+3} 和 Mn^{+2}。

②提增养分：酸性土壤施石灰之后 pH 提高，常能加强有益微生物如硝化细菌、纤维分解细菌、固氮蓝藻等的活动，从而增加土壤的有效氮。

③改良土壤：生石灰可以用来改良酸性土壤，提高土壤的 pH，改善土壤的物理性能，促使土壤胶体凝聚，有利于土壤形成良好的物理结构。

④减少病害：施生石灰提高 pH，减少真菌的发生而增加有益微生物活动，可以减少病害。如施生石灰可以减轻番茄枯萎病、大白菜根肿病等。

2）石灰的施用方法

①施用方法：石灰可作基肥也可作追肥，石灰施后要与土壤混匀，以免造成局部碱性过大。生石灰以撒施为好，在晚稻收割

后，翻耕前将生石灰和有机肥分别撒施于田板，然后通过耕耙使生石灰和有机肥与土壤尽可能混合均匀。

②参考施量：施用量应根据土壤酸度大小和作物生长发育需求而定，每亩生石灰的用量：pH 5.0～5.4 用生石灰 120 千克，pH 5.5～5.9 用生石灰 60 千克，pH 6.0～6.4 用生石灰 30 千克。施用石灰应配合施用有机肥料以及氮、磷、钾肥料。

③中和酸性：施用石灰的土壤必须是酸性，其目的是中和土壤酸性，消除铝离子对作物的毒害，改善土壤中有益微生物的活动条件，促使土壤养分、特别是磷素有效化；改善土壤耕层的物理性状，提高土壤吸收量以及保肥能力。

④加速分解：为了增加耕地中有机质的含量、改善土壤的结构，实施稻草还田、绿肥压青等有效措施，施入适量的石灰，以加速稻草、绿肥的分解和腐烂；加入适量石灰，还有利于中和稻草、绿肥分解腐烂时产生的有机酸。

（5）有关说明

①石灰不能与粪便肥、铵态氮混合施用，否则会造成氮素的损失，同时也不能和磷肥混合施用，因此石灰一般以单独施用为宜。

②石灰施用过量，使有机质过度分解，腐殖质积累减少；磷有效性降低；硼、锌等微量元素的有效性也降低；养料离子容易淋失。

③禁止食用石灰，万一入口用水漱口之后立即求医；切记不能饮水，生石灰是碱性氧化物遇水会腐蚀！使用操作过程时间越短越好。

（6）贮运事宜

①生石灰是自热材料，不应与易燃、易爆以及液体物质混装和贮运。

②生石灰和消石灰粉在运输过程中均要有防水措施，防止包

装破损。

③生石灰和消石灰粉均应贮放在防潮防水、干燥、地面平整的库房。

④生石灰和消石灰粉均要按类别、等级分类贮存，贮存期不宜过长。

特别提示：应严格按照石灰的安全生产、装卸、运输、贮存、使用等相应的法律、法规执行。

2. 其他钙肥

其他钙肥如过磷酸钙、重过磷酸钙、钙镁磷肥、磷酸氢钙、钙镁磷钾肥、偏磷酸钙、硝酸钙、石灰氮以及炉渣钙肥等也都含有一定数量的钙，也是常用的钙肥品种，均能供给农作物生长发育所需的钙素。

上述钙肥的主要功效和施用方法已在本章第 2 节中叙述；有关作物缺钙症状与缺钙防治等内容在“第六章　作物缺素防治”中介绍，在此不赘述。

二、镁肥

镁肥（Magnesium fertilizer）系指具有镁（Mg）标明量的肥料。施入土壤能提高土壤供镁能力，能增加土壤中有效镁的含量和给植物供镁。镁是构成植物体内叶绿素的主要成分之一，与植物的光合作用有关。植物缺镁则体内代谢作用受阻，对幼嫩组织的发育和种子的成熟影响尤大。

（一）镁肥对植物的作用

（1）镁是构成植物体内叶绿素的主要成分之一，与植物的光合作用密切相关。

（2）镁是二磷酸核酮糖羧化酶的活化剂，能促进植物对二氧化碳的同化作用。

（3）镁离子能激发与碳水化合物代谢有关的果糖和葡萄糖激酶、变位酶活性。

（4）镁是DNA聚合酶的活化剂，参与脱氧核糖核酸DNA和核糖核酸RNA合成。

（5）镁与脂肪代谢有关，能促使乙酸转变为乙酰辅酶A，加速脂肪酸的合成。

（6）植物缺镁则体内代谢作用受阻，对幼嫩组织发育和种子的成熟影响尤大。

（二）提高镁肥的利用率

（1）在施用底肥时，应根据不同作物的需求，合理调配氮、磷、钾、钙、镁等营养元素的比例，以适应土质状况和作物需求。

（2）镁肥与磷肥会产生拮抗作用，当土壤中磷肥施用过量时，就会影响作物根系对镁的吸收，从而影响钙的利用率。

（3）当土壤中的pH大于8时，土壤中的钙镁离子容易形成碳酸盐沉淀，难以被作物根系吸收，影响钙的利用率。

（4）粪便肥料中有机质含量高、养分丰富，有助于改良土壤，提高磷钙镁易被固定的营养元素的活性，提高其利用率。

（5）镁在植物体内移动性较差，故应底肥补充和叶面补充，尤其是低温季节更应尽早补充钙镁肥，以提高使用效率。

（6）喷施微生物菌肥配合螯合钙及磷酸二氢钾，微生物菌肥的代谢产物可促进叶片对养分的吸收，提高镁肥利用率。

（三）镁肥常用主要品种

镁肥分水溶性镁肥和微溶性镁肥。前者包括硫酸镁、硝酸镁、氯化镁、钾镁肥；后者主要有磷酸镁铵、钙镁磷肥、白云石和菱镁矿。

目前专用镁肥品种较少，主要有硫酸镁（含镁 9.5% ~ 9.8%）、硝酸镁（含镁 15.0% 以上）、氯化镁（含镁 25.5% 左右）以及碳酸镁（含镁 28.8% 左右）等产品。

水溶性固体镁肥：主要有硫酸镁、硝酸镁、硫镁矾、无水硫酸镁及钾盐镁矾等，其中硫酸镁、硫镁矾应用最广泛。

微溶性固体镁肥：主要有白云石、菱镁矿、方镁石、水镁石、磷酸铵镁、蛇纹石等，其中以白云石应用最为广泛。

液态镁肥在本质上似水溶性镁肥，是用于无土栽培和叶面施肥的品种，主要是硫酸镁和硝酸镁的不同浓度水溶液。

1. 硫酸镁

硫酸镁（Magnesium sulphate）别称泻盐、硫苦、苦盐、泻利盐等。有无水硫酸镁（$MgSO_4$）、七水硫酸镁（$MgSO_4 \cdot 7H_2O$）和一水硫酸镁（$MgSO_4 \cdot H_2O$），它们的相对分子质量分别为 120.37、246.47 和 138.38。

硫酸镁以氧化镁、氢氧化镁、碳酸镁、菱苦土等为原料加硫酸分解或中和而得；也有以生产氯化钾副产为原料，与制溴后含镁母液按比例混合，冷却结晶分离得粗硫酸镁，再加热过滤、除杂、冷却结晶得到工业硫酸镁；还可用苦卤加热浓缩、结晶分离而得或用氧化镁及石膏水悬浮液碳化制得。

硫酸镁可以用作制革、炸药、造纸、瓷器、肥料，以及医疗上口服泻药等。硫酸镁在农业中被用作肥料，因为镁是叶绿素的主要成分之一。通常被用于盆栽植物或缺镁的农作物，例如西红柿，马铃薯，玫瑰等。硫酸镁比起其他含镁肥料的优点是溶解度较高。

（1）理化性状

硫酸镁属斜方晶系，四角粒状或菱形晶体，无色透明，集合体为白色、玫瑰色或者绿色玻璃光泽。形状有纤维状、针状、粒状、块状或粉状。无臭，清凉，有咸苦味，相对密度 1.67 ~

1.71，分解温度为1124℃；在48.1℃以下的潮湿空气中稳定，在48.1℃失去1个结晶水成为六水硫酸镁，在120℃（有的报道150℃）时失去6个结晶水成为一水硫酸镁，200℃时失去全部结晶水成为粉状无水硫酸镁。无水硫酸镁易吸水，七水硫酸镁易脱水。

硫酸镁微溶于乙醇、甘油、乙醚，难溶于丙酮，易溶于水，硫酸镁水溶液呈中性。

硫酸镁可能引起胃痛、呕吐、水泻、虚脱、呼吸困难、发绀等。

硫酸镁低毒，毒理学数据：LD_{50} 645mg/kg（小鼠腹腔皮下）；670~733mg/kg（小鼠腹腔）。

（2）技术指标

农业用硫酸镁的产品分类按表4-3-7农用硫酸镁产品的类别（GB/T 26568—2011　农业用硫酸镁）执行。

农业用硫酸镁产品的技术要求按表4-3-8农用硫酸镁产品的理化性能要求（GB/T 26568—2011　农业用硫酸镁）执行。

①产品分类：农业用硫酸镁分为一水硫酸镁（粉状）、一水硫酸镁（粒状）、七水硫酸镁三种类别。

表4-3-7　农用硫酸镁产品的类别

（GB/T 26568—2011　农业用硫酸镁）

类　别	分子式	相对分子质量
一水硫酸镁（粉状）	$MgSO_4 \cdot H_2O$	138.38
一水硫酸镁（粒状）	$MgSO_4 \cdot H_2O$	138.38
七水硫酸镁	$MgSO_4 \cdot 7H_2O$	246.47

注：相对分子质量按2007年国际相对原子质量计。

②技术要求

表 4-3-8　农用硫酸镁产品的理化性能要求

（GB/T 26568—2011　农业用硫酸镁）

项　目	一水硫酸镁（粉状）	一水硫酸镁（粒状）	七水硫酸镁
水溶镁（Mg）的质量分数，% ≥	15.0	13.5	9.5
水溶硫（S）的质量分数，% ≥	19.5	17.5	12.5
氯离子（Cl^-）的质量分数，% ≤	2.5	2.5	2.5
游离水（H_2O）的质量分数，% ≤	5.0	5.0	6.0
水不溶物的质量分数，% ≤	—	—	0.5
粒度（2.00～4.00mm）≥	—	70	—
pH	5.0～9.0	5.0～9.0	5.0～9.0
外观	白色、灰色或黄色粉末，无结块	白色、灰色或黄色颗粒，无结块	无色或白色结晶，无结块

注：指标中的“—”表示该类别产品的技术要求中此项不作要求；游离水的质量分数以出厂检验为准。

（3）初步识别

①看形状：结晶、粉末或颗粒状。

②看颜色：白色、灰色或者黄色。

③水溶性：硫酸镁容易溶解于水。

④酸碱性：硫酸镁水溶液近中性。

（4）施用方法

①镁肥作基肥或追肥宜浅施，与铵态氮肥或钾肥、磷肥、农家肥等混施，既调节土壤养分平衡，又促进植物对磷的吸收。

②硫酸镁肥作基肥和追肥时，每亩施用量一般为 10～15 千

克（折纯镁1.0～1.5千克），柑橘、果树每株穴施约0.25千克。

③硫酸镁叶面喷施，在蔬菜上硫酸镁浓度为0.2%～0.5%，棉花和粮食作物上为0.3%～0.8%，果树上为0.5%～1%。

④硫酸镁叶面喷施，浓度0.2%～0.5%硫酸镁喷施于蔬菜，棉花和粮食作物上为0.3%～0.8%，果树上为0.5%～1%。

⑤作物缺镁的原因可能是土壤酸性强，或土壤含钙量高或是施钾肥太多而诱发缺镁，镁肥施用量因土壤和作物而异。

⑥硫酸镁肥的施用期，一般作物在苗期施用效果较好，而柑橘等果树则在成果期施用效果较好，一般增产10%～40%。

⑦硫酸镁肥可单独使用也可掺混施用，既可在传统农业作物施用，也可用于高附加值的精细农业、花卉和无土栽培。

（5）有关说明

①硫酸镁有刺激性，长期接触可能引起呼吸道炎症。

②误服有导泻作用，有肾功能障碍者可导致镁中毒。

③硫酸镁虽然不燃，但受高热分解放出有毒的气体。

④硫酸镁对环境有害，因此应特别注意对水体的污染。

注：操作人员佩戴自吸过滤式防尘口罩，戴化学安全防护眼镜，穿防毒物渗透工作服，戴橡胶手套。若皮肤接触，则脱去污染的衣着，用流动清水冲洗；若眼睛接触，则提起眼睑，用流动清水或生理盐水冲洗，就医。

（6）贮运事宜

①硫酸镁严禁与氧化剂、食用化学品等混装混运，包装要完整，装载应稳妥；运输过程中，要确保容器不泄漏、不损坏。

②运输途中应防水、防暴晒和雨淋，防高温、防破裂；车辆运输完毕应进行彻底清扫；公路运输时要按规定路线行驶。

③贮于阴凉、通风、干燥的库房，远离火种热源，防止阳光直射；与氧化剂分开，切忌混贮；配备泄漏应急处理设备。

特别提示：应严格按照硫酸镁的安全生产、装卸、运输、贮存、使用等相应的法律、法规执行。

2. 硝酸镁

硝酸镁（Magnesium nitrate）一般由硝酸与氧化镁、氢氧化镁或碳酸镁作用而制得。

硝酸镁主要以无水物、二水合物及六水合物的形式存在，其中市面上售品多为六水硝酸镁，没有无水硝酸镁出售。二水合物 $Mg(NO_3)_2 \cdot 2H_2O$ 为无色柱状晶体，六水合物 $Mg(NO_3)_2 \cdot 6H_2O$ 为无色单斜晶系晶体，易潮解，熔点 89℃，高于熔点时，即脱水生成碱式硝酸镁 [$Mg(NO_3)_2 \cdot 4Mg(OH)_2$]；330℃分解为氧化镁和氧化氮气体。两者都易溶于水、乙醇和液氨，与有机物混合能发热自燃，引起火灾或爆炸。

硝酸镁在工业上用于浓缩硝酸的脱水剂，制造炸药触媒及其他镁盐和原料，小麦灰化剂；农业上用于可溶性氮镁肥作无土栽培的肥料等。

（1）理化性状

无水硝酸镁分子式为 $Mg(NO_3)_2$，相对分子质量为 148.31。多为白色粉状物。

二水硝酸镁分子式为 $Mg(NO_3)_2 \cdot 2H_2O$，相对分子质量为 184.35。无色柱状晶体，相对密度 2.03（25/4℃），熔点 129℃，易溶于水、乙醇、液氨，其水溶液呈中性；与有机物混合能发热自燃，引起火灾或爆炸。

六水硝酸镁分子式为 $Mg(NO_3)_2 \cdot 6H_2O$，相对分子质量为 256.41，无色单斜易潮解晶体，相对密度 1.64（25/4℃），熔点 89℃。有潮解性，易溶于水、乙醇、甲醇、乙醇、液氨，其水溶液呈中性。95℃开始分解，经 $MgO \cdot 2Mg(NO_3)_2 \cdot 5H_2O \rightarrow 3MgO \cdot Mg(NO_3)_2 \cdot 11H_2O$，加热至 330℃分解为氧化镁、二氧化氮和氧气；与有机物接触、摩擦或撞击，能引起燃烧或爆炸，有强氧化性。

硝酸镁爆炸物危险特性：与还原剂、硫、磷等混合受热、撞击、摩擦可爆。

硝酸镁可燃性危险特性：与有机物、还原剂、易燃物硫、磷混合可燃；遇热分解出有毒氧化氮气体。

硝酸镁急性毒性 LD_{50} 为 5440mg/kg（大鼠经口），该物质在地下水中有蓄积作用，对环境可能有危害。

（2）技术指标

尚未见到农用硝酸镁产品的国家标准、农业行业标准或化工行业标准，现以《农用硝酸镁企业标准 Q/141122JJL 002—2011（交城县金兰化工有限公司）》作为参考。

Q/141122JJL 002—2011 标准适用于以氧化镁和硝酸为原料生产的农用硝酸镁产品。

①农用硝酸镁定义：农用硝酸镁是一种中量元素肥料，是以氧化镁和硝酸为主要原料生产的，含硝态氮和镁元素的肥料。

②农用硝酸镁外观：白色晶体或颗粒状，无机械杂质。

③农用硝酸镁要求：农用硝酸镁产品应符合表 4-3-9 和表 4-3-10 的要求，同时应符合包装标明值的要求。

表 4-3-9　农用硝酸镁产品的技术指标

项　目	指　标
总氮（N）的质量分数，% ≥	10.0
水溶性镁（MgO）的质量分数，% ≥	15.5

表 4-3-10　水溶性肥料中汞、砷、镉、铅、铬元素限量（NY 1110）应符合表中指标

限量元素	汞（Hg）元素	砷（As）元素	镉（Cd）元素	铅（Pb）元素	铬（Cr）元素
指标，mg/kg	≤5	≤10	≤10	≤50	≤50

④农用硝酸镁包装：应在包装袋上标明总氮含量、水溶性氧化镁的含量，其余应符合 GB 18382 的规定。

（3）初步识别

①看形状：晶体或颗粒状，无机械杂质

②观颜色：无色、白色、灰白和浅杂色。

③水溶性：农业用硝酸镁极易溶解于水。

④酸碱性：农业用硝酸镁水溶液呈中性。

（4）施用方法

①用途广泛：农用硝酸镁可以用作农作物的叶面肥料，也可用于制作水溶性肥料的原料，还可以用于生产各种液体肥料，适用多种农作物，用途很广泛。

②无土栽培：农用硝酸镁可以作为特殊无土栽培或滴灌的基础原料肥，由于硝酸镁具有高纯度和高溶解度的特点，因而有助于防止滴管的滴头被堵塞。

③喷施浓度：把农用硝酸镁置于 400 ~ 800 倍水中，搅拌使其完全溶解成溶液，在作物生育期、初花期或膨大期喷施，间隔 10 ~ 15 天 1 次，共 2 ~ 4 次。

④适施作物：花生、油菜、棉花、西瓜、土豆、白菜、番茄、辣椒、茄子、洋葱、大蒜、黄瓜、甘蔗、葡萄、苹果、柑橘、荔枝等多种农作物均可施用。

（5）有关说明

①农用硝酸镁不能与其他磷酸盐在高浓度下混合使用，以免产生沉淀降低肥效和堵塞滴头。

②硝酸镁粉尘对上呼吸道有刺激性，引起咳嗽和气短；刺激眼睛和皮肤，引起红肿和疼痛。

（6）贮运事宜

①硝酸镁易制爆，本品根据《危险化学品安全管理条例》受公安部门管制。

②应按化学危险品的安全使用、生产、贮存、运输、装卸等相应法规执行。

③不与有机物、还原剂、硫、磷易燃物同贮运，用雾状水、砂土作灭火剂。

④搬运时要轻装轻卸，防止包装损坏；配备消防器材及泄漏应急处理设备。

⑤贮存于密封干燥容器，忌烟火和高热；库房应通风、阴凉、低温、干燥。

特别提示：应严格按照硝酸镁的安全生产、装卸、运输、贮存、使用等相应的法律、法规执行。

3. 氯化镁

氯化镁（Magnesium chloride）可以从盐水或海水中提取。氯化镁按无水物重量计算，系由 74.54% 的氯和 25.48% 的镁组成。但按 $MgCl_2-H_2O$ 体系相图分析，除无水物外，还有含 1、2、4、6、8 和 12 个结晶水的水合物，在空气中脱水时，大约仅能脱出 4 分子水，不致发生严重的副反应。

无水氯化镁分子式为 $MgCl_2$，相对分子质量为 95.31。无色而易潮解晶体，易溶于水。

氯化镁通常含有六个分子的结晶水，其分子式为 $MgCl_2 \cdot 6H_2O$，相对分子质量为 203.31，易溶于水，易潮解，有苦味，有腐蚀性。水合氯化镁加热至 95℃ 时失去结晶水。135℃ 以上时开始分解，生成氯化氢（HCl）气体和氧化镁。

氯化镁是重要的无机原料，广泛应用于化工、医药、冶金、食品、建材等众多领域，在农业上用于生产镁肥，钾镁肥和棉花脱叶剂等。

（1）理化性状

性状：六水物氯化镁为白色结晶体，呈柱状或针状，有苦咸味；易溶于水和乙醇，在潮湿空气中易潮解；无水氯化镁为无色

六角晶体，溶于水和乙醇。相对密度为 1.56（六水），2.325（无水）；熔点为 118℃（分解，六水），712℃（无水）；沸点为 1412℃（无水）。

（2）技术指标

尚未见到农用氯化镁产品的国家标准、农业行业标准或化工行业标准，现以轻工部标准《工业氯化镁 QB/T 2605—2003》作为参考。

QB/T 2605—2003 标准适用于以制盐母液或天然氯化镁为原料，经加工制成的工业用氯化镁产品。

①产品分类：按其形状分为：片状氯化镁和粒状氯化镁。按其颜色分为：白色氯化镁和普通氯化镁。

②感观指标：工业氯化镁有片状和粒状，白色氯化镁呈白色，普通氯化镁有黄褐色、深灰色、浅棕色，易吸潮，有轻度卤味。

③理化指标：工业氯化镁的理化指标应符合表 4-3-11 的技术指标。

表 4-3-11　工业氯化镁产品的技术指标（QB/T 2605—2003）

项　目	白色氯化镁	普通氯化镁
氯化镁（以 $MgCl_2$ 计），% ≥	46.00	44.50
钙离子（以 Ca^{2+} 计），% ≤	0.15	—
硫酸根（以 SO_4^{2-} 计），% ≤	1.00	2.80
碱金属氯离子（以 Cl^- 计），% ≤	0.50	0.90
水不溶物，% ≤	0.10	—
色度（度）≤	50	—

注：1mg 铂在 1L 水中所具有的色度为 1 度。

（3）初步识别

①看形状：工业氯化镁片状或者颗粒状。

②观颜色：白色、深灰、黄褐和浅棕色。

③闻气味：工业氯化镁产品轻度苦咸味。

④水溶性：工业氯化镁产品易溶解于水。

⑤酸碱性：工业氯化镁产品水溶液中性。

（4）施用方法

①氯化镁可用作基肥或追肥，以 Mg 计算，每亩施用量 0.5～1.0 千克。

②氯化镁属于水溶性镁肥，可作根外追肥，喷施浓度为 0.1%～1.0%。

③大田实验显示，施用氯化镁时配施适量氮肥，显著提高小麦籽粒产量。

④碱性土壤以施用氯化镁或硫酸镁为宜，酸性土壤以施用钙镁磷肥为好。

⑤氯化镁不宜施于忌氯作物：如烟草、甘薯、马铃薯、茶叶以及白菜等。

（5）有关说明

棉花、果树等经济作物对镁肥较为敏感，需量较大，水稻对镁的需要量小于玉米、柑橘等作物，当稻田土壤交换性镁为 26～49mg/kg 时，镁肥的增产不稳定。

（6）贮运事宜

①无水和含不同结晶水的氯化镁均为高吸水性物质，应防止雨淋、受潮。

②氯化镁运输工具应清洁、干净；切忌与能导致氯化镁污染的物品混装。

③远离火种、热源，防止阳光直射；应与氧化剂等分开存放，切忌混贮。

④必须隔绝空气密封存贮，防潮；存贮于阴凉、干燥、通风良好的库房。

⑤配备相应品种和数量的消防器材，应备有合适的器材以便收容泄漏物。

特别提示：应严格按照氯化镁的安全生产、装卸、运输、贮存、使用等相应的法律、法规执行。

（7）附加说明

有关作物缺镁症状与缺镁防治等内容在“第六章　作物缺素防治”中介绍，在此不赘述。

三、硫肥

硫肥（Sulfur fertilizer）系指具有硫（S）标明量的肥料。能增加土壤中有效硫的含量和给植物供硫，兼能调节土壤酸度。

硫肥在多种作物上都有显著的增产效益，据国际硫研究所1997年和1998年在我国的试验结果，主要作物平均增产幅度在6%~20%。硫肥不仅可增加作物产量，而且可以改善作物品质，有显著的经济效益。施硫肥的投入产出比平均在1∶3以上，如果在缺硫土壤施用硫肥，投入产出比可达1∶(9~10)。

（一）硫肥对植物的作用

缺硫影响到植物正常的生理活动，不仅影响作物的产量而且影响到质量；硫在植物生理上有如下的作用。

（1）硫是胱氨酸、半胱氨酸和蛋氨酸的重要组分，而且这些含硫氨基酸是蛋白质的主要成分。

（2）硫对植物体内某些酶的形成和活化有重要的作用，硫能增加某些作物的抗寒性和抗旱性。

（3）硫能提高叶绿素含量，形成十字花科植物的糖苷油成分之一，还参与合成维生素H和维生素B。

（4）硫与根瘤菌和自生固氮菌的固氮作用有关，作物缺硫生长不正常，导致产量质量均下降。

（5）某些硫肥还能改善土壤性质，如施用硫磺粉或液态二氧化硫肥可降低石灰性土壤 pH。

（6）石膏施于碱性土时，形成硫酸钠盐随水排出土体，减轻钠离子对土壤性能和作物的危害。

（二）提高硫肥的利用率

（1）硫肥利用率的高低与氮肥关系较大，氮肥过多会引起缺硫，在检测土壤氮素的基础上，使氮与硫比例保持在 15：1 的范围之内，增施硫肥效果显著。

（2）硫肥应该在生殖生长期之前施用，有利于提高利用率。可以拌碎土后撒施，作为基肥施用较好，也可以与氮磷钾等肥料混合，结合耕地施入土壤。

（3）石膏微溶于水，使用前先磨细有利于植物吸收利用；硫磺含硫量高，但难溶于水，施入土壤经微生物氧化后即可被作物吸收，硫磺肥效较慢但持久。

（三）施用硫肥相关因素

硫肥的有效施用条件，取决于土壤中有效硫的含量、大气中含硫量、降水和灌溉水中硫的含量、硫肥品种和用量、施用方法和时间、水分管理、作物品种和产量等多种因素。

（1）作物需硫

作物的需硫量与需磷量相近，有些还超过需磷量，如油菜、大豆、花生、烟草、甘蔗、蔬菜等。每生产 1 吨籽粒作物，如稻麦类作物需要硫 3 ~ 4 千克，豆科需要硫 6 ~ 8 千克，油料需要硫 10 ~ 12 千克。

（2）硫肥用途

作基肥、追肥和种肥均可，粉碎撒于田里，结合耕作施入土中。重碱地施用石膏应采取全层施用法，在雨前或灌水前将石膏均匀施于地面，并耕翻入土、混匀，随后通过雨水或灌水，冲洗排碱。

（3）缺硫症状

作物如缺硫会导致生长受阻，茎细弱矮小，叶片面积较小而且叶片褪绿或黄化；缺硫与缺氮症状相似，所不同的是缺硫时叶片褪绿黄化首先在幼叶出现，而缺氮症状是先从下部老叶表现出来。

（4）参考用量

硫肥多作基肥用，每亩施石膏 10～15 千克或硫磺 1.5～2.5 千克，或过磷酸钙 20 千克或硫酸铵 10 千克；若蘸秧根则每亩只需 1.5～2.5 千克石膏或 0.5 千克硫磺粉；可用 0.5%～2.0% 的硫酸盐溶液根外追肥。

（5）大气供硫

田间作物除从土壤和硫肥中得到硫之外，还可通过叶面气孔从大气中直接吸收 SO_2（来源于煤、石油、柴草等的燃烧）；同时，大气中的 SO_2 也可通过扩散或随降水而进入土壤，供植物吸收利用。

（四）硫肥常用主要品种

硫肥主要种类有硫磺（即元素硫）和液态二氧化硫。它们施入土壤以后，经氧化硫细菌氧化后形成硫酸，其中的硫酸离子即可被作物吸收利用。其他种类有石膏、硫铵、硫酸钾、过磷酸钙以及多硫化铵和硫磺包膜尿素等。

一般推荐使用硫磺粉、石膏粉、磷石膏、过磷酸钙、硫酸钾、硫酸铵等；我国在缺硫地区施硫肥，一般可以使作物增产

15%~20%，并且能改善作物品质。

1. 硫磺

硫磺（Sulphur）别名硫、硫块、磺粉、胶体硫、硫磺块、硫磺粉、粉末硫磺等。硫磺系从天然硫矿制得，或将黄铁矿与焦炭混合在有限空气中燃烧制得。

硫磺分子式为S，相对分子质量为32.06。

硫磺主要用于制造染料、农药、火柴、火药、橡胶、人造丝等，硫磺在农业上用作杀虫剂，也是一种重要的农用元素肥料。

（1）理化性状

硫磺外观为淡黄色的脆性结晶或粉末，有特殊臭味。蒸汽压为0.13千帕，闪点为207℃，熔点为119℃，沸点为444.6℃，相对密度（水=1）为2.0。硫磺不溶于水，微溶于乙醇、醚，易溶于二硫化碳。

商品为黄色固体或粉末，有明显气味，能挥发。硫磺水悬液呈微酸性，难溶于水，与碱反应生成多硫化物。硫磺燃烧时发出青色火焰，伴随燃烧产生二氧化硫气体。生产中常把硫磺加工成胶悬剂用于防治病虫害，它对人、畜比较安全，不易使作物产生药害。

（2）技术指标

尚未见到农用硫磺产品的专用标准，现参考工业硫磺国家标准《工业硫磺 GB/T 2449—2006》技术指标执行。

工业硫磺产品的技术指标（GB/T 2449—2006）适用于由石油炼厂气、天然气等回收制得的工业硫磺，也适用于焦炉气回收以及硫铁矿等制得的工业硫磺。

固体工业硫磺有块状、粉状、粒状和片状等，呈黄色或淡黄色；液体工业硫磺可在其凝固后，按固体工业硫磺判别。

工业硫磺中不含有任何机械杂质。

工业硫磺按产品质量分为优等品、一等品、合格品。

工业硫磺质量应符合表4-3-12工业硫磺产品的技术指标（GB/T 2449—2006）的规定。

表4-3-12　工业硫磺产品的技术指标（GB/T 2449—2006）

项　目	优等品	一等品	合格品
硫（S）的质量分数，% ≥	99.95	99.50	99.00
固体硫磺水分的质量分数，% ≤	2.0	2.0	2.0
液体硫磺水分的质量分数，% ≤	0.10	0.50	1.00
灰分的质量分数，% ≤	0.03	0.10	0.20
酸度的质量分数［以硫酸（H_2SO_4）计］，% ≤	0.003	0.005	0.020
有机物的质量分数，% ≤	0.03	0.03	0.08
砷（As）的质量分数，% ≤	0.0001	0.01	0.05
铁（Fe）的质量分数，% ≤	0.003	0.005	—
粒度大于150微米筛余物的质量分数，% ≤	0	0	3.0
粒度为75～150微米筛余物的质量分数，% ≤	0.5	1.0	4.0

注：①表中筛余物指标仅用于粉状硫磺。②GB/T 2449.1—2014为工业硫磺质量的新标准。

（3）初步识别

①看形状：工业硫磺为固体或粉末状。

②观颜色：工业硫磺为黄色或淡黄色。

③闻气味：工业硫磺有难闻特殊臭味。

④水溶性：工业硫磺在水中很难溶解。

⑤酸碱性：工业硫磺水悬液呈微酸性。

（4）施用方法

①供给营养：农业上施用硫磺，除了能供给农作物所需的硫素营养之外，还可以促进硫磺细菌的繁殖产生硫酸，从而促进难

溶性磷酸盐的溶解，有利于增加土壤磷素供应。

②参考用量：硫磺肥效慢长，一般用作基肥，每亩用量为1～2千克，粉碎，拌细土混匀，撒施；水稻蘸秧根时每亩0.2～0.5千克，与土杂肥拌匀成浆状，蘸秧根随蘸随插。

③改良土壤：施用硫磺能降低土壤pH，减轻盐碱土对作物的危害；同时也使土壤中的阴离子 SO_4^{2-} 和阳离子 Ca^{2+} 和 Mg^{2+} 明显增加。故适量施用硫磺有利于改良盐碱土壤。

④粉碎施用：硫磺颗粒越细，其表面积越大，硫氧化率就越高，则转化成 SO_4^{2-} 越快，肥效就越好。工业硫磺的粒度指标要求75～150微米筛余物的质量分数必须小于4%。

⑤掺混施用：制造硫磺颗粒肥料时，常添加5%～10%膨胀性黏土（如膨润土）与微细硫磺一起造粒可提高肥效；所制颗粒大小应与固体氮肥、磷肥和钾肥一致便于掺混施用。

⑥配合施用：硫磺与磷矿粉配合施用，不论在低硫或者是高硫水平的土壤，都有利于磷矿粉中难溶态磷向有效磷转化，提高土壤速效磷含量，pH降低，作物产量提高。

⑦制成复肥：硫磺与氮磷肥料制成复肥使用时，其氧化速率比硫磺单独施用更快；在酸性和碱性土壤中，与重钙和磷酸二铵一起造粒的硫磺比单独施用时的氧化速度更快。

⑧施于林木：虽然硫磺粉难溶于水，但是细腻的硫磺粉兑水搅拌，充分混合均匀以后，使用压缩喷雾机喷雾，喷施于果树林木，注意果树林木主干和根部要着重进行喷洒。

⑨杀虫灭菌：果树林木的很多病虫害是发生在其根部，将适量的硫磺粉施于果树根部周围之后，挖土掩埋覆盖，深度要根据果树大小进行调整，应防止施过量而造成烧苗。

（5）有关说明

①工业硫磺低毒，但易燃，自燃温度为205℃，硫磺粉尘易爆。使用和运输工业硫磺时应防止生成或泄出硫磺粉尘；液体硫

磺的生产、贮运以及使用应严格遵照相关规定执行。

②严格遵守国家有关消防、危险品的安全条例，工业硫磺运输按国家有关规定执行。堆放场所和仓库应该设置专门的灭火器材，严禁明火，允许以喷水等方法熄灭燃着的硫磺。

（6）贮运事宜

①固体硫磺可用塑料编织袋或内衬塑料薄膜袋包装；液体硫磺应使用专门容器设备贮装。

②块状、粒状硫磺可贮存于露天或仓库内，粉状、片状硫磺贮于有顶盖的场所或仓库内。

③袋装产品成垛堆放，垛堆间应大于0.75米通道；不许放置在上下水管或取暖设备附近。

④从事工业硫磺的生产、运输、贮运及使用的工作人员，操作时应穿戴必要的防护用品。

特别提示：应严格按照工业硫磺的安全生产、装卸、运输、贮存、使用等相应的法律、法规执行。

2. 石膏

石膏（Gypsum）主要化学成分为硫酸钙（$CaSO_4$）的水合物。天然二水石膏（$CaSO_4 \cdot 2H_2O$）又称为生石膏，经过煅烧、磨细可得β型半水石膏（$CaSO_4 \cdot 1/2H_2O$），即建筑石膏，又称熟石膏、灰泥。若煅烧温度为190℃可得模型石膏，其细度和白度均比建筑石膏高。若将生石膏在400～500℃或高于800℃下煅烧，即得地板石膏，其凝结、硬化较慢，但硬化后强度、耐磨性和耐水性均较普通建筑石膏为好。

石膏是一种用途广泛的工业材料和建筑材料。可用于水泥缓凝剂、石膏建筑制品、模型制作、医用食品添加剂、硫酸生产、纸张填料、油漆填料等。石膏及其制品的微孔结构和加热脱水性，使之具优良的隔音、隔热和防火性能。

在农业种植上，石膏也有它的用途，农用石膏既是肥料又是土壤改良剂。石膏的主要成分是硫酸钙，既含钙又含硫，而作物需要的17种营养元素中包括钙和硫，所以石膏也是一种肥料。

农用石膏有两类：

生石膏：俗称白石膏，即天然二水石膏（$CaSO_4 \cdot 2H_2O$），系由石膏矿直接粉碎研磨而成，含钙约23%，含硫约18%；在农业上用于改良土壤或者作肥料。

熟石膏：俗称灰泥，又常称为建筑石膏。系由生石膏经过煅烧，再磨细所得β型半水石膏（$CaSO_4 \cdot 1/2H_2O$），含钙约26%，含硫约21%；常常用作建材。

（1）理化性状

石膏是单斜晶系矿物，白色、无色，含杂质时显黄-红色，矿物密度2.31～2.33，分子式$CaSO_4 \cdot 2H_2O$，相对分子质量172.17。

无色透明晶体称为透石膏，条痕白色，透明。玻璃光泽，解理面珍珠光泽，纤维状集合体丝绢光泽。有时因含杂质而成灰、浅黄、浅褐等色。

理论组成：CaO为32.5%，SO_3为46.6%，H_2O为20.9%。成分变化不大。常含有黏土、有机质等机械杂质混入物，有时含SiO_2、Al_2O_3、Fe_2O_3、MgO、Na_2O、CO_2、Cl等杂质。

农用石膏一般分为普通石膏和雪花石膏，普通石膏呈白色或灰白色粉末，含有结晶水，能溶于水，但溶解度不大。雪花石膏为纯白、粒度很细，吸湿性比普通石膏大些，吸水后能变成普通石膏。

（2）技术指标

国家标准《天然石膏 GB/T 5483—2008》，适用于自然界产出的天然石膏矿产品。

①术语：石膏（Gypsum）：在形式上主要以二水硫酸钙（$CaSO_4 \cdot 2H_2O$）存在的叫作石膏。

硬石膏（Anhydrite）：在形式上主要以无水硫酸钙（$CaSO_4$）存在的，且无水硫酸钙的质量分数与二水硫酸钙（$CaSO_4 \cdot 2H_2O$）和无水硫酸钙（$CaSO_4$）的质量分数之和的比不小于80%的叫作硬石膏。

混合石膏（Mixed gypsum）：在形式上主要以二水硫酸钙（$CaSO_4 \cdot 2H_2O$）和无水硫酸钙（$CaSO_4$）存在的，且无水硫酸钙的质量分数与二水硫酸钙（$CaSO_4 \cdot 2H_2O$）和无水硫酸钙（$CaSO_4$）的质量分数之和的比小于80%的叫作混合石膏。

②分类：天然石膏产品按矿物组成分为：石膏（代号G），硬石膏（代号A），混合石膏（代号M）三类。

③分级：各类天然石膏按品位分为：特级、一级、二级、三级、四级等五个级别。

④规格：产品块度不大于400毫米。如有特殊要求，由供需双方商定。

⑤要求：天然石膏产品中附着水含量（质量分数）不大于4%。

各类天然石膏产品的品位应符合表4-3-13天然石膏产品的技术指标（GB/T 5483—2008）的要求。

表4-3-13　天然石膏产品的技术指标（GB/T 5483—2008）

级　别	品位（质量分数），%		
	石膏（G）	硬石膏（A）	混合石膏（M）
特　级	≥95	—	≥95
一　级	≥85		
二　级	≥75		
三　级	≥65		
四　级	≥55		

注：品位系指单位体积或单位质量矿石中有用组分或有用矿物的含量。

（3）初步识别

①看形状：粉末状、结晶状或者颗粒状。

②观颜色：白色无色，含杂质显黄红色。

③水溶性：农用石膏含结晶水，微溶于水。

④酸碱性：农用石膏水溶液呈酸性。

（4）施用方法

农用石膏呈酸性，主要施用于碱性土壤，消除土壤碱性，收到改土和供给作物钙、硫营养的作用。

①供给钙硫营养：水田蘸秧根亩用量3千克左右，作基肥或追肥亩用量5～10千克；旱地撒施于土表，再结合翻耕作基肥，也可以作为种肥条施或穴施；基施亩用量10～20千克，作种肥亩施2～5千克。

②作为改碱施用：一般在土壤pH 9以上含有碳酸钠的碱土中施用石膏，亩施50～200千克，宜作基肥，结合灌排深翻入土，后效长，不必年年都施，同时应与种植绿肥或与农家肥和磷肥配合施用。

③改良碱土原因：石膏的主要成分为硫酸钙，可与土壤溶液中的碳酸钠和碳酸氢钠作用，生成硫酸钠易溶于水，可通过灌溉洗盐，随水淋洗掉，从而消除耕层土壤的碱性，达到改良土壤之目的。

④改善土壤性能：石膏中的钙离子还能与土壤胶粒上的钠离子进行交换，形成不易分散的钙胶体，从而使土壤理化性质得到改善；对于缺硫的土壤施用石膏可以改善作物的硫营养，有利于增产。

（5）有关说明

需注意施用深度，一般底肥应施到整个耕层之内，即15～20厘米的深度。

（6）贮运事宜

运输贮存中应防雨、防潮、防包装破损，严禁与化肥、农

药、化学药品等混放以及混运。

特别提示：应严格按照石膏的安全生产、装卸、运输、贮存、使用等相应的法律、法规执行。

3. 磷石膏

磷石膏（Phospho Gypsum，GP）是生产磷肥、磷酸时排放出的固体废弃物，每生产1吨磷酸会产生4.5～5吨磷石膏。磷石膏分二水石膏（$CaSO_4 \cdot 2H_2O$）和半水石膏（$CaSO_4 \cdot 1/2H_2O$），以二水石膏居多。磷石膏除主成分硫酸钙外还含少量磷酸、硅、镁、铁、铝、有机杂质等。

磷石膏含硫约12%，五氧化二磷2%左右，呈酸性反应，易吸湿。磷石膏的主要成分是CaO、硫酸（以SO_3表示）、P_2O_5、F、SiO_2、$A1_2O_3$、Fe_2O_3等。

磷石膏在农业上用作肥料和土壤改良剂，水泥工业作缓凝剂，建材工业用于制作石膏板，化肥工业制备硫酸钾和硫酸铵等。

（1）理化性状

磷石膏为含附着水10%～30%的湿粉，pH＝1.9～5.3，水溶性氟≤0.5%，颗粒直径一般为5～50微米，颜色呈灰白色，有的呈黄色和灰黄色；化学成分复杂，含有残留有机磷和无机磷、氟化物及氟、钾、钠等成分及其他无机物。

磷石膏的溶解度取决于其溶液的pH，它在4.1g/L的盐水中有很高的溶解度。颗粒磷石膏的密度为2.27～2.40g/cm^3，块状磷石膏的密度为0.9～1.7g/cm^3。磷石膏主要以颗粒形式存在，其颗粒半径为0.045～0.250毫米。

须知：磷石膏里含有砷、镉、汞等有害的重金属化学物质，对环境造成的不良影响长达数百年。所含的磷进入水体，富营养化比氮还厉害，当磷的含量超标时水体里蓝藻就会爆发，产生富营养化；它的氟含量比较高，氟会发生渗漏。

据报道，我国的磷石膏有一个很大的优势，就是重金属含量和放射性不高，不管用作什么，都不会带来严重的环境危害。

除杂净化后的磷石膏可代替天然石膏改良土壤理化性状及微生物活动条件，提高土壤渗透性，是较好的土壤改良剂，将磷石膏加入尿素或碳酸铵制成长效氮肥，可减少氮的挥发，提高氮肥利用率。

（2）技术指标

国家标准（磷石膏 GB/T 23456—2009）适用于以磷矿石为原料，湿法制取磷酸所得的、主要成分为二水硫酸钙（$CaSO_4 \cdot 2H_2O$）的磷石膏。

感观要求：外观为灰白色、黄色或灰黄色的湿粉。

理化指标：按表 4-2-14 磷石膏产品的技术指标执行。

按二水硫酸钙的含量分为一级、二级、三级三个级别。

表 4-3-14　磷石膏产品的技术指标（GB/T 23456—2009）

项　目	一级品	二级品	三级品
附着水（H_2O）的质量分数，% ≤	25	25	25
二水硫酸钙（$CaSO_4 \cdot 2H_2O$）的质量分数，% ≥	85	75	65
水溶性五氧化二磷（P_2O_5）的质量分数，% ≤	0.8	0.8	0.8
水溶性氟（F）的质量分数，% ≤	0.5	0.5	0.5

注：①用作石膏建材时应测试水溶性五氧化二磷的质量分数和水溶性氟的质量分数项目。②放射性核素限量应符合 GB 6566 的要求。

（3）初步识别

①看形状：含附着水 10%～30% 的湿粉。

②观颜色：灰白色、黄色或灰黄色。

③水溶性：在 4.1g/L 的盐水中易溶。

④酸碱性：呈酸性，其 pH 为 3～6。

（4）施用方法

据相关报道，对小麦、玉米、大豆和棉花等农作物施用磷石膏后，一般能增产10%以上，盐碱地和垦荒地产量可成倍增长；经过除杂净化达到质量要求的磷石膏，施入田地的磷石膏被作物吸收利用之后，作物的籽粒和秸秆对人畜无害，可以被食用和饲用。

①供给作物养分：磷石膏富含磷、钙、硫、硅等农作物生长所需的营养元素，可施于缺硫钙土壤，用作喜硫钙作物的基肥。

②增加作物产量：磷石膏尤适合施于喜钙和硫的蔬菜，如甘蓝、油菜、番茄等作物的生长发育，能增加产量和改善品质。

③提高抗逆性能：大白菜、葱类和蒜类蔬菜施用磷石膏后，不但显著增产和改善品质，而且还可以提高作物的抗逆性能。

④降低土壤碱性：磷石膏呈酸性，pH为3～6，常用于降低土壤的pH，可直接用作土壤的改良剂，用于改善盐碱地。

⑤盐碱地施用量：对于pH为8.1的轻盐碱土每亩施100千克磷石膏，改良盐碱土壤一般亩施150～200千克效果较明显。

⑦改善土壤结构：磷石膏能使耕作层疏松多孔，增加土壤总孔隙度和非毛细管孔隙度，能改善土壤的通透性和土壤结构。

⑧促进养分转化：施用磷石膏后土壤结构得到明显改善，为土壤微生物活动创造了适宜的环境，促进了土壤养分的转化。

⑨农作物施用量：据相关试验报道，磷石膏的亩施用量30～300千克不等，其施用量与土壤酸碱性和作物种类等密切相关。

⑩具体参考施量：据中国农科院土肥所以及贵州等地的试验显示，水稻每亩磷石膏施用量为50～150千克时，增产7.06%；玉米每亩施用量为150～300千克时，增产11.78%；油菜每亩施用量为30～50千克时，增产15%以上；芝麻每亩施用量为50千克左右，可增产20%；棉花每亩施磷石膏150千克的产量比

不施的增产15.3%；花生、大豆每亩施用50～150千克磷石膏，均可取得较好的效益。

（5）有关说明

①除杂净化之后达标的磷石膏才能使用，未达到质量要求的磷石膏切忌使用，否则将造成土壤污染、水质污染、环境污染、危害作物，最终危害人畜安全。

②据有关试验报道，每亩施用达标磷石膏4吨，小麦中砷、汞、氟的含量均在安全范围之内；玉米籽粒中铜、锌、铅、铬、镉、镍、锰、钴、铁也均未超标。

（6）贮运事宜

①磷石膏运输时不得与其他材料混装，运输工具应保持清洁，以免混入杂质。

②磷石膏若置于露天贮存时，必须对贮放场地进行必要的防渗等技术处理。

特别提示：应严格按照磷石膏的安全生产、装卸、运输、贮存、使用等相应的法律、法规执行。

4. 其他硫肥

其他硫肥品种还有过磷酸钙、硫酸钾、硫酸铵等，也都含有一定量的硫，也是常用的硫肥品种，均能供给农作物生长发育所需的硫素。

上述硫肥已在本章第2节中作了叙述；有关作物缺硫症状与缺硫防治等内容在“第六章　作物缺素防治”中介绍，在此不赘述。

四、硅肥

硅肥（Silicate fertilizer）系指以有效硅（SiO_2）为主要标明量的各种肥料，按照中国现行肥料分类方法（大量元素、中量元素、微量元素肥料），硅肥与钙肥等属于中量元素肥料。

硅在植物干物质中的含量为0.1%~20%。硅肥被国际土壤界列为继氮、磷、钾之后的第四大元素肥料。在我国科技部公布的新一批“九五”（第九个五年计划时期1996—2000年）国家重点科技成果推广项目中，硅肥名列榜首。国家测土配方已把是否缺少二氧化硅作为技术标准，2004年6月1日，农业部颁布了由中国农业科学院土壤肥料研究所等单位完成的硅肥行业标准NY/T 797—2004，标志着经过多年的研究试验和推广，硅肥已成为21世纪中国的一种新型肥料。

“高产不优质、优质不高产”这是一直困扰我国农作物种植的问题。农业专家们指出，随着施肥水平的提高，大量化肥的施入必须要有硅肥的配合，“氮磷钾+硅”科学平衡施肥，才能达到优质高产的效果。硅肥能够改变作物品质的特性，正在引起世界范围内土肥学界和植物营养学界的重视。

1. 硅肥作用

硅是植物体组成的重要营养元素，被国际土壤界列为继氮、磷、钾之后的第四大元素。

（1）促进增产

施用硅肥有利于提高农作物的光合作用和增加叶绿素含量，使茎叶挺直，促进有机物积累；硅肥能增强瓜果类作物的花粉活力，在开花期施用硅肥，能显著提高成果率。

（2）提高品质

硅肥是农作物的品质肥料，可明显改善农产品品质，有效预防裂果、缩果和畸形果，增加果实的硬度，提高含糖量、着色率，口味佳，商品性好，耐储运，延长保鲜期。

（3）防治霉菌

硅能活化有益微生物，改良土壤，矫正土壤酸度，提高土壤盐基，促进有机肥分解，抑制土壤病菌、抗重茬及减轻重金属污染，施用硅肥能有效防治霉菌的存活与繁殖。

（4）抗病虫害

农作物吸收硅元素后可在植物体内形成硅化细胞，提高作物对病虫害的抵抗力；硅肥能使作物体内通气性增强，可预防根系腐烂和早衰，对防治水稻烂根病有重要作用。

（5）增强抗逆

硅肥能有效调节农作物叶片气孔开闭和抑制水分蒸腾，增强作物的抗旱、抗干热风、抗寒及抗低温等抗逆能力；能增加作物茎秆的机械强度，提高抗倒伏能力85%以上。

（6）调节功能

硅肥能活化土壤中的磷和促进根系对磷的吸收，提高磷肥的利用率；强化钙镁的吸收利用，能很好地调节作物对氮磷钾等不同养分的平衡吸收，被称为“植物调节性肥料”。

2. 施用效果

（1）硅肥是一种很好的“品质肥料”“保健肥料”和“植物调节性肥料”，硅肥既可作肥料，提供养分，又可用作土壤调理剂，改良土壤。此外，还兼有防病、防虫和减毒的作用。硅肥具有无毒、无味、不变质、不流失、无公害等突出优点，将成为发展绿色生态农业的高效优质肥料。

（2）施硅肥水稻增产10%~20%，小麦增产10%~15%，玉米增产12%~20%，棉花增产10%~15%，麻类增产10%~25%，花生增产15%~35%，大豆增产10%~20%，芝麻增产15%以上，甘蔗增产10%~25%，竹类增产10%~20%，草莓增产30%~50%，西瓜增产10%~25%，蔬菜增产15%~20%。

（3）据报道，硅肥能起到防病防虫的作用，提高农作物对稻瘟病、叶斑病、纹枯病、白叶枯病、茎腐病、烂秧病、黑穗病、菌核病、锈病、白粉病、黑斑病、霜霉病、灰霉病、青枯病、枯萎病、根腐病及螟虫、稻飞虱、蚜虫、棉铃虫、钻心虫、白粉虱、根线虫等病虫害的抗性。

3. 硅肥品种

硅肥的现有品种主要有枸溶性硅肥、水溶性硅肥以及硅复合肥等。

枸溶性硅肥是指不溶于水而溶于酸后可以被植物吸收的硅肥，常见的多为炼钢厂的废钢渣、粉煤灰、矿石经高温煅烧工艺等加工而成，一般施用量较大（每亩25～50千克），适合作作物基施，市场售价较低。

水溶性硅肥是指溶于水可以被植物直接吸收的硅肥，生产工艺较复杂，成本较高，一般常用作叶面喷施、冲施和滴灌，也可基施和追施；具体用量根据作物品种喜硅情况、土壤的缺硅状况以及硅肥的含量而定。

（1）炉渣类硅钙肥

钢渣、粉煤灰、煤灰渣和黄磷炉渣等。主要成分是二氧化硅和氧化钙，还含铁、铝、磷、锌、锰、铜等，有效硅 SiO_2 含量20%以上。

（2）硅酸盐类硅肥

硅酸钠（Na_2SiO_3）、硅酸钙（$CaSiO_3$）、原硅酸钙（Ca_2SiO_4）、原硅酸镁（Mg_2SiO_4），均为水溶性硅酸盐肥料，水溶性 SiO_2 含量50%以上。

（3）硅复合肥

钙镁磷高硅复合肥、硅钾钙镁复合肥、有机硅水溶长效复合肥等，可由氮磷钾的复合肥添加硅肥经造粒而成，有效硅含量各厂有所不同。

4. 硅肥标准

我国农业行业标准《硅肥 NY/T 797—2004》，适用于以炼铁炉渣、黄磷炉渣、钾长石、海矿石、亦泥、煤粉灰等为主要原料，以有效硅（SiO_2）为主要标明量的各种肥料。

①术语：硅肥：包括以炼铁炉渣、黄磷炉渣、钾长石、海矿

石、亦泥、煤粉灰等为主要原料，以有效硅（SiO_2）为主要标明量的各种肥料。

②外观：灰白色或暗灰色。

③要求：硅肥的产品质量按表4-3-15 硅肥产品的技术指标（NY/T 797—2004）执行。

表4-3-15　硅肥产品的技术指标（NY/T 797—2004）

项　目	合格品指标
有效硅（SiO_2）含量，%	≥20.0
水分含量，%	≤3.0
细度（通过250μm标准筛），%	≥80

注：硅肥还应符合国家标准《GB/T 肥料中砷、镉、铅、铬、汞限量》。

5. 施用方法

（1）参考施量

含硅（SiO_2）约20%的硅肥，以亩施25～50千克为最佳施用量。

（2）宜施土质

适于中性或微酸性土、缺硅土壤，与氮、磷、钾肥配合施用。

（3）适施作物

喜硅作物，如粮食作物、棉花、花生、油菜、蔬菜、果树等。

（4）施用方法

结合作物种类施用硅肥，进行基施和追施，分次施用较适宜。

（5）施用时期

玉米苗期（5～6叶）及拔节期（11～12叶）追施硅肥效

果好。

6. 贮运事宜

(1) 硅肥在搬运、运输过程中，均应防晒、防雨淋、防受潮、防湿和防包装袋破损，以免污染和造成损失。

(2) 硅肥应贮存在场地平整、干燥通风、阴凉的仓库中，防晒、防雨淋、防受潮、防湿，堆高不宜大于7米。

特别提示：应严格按照硅肥的安全生产、装卸、运输、贮存、使用等相应的法律、法规执行。

7. 附加说明

有关作物缺硅症状与缺硅防治等内容在“第六章　作物缺素防治”中介绍，在此不赘述。

第4节　微量元素肥料

按照农业行业标准 NY/T 496—2010 中的定义，微量元素(Micro-nutrient) 系指植物生长所必需的、但相对来说是少量的元素，包括硼、锰、铁、锌、铜、钼、氯和镍。

按照农业行业标准 NY/T 496—2010 中的定义，有益元素(Beneficial element) 系指不是所有植物生长必需的，但对某些植物生长有益的元素，如钠、硅、钴、硒、铝、钛、碘等。

据相关研究新近报道，把硅和钠分别划归为植物生长所必需的中量元素和微量元素。

根据矿物质营养理论，植物生长发育需要碳、氢、氧、氮、磷、钾、钙、镁、硫、硅、铁、锰、铜、锌、硼、钼、氯、钠、镍等19种必需营养元素和一些有益元素。碳、氢、氧主要来自空气和水，其他营养元素多以矿物形态主要从土壤中吸收。每种必需元素均有其特定的生理功能，相互之间同等重要、不可替代。有益元素也能对某些植物生长发育起到促进作用。

据相关报道，我国中低产田占总耕地面积的70%以上，其中大部分存在中量元素（钙、镁、硫、硅）和微量元素（铁、锰、铜、锌、硼、钼、氯、钠和镍）缺乏的问题。我国缺少微量元素铁、铜、钼、硼、锰、锌的耕地分别占5%、6.9%、21%、46.8%、34.5%、51.5%。科学合理地、针对性地施用中量元素肥料和微量元素肥料，不仅是提高中低产田产量的有效技术措施，而且还可有效增强作物对病虫害、低温、高温、水旱灾害等的抗逆能力。

随着我国经济的发展，人民生活水平的不断提高，人们对农产品的需求从数量型向质量型转化，合理施用中量和微量元素肥料不仅可提高产量，而且对提高农产品的品质也有非常明显的效果。

一、基本概念

微量元素肥料（Microelement fertilizer）通常简称为微肥，系指植物正常生长所必需的、但相对来说是少量的元素肥料。

1. 微量元素含义

微量元素是指自然界中含量很低的一类化学元素。部分微量元素具有生物学意义，是植物和动物正常生长发育和生活所必需的，称为“必需微量元素”或者“微量养分”，通常简称“微量元素”。对作物而言，含量（按干物量计）介于0.05～200mg/kg的必需营养元素称为“微量元素”。

2. 必需微量元素

到目前为止，已证实作物所必需的微量元素有铁、硼、锰、铜、锌、钼、氯和镍等。它们分别占植物干重为：铁100～200mg/kg、硼20～50mg/kg、氯100mg/kg、锰50～500mg/kg、铜6～10mg/kg、锌20～100mg/kg、钼0.1～1mg/kg、镍0.05～5mg/kg；据报道新增必需元素：硅0.1%～20%，钠0.1%左右。

3. 微量元素肥料

微量元素经过加工成肥料，称作微量元素肥料（简称微肥），系指含有微量元素养分的肥料，如铁肥、硼肥、锰肥、铜肥、锌肥、钼肥、钠肥、氯肥和镍肥等，可以是含有一种微量元素的单纯化合物，也可以是含有多种微量和（或）大量元素的复混肥料；可作基肥、种肥或喷施肥料等。

4. 微肥主要特点

必需微量元素在植物和动物体内的作用有很强的专一性，是不可或缺和不可替代的，当供给不足时，植物往往表现出特定的缺乏症状，农作物产量降低，质量下降，严重时可能绝产；然而稍有过量反而对植物有害，甚至致其死亡。合理施用微肥，有利于农作物产量的提高和品质的改善。

5. 微肥用量较少

微量元素肥料施用量较少，多数大田作物亩施用量：硫酸锌只有1~2千克，硼砂只用0.5~1千克；果树和蔬菜等经济作物每亩很少超过5千克；多在播种或移栽前将微肥与细土或腐熟有机肥混匀后，与基肥一起沟施或穴施；微肥一般不与磷肥混施，否则形成难溶性物质，相互降低肥效。

二、微肥作用

1. 增加产量

施用微肥增产效果明显，各地小麦、棉花、玉米、水稻、油菜、花生等大田作物，以及蔬菜、果树等经济作物，均表现出显著的增产效果，平均增产达10%~20%。

2. 提高品质

小麦、水稻等以及蔬菜、果树等收获物的内在品质，如蛋白质、糖分、维生素、含钙量、含铁量、着色、硬度等质量指标，以及收获物的可观性、耐贮性、商品性均提高。

3. 有益安全

生物体所需要的微量元素如果来自外源性物质，则容易导致缺乏或过量积累；适量施用铁、锌等微量元素肥料，能直接提高作物收获物中微量元素含量，有益人畜安全。

4. 防治缺素

如果田土严重缺乏微量元素，那么可以使作物减产甚至颗粒无收；过去有些植物发生缺素症状后，人们并不十分了解病因，有时甚至误认为是真菌病害或细菌病害所致。

5. 促进生长

微量元素是植物体内多种酶的成分或活化剂，参与碳素同化、碳水化合物转运、氮素代谢和氧化还原过程等；促进植物光合作用，促进植物生长和繁殖器官形成和发育。

6. 提高抗逆

微量元素能提高农作物的抗干旱、抗高温、抗冰冻、抗盐碱、抗倒伏、抗病虫害等抗逆能力。例如：硅可增强水稻等农作物对病虫害的抵抗能力，提高作物抗倒伏能力。

三、微肥分类

1. 按养分组成区分

①单质微肥：这类微肥一般只含有一种作物需要的微量元素，如硫酸锌、硫酸亚铁等。这类肥料多数易溶于水，施用方便，可作基肥、种肥和追肥。

②复合微肥：这类微肥在制造时加入一种或多种微量元素，包括大量元素与微量元素以及微量元素与微量元素之间的复合，如磷酸铵锌、磷酸铵锰等。

③混合微肥：这类微肥在制造或在施用时，将各种单质肥料按其需要混合而成，其优点是组成灵活。目前国外多在配肥站按用户的需求配制混合微肥。

2. 按溶解性能区分

①速溶微肥：此类为易溶性无机盐，属于速溶性微肥。例如：硫酸盐、硝酸盐、硼酸盐、钼酸盐、氯化物等；可用作追肥。

②缓效微肥：溶解度较小的无机盐，属于缓效性微肥。例如：磷酸盐、碳酸盐、氧化物、硫化物、氯化物等；适于作基肥。

③玻璃微肥：经高温熔融或烧结的玻璃状物质，含有微量元素的硅酸盐型粉末，难溶解，如硼酸盐玻璃微肥；适于作基肥。

④螯合微肥：天然或人工合成的具有螯合作用的化合物，与微量元素螯合的产物，溶解性能好，如螯合锌等；可用作追肥。

⑤工业废渣：含微量元素的工业废渣，其中含有一定数量的某些微量元素，一般都是缓效性肥料，溶解度小；适于作基肥。

⑥有机肥料：有机肥料中都含有一定数量的微量元素，是可溶性微肥的重要来源之一，但因含量低，难以满足作物的需求。

3. 按元素种类区分

按元素种类区分有：硼肥、钼肥、锰肥、锌肥、铜肥、铁肥、氯肥、钠肥、镍肥等。硼、钼、氯常为阴离子，常用的是硼酸盐或钼酸盐；其他元素为阳离子，常用的是硫酸盐（如硫酸锌、硫酸锰等）。

四、制法简介

微量元素肥料主要是无机盐、氧化物、螯合物等，一些矿物质、冶金副产物或废料常常可以用作微量元素肥料的原料。

微量元素肥料的制法与无机化工产品的生产方法大致相同，还有两种形态的微量元素肥料：一种是含有微量营养元素的玻璃态物质，由相应的无机盐或氧化物与二氧化硅共熔制成；另一种是金属元素的螯合物，例如铜、铁、锰和锌与乙二胺四乙酸

（EDTA）制成的螯合物。这种螯合态微量元素肥料的使用效果好、速效，但是成本较高，尚未广泛采用。

1. 制法参考

（1）氮磷肥料微肥

①主要原料：磷酸氢二钾和尿素，先将磷酸氢二钾在210～300℃温度下加热脱水聚合形成高水溶的聚磷酸钾，按设定配方比例加入水加热溶解，再加入尿素，完全溶解后，配入适量硼酸、硫酸锌，加热溶解。

②配方比例：聚磷酸钾20%～35%，尿素15%～35%，硼酸1%～3%，一水硫酸锌0.5%～2%，余量为水。

③实际操作：上述物质按配方比例反应溶解完毕后，冷却至室温，包装即为含微量元素型大量元素水溶肥料液体产品。此法所需原料简单易得，工艺简便易行，投资少，成本低。

（2）普通玻璃微肥

①主要原料：普通玻璃，又称钠钙玻璃，其主要成分是SiO_2、CaO和Na_2O，于水中浸泡约30分钟，取出晾干，粉碎过100目标准筛；微量元素采用氧化物或其盐类。

②配方比例：如在100克玻璃中含各种微量元素均为1克，则需100克玻璃、1.3克CuO、1.2克ZnO、1.6克MnO_2、5.7克H_3BO_3、1.8克$(NH_4)_6Mo_7O_{24}\cdot 4H_2O$等。

③操作过程：把配方料放入混合粉碎器中，充分混匀研细后，置于900～1000℃灼烧1小时，取出冷却，研磨粉碎，过100目标准筛即得产品。

（3）硼盐玻璃微肥

①主要原料：以硼酸盐玻璃作为基玻璃。

②配方比例：B_2O_3为10%～30%，SiO_2为20%～40%，Al_2O_3为1%～10%，$K_2O + Na_2O$为5%～10%，$MgO + CaO$为5%～15%；在玻璃微肥中，微量元素金属氧化物（除B_2O_3外）

占总量的1%～35%。

③操作过程：将称重混合后的各种肥料原料入炉内熔制，熔制温度为1100～1280℃，然后经水淬、烘干、磨细成粉即可。

2. 常用制法

①混合加工：在生产常量颗粒肥料中加入微量元素，混匀后造粒即可。这种方法比较方便和经济，不会产生养分不均匀现象；缺点是灵活性较差，难以满足市场的多种要求。

②粉末涂包：把微量元素肥料粉末与常量肥料颗粒置于小型混合器内混合，喷入少量油、水或微量元素盐类的水溶液，并继续混合、干燥即可；此法可随时满足市场的需要。

③玻璃微肥：以玻璃为主要原料，加入适量的微量元素，经过灼烧成为熔融状态后，发生固相反应，即生成玻璃微量元素肥料；这种肥料的生产不仅制法简单而且成本低廉。

④液体微肥：按设定配方比例投料，按配方量加水，适当搅拌，加热溶解，按配方比例反应溶解完毕后，冷却至室温，包装即为含微量元素的液体微肥；此法操作简便易行。

五、质量标准

1. 微量元素叶面肥料

适用范围：中华人民共和国国家标准《微量元素叶面肥料GB/T 17420—1998》，适用于以微量元素为主的叶面肥料。

理化指标：微量元素叶面肥料产品按表4-4-1微量元素叶面肥料的技术指标（GB/T 17420—1998）执行。

表4-4-1　微量元素叶面肥料产品的技术指标（GB/T 17420—1998）

项　目	固体	液体
微量元素（Fe，Mn，Cu，Zn，Mo，B）总量（以元素计），% ≥	10.0	10.0

续表

项　目	固体	液体
水分（H_2O）含量，% ≤	5.0	—
水不溶物，% ≤	5.0	5.0
pH（固体 1+250 水溶液，液体为原液）	5.0~8.0	≥3.0
有害元素-砷（As）（以元素计），% ≤	0.002	0.002
有害元素-铅（Pb）（以元素计），% ≤	0.002	0.002
有害元素-镉（Cd）（以元素计），% ≤	0.01	0.01

注：微量元素含量指钼、硼、锰、锌、铜、铁等六种元素中的 2 种或 2 种以上元素之和，含量小于 0.2% 的不计。

说明：微量元素叶面肥料贮存于阴凉干燥处，在运输过程中应注意防压、防晒、防渗、防破裂。

2. 微量元素水溶肥料

适用范围：中华人民共和国农业行业标准《微量元素水溶肥料 NY 1428—2010》适用于中华人民共和国境内生产和销售的，由铜、铁、锰、锌、硼、钼微量元素按所需比例制成的或单一微量元素制成的液体或固体水溶肥料。本标准不适用于已有强制性国家或行业标准的肥料（如硫酸铜、硫酸锌）和螯合态肥料（如 EDDHA-Fe）。

（1）术语

水溶肥料：经水溶解或稀释，用于灌溉施肥、叶面施肥、无土栽培、浸种蘸根等用途的液体或固体肥料。

（2）外观

微量元素水溶肥料固体产品为均匀、松散的固体。

微量元素水溶肥料液体产品为均匀的液体。

（3）指标

微量元素水溶肥料固体产品技术指标应符合表 4-4-2

《NY 1428—2010》的要求。

微量元素水溶肥料液体产品技术指标应符合表 4-4-3《NY 1428—2010》的要求。

微量元素水溶肥料中汞、砷、镉、铅、铬元素限量指标应符合表 4-4-4《NY 1110—2010》的要求。

表 4-4-2　微量元素水溶肥料固体产品技术指标（NY 1428—2010）

项　目	指　标
微量元素含量，%	≥10.0
水不溶物含量，%	≤5.0
pH（1+250 倍稀释）	3.0～10.0
水分（H_2O），%	≤6.0

注：微量元素含量指铜、铁、锰、锌、硼、钼元素含量之和，产品至少应包含一种元素。含量不低于 0.05% 的单一微量元素均应计入微量元素含量中。钼元素含量不高于 1.0%（单质含钼微量元素产品除外）。

表 4-4-3　微量元素水溶肥料液体产品技术指标（NY 1428—2010）

项　目	指　标
微量元素含量，g/L	≥100
水不溶物含量，g/L	≤50
pH（1+250 倍稀释）	3.0～10.0

注：微量元素含量指铜、铁、锰、锌、硼、钼元素含量之和，产品至少应包含一种元素。含量不低于 0.5g/L 的单一微量元素均应计入微量元素含量中。钼元素含量不高于 10g/L（单质含钼微量元素产品除外）。

表 4-4-4　水溶肥料中汞、砷、镉、铅、铬元素限量指标（NY 1110—2010）

项目（以元素计）	汞（Hg）	砷（As）	镉（Cd）	铅（Pb）	铬（Cr）
指标（mg/kg）	≤5	≤10	≤10	≤50	≤50

（4）贮运

①含微量元素叶面肥料贮存于阴凉干燥处；在运输过程中应注意防压、防晒、防渗、防破裂。警示说明按 GB 190 和 GB 191 执行。

②微量元素水溶肥料产品质量证明书和包装标签，应载明汞、砷、镉、铅、铬元素含量的最高标明值以及其他应载明的内容。

特别提示：应严格按照微量元素肥料的安全生产、装卸、运输、贮存、使用等相应的法律、法规执行。

六、施用方法

微量元素肥料施用方法有土壤施用和叶面喷洒施用两种。由于单位面积的施用量很小，所以一定要用大量惰性物质稀释后才能施用；须知，施用不均匀也会毒害农作物。

（1）微量元素肥料施用量少，为了施用均匀常需要把微量元素肥料混入常量肥料中一起施用，一般是在生产常量元素肥料颗粒时，把微量元素肥料混入其中。这种方法比较方便经济，不会产生养分不均匀现象，缺点是灵活性比较差。

（2）把微量元素肥料粉末涂包在常量颗粒肥料的表面。这种操作可在二次加工厂进行。常量颗粒肥料与微量元素肥料在小型混合器内混合约 1 分钟，然后喷入少量的油、水或微量元素盐类的水溶液，并继续混合，产品仍保持外观干燥。

（3）玻璃肥料、矿渣或下脚料等微肥常作基肥和种肥，在播种前结合整地施入土中，或与氮、磷、钾等化肥混合在一起均匀施入，如对水稻每亩施用 1 千克硫酸锌，或硼砂 0.5 ~ 1 千克，并要与厩肥等有机肥混合均匀基施，以防局部危害。

（4）根外追肥将可溶性微肥配成一定浓度的水溶液，对作物茎叶进行喷施。此法优点是避免土施肥料不均匀而造成的危

害，同时也可以在作物的不同发育阶段根据具体需要进行多次喷施，以提高肥效。一般喷洒浓度为0.01%~0.05%。

（5）种子处理，播种前用微量元素的水溶液浸泡种子或拌种，这是一种最经济有效的方法，可节省用肥量。如大豆用钼酸铵拌种，每亩只需要10~20克；硼酸或者硼砂的浸种液浓度为0.01%~0.03%，每500千克种子仅用5升这种溶液。

七、施用须知

（1）适量施用

微肥用量范围较窄，少了达不到预期的效果，过多则容易引起中毒。因此，施用微肥要做到适量、适时、均匀。施用微肥时用量要保证适宜，还必须施得均匀，否则会造成作物中毒，污染土壤与环境，甚至进入食物链，危害人畜健康。

（2）平衡施用

微肥宜与大量元素肥料配合施用，微量元素和氮磷钾等营养元素同等重要、不可代替，只有在满足植物对大量元素需要的前提下，根据土壤缺素程度和植物生长需求，施用微量元素肥料才能充分发挥肥效，才有明显增产和改善品质效果。

（3）改善土壤环境

微量元素的缺乏，往往不是因为土壤中微量元素含量低，而是其有效性低，通过调节土壤条件，如土壤酸碱度、氧化还原性、土壤质地、有机质含量、土壤含水量等，注意改善土壤环境条件，可以有效地改善土壤的微量元素供给条件。

（4）注意微肥肥效

在碱性土壤中钼的有效性增大，其他都降低肥效；变价元素还原态盐的溶解度一般比氧化态盐大，土壤具有还原性，铁锰铜的肥效增大；土壤中有机酸对某些元素有配合作用，与铁形成的配合物能增大铁的肥效，但会降低铜锌的肥效。

八、微肥种类

1. 铁肥

铁肥（Iron fertilizer）系指具有铁标明量，以提供植物养分为主要功效的肥料。铁是植物必需营养元素之一，铁肥可分为无机铁肥、有机铁肥和螯合铁肥三类，硫酸亚铁和硫酸亚铁铵是常用的无机铁肥，有机铁肥的主要代表品种有尿素铁络合物，螯合铁肥有 NaFe-EDTA 等。

（1）营养作用

铁是叶绿素形成不可缺少的，在植株体内很难转移，所以叶片“失绿症”是植物缺铁的表现，并且这种失绿首先表现在幼嫩叶片上。

（2）主要种类

①硫酸亚铁：无水硫酸亚铁是白色粉末，含结晶水的是浅绿色晶体，晶体俗称绿矾。绿矾主要成分为 $FeSO_4 \cdot 7H_2O$，含 Fe 量为 18.5%～19.3%，蓝绿色单斜结晶，溶于水。

②硫酸亚铁铵：主要成分为 $FeSO_4 \cdot (NH_4)_2 \cdot SO_4 \cdot 6H_2O$，含 Fe 量约为 14%，淡蓝绿色结晶，溶于水。

③有机螯合铁：主要成分为 Fe-EDTA，Fe-DTPA，Fe-HEDTA，Fe-EDDHA 等，含 Fe 量分别 5%，10%，5%～12%，6%，均易溶于水。

（3）施用方法

①叶面喷施：用 0.1%～1.0% 硫酸亚铁进行喷施，果树比一年生作物易发生缺铁失绿，5～7 天喷 1 次，直到变绿为止。

②树干涂抹：1～3 年生的幼树或苗木用 0.3%～1.0% 的有机螯合铁肥，环状涂抹于侧枝以下的主干，涂抹宽度约 20 厘米。

③其他施法：将硫酸亚铁每亩 5 千克与农家有机肥按 1：(10～20) 混匀，以基肥方式施入；也可以给树木“打点滴”

补铁。

2. 硼肥

硼肥（Boron fertilizer）系指具有硼标明量，以提供植物养分为主要功效的肥料。硼是植物必需营养元素之一，常规硼肥是指以硼砂、硼酸、硼镁肥、含硼普钙等为主的硼化工制品作为农业用的微量元素肥料。此外，还有硼泥（硼渣）、硼镁磷肥、含硼石膏、含硼硝酸钙、含硼碳酸钙、含硼玻璃肥料、含硼矿物、含硼黏土等也可作硼肥使用。

（1）营养作用

硼在植物体内比较集中于茎尖、根尖、叶片和花器官中，双子叶植物中的含量常常高于单子叶植物。硼可以提高豆科作物根瘤菌的固氮活性，增加固氮量，缺硼时植株生殖器官发育受到严重阻碍，致使作物出现“蕾而不花”和“花而不实”，结实率低，果实小，畸形。

（2）主要种类

①硼酸：主要成分为 H_3BO_3，含 B 量为 17.5%，外观为白色，溶于水。

②硼砂：主要成分为 $Na_2B_4O_7 \cdot 10H_2O$，含 B 量为 11.3%，外观为白色，溶于水。

③硼镁肥：主要成分为 $H_2B_4O_7 \cdot MgSO_4$，含 B 量为 0.5%～1.0%，灰色粉末，主要成分溶于水。

④含硼普钙：主要成分为 $Ca(H_2PO_4)_2 \cdot H_3BO_3$，含 B 量为 0.6%，灰黄粉末，主要成分溶于水。

（3）施用方法

主要施用于对硼肥敏感的作物：棉花、油菜、莴苣、白菜、甘蓝、芹菜、萝卜、甜菜、向日葵、大豆、土豆、果树等；常用硼肥为硼砂和硼酸，硼肥以喷施为主，也可作基肥和追肥施用，肥效可持续 3 年左右。

①叶面喷施：把硼酸配成浓度约为0.1%（硼砂为0.2%），每亩每次喷液量为50~70千克，在作物苗期至生长旺盛期喷施2~3次，每次间隔7~10天。

②用于基施：适用于严重缺硼和中度缺硼的土壤，每亩用硼砂0.5千克（硼酸应减少1/3），拌细干土10~15千克或与氮磷肥料混匀条施，不与种子接触。

③用于浸种：用约40℃的热水将硼砂溶解，再加冷水稀释成0.01%~0.03%溶液，种液比为1∶1，将种子倒入其中浸泡6~8小时，捞出晾干后即可播种。

3. 锰肥

锰肥（Manganese fertilizer）系指具有锰标明量，以提供植物养分为主要功效的肥料。锰是植物必需营养元素之一，锰肥主要品种有硫酸锰和炼钢含锰炉渣。碳酸锰、氯化锰、螯合锰（MnEDTA）、含锰玻璃肥料、含锰过磷酸钙等也可作为锰肥施用。

（1）营养作用

植物叶绿体中含有锰，锰能促进种子发芽和幼苗时期生长，缺锰时影响作物的光合作用、呼吸作用、硝态氮在体内的积累；表现为叶片脉间失绿黄化，有褐色斑点。

（2）主要种类

①硫酸锰：主要成分为$MnSO_4 \cdot 3H_2O$，含Mn量为26%~28%，粉红色结晶，溶于水。

②碳酸锰：主要成分为$MnCO_3$，含Mn为43.5%，玫瑰色三角晶系菱形晶体或无定形亮白棕色粉末，溶于水。

③氯化锰：主要成分为$MnCl_2 \cdot 4H_2O$，含Mn量为26%，粉红色结晶，溶于水。

④锰矿渣：炼锰工业的废渣，含Mn量为6%~22%，难溶于水。

（3）施用方法

①用作基肥：每亩用量1千克左右，可同氮磷肥或细干土混合后，均匀撒施。

②叶面喷施：把硫酸锰配成浓度0.05%~0.10%水溶液，在作物开花前喷施。

③浸种拌种：浸种用0.05%~0.10%的硫酸锰溶液；硫酸锰4~8克拌种1千克。

4. 铜肥

铜肥（Copper fertilizer）系指具有铜标明量，以提供植物养分为主要功效的肥料。铜是植物必需营养元素之一，五水硫酸铜是最主要的铜肥，一水硫酸铜、碱式碳酸铜、氯化铜、氧化铜、氧化亚铜、硅酸铵铜、硫化铜、铜烧结体、铜矿渣、螯合铜等均可作为铜肥施用。

（1）营养作用

铜是植物体内多种氧化酶的成分，参与植物体内的氮代谢、氧化还原反应和呼吸作用，增强植物的抗性；对蛋白质代谢及叶绿素的形成有重大影响；能增强光合作用和促进花粉萌发和花粉管伸长，提高结实率。缺铜时，植株生长瘦弱，新叶发黄，凋萎干枯，叶尖卷曲发白，有坏死斑点。

（2）主要种类

①硫酸铜：主要成分为$CuSO_4 \cdot 5H_2O$，含Cu量为24%~25%，蓝色结晶，易溶于水。一般用0.02%~0.04%的溶液喷施，或用0.01%~0.05%的溶液浸种。

②铜矿渣：炼铜工业的废渣，含Cu量为0.3%~1.0%，杂色，难溶于水。

（3）施用方法

常用铜肥为硫酸铜，可以基施、喷施和作种肥，基施肥效可达3年。

①用作基肥：每亩用硫酸铜0.5～1千克，可与氮磷肥或细干土10～15千克混合均匀后，沟施或撒施，隔3～4年施1次即可。

②叶面喷施：把硫酸铜配成浓度0.01%～0.02%水溶液，每亩50～75千克，在作物苗期至开花前喷2～3次，间隔7～10天。

③用于拌种：拌种时每千克种子需用硫酸铜0.1～1克，先用适量水将硫酸铜溶解后，均匀地喷在种子上，阴干后即可播种。

④用于浸种：把适量硫酸铜加水溶解，配成0.01%～0.05%的溶液，将种子放入浸渍12～24小时之后，捞出阴干后即可播种。

⑤注意事宜：难溶性铜肥作基肥；铜肥用量过多时，易毒害作物，需慎用。常用铜肥为硫酸铜，可以基施、喷施和作种肥。

5. 锌肥

锌肥（Zinc fertilizer）系指具有锌标明量，以提供植物养分为主要功效的肥料。锌是植物必需营养元素之一，常用的锌肥是七水硫酸锌和一水硫酸锌，锌加硒、碱式硫酸锌、氯化锌、氧化锌、硫化锌、磷酸锌、碱式碳酸锌、锌玻璃体、木质素碳酸锌、环烷酸锌乳剂和螯合锌（$Na_2ZnEDTA$，锌宝）等均可作为锌肥。

（1）营养作用

锌能促进作物进行光合作用，它是多种酶的组成成分；缺锌时作物生长发育停滞，植株矮小，出现小叶，叶片扩展受阻，叶缘常呈扭曲状，中脉附近首先出现脉间失绿，产生褐斑，组织坏死。

（2）主要种类

①硫酸锌：主要成分为$ZnSO_4 \cdot 7H_2O$，含Zn量约为23%，白色或橘红色结晶，溶于水。

②氯化锌：主要成分为 $ZnCl_2$，含 Zn 量约为 45%，白色结晶，溶于水。

③螯合态锌：主要成分为 $Na_2ZnEDTA$，含 Zn 量为 12%～14%，溶于水。

④碱式硫酸锌：主要成分为 $ZnSO_4 \cdot 4Zn(OH)_2$，含 Zn 量 55%，溶于水。

（3）施用方法

①用作基肥：锌肥可作基肥或追肥，用量每亩约 1 千克硫酸锌，条施或穴施。

②叶面喷施：把硫酸锌配成浓度为 0.01%～0.05% 水溶液，在作物开花前喷施。

③浸种拌种：浸种用 0.02%～0.05% 的硫酸锌溶液；硫酸锌 1～3 克拌种 1 千克。

6. 钼肥

钼肥（Molybdenum fertilizer）系指具有钼标明量，以提供植物养分为主要功效的肥料。钼是植物必需营养元素之一，常用钼肥有钼酸铵、钼酸钠、钼矿渣，三氧化钼、二硫化钼、含钼玻璃、含钼过磷酸钙等。

（1）营养作用

钼是固氮微生物，特别是与豆科作物共生的根瘤菌固定大气氮素时所必需的微量元素；同时又能增进叶片光合作用强度。缺钼时植株矮小，老叶或茎中部的叶片上先失绿，并向幼叶和生长点发展；叶片脉间失绿，叶缘枯焦，向内卷曲，成萎蔫态。

（2）主要种类

①钼酸铵：主要成分为 $(NH_4)_2MoO_4$，含 Mo 量约为 50%，青白色结晶，溶于水。

②钼酸钠：主要成分为 Na_2MoO_4，含 Mo 量约为 36%，青白

色结晶，溶于水。

③钼矿渣：炼钼工业的废渣，含 Mo 量为 9%～18%，杂色，难溶于水。

（3）施用方法

①叶面喷施：常把钼酸铵配成浓度为 0.02%～0.10% 的溶液，进行叶面喷洒。

②用作基肥：钼矿渣与过磷酸钙加工成含钼过磷酸钙，适作基肥或者种肥。

③拌种浸种：每千克种子用钼酸钠 1～3 克拌种；浸种用 0.05% 钼酸铵水溶液。

④注意事宜：钼酸铵对豆科作物和蔬菜的效果较好，对禾科作物肥效不大。

7. 氯肥

氯肥（Chloride fertilizer）系指具有氯标明量，以提供植物养分为主要功效的肥料。氯是植物必需营养元素之一，常用的氯肥有氯化钠、氯化铵、氯化钾和混合氯肥等。

（1）营养作用

氯参与光合作用，能抑制病害发生；氯的活性强，能促进植物对铵离子和钾离子等养分的吸收。缺氯时两个最常见的症状是幼叶失绿和全株萎蔫。

（2）主要种类

含氯化肥常用的有氯化钠、氯化铵、氯化钾、含氯复合肥（复混肥）。

①氯化钠：主要成分为 NaCl，俗称农盐，含有少量镁、钾、硫、硼、碘等，白色结晶粉末，易溶于水。

②氯化铵：主要成分为 NH_4Cl，又称氯铵，通常为纯碱联合生产的副产物，白色结晶性粉末，易溶于水。

③氯化钾：主要成分为 KCl，易溶于水，肥效迅速，可作基

肥和追肥，但是不宜作种肥和根处追肥。

④混合氯：是以 NH_4Cl 和 KCl 等为基础原料制造而成，含氯量一般不低于4%，为酸性肥料。

（3）施用方法

①用作基肥：把农盐与粪便等有机肥料混合堆沤当作基肥，每亩用量5～8千克为宜。

②用作追肥：腐熟后经过消毒的含氯堆沤肥可直接作追肥，也可在插秧时沾秧根。

③施用作物：适施于耐氯作物，如甜菜、菠菜、萝卜、菊花、水稻、高粱、棉花。

④不宜作物：大棚蔬菜，苹果和柑橘等多种果树为忌氯作物，不宜施用含氯微肥。

8. 钠肥

钠肥（Sodium fertilizer）系指具有钠标明量，以提供植物养分为主要功效的肥料。

（1）营养作用

钠是作物不可或缺的微量元素之一，植物体内一般平均含钠量约占干物质量的0.1%，但随植物种类不同而有很大的差异，高的可达3%以上。

①钠能促进作物生长发育，并增强抗逆能力。

②钠能防止落花落果，提高品质和增加产量。

（2）主要种类

钠肥种类也有好多种，但是较为常用的钠肥主要是农盐（氯化钠）和硝石（硝酸钠）。

（3）施用方法

①农盐与人畜粪等有机肥料混合堆沤当作基肥，还可直接作追肥，每亩用量以施5～8千克为宜。

②硝石宜作追肥，一般农作物每亩用量为8～10千克，应少

量分次施用，以减少硝态氮的淋失。

9. 镍肥

镍肥（Nickel fertilizer）系指具有镍标明量，以提供植物养分为主要功效的肥料。

（1）营养作用

一般植物干物质中含镍量为0.05～10mg/kg，平均1.1mg/kg。镍的主要作用如下：

①有利于作物种子发芽，促进幼苗生长。

②镍是脲酶的金属辅基，催化尿素降解。

③防治病害，增强农作物抗逆能力。

（2）主要种类

常见镍肥种类有：氯化镍（$NiCl_2$）、硫酸镍（Ni_2SO_4）、硝酸镍［$Ni(NO_3)_2$］，均易溶于水，其pH为4～4.5。

（3）施用方法

①用作基肥：可与大量肥料混合均匀，撒于田中，随即耕耘入土，作基肥。

②叶面喷施：把镍肥兑水配成0.1%之内稀溶液，喷施于农作物叶面。

③种苗处理：把镍肥兑水配成稀溶液或配成泥浆状，蘸于农作物根部即可。

第5节　复混化学肥料

复混肥料（Compound fertilizer）系指同时含有植物所需的两种或两种以上营养元素的肥料。复混肥料正朝着高效化、多功能化的方向发展。

一、基本概念

复混肥料按其制造方法一般可分为化合复混肥、混合复混肥、掺合复混肥3种。

化合复混肥：在生产工艺流程中发生显著化学反应而制成的复混肥料。一般属二元型复混肥，副成分少。如磷酸铵、硝酸磷肥、硝酸磷钾肥、硝酸钾等是典型的化合复混肥。

混合复混肥：把几种单元肥料，或单元肥料与化合复合肥进行机械混合、加工造粒而成的复混肥。它们大多属三元型混合复混肥，常含副成分。如尿素磷酸钾、硝酸铵钾等。

掺合复混肥：将颗粒大小相近的单元肥料或单元肥料与化合复合肥，按用户需求确定配方，机械混合而成的复混肥。如磷酸铵与硫酸钾及尿素的固体散装掺混而成三元复肥。

（一）有效成分

（1）复混肥料的有效成分一般用 $N-P_2O_5-K_2O$ 的含量百分数来表示。如含12% N 和52% P_2O_5 的优等品磷酸一铵，其有效成分可顺序表示为12-52-0；含13.5% N 和44.5% K_2O 的一等品硝酸钾，可用13.5-0-44.5来表示；含22% N、10% P_2O_5 和10% K_2O 的优等品硝酸磷钾，可用22-10-10来表示。

（2）复混肥料中，几种主要营养元素含量百分数的总和，称为复混肥料总养分含量。总养分含量≥40%的复混肥料，常称作高浓度复混肥料；总养分含量≥30%的复混肥料，常称作中浓度复混肥料；三元复混肥料总养分含量≥25%、二元复混肥料总养分含量≥20%的复混肥料，一般称作低浓度复混肥料。

注：“0”表示肥料中不含该元素。

（二）主要优点

（1）养分均衡

复混肥料含有两种以上营养成分，其养分均衡，可避免作物养分比例失调、增肥不增产、肥料利用率低、环境污染严重等问题，有利于从盲目施肥走向合理施肥之路。

（2）降低成本

复混肥料是含有多种营养成分的化肥品种，而且养分含量比较高，副成分种类少、含量低，因此，可以大量节约包装、运输、贮存等的费用，此外，也可节省施用成本。

（3）效果明显

复肥中副成分种类少、含量低，在土壤中几乎不残留有害成分，对土壤性质不会产生不良的影响；大量试验显示，复混肥料的肥效与等量单元肥料的肥效相当或者略高。

（三）不足之处

（1）化合复混肥中的养分配比固定，难以满足各种土壤、各种作物对养分比例不同的需求。例如：磷酸二铵是以磷为主的复合肥料，适合豆科作物对养分比例的要求；但在供氮能力差的土壤上，就很难满足禾谷类作物对氮的需求。因此，化合复混肥料往往要配合单元肥料施用，才能收到良好的效果。

（2）现有复混肥料如果采用现有施肥技术，很难达到复混肥料中各元素肥料的最佳效果。例如，一般而言，氮肥最适合作追肥，而磷肥最适合作基肥和种肥，如果采用现有施肥技术施用含氮和磷的现有复混肥料，只能采用同一施肥时期、施肥方式和施入深度，这就难以充分发挥各营养元素的最佳肥效。

（四）相关术语

根据国家标准《GB 15063—2009　复混肥料（复合肥料）标准》和《GB 21633—2008　掺混肥料（BB 肥）》，相关术语定义如下。

（1）复混肥料（Compound fertilizer）

氮、磷、钾三种养分中，至少有两种养分标明量的由化学方法和（或）掺混方法所制成的肥料。

（2）复合肥料（Complex fertilizer）

氮、磷、钾三种养分中，至少有两种养分标明量的仅由化学法制成的肥料，属复混肥料的一种。

（3）掺混肥料（Bulk blending fertilizer）

氮、磷、钾三种养分中，至少有两种养分标明量的由干混方法制成的颗粒状肥料，也称 BB 肥。

（4）有机-无机复混肥料（Organic-inorganic compound fertilizer）

含有一定量有机质的复混肥料。

（5）大量元素（主要养分）（Primary nutrient；Macronutrient）

对元素氮、磷、钾的通称。

（6）中量元素（次要养分）（Secondary element；Nutrient）

对元素钙、镁、硫等的通称。

（7）微量元素（微量养分）（Trace element；Micronutrient）

植物生长所必需的，但相对来说是少量的元素，如硼、锰、铁、锌、铜、钼或钴等。

（8）总养分（Total Primary nutrient）

总氮、有效五氧化二磷和氧化钾含量之和，以质量分数计。

（9）标明量（Declarable content）

在肥料或土壤调理剂标签或质量证明书上标明的元素（或氧化物）含量。

（10）标识（Marking）

用于识别肥料产品及其质量、数量、特征、特性和使用方法所做的各种表示的统称。标识可用文字、符号、图案以及其他说明物等表示。

（11）标签（Label）

供识别肥料和了解其主要性能而附以必要资料的纸片、塑料片或者包装袋等容器的印刷部分。

（12）配合式（Formula）

按 $N-P_2O_5-K_2O$（总氮-有效五氧化二磷-氧化钾）顺序，用阿拉伯数字分别表示其在复混肥料中所占百分比含量的一种方式。

（五）质量标准

1. 复混肥料（复合肥料）

国家标准《复混肥料（复合肥料）GB 15063—2009》中规定了复混肥料（复合肥料）的要求、试验方法、检验规则、标识、包装、运输和贮存。

此标准适用于复混肥料（包括各种专用肥料以及冠以各种名称的以氮、磷、钾为基础养分的三元或二元固体肥料）；已有国家标准或行业标准的复合肥料如磷酸一铵、磷酸二铵、硝酸磷肥、硝酸磷钾肥、农业用硝酸钾、磷酸二氢钾、钙镁磷钾肥及有机-无机复混肥料、掺混肥料等应执行相应的产品标准；缓释复混肥料同时执行相应的标准。

（1）产品外观

复混肥料（复合肥料）为粒状、条状或片状产品，无机械杂质。

（2）质量指标

复混肥料（复合肥料）应符合表 4-5-1 中的要求，同时应

符合包装容器上的标明值。

表 4-5-1　复混肥料（复合肥料）产品质量指标（GB 15063—2009）

项　目	高浓度	中浓度	低浓度
总养分（$N+P_2O_5+K_2O$）的质量分数[a]，% ≥	40.0	30.0	25.0
水溶性磷占有效磷百分率[b]，% ≥	60	50	40
水分（H_2O）的质量分数[c]，% ≤	2.0	2.5	5.0
粒度（1.00～4.75mm 或 3.35～5.60mm）[d]，% ≥	90	90	80
未标“含氯”的产品中氯离子的质量分数[e]，% ≤	3.0	3.0	3.0
标识“含氯（低氯）”的产品中氯离子的质量分数[e]，% ≤	15.0	15.0	15.0
标识“含氯（中氯）”的产品中氯离子的质量分数[e]，% ≤	30.0	30.0	30.0

注：a. 产品的单一养分含量不应小于4.0%，且单一养分测定值与标明值负偏差的绝对值不应大于1.5%。b. 以钙镁磷肥等枸溶性磷肥为基础磷肥并在包装容器上注明为“枸溶性磷”时，“水溶性磷占有效磷百分率”项目不做检验和判定。若为氮、钾二元肥料，“水溶性磷占有效磷百分率”项目不做检验和判定。c. 水分为出厂检验项目。d. 特殊形状或更大颗粒（粉状除外）产品的粒度可由供需双方协议确定。e. 氯离子的质量分数大于30.0%的产品，应在包装袋上标明“含氯（高氯）”，标识“含氯（高氯）”的产品氯离子的质量分数可不做检验和判定。

（3）包装标识

①复混肥料产品中如果含有硝态氮，应在包装容器上标明“含硝态氮”。

②以钙、镁、磷肥等枸溶性磷肥为基础磷肥的产品应在包装容器上标明为“枸溶性磷”。

③氯离子的质量分数大于3.0%的产品，用汉字明确标注“含氯（低氯）”“含氯（中氯）”或“含氯（高氯）”，有“含氯（高氯）”标识的产品应在包装容器上标明产品的适用作物品种和“使用不当会对作物造成伤害”的警示语。

④含有尿素态氮的产品应在包装容器上标明以下警示语：“含缩二脲，使用不当会对作物造成伤害”。

⑤产品外包装袋上应有使用说明，内容包括：警示语（如“氯含量较高、含缩二脲，使用不当会对作物造成伤害”等）、使用方法、适宜作物及不适宜作物、建议使用量等。

⑥其余应符合GB 18382。

（4）贮存运输

①在标明的每袋净含量范围内的产品中有添加物时，必须与原物料混合均匀，不得以小包装形式放入包装袋中。

②在符合GB 8569前提下使用经济实用型包装。产品应贮存于阴凉干燥处，在运输过程中应防潮、防晒、防破裂。

特别提示：应严格按照复混肥料的安全生产、装卸、运输、贮存、使用等相应的法律、法规执行。

2. 掺混肥料

国家标准《掺混肥料（BB肥）GB 21633—2008》，适用于氮、磷、钾三种养分中至少有两种养分标明量的由干混方法制成的冠以各种名称的肥料，适用于缓释型、控释型及有机质质量分数未超过20%的掺混肥料。

本标准适用于干混氮和（或）磷和（或）钾肥料颗粒的复混肥料或复合肥料。

本标准不适用于在复混肥料或复合肥料基础上仅干混有机颗粒（或）生物制剂颗粒和（或）中微量元素颗粒的产品。

（1）产品外观

掺混肥料产品为颗粒状，无机械杂质。

（2）质量指标

掺混肥料产品应符合表 4-5-2 中的要求，同时应符合包装容器的标明值。

表 4-5-2　掺混肥料产品质量指标（GB 21633—2008）

项　目	指　标
总养分（$N-P_2O_5-K_2O$）质量分数[a]，% ≥	35.0
水溶磷占有效磷的百分率[b]，% ≥	60
水分（H_2O）的质量分数，% ≤	2.0
粒度（2.00～4.00mm），% ≥	70
氯离子的质量分数[c]，% ≤	3.0
中量元素单一养分的质量分数（以单质计）[d]，% ≥	2.0
微量元素单一养分的质量分数（以单质计）[e]，% ≥	0.02

注：a. 组成产品的单一养分质量分数不得低于4.0%，且单一养分测定值与标明值负偏差的绝对值不得大于1.5%。b. 以钙镁磷肥等枸溶性磷肥为基础磷肥并在包装容器上注明为“枸溶性磷”，可不控制“水溶磷占有效磷的百分率”指标，若为氮、钾二元肥料，也不控制“水溶磷占有效磷的百分率”指标。c. 包装容器标明“含氯”时不检测本项目。d. 包装容器标明含有钙、镁、硫时检测本项目。e. 包装容器标明含有铜、铁、锰、锌、硼、钼时检测本项目。

（3）包装标识

①产品名称应使用“掺混肥料”或“掺混肥料（BB 肥）”。

②对于含氯肥料应用汉字明确标注“含氯”或“含 Cl”。

③包装容器上标有缓控释字样或标称缓控释掺混（BB）肥料时，应同时执行标明的缓控释肥料的国家标准或行业标准。

④产品使用说明书内容包括：产品名称、总养分含量、配合式、使用方法、贮存及使用注意事项等，编写应符合 GB 9969.1 的规定。

⑤使用硝酸铵产品为原料时，应在产品包装袋正面标注硝酸铵在产品中所占质量分数，应在包装容器适当位置标注贮运及使

用安全注意事项，且应同时符合国家法律法规或标准关于安全性能方面的要求。

⑥若加入中量元素、微量元素，应分别标明各单养分含量，中量元素单养分含量低于 2.0%、微量元素单养分含量低于 0.02% 的不应标明。

⑦其余应符合 GB 18382。

（4）贮存运输

①掺混肥料应贮存于阴凉干燥处，在运输过程中应防潮、防晒、防破裂。产品可以包装或散装形式运输。

②掺混肥料长距离运输和长期贮存会增加物料分离，使用前应上下颠倒 4 ~ 5 次，使其尽可能混合均匀。

特别提示：应严格按照掺混肥料的安全生产、装卸、运输、贮存、使用等相应的法律、法规执行。

（六）施用原则

复混肥料（复合肥料）、掺混肥料的施用原则：①宜作基肥：作物吸收磷、钾的临界期一般在前期，而磷、钾在土壤中的移动性较小，因此含磷钾的复混肥作基肥较好。②因土施用：应按土壤的缺素状况，以及不同农作物对肥料的需求和农作物各生育期的需肥规律，适时适量选施复混肥。③施用方法：黏性土壤应深施，而沙质土差，宜浅施；氨态氮复混肥施后需覆上，含磷钾的复混肥宜于作物根系附近穴施。

二、常用种类

（一）二元复混肥料

1. 磷酸一铵

磷酸一铵（Monoammonium phosphate；MAP）又称一铵。可

用氨水和磷酸反应制成，主要用于制造肥料及灭火剂。

磷酸一铵是一种以含磷为主的高浓度速效氮磷复合肥。含磷量约60%，含氮量10%左右。外观为灰色或淡黄色。不易吸湿，不易结块，易溶于水。其化学性质呈酸性，适用于各种作物和各类土壤，特别是在碱性土壤和缺磷较严重的地方，增产效果十分明显。

（1）理化性状

磷酸一铵又称磷酸二氢铵是一种白色的晶体，分子式为$NH_4H_2PO_4$，相对分子质量为115.03，难溶于丙酮，微溶于乙醇，可溶于水，水溶液呈酸性；常温下（20℃）在100克水中的溶解度为37.4克。相对密度1.80，熔点190℃，折光率1.525，加热会分解失去氨和水而成偏磷酸铵（NH_4PO_3）和磷酸的混合物。

（2）技术指标

国家标准《磷酸一铵、磷酸二铵 GB 10205—2009》适用于各种工艺生产的固体磷酸一铵和磷酸二铵肥料。

1）传统法粒状磷酸一铵

采用磷酸浓缩法，以氨中和磷酸或采用料浆浓缩法以外的方法制成的磷酸一铵。

外观：为颗粒状、无机械杂质。

指标：按表4-5-3传统法粒状磷酸一铵产品的技术指标执行。

表4-5-3　传统法粒状磷酸一铵产品的技术指标（GB 10205—2009）

项　目	优等品 12-52-0	一等品 11-49-0	合格品 10-46-0
总养分（$N+P_2O_5$）的质量分数，% ≥	64.0	60.0	56.0
总氮（N）的质量分数，% ≥	11.0	10.0	9.0

续表

项　目	优等品 12-52-0	一等品 11-49-0	合格品 10-46-0
有效磷（P_2O_5）的质量分数，% ≥	51.0	48.0	45.0
水溶性磷占有效磷百分率，% ≥	87	80	75
水分（H_2O）的质量分数，% ≤	2.5	2.5	3.0
粒度（1.00～4.00mm），% ≥	90	80	80

注：水分为推荐性要求。

2）料浆法粒状磷酸一铵

采用浆料浓缩法，以氨中和磷酸制成的粒状磷酸一铵。

外观：为颗粒状、无机械杂质。

指标：按表4-5-4料浆法粒状磷酸一铵产品的技术指标执行。

表4-5-4　料浆法粒状磷酸一铵产品的技术指标（GB 10205—2009）

项　目	优等品 11-47-0	一等品 11-44-0	合格品 10-42-0
总养分（$N+P_2O_5$）的质量分数，% ≥	58.0	55.0	52.0
总氮（N）的质量分数，% ≥	10.0	10.0	9.0
有效磷（P_2O_5）的质量分数，% ≥	46.0	43.0	41.0
水溶性磷占有效磷百分率，% ≥	80	75	70
水分（H_2O）的质量分数，% ≤	2.5	2.5	3.0
粒度（1.00～4.00mm），% ≥	90	80	80

注：水分为推荐性要求。

3）粉状磷酸一铵

未经造粒的磷酸一铵，分为两类：

以优质磷矿为原料，采用磷酸浓缩法制成的为Ⅰ类产品；

以镁、铁、铝含量较高的中低品位磷矿为原料，采用料浆浓缩法制成的为Ⅱ类产品。

外观：粉末状、无明显结块现象，无机械杂质。

指标：按表 4-5-5 粉状磷酸一铵产品的技术指标执行。

表 4-5-5　粉状磷酸一铵产品的技术指标（GB 10205—2009）

项　目	Ⅰ类		Ⅱ类		
	优等品 9-49-0	一等品 8-47-0	优等品 11-47-0	一等品 11-44-0	合格品 10-42-0
总养分（$N+P_2O_5$）的质量分数，% ≥	58.0	55.0	58.0	55.0	52.0
总氮（N）的质量分数，% ≥	8.0	7.0	10.0	10.0	9.0
有效磷（P_2O_5）的质量分数，% ≥	48.0	46.0	46.0	43.0	41.0
水溶性磷占有效磷百分率，% ≥	80	75	80	75	70
水分（H_2O）的质量分数，% ≤	3.0	4.0	3.0	4.0	5.0

注：水分为推荐性要求。

（3）初步识别

①看形状：多为颗粒状，也有粉末状产品。

②观颜色：磷酸一铵呈灰白色或者灰褐色。

③水溶性：在 20℃水中的溶解度为 37.4 克。

④酸碱性：磷酸一铵溶于水，其溶液显酸性。

⑤观灼烧：在红热铁板上变小并逸出氨味。

（4）施用方法

磷酸一铵适用于各种土壤和作物，可作基肥、追肥和种肥。追肥应早施，作种肥时不能与种子直接接触。要避免与碱性肥料混施，但作基肥和追肥时要配合施用尿素或碳铵等氮肥。

①适作基肥，每亩施 7.5～12 千克磷酸一铵，高产作物可适当增加；结合耕地将肥料施入土壤中，也可在播种后开沟施入。

②可作种肥：每亩施 2.5～5.0 千克磷酸一铵，种子和肥料分别施入土中，不能与种子直接接触，以免影响发芽以及烧苗。

③配合施用：除豆科作物外需配施氮肥。如小麦、谷子、大白菜每亩施用 12 千克磷酸一铵与 10 千克氮肥配施，效果最佳。

④参考施法：小麦、大白菜全部基肥；玉米、高粱以 2/3 作基肥，1/3 作种肥；棉花、谷子以 2/3 作基肥，1/3 作追肥。

（5）有关说明

①因为磷酸一铵呈酸性，所以不能与碱性肥料混施，否则降低肥效。

②施用磷酸一铵的作物，在生长中后期一般只补氮肥，不再补磷肥。

（6）贮运事宜

①在贮存和运输时，应避免与氨水、液氨、碳酸氢铵、草木灰以及石灰等碱性肥料或其他碱性物质混放。

②装磷酸一铵的编织袋内衬塑料薄膜，缝纫封口；注意防晒、防雨、防潮、防水以及防破袋以免损失。

特别提示：应严格按照磷酸一铵肥料的安全生产、装卸、运输、贮存、使用等相应的法律、法规执行。

2. 磷酸二铵

磷酸二铵（Diammonium phosphate；DAP）又称磷酸氢二铵、二铵，是含氮磷两种营养成分的复合肥。磷酸二铵可用氨中和磷酸，化合后的料浆经造粒、干燥、筛分而制成。

磷酸二铵是一种高浓度的速效肥料，适用于各种作物和土壤，特别适用于喜氮需磷的作物，作基肥或追肥均可。

（1）理化性状

磷酸二铵分子式为 $(NH_4)_2HPO_4$，相对分子质量为132.06。呈灰白色或深灰色颗粒，相对密度为1.619，易溶于水，58g/100mL（10℃），难溶于乙醇、丙酮。有一定吸湿性，在潮湿空气中易分解，挥发出氨变成磷酸二氢铵。水溶液呈弱碱性，pH 8.0。加热至155℃分解，190℃熔融，分解放出氨和水。

产品规格有：60%（N16：P_2O_5 44）、57%（N15：P_2O_5 42）、53%（N14：P_2O_5 39）。为增加耐储性，部分产品在生产过程中添加包裹剂，使产品外观呈褐色或黄色。

（2）技术指标

国家标准《磷酸一铵、磷酸二铵 GB 10205—2009》适用于各种工艺生产的固体磷酸一铵和磷酸二铵肥料。

外观：灰色、灰白、灰褐色或浅黄色颗粒。

指标：按表4-5-6磷酸二铵肥料产品的技术指标执行。

表4-5-6　磷酸二铵肥料产品的技术指标（GB 10205—2009）

项　目	优等品 16-44-0	一等品 15-42-0	合格品 14-39-0
总养分（$N+P_2O_5$）的质量分数，% ≥	60.0	57.0	53.0
总氮（N）的质量分数，% ≥	15.0	14.0	13.0
有效磷（P_2O_5）的质量分数，% ≥	43.0	41.0	38.0
水溶性磷占有效磷百分率，% ≥	80	75	70
水分（H_2O）的质量分数，% ≤	2.5	2.5	3.0
粒度（1.00~4.00mm），% ≥	90	80	80

注：水分为推荐性要求。

（3）初步识别

①看形状：磷酸二铵肥料产品均为颗粒状。

②观颜色：灰色、灰白、灰褐色或浅黄色。

③水溶性：于10℃在100毫升水中能溶解58克。

④酸碱性：水溶液呈弱碱性，其pH为8.0。

⑤观灼烧：在红热铁板上变小并逸出氨味。

（4）施用方法

①适用对象：磷酸二铵适宜施于水稻、小麦、玉米、甘薯、油菜、花生、水果等多数农作物，特别适用于甘蔗、荸荠等喜氢需磷作物。

②可作种肥：磷酸二铵作种肥时，应在播种前1~2天施用，用量每亩2.5~5千克，肥料与土壤混合均匀，避免种子与肥料直接接触。

③适作基肥：试验表明，磷酸二铵配合氮肥和钾肥（忌氯作物不得选用含氯肥料）最适用作农作物基肥施用，用量每亩7.5~15千克。

④施用技术：水田翻犁后浅水层施入耙平，旱地翻耕深施且肥土混匀；与酸碱度中性的腐熟有机肥充分混合并堆沤后施用肥效最佳。

⑤用作追肥：作追肥时宜穴施或开沟深施，深度一般约为10厘米，施后覆土盖肥；也可把磷酸二铵配成0.5%~1.0%溶液，根外喷施。

（5）有关说明

①磷酸二铵可与碳酸氢铵、尿素、氯化铵、氯化钾、硝酸铵等化学肥料配合施用，但应避免与硫酸铵和过磷酸钙等酸性肥料混施。

②磷酸二铵中磷的含量较高，施用一次就能满足作物生长周期中对磷的需求，故追肥时，一般只补施适量氮肥，不需补施

磷肥。

③作种肥时应当注意磷酸二铵的施用量，过多或过少都会在一定程度上影响作物生长，在播种时要分别将种子与肥料施入土壤中。

④磷酸二铵为物理近中性肥料，适用于绝大多数作物和土壤。为确保施用安全最好与作物种子有3～10厘米的隔离；宜早施、深施。

⑤应穿戴适当的防护服，磷酸二铵刺激眼睛、伤害呼吸系统和皮肤，若不慎与眼睛接触，应立即用大量清水冲洗并及时送医治疗。

（6）贮运事宜

①包装注意事项：磷酸二铵编织袋内衬塑料薄膜袋、缝纫封口，注意防潮、防水、防破袋；磷酸二铵运输时要防止雨淋和烈日暴晒。

②储存注意事项：应贮存在阴凉、通风、干燥、清洁的库房内，防潮，防高温，防有毒害物质污染，不得与有毒有害物品共贮混运。

特别提示：应严格按照磷酸二铵肥料的安全生产、装卸、运输、贮存、使用等相应的法律、法规执行。

3. 硝酸钾

硝酸钾（Potassium nitrate）系用氢氧化钾或碳酸钾中和硝酸，经蒸发结晶制得硝酸钾；或用氢氧化钾或碳酸钾溶液吸收硝酸生产中的尾气并加工制得硝酸钾。

硝酸钾在化学工业、食品工业以及其他众多领域有广泛用途，在农业生产中是一种很好的肥料，世界硝酸钾70%用于农业，以色列和美国产量最大，约占世界总量的3/4，智利居第三位。

（1）理化性状

硝酸钾分子式为KNO_3，相对分子质量为101.10。外观为无色透明棱柱状或白色颗粒或结晶性粉末，味辛辣而咸，有凉感。相对密度（水=1）为2.11，在水中的溶解度为13g/100mL（因温度而异，温度越高溶解度越高，在化学物质中，硝酸钾溶解度变化是相当明显的）。潮解性较硝酸钠低，有冷却刺激盐味。溶于水，难溶于乙醇、乙醚。溶于水时吸热，溶液温度降低。

急性毒性：LD_{50}为3750mg/kg（大鼠经口）。

其他有害作用：硝酸钾对环境可能有危害，在地下水中有蓄积作用。

（2）技术指标

国家标准《农用硝酸钾 GB/T 20784—2013》适用于各种工艺生产的农业用固体硝酸钾产品，分为粉状和粒状两种类别。

外观：为白色或浅色结晶粉末或颗粒，无肉眼可见机械杂质。

指标：按表4-5-7农业用固体硝酸钾产品的技术指标（GB/T 20784—2013）执行。

表4-5-7　农业用固体硝酸钾产品的技术指标（GB/T 20784—2013）

项　目	优等品 13.5-0-46.0	一等品 13.5-0-44.5	合格品 13.5-0-44.0
氧化钾（K_2O）的质量分数，% ≥	46.0	44.5	44.0
总氮（N）的质量分数，% ≥	13.5		
氯离子（Cl^-）的质量分数，% ≤	0.2	1.2	1.5
游离水（H_2O）的质量分数，% ≤	0.5	1.2	2.0

续表

项　目		优等品 13.5-0-46.0	一等品 13.5-0-44.5	合格品 13.5-0-44.0
粒度 d	1.00～4.75mm≥	90		
	1.00mm 以下≤	3		

注：结晶粉末状产品，粒度指标不作规定。

（3）初步识别

①看形状：农用硝酸钾结晶粉末状或颗粒状。

②观颜色：农用硝酸钾产品为白色或者浅色。

③闻气味：硝酸钾产品味辛辣而咸，并有凉感。

④水溶性：农用硝酸钾肥料可全部溶解于水。

⑤酸碱性：农用硝酸钾产品的水溶液呈中性。

（4）施用方法

①养分均衡：硝酸钾有效养分含量高达 58%，其中氮（N）含 13.5% 和钾（K_2O）含 44.5%（一般作物以 1∶3 比例吸收氮钾），两者间具有良好协调性，有利于作物吸收。

②改善作物：硝酸钾无氯无钠，盐指数低；水溶性好但不吸湿，养分含量高，肥效迅速。硝酸钾能增强作物抗病力，提高产量，改善品质，提早成熟，延长保鲜期。

③适作追肥：硝酸钾施入土壤后移动快，不宜作基肥施用，而适宜作追肥，尤其适作中晚期追肥或者作为受霜冻危害作物的追肥。适宜施于旱地，不宜施于水田。

④参考用量：一般常规品种硝酸钾亩施量为 10～15 千克；硝酸钾适作根外追肥，浓度为 0.6%～1.0%；浸种时，一般采用浓度为 0.2% 的硝酸钾水溶液浸种或拌种。

（5）有关说明

①包装袋应标明氧化钾含量、总氮含量、产品等级和

GB 190—2009 中标签 5 的“氧化性物质”标识。

②硝酸钾属易燃易爆品，应远离热源和火种，装卸时要特别小心、轻放，防止撞击，勿用铁器击打。

③穿戴防护服和手套；工作现场禁止吸烟、进食和饮水；工作完毕后，淋浴更衣，保持良好卫生习惯。

④万一失火时，消防人员须佩戴防毒面具、穿全身消防服，在上风向灭火，用雾状水或者沙土灭火。

⑤皮肤接触或眼睛接触硝酸钾时，应立即用大量流动清水或生理盐水彻底冲洗至少 15 分钟，之后就医。

（6）贮运事宜

①硝酸钾产品用塑料编织袋内衬聚乙烯薄膜或涂膜聚丙烯编织袋包装。

②应严格按照铁道部《危险货物运输规则》中的危险货物配装表进行。

③单独装运，运输过程中确保容器不泄漏、不倒塌、不坠落、不损坏。

④硝酸钾产品不得与有机物、还原剂及易燃品等物质混合运输或贮存。

⑤硝酸钾在运输过程中应防潮、防晒、防破裂；贮于阴凉、干燥库房。

特别提示：应严格按照硝酸钾的安全生产、装卸、运输、贮存、使用等相应的法律、法规执行。

4. 硝酸磷肥

硝酸磷肥（Nitrophosphate）系以硝酸分解磷矿石后制得的氮磷比约为 2∶1 的肥料。

硝酸磷肥产品的主要组分是硝酸铵、硝酸钙、磷酸铵、磷酸钙；有些品种还含有硝酸钾和氯化铵。多数产品中的磷酸盐，一部分是水溶性的，另外一部分是难溶于水而溶于中性枸橼酸铵溶液。

（1）理化性状

硝酸磷肥一般为灰色、灰白色或乳白色颗粒，也有浅黄色或黄色颗粒产品；吸湿性强，易结块，应注意防潮，宜贮存在阴凉干燥的地方；硝酸磷肥部分溶于水，水溶液呈酸性反应。

硝酸磷肥中含氮成分主要是硝酸铵和硝酸钙，都可溶于水；含磷成分主要是磷酸铵和磷酸钙，前者可溶，后者部分可溶，溶液 pH 较低时，可能存在 $Ca(H_2PO_4)_2$ 而水溶性高；在 pH 较高时，可能存在难溶的 $Ca_3(PO_4)_2$ 而水溶性降低。采用硝酸-硫酸盐法生产时，产品组分中有硫酸铵和硫酸钙，前者可溶，后者难溶。

（2）技术指标

国家标准《硝酸磷肥、硝酸磷钾肥 GB/T 10510—2007》，适用于主要以硝酸分解磷矿后加工制得的氮磷比约为 2∶1 的肥料以及在其生产过程中加入钾盐而制得的肥料。

外观：硝酸磷肥产品为颗粒状，无机械杂质。

指标：硝酸磷肥产品的质量指标应按表 4-5-8 硝酸磷肥产品的技术指标（GB/T 10510—2007）执行。

表 4-5-8　硝酸磷肥产品的技术指标（GB/T 10510—2007）

项　目	优等品 27-13.5-0	一等品 26-11-0	合格品 25-10-0
总养分（$N+P_2O_5$）的质量分数，% ≥	40.5	37.0	35.0
水溶性磷占有效磷百分率，% ≥	70	55	40
水分（游离水）的质量分数，% ≤	0.6	1.0	1.2
粒度（1.00～4.00mm），% ≥	95	85	80

注：单一养分确定值与标明值负偏差的绝对值不得大于 1.5%。

（3）初步识别

①看形状：硝酸磷肥产品为颗粒状。

②观颜色：呈灰色、灰白或乳白色。

③水溶性：部分溶解于水，部分沉淀。

④吸湿性：潮湿空气中其表面溶化。

⑤酸碱性：硝酸磷肥水溶液呈酸性。

⑥观灼烧：在红热铁板上逸出氨味并有棕色烟雾。

（4）施用方法

①适施土壤：硝酸磷肥中非水溶性和硝态氮约各占磷氮总量的一半，硝态氮不被土壤吸附易随水流失，故宜施于旱地而不宜水田；严重缺磷的干旱土壤应选用高水溶性硝酸磷肥；石灰性土壤硝酸磷肥应与水溶性磷肥配合施用。

②增产效果：硝酸磷肥在我国北方地区施用有明显的增产效果，一般每千克硝酸磷肥（实物量）可增产小麦 2 ~ 4 千克，玉米 3 ~ 6 千克，谷子 2 ~ 4 千克，高粱 3 ~ 5 千克，棉花（皮棉）0.4 ~ 0.7 千克；一般情况下，在中、低肥力地增产效果较高。

③参考用法：据相关试验报道，硝酸磷肥的适宜施用方法是：冬小麦宜作底肥；春玉米、谷子宜全部或 2/3 作底肥、1/3 作早期追肥；棉花全部或大部分作底肥、少部分作种肥为宜；高粱以 2/3 作底肥、1/3 作早期追肥为宜。

④一般施量：作基肥和早期追肥，作基肥集中深施的效果更好，以防土壤对磷的固定。亩用量 15 ~ 50 千克，用肥必须根据土壤肥力及复合肥的浓度高低酌情增减；作种肥每亩 5 ~ 10 千克，但不能与种子直接接触，以免烧种。

⑤参考施量：据《山西农业科学信息》1990 年第 09 期报道，1986—1989 年山西省示范推广 316 万亩，结果表明硝酸磷肥每亩适宜用量冬小麦 43 ~ 63 千克，春玉米 40 ~ 60 千克，棉花约 55 千克，谷子 37.5 ~ 46 千克，高粱 30 ~ 45 千克。

（5）有关说明

①施用量应根据肥料养分含量高低、作物种类、土壤肥力酌情增减；硝酸磷肥容易吸湿，宜开沟条施或穴施；作种肥或底肥时，应让肥料与种子相隔一定的距离，避免与根系直接接触，以免烧种伤根。

②硝酸磷肥与等量有效养分的单质氮、磷肥料比较，油菜增产效果显著，水稻、玉米、小麦、谷子、高粱、甘薯、马铃薯、棉花、花生、烟草、甘蓝、番茄等作物大多略有增产，豆科作物施用效果低。

（6）贮运事宜

①硝酸磷肥不与碱性物质共贮运，因其含氮组分 $NH_4(H_2PO_4)$、NH_4NO_3 和 $(NH_4)_2SO_4$ 遇碱易分解挥发出氨。

②硝酸磷肥编织袋内衬薄膜，缝纫封口；在运输过程中，应注意防雨、防潮、防水、防晒、防破损。

③硝酸磷肥贮库地面平整，通风、干燥、阴凉，能防雨、防潮、防水并且防晒；不混贮碱性物质。

特别提示：应严格按照硝酸磷肥的安全生产、装卸、运输、贮存、使用等相应的法律、法规执行。

（二）三元复混肥料

三元复混肥料有三种基本类型：硝磷钾型、尿磷钾型、硫磷钾型。生产这些三元复混肥料的主要磷源为磷酸铵、重过磷酸钙和普通过磷酸钙；常用氮源有尿素、硝酸铵、硫酸铵、氯化铵；主要钾源有氯化钾和硫酸钾。

尿素一般配氯化钾，硝酸铵一般配氯化钾，硫酸铵一般配硫酸钾。若以氯化铵为氮源配以氯化钾为钾源的三元复混肥料称为“双氯复肥”，对于配以氯化钾为钾源的三元复混肥料简称“氯三元”，对于配以硫酸钾为钾源的三元复混肥料简称“硫三元”。

1. 硝酸磷钾肥

硝酸磷钾肥（Potassium nitrophosphate）系以硝酸分解磷矿石并加入钾盐加工制得的肥料。它属于硝磷钾型三元复混肥料。

（1）技术指标

国家标准《硝酸磷肥、硝酸磷钾肥 GB/T 10510—2007》，适用于主要以硝酸分解磷矿后加工制得的氮磷比约为 2∶1 的肥料以及在其生产过程中加入钾盐（如氯化钾）而制得的肥料。

外观：硝酸磷钾肥产品为颗粒状，无机械杂质。

指标：硝酸磷钾肥产品的质量指标应按表 4-5-9 硝酸磷肥产品的技术指标（GB/T 10510—2007）执行。

表 4-5-9　硝酸磷钾肥产品的技术指标（GB/T 10510—2007）

项　目	优等品 22-10-10	一等品 22-9-9	合格品 20-8-10
总养分（$N+P_2O_5+K_2O$）的质量分数，% ≥	42.0	40.0	38.0
水溶性磷占有效磷百分率，% ≥	60	50	40
水分（游离水）的质量分数，% ≤	0.6	1.0	1.2
粒度（1.00～4.00mm），% ≥	95	85	80
氯离子（Cl^-）的质量分数，% ≤	3.0	3.0	3.0

注：①单一养分确定值与标明值负偏差的绝对值不得大于 1.5%。②如果硝酸磷钾肥产品氯离子含量大于 3.0%，并在包装容器上标明“含氯”，可不检验该项目；包装容器上未标明“含氯”时，必须检验氯离子含量。

（2）施用方法

①营养均衡：硝酸磷钾肥中 $N-P_2O_5-K_2O$ 含量约为 2∶1∶1，还含有硫、钙等中微量元素，可为农作物提供均衡的营养。

②广泛适用：硝酸磷钾肥是一种含有氮磷钾等多种营养元素

的肥料，相关试验显示，硝酸磷钾适于多种土壤和作物。

③适施作物：硝酸磷钾肥非常适用于烟草、茶叶、苹果、葡萄、蔬菜等多种经济作物，是发展精品农业的最佳选择。

④用作基肥：硝酸磷钾肥常用作大田作物的基肥，有利于提高产量和改善作物品质；一般用在旱地而不宜施于水田。

⑤用作追肥：常用于经济作物作追肥，亩施20千克左右，采用少量多次的方式进行追施，有利于提高肥料的利用率。

⑥深施为宜：硝酸磷钾肥作基肥时要深施，作追肥沟施或穴施，避免与种子或根系直接接触，以免伤害种子或幼苗。

⑦参考施量：大田作物每亩20～40千克，经济作物每亩30～50千克；作种肥时每亩4～6千克，一般应距离种子5～10厘米。

（3）有关说明

硝酸磷钾肥的施用量与肥料中有效成分的含量、土壤的肥力、农作物种类和生长发育期以及目标产量等多种因素有关，应根据具体状况酌情增减。

须知：据有关报道，硝酸磷钾肥会造成泥土板结，水体富营养化等问题，因此必须合理施用硝酸磷钾肥，以免造成土壤污染、水体污染和环境污染。

（4）贮运事宜

①硝酸磷钾肥编织袋内衬薄膜，缝纫封口；运输应防雨、防潮、防水、防晒和防破损。

②硝酸磷钾肥贮库地面平整，通风、干燥、阴凉，并且能防水、防雨、防潮和能防晒。

特别提示：应严格按照硝酸磷钾肥的安全生产、装卸、运输、贮存、使用等相应的法律、法规执行。

2. 尿素磷钾肥

尿素磷钾肥（Urea-phosphorus-potassium fertilizer）系由尿

素、磷酸一铵和氯化钾按所需比例掺混而成的三元复混肥料。它属于尿磷钾型三元复混肥料。

尿素磷钾肥一般要求以粉粒状的基础肥料为原料，加入某些适宜的液体物质、通过加热、转动混合，得到颗粒状产品。也可结合生产磷酸一铵时，加入尿素和氯化钾，混匀一道造粒，得到含氮、磷、钾的三元复混肥料。

尿磷钾复混肥料（有效成分 $N-P_2O_5-K_2O$ 的含量）典型品种有：19 - 19 - 19；27.0 - 13.5 - 113.5；23.0 - 11.5 - 23.0；23.0-23.0-11.5 等。

据报道，在江苏宜兴对水稻、小麦、油菜大面积试验显示，尿磷钾复混肥料比单施氮肥效果明显，平均每亩增产 50 千克左右。

3. 通用型复肥

通用型三元复混肥（General type three compound fertilizer）的典型品种有：15 - 15 - 15 型复混肥料（即其有效成分 $N-P_2O_5-K_2O$ 的含量均为 15%），其氮磷钾养分含量相等，即 1 : 1 : 1 型复混肥料。

1 : 1 : 1 型复混肥料为颗粒状产品，粒径多为 1.5 ~ 3.0 毫米。养分高达 45%，几乎全溶于水。其中的氮素由硝态氮和铵态氮组成，各占 50% 左右；磷素中水溶性磷占 30% ~ 50%，枸溶性磷占 50% 以上；钾素的钾源为氯化钾，产品中含氯约 12%；若施于忌氯作物则应以硫酸钾为钾源。一般不添加微量元素，但也有根据用户需求添加适当微量元素。

1 : 1 : 1 型复混肥料除了 15-15-15 之外，还有 8-8-8，10-10-10，14-14-14，19-19-19 等等。

在复混肥料中，1 : 1 : 1 型复混肥料产量最大，几乎世界各国都使用。

（三）有机-无机复混肥

有机-无机复混肥（Organic-inorganic compound fertilizer）系指以人畜禽粪便、动植物残体、农产品加工下脚料等富含有机质的副产物资源为主要原料，经发酵腐熟后，添加无机肥料制成的肥料；也指含有一定有机肥料的复混肥料。与单施有机肥或单施无机肥相比，施用有机-无机复混肥有利于提高地力、提高肥料利用率，不但农作物产量得到提高，而且品质也得到明显改善。

（1）主要品种

①通用型有机-无机复混肥料：据相关统计资料显示，对一般农作物和一般的土壤肥力，采用如国家标准《有机-无机复混肥料 GB 18877—2009》中的Ⅰ型或Ⅱ型其有效成分 $N-P_2O_5-K_2O$ 为 1：1：1 型的复混肥料即可满足作物需求。

②专用型有机-无机复混肥料：为对氮磷钾含量要求特殊、差异较大的土壤和农作物而定制。如香蕉和烟草对钾需求量大，而茶叶对氮的需求量很高，这就需要专用型有机-无机复混肥料才能满足需求。

（2）基本特点

有机-无机复混肥料的主要特点：养分有机、无机相结合，配比适合性强，能提高肥料利用率，改善土壤结构，增强农作物抗逆能力，提高农产品产量和改善农产品品质。

①肥料利用率高：有机-无机复混肥料中氮磷钾含量均衡，并富含有机质，同时含有大量的有益菌能够起到固氮、解磷、解钾的作用，有利于促进氮磷钾的吸收，提高氮磷钾利用率。与只施用氮磷钾相比，利用率能提高 30%～50%。因此这是目前比较可行的合理用肥途径之一。

②营养丰富全面：肥料中含有丰富的有机质和大量的氮、磷、钾三要素，以及钙、镁、硫、铜、锌、铁、钼等多种植物所

需中量元素和微量元素，营养丰富、全面。既有无机肥速效、高效作用，又具备有机肥长效、持久的功能，前期促长快，后期稳得住，能持续稳定促进植物健康生长。

③改善土壤结构：有机-无机复混肥料中含活性物质和有机质，有利于改善土壤理化性质，使土壤具有较为合理的团粒结构，土壤疏松，孔隙度大，透气性好，有利于农作物根系生长，有利于促进土壤中潜在养分转化成有效养分，提高土壤的肥力，改善重茬弊端，优化土壤环境。

④活化土壤养分：有机-无机复混肥含有大量微生物菌群，不仅促进了本身肥料养分的活化，同时激活了土壤中养分转化，提高了土壤养分的有效性，提高肥料利用率。加快植物根系新陈代谢，从而提高了对土壤养分的吸收利用率，使农作物快速生长，稳定不衰，使之优质高产。

⑤增强抗逆能力：有机-无机复混肥料中的有益微生物菌在农作物根部大量繁衍，有效抑制和直接杀死植物病菌，增强作物的抗病菌能力；还具有调节作物叶面气孔的张开角度、减少蒸腾作用，从而提高作物抗旱能力。因此，有机-无机复混肥能增强植物抗病、抗旱等抗逆能力。

⑥产量高质量好：大量田间试验显示，施用有机-无机复混肥料能有效促进作物生长，叶片肥厚光亮，果实营养丰富。一般在蔬菜上使用可增产 20%～30%；在果树上使用可增产 15%～25%；在水稻等粮油作物上可增产 5%～15%，并可减少生产成本 30%～40%。同时有效提高粮食品质、改善蔬菜品味、增加水果糖分及维生素 C 的含量等，农作物品质全面提高。

（3）技术指标

国家标准《有机-无机复混肥料 GB 18877—2009》适用于人畜禽粪便、动植物残体、农产品加工下脚料等有机物料经过发酵，进行无害化处理后，添加无机肥料制成的有机-无机复混肥

料。本标准不适用于添加腐植酸的有机-无机复混肥料。

外观：颗粒状或条状产品，无机械杂质。

指标：按表4-5-10有机-无机复混肥料产品的技术指标《GB 18877—2009》执行。

表4-5-10　有机-无机复混肥料产品的技术指标（GB 18877—2009）

项　目	Ⅰ型	Ⅱ型
总养分（$N+P_2O_5+K_2O$）的质量分数①，% ≥	15.0	25.0
水分（H_2O）的质量分数②，% ≤	12.0	12.0
有机质的质量分数，% ≥	20	15
粒度（1.00～7.75mm或3.35～5.60mm）③，% ≥	70	
酸碱度（pH）	3.0～8.0	
蛔虫卵死亡率，% ≥	95	
粪大肠菌群数，（个/g）≤	100	
氯离子的质量分数④，% ≤	3.0	
砷及其化合物的质量分数（以As计），% ≤	0.0050	
镉及其化合物的质量分数（以Cd计），% ≤	0.0010	
铅及其化合物的质量分数（以Pb计），% ≤	0.0150	
铬及其化合物的质量分数（以Cr计），% ≤	0.0500	
汞及其化合物的质量分数（以Hg计），% ≤	0.0005	

注：①标明的单一养分不得低于3.0%，且单一养分测定值与标明值负偏差的绝对值不得大于1.5%。②水分以出厂检验数据为准。③指出厂检验数据，当用户对粒度有特要求时，可由供需双方协议确定。④如产品氯离子含量大于3.0%，并在包装容器上标明"含氯"，该项目可不做要求。

（4）初步识别

①看包装：包装上应标明有生产证号、肥料登记证号、生产厂家及地址，联系电话及其他联系方式；执行标准，产品名称、氮磷钾总养分含量及有机质含量，净重，生产日期、批号等。用户应一一进行核实。

②观产品：有机-无机复混肥料产品一般为大小均匀的条状或颗粒状，色泽均匀一致，无肉眼可见的机械杂质，没有明显的氨味，也没有异味或恶心臭。否则，此有机-无机复混肥料就有可能存在质量问题。

（5）施用方法

适用作物：大田农作物，果树、蔬菜、西（甜）瓜、葱、姜、蒜、花生、马铃薯、牛蒡、花卉、茶树山药、西洋参及中草药等农作物以及经济作物。

参考用量：可基施、追施。施用量一般基肥亩施 50～100 千克，追肥 25～50 千克；具体用量要根据土壤肥力和不同品种作物需肥特性适当调整。

施用方法：单独施用或配其他肥料施用；根据需要选择基施、条施、穴施等。施肥深度一般施于 3～20 厘米土层，作底肥深施 20 厘米，肥料距植株约 10 厘米。

（6）有关说明

①应根据当地土壤肥力、作物种类、目标产量等各种因素，选择适宜的肥料品种和合理施量，才有好效果。

②有机-无机复混肥料产品含氯，使用不当会对忌氯作物造成伤害；作基肥时注意不能与种、根直接接触。

（7）贮运事宜

①有机-无机复混肥料包装编织袋内衬薄膜，缝纫封口；运输应防雨、防潮、防水、防晒和防破损。

②有机-无机复混肥料产品贮库地面平整，通风、干燥、阴

凉，并且能防水、防雨、防潮和能防晒。

特别提示：应严格按照有机-无机复混肥料产品的安全生产、装卸、运输、贮存、使用等相应的法律、法规执行。

第五章　新型绿色肥料

现有的普通化肥往往是养分单一、有的释放过快，很容易造成浪费并且污染环境。由于施肥过量和肥料流失，严重污染生物、土壤、水体和大气，给人类生存的地球带来极大危害。随着生态农业的发展需要、食品安全意识的不断提高，对农用肥料提出了生态环保的要求。因此，研究开发新型高效、环境友好的绿色肥料和肥料增效技术，是减少面源污染、保障国家粮食和生态安全、实现农业可持续发展的必然选择。

肥料不仅关系到国家食品安全，也关系到人类子孙后代健康，因此，安全性、高效性、环保性是绿色肥料不可或缺的三大特点。绿色肥料是传统肥料的升级换代产品，是人类与环境协调发展的高层次肥料，是未来肥料的发展方向。

绿色肥料又称环保肥料、生态肥料，随着时代的发展、随着生态农业的需求，绿色肥料应运而生。绿色肥料这一朝阳产业的蓬勃兴起和推广应用，对农业的高产、高效、安全、环保有着重要意义；而且，新型绿色肥料的发展必将推动生物学、物理学、材料学、计算机科学、绿色化学化工等多学科的全面发展。

第 1 节　缓控释肥料

缓控释肥料被称为是“21 世纪的肥料”，它是一种新型的节本增效型肥料、品质提升型肥料、资源节约型肥料和环境友好型肥料。

近20多年来，缓控释肥料发展迅速，改变了普通肥料养分供应过于集中的缺点，使肥料利用率得到明显提高。与普通化肥相比，缓控释肥料利用率提高10%~30%，施肥量可减少15%~20%，施肥用工节省25%以上，肥效期延长至90~360天，一次施肥基本上可满足大部分农作物在整个生长期对养分的需求。

环保高效的缓控释肥料提高了肥料利用率、减少了环境污染，而且有效促进作物优质高产、有利于保障粮食安全；一次施用就能满足作物整季生长发育的需求，从而减轻农民劳动强度，提高了生产效率，简化了农业种植和耕作方式，是农业用肥上的一次重大改革，因而成为世界肥料开发和应用的热点。

一、显著特点

缓控释肥料（Slow/Controlled release fertilizer）也叫长效肥料，系指通过有效的调控机制使肥料养分按照设定的释放速率和释放期限缓慢释放，在作物的整个生长期都可以满足作物生长需求的一类肥料。

缓控释肥料具有相对较长的肥效，使一次性施肥能够满足作物至少一季生长的需要。作为真正意义上的缓控释肥料，施用之后不仅能更好地满足作物生长需要，而且使用过程中及使用之后能增高土壤肥力、确保生物安全、提升农产品品质、不污染生态环境等。

与普通化学肥料相比，缓控释肥料具有以下显著特点。

（1）增加产量

缓控释肥料养分的供应能力与农作物生长发育的需肥要求相一致，因而可提高作物产量10%~20%。

（2）省工省时

在大多数农作物上，一次施肥就能满足其整个生长期的需求；播种、施肥可一次完成，省工省时。

（3）降低成本

新型缓控释肥料与普通化肥相比，利用率能提高30%左右，可减少施肥的数量和次数，节约成本。

（4）安全环保

缓控释肥料可显著减少肥料流失，既可降低面源污染、对环境安全，同时也能提高农产品的品质。

（5）使用方便

缓控释肥料养分缓释长效，一般不伤根烧苗；还可根据土壤和农作物种类状况，配制各种专用肥。

（6）保墒抗旱

缓控释肥料的树脂包衣壳，肥料用完之后形成空囊，充当土壤水库，起到节水、保墒和抗旱作用。

（7）环境友好

缓控释肥料中的包膜树脂为环境友好物质，所用的这些树脂材料在8～20年可以完全被降解。

（8）节能降耗

节省施肥量，也就可大量节省制造肥料的天然气、优质煤、石油以及其他原材料，实现节能降耗。

缓控释肥料能显著提高肥料利用率，在同种作物同等产量水平上可减少肥料施用量，节约资源，降低成本，增加农民收益；缓控释肥料可提高农作物产量和品质，提高农业的经济效益、社会效益和环境效益，因而成为当今世界肥料开发和应用的热点。

二、肥料种类

根据肥料生产工艺和农业化学性质，当前缓控释肥料可分为三种类型：缓释肥料、控释肥料、稳定性肥料。

1. 缓释肥料

缓释肥料（Slow release fertilizer）又称缓效肥料，系指肥料

施入土壤后转变为植物有效态养分的释放速率远远小于现有的普通速溶肥料，在土壤中能缓慢放出其养分，它对作物具有长效性。施入土壤后，在化学和生物因素作用下，肥料逐渐分解，养分缓慢地释放出来，满足了作物整个生育期对养分的需要，减少养分的淋失、挥发及反硝化作用所引起的损失，也不会因肥料浓度过高而对作物造成危害；此外，可以作基肥一次施用，也就节省了劳力、并解决了密植条件下后期追肥的困难。

（1）相关术语

根据国家标准《缓释肥料 GB/T 23348—2009》，缓释肥料相关术语如下：

①缓释肥料（Slow release fertilizer）：通过养分的化学复合或物理作用，使其对作物的有效态养分随着时间而缓慢释放的化学肥料。

②缓释养分（Slow release nutrient）：缓释肥料中具有缓释效果的氮、钾中的一种或两种养分的统称。（注：缓释养分定量表述时不包含没有缓释效果的那部分养分量。如配合式为15-15-15的三元缓释复混肥料中有占肥料总质量10%的氮具有缓释效果，则称氮为缓释养分；定量表述时，则指10%的氮为缓释养分。）

③初期养分释放率（Initial release rate of nutrient）：在缓释肥料生产过程中总有一部分养分没有缓释效果而提前释放出来，这部分养分占该养分总量的质量分数，以该养分在25℃静水中浸提24小时的释放量占该养分总量的质量分数表示。（注：三元或者二元缓释肥料的初期养分释放率用总氮释放率来表征；若不含氮，其初期养分释放率用钾释放率来表征。）

④累积养分释放率（Cumulate release rate of nutrient）：某种缓释养分在一段时期内的累积释放量占该养分总量的质量分数，以该养分在25℃静水中某一时期内各连续时段养分释放量的总

和占该养分总量的质量分数表示。（注：三元或者二元缓释肥料的养分释放率用总氮释放率来表征；若不含氮，其养分释放率用钾释放率来表征。）

⑤平均释放率/微分释放率（Average/Differential release rate）：某一时段内养分每天的平均释放率，也可称为日平均释放率。

⑥养分释放期（State release time）：缓释养分的释放时间，以缓释养分在25℃静水中浸提开始至达到80%的养分累积释放率所需的时间来表示。

⑦部分缓释肥料（Partly slow release fertilize）：将缓释肥料与常规肥料掺混在一起而使某种养分的一部分具有缓释效果的肥料。

⑧缓释养分量（Slow release nutrient content）：部分缓释肥料中缓释总养分所占肥料总质量的质量分数，以在25℃静水中浸泡24小时后未释放出且在28天的累积释放率不超过80%的、但在标明的养分释放期时其累积释放率能达到80%的那部分养分的质量分数来表示。

（2）产品分类

缓释肥料产品按核芯种类分为：缓释氮肥、缓释钾肥、缓释复合肥、缓释复混肥、缓释掺混肥料（BB肥）等。

（3）质量要求

国家标准《GB/T 23348—2009 缓释肥料》中规定了缓释肥料的要求、试验方法、检验规则、标识、包装、运输和贮存。

此标准适用于氮肥、钾肥、复混肥料、掺混肥料（BB肥）等产品的所有颗粒或部分颗粒经特定工艺加工而成的缓释肥料。

此标准不适用于硫包衣尿素（简称SCU）等无机包膜的肥料，不适用于脲醛缓释肥料，也不适用于利用硝化抑制剂、脲酶抑制剂技术延缓养分形态转化的稳定性肥料。已有国家或行业标准的缓释肥料如硫包衣尿素等执行相应的产品标准。

①产品外观：颗粒状产品，无机械杂质。

②技术指标：缓释肥料产品按表 5-1-1 缓释肥料的技术指标要求（GB/T 23348—2009）执行。

部分缓释肥料产品的缓释性能应符合表 5-1-2 部分缓释肥料的要求（GB/T 23348—2009），同时应符合包装表明值和相应国家或行业标准的要求。

表 5-1-1 缓释肥料产品的技术指标要求（GB/T 23348—2009）

项　目	高浓度	中浓度
总养分（$N+P_2O_5+K_2O$）的质量分数①②，% ≥	40. 0	30. 0
水溶性磷占有效磷的质量分数③，% ≥	60. 0	50. 0
水分（H_2O）的质量分数，% ≤	2. 0	2. 5
粒度（1. 00～4. 75mm 或 3. 35～5. 60mm），% ≥	90	
养分释放期④，月　=	标明值	
初期养分释放率⑤，% ≤	15	
28 天累积养分释放率⑤，% ≤	80	
养分释放期的累积养分释放率⑤，% ≤	80	

注：①总养分可以是氮、磷、钾三种或两种之和，也可以是氮和钾中的任何一种养分。②三元或二元缓释肥料的单一养分含量不得低于 4. 0%。③以钙镁磷肥等枸溶性磷肥为基础磷肥并在包装袋上注明为“枸溶性磷”的产品、未标明磷含量的产品、缓释氮肥以及缓释钾肥，“水溶性磷占有效磷的质量分数”这一指标不做检测和判定。④应以单一数值标注养分释放期，其允许差为 25%。如标明值为 6 个月，累积养分释放率达到 80% 的时间允许范围为 6 个月 ±45 天；如标明值为 3 个月，累积养分释放率达到 80% 的时间允许范围为 3 个月 ±23 天。⑤三元或二元缓释肥料的养分释放率用总氮释放率来表征；对于不含氮的缓释肥料，其养分释放率用钾的释放率来表征。⑥除表中的指标外，其他指标应符合相应产品标准的规定，如复混肥料（复合肥料）、掺混肥料中的氯离子含量、尿素中的缩二脲含量等。

表 5-1-2　部分缓释肥料产品的要求（GB/T 23348—2009）

项　目	指　标
缓释养分含量[①]，% ≥	标明值
缓释养分释放期，月 =	标明值
缓释养分 28 天的累积养分释放率，% ≤	80
缓释养分释放期的累积养分释放率，% ≤	80

注：①缓释养分为单一养分时，缓释养分量应不小于 8.0%，缓释养分为氮和钾两种时，每种缓释养分含量应不小于 4.0%。

（4）包装标识

①产品名称应是已有国家标准或行业标准核芯肥料名称前加上“缓释”或“包膜缓释”等字样。核芯肥料为许可证产品的还应标注生产许可证号，其余应符合 GB 18382 的各项规定。

②包装袋上和说明书中应标明：肥料产品名称、以配合式表明总养分含量、养分释放期、缓释养分种类、使用方法、贮存和使用注意事项等等，编写应符合 GB 9969.1 的各项要求。

③不大于 50 千克的产品包装材料按 GB 8569 中的复混肥料的规定进行。在标明的每袋净含量范围内的产品中有添加物时，必须与原物料混合均匀，不得以小包装形式放入包装袋中。

（5）运输贮存

①运输：缓释肥料在运输过程中，应防潮、防晒、防破裂。

②贮存：缓释肥料产品应贮于阴凉、通风、干燥的库房中。

特别提示：应严格按照缓释肥料的安全生产、装卸、运输、贮存、使用等相应的法律、法规执行。

（6）施用方法

①适用对象：水稻、玉米、小麦、棉花、花生、烟草、果树、蔬菜以及花草等各种农作物。

②施用效果：在各种作物上施用均有极显著的增加产量、改

善品质或提高观赏价值等效果。

③用作底肥：作底肥一次性施肥，施肥深度 10 ~ 15 厘米；注意肥种隔离，防止烧种、烧苗。

④施肥位置：小麦等深根或须根系作物全层施用；玉米等浅根或直根系作物可侧开沟深施。

⑤施用数量：推荐施肥量每亩 30 ~ 50 千克，根据土壤肥力、作物产量及施肥水平酌情增减。

（7）注意事项

①本着“缺什么，补什么，缺多少，补多少”的原则，结合农作物的需肥规律，科学地选用涂层缓释肥料配方，达到平衡施肥，提高肥料利用率。

②用量要适中，冬小麦亩产 450 千克以上的高水肥地块亩施 50 千克，亩产 300 ~ 450 千克的中水肥地块亩施 35 ~ 45 千克；芹菜、西瓜施用量每亩 40 ~ 50 千克。

③对于需肥强度较低的蔬菜，如番茄、茄子、青椒、西葫芦可适当选择包膜型缓释肥料。对于需肥强度较高的黄瓜、丝瓜，则不宜使用缓释肥料。

④土壤墒情足，缓释肥料便于吸水膨胀释放各种养分，干旱年份冬小麦要造墒播种，如抢墒播种需浇封冻水，适时浇好返青水、拔节水、灌浆水。

⑤水稻、小麦等根系密集且分布均匀的作物，可以在播种或插秧前把缓释肥料施用量一次性均匀撒于地表，耕翻后种植，生长期内可以不再追肥。

⑥玉米、棉花、花生等行距较大的作物，按照缓释肥料施用量一次性开沟基施于种子的下部或靠近种子的侧部 5 ~ 10 厘米处，以免造成烧种或烧苗。

⑦在水稻、小麦和棉花等大田作物施用缓释肥料时，应适当配用速效水溶性氮肥，否则在作物前期易出现供氮不足的现象，

而难以达到高产目标。

⑧苹果、桃、梨等果树，可在离树干1米左右的地方开放射状沟6~8条，深20厘米左右，近树干一头稍浅，树冠外围较深，将缓释肥料施入后埋土。

⑨园艺移栽作物用作基肥时，先挖坑，将推荐量的缓释肥料施入坑中，加土或基质与肥料混合，将移栽植株放在混合肥料上，用土填埋然后浇水。

⑩盆栽植物用作基肥时，缓释肥料可与土壤或基质混匀，其施用量根据装入土壤或基质的体积而定；依据缓释肥释放期，每3~9个月追施1次。

2. 控释肥料

控释肥料（Controlled release fertilizer）系指通过包膜、包裹等方式，按照设定的释放率和释放期，控制养分释放的肥料。使肥料的分解、释放时间延长，达到提高肥料养分的利用率、促进农业增产提质之目的。控释肥料是我国农业部重点推广的肥料品种之一。

（1）相关术语

根据化工行业标准《HG/T 4215—2011　控释肥料》，控释肥料相关术语如下：

①控释肥料（Controlled release fertilizer）：能按照设定的释放率（%）和释放期（d）来控制养分释放的肥料。

②控释养分（Controlled release nutrient）：控释肥料中具有控释效果的氮、钾中的一种或两种养分的统称。（注：控释养分定量表述时不包含没有控释效果的那部分养分量。如配合式为15-15-15的三元控释复混肥料中有占肥料总质量10%的氮具有控释效果，则称氮为控释养分；定量表述时，则指10%的氮为控释养分。）

③初期养分释放率（Initial release rate of nutrient）：控释肥料养分在25℃静水中浸提24小时的释放量占该养分总量的质量

分数。（注：三元或者二元控释肥料的初期养分释放率用氮释放率来表征；若不含氮，其初期养分释放率用钾释放率来表征。）

④累积养分释放率（Cumulate release rate of nutrient）：控释肥料养分在一段时期内的连续释放累积量占该养分总量的质量分数。（注：三元或者二元控释肥料的养分释放率用氮释放率来表征；若不含氮，其养分释放率用钾释放率来表征。）

⑤平均释放率/微分释放率（Average/Differential release rate）：某一时段内按天计算的平均养分释放率，也可称为日平均养分释放率。

⑥养分释放期（State release longevity of nutrient）：控释养分的释放时间，以控释养分在25℃静水中浸提开始至达到80%的养分累积释放率所需的时间（d）来表示。

⑦部分控释肥料（Partial controlled release fertilizer）：将控释肥料与常规化肥掺混在一起而使部分养分具有控释效果的肥料。

⑧控释养分量（Controlled release nutrient content）：指部分控释肥料中控释总养分所占肥料总质量的质量分数，在25℃静水中浸泡24小时后未释放出且在28d（天）的累积释放率不超过75%的、但在标明的养分释放期时其累积释放率能达到80%的那部分养分的质量分数。

（2）产品分类

控释肥料产品按核芯种类分为：控释氮肥、控释钾肥、控释复合肥、控释复混肥、控释掺混肥料（BB肥）等。

（3）质量要求

化工行业标准《HG/T 4215—2011 控释肥料》中规定了控释肥料的术语、要求、试验方法、检验规则、标识、包装、运输和贮存。

此标准适用于由各种工艺加工而成的单一、复混（合）、掺混（BB）控释肥料。

①产品外观：颗粒状产品，无机械杂质。

②技术指标：控释肥料产品应符合表 5-1-3 控释肥料的技术指标（HG/T 4215—2011）和包装标明值的要求。除表中的指标外，其他指标应符合相应的产品标准规定，如复混肥料（复合肥料）和掺混肥料中的氯离子含量、尿素中的缩二脲含量等。

部分控释肥料产品的控释性能应符合表 5-1-4 部分控释肥料的要求（HG/T 4215—2011），同时应符合包装表明值和相应国家或行业标准的要求。

表 5-1-3　控释肥料产品的技术指标要求（HG/T 4215—2011）

项　目	高浓度	中浓度
总养分（$N+P_2O_5+K_2O$）的质量分数[①②]，% ≥	40.0	30.0
水溶性磷占有效磷的质量分数[③]，% ≥	60.0	50.0
水分（H_2O）的质量分数[④]，% ≤	2.0	2.5
粒度（1.00～4.75mm 或 3.35～5.60mm），% ≥	90	
养分释放期[⑤]，d＝	标明值	
初期养分释放率[⑥]，% ≤	12	
28d 累积养分释放率[⑥]，% ≤	75	
养分释放期的累积养分释放率[⑥]，% ≤	80	

注：①总养分可以是氮、磷、钾三种或两种之和，也可以是氮和钾中的任何一种养分。②三元或二元缓释肥料的单一养分含量不得低于 4.0%。③以钙、镁、磷肥等枸溶性磷肥为基础磷肥并在包装袋上注明为“枸溶性磷”的产品、未标明磷含量的产品、控释氮肥以及控释钾肥，“水溶性磷占有效磷的质量分数”这一指标不做检测和判定。④水分以出厂检验数据为准。⑤应以单一数值标注养分释放期，其允许差为 20%。如标明值为 180d，累积养分释放率达到 80% 的时间允许范围为（180 ± 36）d；如标明值为 90d，累积养分释放率达到 80% 的时间允许范围为（90 ± 18）d。⑥三元或二元控释肥料的养分释放率用总氮释放率来表征；对于不含氮的控释肥料，其养分释放率用钾的释放率来表征。

表 5-1-4　部分控释肥料产品的要求（HG/T 4215—2011）

项　目	指　标
总养分（$N+P_2O_5+K_2O$）的质量分数，% ≥	35.0
控释养分含量①，% ≥	标明值
控释养分释放期，d =	标明值
控释养分 28d 的累积养分释放率，% ≤	75
控释养分释放期的累积养分释放率，% ≤	80

注：①控释养分为单一养分时，控释养分量应不小于 8.0%，控释养分为氮和钾两种时，每种控释养分含量应不小于 4.0%。

（4）包装标识

①产品名称应是已有国家标准或行业标准核芯肥料名称前加上“控释”字样。实行生产许可证管理的产品，应标注生产许可证号。

②产品使用说明应印刷在包装袋背面，其内容包括：控释肥料产品名称、使用方法、主要适用作物和区域，贮存与注意事项等。

③控释肥料产品在标明的每袋净含量范围内的产品中若有添加物时，必须与原物料混合均匀，不得以小包装形式放入包装袋中。

④不大于 50 千克的控释肥料包装材料按 GB 8569 中的复混肥料的规定进行；其余有关项目均应符合 HG/T 4215—2011 中的各项规定。

（5）运输贮存

①运输：控释肥料在运输过程中，应防潮、防晒、防破裂。

②贮存：控释肥料产品应贮于阴凉、通风、干燥的库房中。

③施用：施用中也要防晒、防潮，避免接触金属和尖锐物。

特别提示：应严格按照控释肥料的安全生产、装卸、运输、贮存、使用等相应的法律、法规执行。

（6）施用方法

①肥料用途：可作基肥、追肥、种肥施用，可以撒施、条施、穴施以及拌种和盖种施肥等，还可以进行穴盘育苗，尤其是在水稻育苗上。

②适用对象：控释肥料在水稻、小麦、玉米、棉花、大豆、花生、甘薯、马铃薯、烟草、果树、蔬菜、花卉、草坪等各种农作物均适用。

③施用效果：据相关报道，各地大田试验结果显示，控释肥料在多种作物上施用均有显著的增加产量、改善品质或提高观赏价值等效果。

④植株行距较大的作物如玉米、棉花等，中等肥力地块，一般亩施 40 ~ 50 千克，一次性开沟基施于种子侧部，注意肥种隔离，以免烧种、烧苗。

⑤自身能够固氮的作物如花生、大豆等，配方以中氮、高磷、中钾型为好。作为底肥条沟施用，控释肥料施用量一般以亩施 35 ~ 50 千克为宜。

⑥块茎类作物如马铃薯或甘薯等，用硫酸钾控释肥料作为底肥时，一般每亩用肥量为 80 千克左右，施用方法可采用撒施、条施以及沟施。

⑦参考施量：一般可采用比普通对照肥料减少 1/3 ~ 1/2 的施用量；推荐施量每亩 30 ~ 50 千克，根据土壤肥力、作物需求酌情增减。

⑧施用技术：控释肥料作底肥时只需一次性施肥，施肥深度以 10 ~ 15 厘米为宜；注意种子与肥料之间应隔离 5 ~ 10 厘米，防止烧种、烧苗。

⑨肥料配方：控释肥料的核芯中氮、磷、钾及微量元素的配方比例，需根据作物种类需求和目标产量以及土壤中营养元素丰缺情况来确定。

（7）注意事项

①本着“缺什么，补什么，缺多少，补多少”的原则，结合农作物的需肥规律，合理选用控释肥料的配方，达到平衡施肥，提高肥料的利用率。

②由于控释肥料具有释放期缓长的特点，为了提高控释肥料利用率，故宜施于作物根际；严禁将肥料直接撒于地表，注意覆土，防止养分的流失。

③大棚蔬菜如番茄、甜椒等，用硫酸钾型控释肥料时可减少20%的施用量，以减少氮肥的损失，同时能减轻因施肥对土壤造成次生盐碱化的影响。

④玉米、棉花、花生等行距较大的作物，按照控释肥料施用量一次性开沟基施于种子的下部或靠近种子的侧部 5～10 厘米处，以免造成烧种或烧苗。

⑤水稻、小麦等根系密集且分布均匀的作物，可以在播种或插秧前把控释肥料施用量一次性均匀撒于地表，耕翻后种植，生长期内可以不再追肥。

⑥在水稻、小麦和棉花等大田作物施用控释肥料时，应适当配用速效水溶性氮肥，否则在作物前期易出现供氮不足的现象，而难以达到高产目标。

⑦苹果、桃、梨等果树，可在离树干 1 米左右的地方开放射状沟 6～8 条，深 20 厘米左右，近树干一头稍浅，树冠外围较深，将控释肥料施入后埋土。

⑧园艺移栽作物用作基肥时，先挖坑，将推荐量的控释肥料施入坑中，加土或基质与肥料混合，将移栽植株放在混合肥料上，用土填埋然后浇水。

⑨盆栽植物用作基肥时，控释肥料可与土壤或基质混匀，其施用量根据装入土壤或基质的体积而定；依据控释肥释放期，每 3～9 个月追施 1 次。

⑩施肥过程中要注意种子（或种苗）与肥料之间要隔离5～10厘米，以避免发生烧种、烧苗；用于温室大棚应注意适时通风换气，防止产生氨气熏苗。

3. 稳定性肥料

根据我国化工行业标准《稳定性肥料 HG/T 4135—2010》中定义，稳定性肥料（Stabilized fertilizer）是指经过一定工艺加入脲酶抑制剂和（或）硝化抑制剂，施入土壤后能通过脲酶抑制剂抑制尿素的水解，和（或）通过硝化抑制剂抑制铵态氮的硝化，使肥效期得到延长的一类含氮肥料（包括含氮的二元或三元肥料和单质氮肥）。

稳定性肥料的核心作用就是稳定肥料的添加剂，也就是抑制剂，现今抑制剂类型已经由单一型转向复合型。

据相关报道，稳定性肥料具有肥效期长（一次施肥，养分有效期可达120～130天）、养分利用率高［达到45%～54%。其中氮利用率提高8.7个百分点，减少氮淋失48.2%，降排一氧化二氮（N_2O）46%～74%；磷利用率提高4个百分点，土壤磷活化率13%，肥料磷有效率提高28%］、平稳供给养分，增产效果明显（作物后期不缺肥，活秆成熟，作物平均增产幅度10%～18%）；等产量节肥15%～20%，同肥量可增产10%～15%；环境友好，降低面源污染（此类产品对环境安全，无残留，当年降解率达75%），成本只比普通复合肥增加2%～3%。

稳定性肥料可以广泛用于粮食等多种作物，已在我国东北、中原、西南、西北及长江流域等22个省进行了应用，生产的稳定性专用肥有60多个品种，应用作物涉及玉米、水稻、大豆、小麦、棉花等30多种，合理施用稳定性肥料平均增产率达14.7%。

（1）相关术语

①稳定性肥料（Stabilized fertilizer）：经过一定工艺加入脲

酶抑制剂和（或）硝化抑制剂，施入土壤后能通过脲酶抑制剂抑制尿素的水解，和（或）通过硝化抑制剂抑制铵态氮的硝化，使肥效期得到延长的一类含氮肥料（包括含氮的二元或三元肥料和单质氮肥）。

②脲酶抑制剂（Urease inhibitor）：在一段时间内通过抑制土壤脲酶的活性，从而减缓尿素水解的一类物质。

③硝化抑制剂（Nitrification inhibitor）：在一段时间内通过抑制亚硝化单胞菌属活性，从而减缓铵态氮向硝态氮转化的一类物质。

④基质肥料（Basic fertilizer）：未加脲酶抑制剂和（或）硝化抑制剂的相同种类并等氮量肥料（对照肥料），即稳定性肥料除了脲酶抑制剂和硝化抑制剂以外剩余的部分。

⑤尿素残留量（Residual urea amount）：进入土壤中的尿素经过一定时间水解之后的剩余量。

⑥对照肥料（Control fertilizer）：在稳定性肥料测定中，与基质肥料中尿素含量或总氮含量相当的一定量尿素，用于对照试验。

⑦尿素残留差异率（Residual urea variance rate）：在一段时间内含脲酶抑制剂的稳定性肥料尿素残留量与不含脲酶抑制剂的基质肥料尿素残留量的差值与前者的百分比。

⑧硝化抑制率（Nitrification-inhibition rate）：在一段时间内等氮量（硝态氮除外）基质肥料在土壤中形成的 NO_3^- 量与含硝化抑制剂的稳定性肥料形成的 NO_3^- 量的差值与前者的百分比。

（2）产品分类

稳定性肥料产品按抑制剂种类分为：

1 型稳定性肥料（仅脲酶抑制剂的稳定性肥料）。

2 型稳定性肥料（仅硝化抑制剂的稳定性肥料）。

3 型稳定性肥料（同时含有脲酶抑制剂和硝化抑制剂的稳定性肥料）。

（3）质量要求

化工行业标准《HG/T 4135—2010　稳定性肥料》中规定了稳定性肥料的定义、要求、试验方法、检验规则、标识、包装、运输和贮存。

此标准适用于添加脲酶抑制剂和（或）硝化抑制剂生产的含氮（含酰胺态氮/铵态氮）稳定性肥料（添加脲酶抑制剂的肥料应含尿素）。

此标准不适用于通过改变肥料的结构或者在肥料颗粒外包膜而生产的肥料，也不适用于氮源仅为硝态氮的肥料。

①产品外观：颗粒状或粉状产品，无机械杂质。

②技术指标：稳定性肥料产品按符合表 5-1-5 稳定性肥料要求（HG/T 4135—2010），同时应符合相应的基质肥料标准要求和包装容器上的标明值。

表 5-1-5　稳定性肥料技术指标要求（HG/T 4135—2010）

项　目	稳定性肥料 1 型（仅脲酶抑制剂）	稳定性肥料 2 型（仅硝化抑制剂）	稳定性肥料 3 型（同时含有两种抑制剂）
尿素残留差异率，% ≥	25	—	25
硝化抑制率，% ≥	—	6	6

注：1 型和 3 型产品应含尿素。

（4）包装标识

①产品使用说明书应印刷在包装袋背面或者放在包装袋内，其内容包括：稳定性肥料产品名称、使用方法、贮存、氮养分类

型和含量及注意事项等，编写应符合 GB/T 9969 规定。

②应在包装袋上标明：产品名称、添加抑制剂的类型［硝化抑制剂和（或）脲酶抑制剂］和本标准编号。产品名称应按基质肥料的种类确定，如尿素基质，名称为：稳定性尿素。

③应在包装袋背面以中号或小号字体标明酰胺态氮和铵态氮占总氮的比例。产品采用符合 GB 8569 要求的材料包装，最大每袋净含量为（50 ±0.5）千克、最小为（5 ±0.05）千克。

④稳定性肥料产品在标明的每袋净含量范围内的产品中若有添加物时，必须与原物料混合均匀，不得以小包装形式放入包装袋中；其余应符合相应基质肥料和 GB 18382 的规定。

（5）运输贮存

①运输：稳定性肥料在运输过程中，应防潮、防晒、防破裂。

②贮存：稳定性肥料产品应贮于阴凉、通风、干燥的库房中。

特别提示：应严格按照稳定性肥料的安全生产、装卸、运输、贮存、使用等相应的法律、法规执行。

（6）施用方法

①参考用量：稳定性肥料一般每亩施用量为 30 ~ 50 千克，需根据当地土壤肥力、作物种类和目标产量酌情增减。稳定性肥料可用于水稻、小麦、玉米、棉花、大豆、花生、甘薯、土豆、烟草、果树、蔬菜、花草等各种农作物。

②水稻施用：在东北三省、河北、湖北、长江中下游等地水稻产区，一次性亩施稳定性肥料 35 ~ 40 千克作底肥，水稻分蘖前每亩追施 10 ~ 15 千克尿素。这样比常规施肥每亩减施尿素 20 ~ 30 千克，每亩水稻产量增加 50 千克以上。

③玉米施用：在黑龙江、吉林、辽宁、河北、河南、山东、安徽等地的玉米产区，一次性亩施稳定性肥料 35 ~ 50 千克作底肥，以后不再追肥，与常规施肥相比，每亩减施尿素 20 ~ 30 千克，而每亩玉米产量增加 100 千克以上。

（7）注意事项

①稳定性肥料是在普通肥料的基础上，通过适当工艺添加硝化抑制剂和（或）脲酶抑制剂，主要是达到肥效缓释的作用。

②稳定性肥料的特点就是速效性慢，持久性好，为了使养分能被及时吸收，和普通肥料相比，需要提前几天时间施用。

③稳定性肥料的肥效达到 90～120 天，常见蔬菜、大田作物一季施用一次就可以了，注意配合使用有机肥，效果理想。

④稳定性肥料溶解比较慢，适合作底肥；如果农作物生长前期以长势为主，则需要补充速效氮肥，以便及时供给养分。

⑤生育期长的小麦等作物应选用脲醛缓释肥料和高分子聚合物包膜肥料；生长期较短的玉米等作物宜选用稳定性肥料。

⑥各地的气候条件、水分含量、土壤墒情、土质结构、土壤肥力等千差万别，需根据实际状况和作物种类进行合理施肥。

第 2 节　微生物肥料

微生物肥料（Microbial fertilizer；Biofertilizer）是以微生物的生命活动导致作物得到特定肥料效应的一种制品，是农业生产中使用的一种肥料。

微生物肥料在中国已有近 50 年的历史，从名称上的演变（根瘤菌剂→细菌肥料→微生物肥料）说明中国微生物肥料逐步发展的过程。

国内外多年试验证明，用根瘤菌接种大豆、花生等豆科作物可提高共生固氮效能，确实有增产效果，合理应用其他菌肥拌种或施用微生物肥料，对非豆科农作物也有增产效果，而且有化肥达不到的效果。

随着应用的实际需求和研究的逐步深入，微生物肥料新品种的开发已形成由豆科作物接种剂向非豆科作物肥料转化，由单一

接种剂向复合生物肥料转化，由单一菌种向复合菌种转化，由用无芽孢菌种生产向用有芽孢菌种生产转化，由单一功能向多功能转化等趋势。

合理施用微生物肥料，对增加土壤肥力、促进植物生长、增强作物抗性、提高作物品质具有很好的作用。微生物肥料有以下优点：一是能提供固氮、解磷、解钾等有益微生物，把空气中不能利用的分子态氮、土壤中不能利用的化合态磷钾转化为植物可吸收利用的状态；二是肥料中的有益微生物还会分泌生长素、细胞分裂素、赤霉素等植物激素促进作物生长，这些微生物同时还会产生大量有助于土壤形成团粒结构的黏多糖，改良土壤结构，增进土壤蓄肥、保水的能力；三是微生物肥料还能起到一定的生物防治作用。

一、微生物肥料概述

（1）相关术语

根据农业行业标准《NY/T 1113—2006　微生物肥料术语》，相关术语定义如下。

1）微生物肥料（Microbial fertilizer；Biofertilizer）

含有特定微生物活体的制品，应用于农业生产，通过其中所含微生物的生命活动，增加植物养分的供应量或者促进植物生长，提高产量，改善农产品品质及农业生态环境。（注：目前，微生物肥料包括复合微生物肥料、生物有机肥、微生物接种剂。）

2）复合微生物肥料（Compound microbial fertilizer）

目的微生物经工业化生产增殖后与营养物质复合而成的活菌制品。

3）生物有机肥（Microbial organic fertilizer）

目的微生物经工业化生产增殖后与主要以动植物残体（如畜禽粪便、农作物秸秆等）为来源并经无害化处理的有机物料复合而成的活菌制品。

4）微生物接种剂（Microbial inoculant）

又称微生物菌剂，一种或一种以上的目的微生物经工业化生产增殖后直接使用，或经浓缩或经载体吸附而成的活菌制品。

①单一菌剂（Single species inoculant）：由一种微生物菌种制成的微生物接种剂。

②复合菌剂（Multiple species inoculant）：由两种或两种以上且不互拮抗的微生物菌种制成的微生物接种剂。

③细菌菌剂（Bacterial inoculant）：以细菌为生产菌种制成的微生物接种剂。

④放线菌菌剂（Actinomycetic inoculant）：以放线菌为生产菌种制成的微生物接种剂。

⑤真菌菌剂（Fungal inoculant）：以真菌为生产菌种制成的微生物接种剂。

⑥固氮菌菌剂（Azotobacterial inoculant）：以自生固氮菌和（或）联合固氮菌为生产菌种制成的微生物接种剂。

⑦根瘤菌菌剂（Rhizobia inoculant）：以根瘤菌为生产菌种制成的微生物接种剂。

⑧硅酸盐细菌菌剂（Silicate bacterial inoculant）：以硅酸盐细菌为生产菌种制成的微生物接种剂。

⑨溶磷微生物菌剂（Inoculant of phosphate-solubilizing microorganism）：以溶磷微生物为生产菌种制成的微生物接种剂。

⑩光合细菌菌剂（Inoculant of photosynthetic bacteria）：以光合细菌为生产菌种制成的微生物接种剂。

⑪菌根菌剂（Mycorrhizal fungi inoculant）：以菌根真菌为生产菌种制成的微生物接种剂。

⑫促生菌剂（Inoculant of plant growth-promoting rhizosphere microorganism）：以植物促生根圈微生物为生产菌种制成的微生

物接种剂。

⑬有机物料腐熟菌剂（Organic matter-decomposing inoculant）：能加速各种有机物料（包括作物秸秆、畜禽粪便、生活垃圾及城市污泥等）分解、腐熟的微生物接种剂。

⑭生物修复菌剂（Bioremediating inoculant）：能通过微生物的生长代谢活动，使环境中的有害物质浓度减少、毒性降低或无害化的微生物接种剂。

（2）主要功效

微生物肥料的主要功效有：促进土壤形成、增加土壤肥力、增强作物抗性、提高作物品质、增加作物产量、减少环境污染、生产绿色食品等多种功效。

①促进土壤形成：对于农业生产而言，土壤的本质就是肥力，因此土壤的形成过程主要是土壤肥力产生与发展的过程。风化作用使岩石破碎，理化性质改变，形成结构疏松的风化壳，其上部被称为土壤母质，其在水、空气、气候、植被（生物）、地形、时间等因素综合作用下所形成的产物被称为土壤。土壤由岩石风化而成的矿物质、动植物和微生物残体腐解产生的有机质以及土壤生物（固相物质）、水分（液相物质）、空气（气相物质）等组成。生物是土壤有机物质的来源，也是土壤形成过程中的主导因素和最活跃的因素。微生物在成土过程中的主要功能是有机残体的分解、转化和腐殖质的合成，微生物越多，土壤就越肥沃。

②增加土壤肥力：微生物是土壤肥力的最大贡献者。土壤是微生物的大本营，在那里长年生活着种类繁多、数量庞大的微生物群体，1 克土壤中就有几亿到几百亿个微生物，1 亩耕作层土壤中微生物的重量有几百斤到上千斤。它们在生命活动过程中，不断分解土壤中的有机物，转化成腐殖质，促进土壤团粒结构形成，增加土壤肥力。同时它们又直接“生产”各种“化肥”，如

固氮微生物利用空气中分子氮合成为农作物能吸收的氨；磷细菌能使土壤中难溶解的磷转化为农作物易吸收的磷；硅酸盐细菌能使钾长石中的钾变为可溶性钾，利于农作物吸收。微生物细胞本身也富含营养，死亡后也被分解转化为农作物可吸收的营养基质。

③增强作物抗性：现代科学研究表明，在植物根圈范围中，生存着许多对植物有益的植物根圈促生细菌。它们在生长代谢过程中能产生许多促进生长的物质、多种抗生素、胞外溶解酶和氰化氢等，抑制有害微生物生长，减少病虫害对作物的侵害，增强作物抵抗病虫害的能力。多种微生物可以诱导植物的过氧化物酶，多酚氧化酶，苯甲氨酸解氨酶，脂氧合酶，几丁质酶等参与植物防御反应，有利于防病抗病；有的微生物种类还能产生抗菌素类物质，有的则是形成了优势种群，降低了作物病虫害的发生；菌根真菌由于在植物根部的大量生长，其菌丝除可为植物提供营养元素外，还可增加水分吸收，有利于提高农作物的抗旱能力。

④提高作物品质：微生物肥料可提高有机肥料和化学肥料的利用率，降低因超量施用化学肥料所带来的硝酸盐超标的问题；微生物肥料能提高土壤的养分含量，因此在相同地力水平的土壤上可以减少化肥的用量，并且在获得等效增产的同时还提高作物的品质。各地应用试验表明，使用微生物肥料后能明显提高农产品的内在品质，改善农产品口感，如西瓜、葡萄等可以增加糖度1.5度以上，蛋白质、维生素等物质的含量均有所提高。在有些情况下品质的改善比产量的提高好处更大，例如红薯施用 KCl（氯化钾）肥时的收干率仅为38%，而使用生物钾肥时收干率可以达45%；在水稻上使用生物钾肥比使用化学钾肥出米率提高7%。

⑤增加作物产量：许多微生物种类在生长繁殖过程中产生对

植物有益的代谢产物，如生长素、赤霉素、吲哚乙酸、多种维生素、氨基酸等等，能够刺激和调节农作物生长，使农作物营养良好，生长健壮，进而达到增产的效果。据文献综合分析，各类微生物肥料的平均增产效果不同，范围为 12.0%~22.3%；2003—2006 年，在小麦、玉米、番茄、马铃薯四种农作物上进行微生物肥料应用的田间试验结果显示，可使小麦、玉米的化学肥料基肥用量降低 25%~30%，并使小麦、玉米的产量比常规施肥量分别高 4.7% 和 18.1%；使番茄、马铃薯的化学肥料基肥用量降低 30%~45%，并使番茄、马铃薯的产量比常规施肥量分别提高 11.5% 和 36.2%。

⑥减少环境污染：由于滥用化肥、污水灌溉等不良行为造成土壤质量下降、环境污染、农产品安全受到了极大影响。而使用微生物肥料，可以消耗利用城市生活垃圾和农业废弃物，增加土壤肥力，改善土壤性能，减少环境污染。1997 年 4 月在意大利召开的“生物固氮：全球挑战和未来需求”会议指出，生物固氮比工业氮肥更能满足植物对氮肥的需求，因为生物固氮可以持续不断供应，并且能够减少环境污染和温室效应。微生物肥料具有固氮、解磷、解钾的作用，据相关研究报道，可提高肥料利用率 10%~30%，推广应用微生物肥料可节约化肥资源以及与之相关的石油、煤炭、天然气等，对缓解能源危机有着重要作用。

⑦生产绿色食品：微生物肥料在绿色食品生产中占有重要的位置。随着生活水平的不断提高，尤其是人们对生活质量提高的要求，全球都在积极发展生态有机农业来生产安全、无公害的绿色食品。生产绿色食品过程中要求不用或尽量少用（或限量使用）化学肥料、化学农药和其他化学物质。要求肥料必须首先保护和促进施用对象生长和提高品质；其次，不造成施用对象产生和积累有害物质；再次是对生态环境无不良影响。微生物肥料基本符合以上三个原则。我国科学技术工作者通过不懈的努力，

现已开发出具有特殊功能的菌种，制成多种微生物肥料，施用这种微生物肥料不但能缓和或减少农产品污染，而且能够改善农产品的品质。

（3）菌肥品种

1）常用种类

根据微生物肥料对改善植物营养元素的不同，可以分为以下几类。

①根瘤菌肥料：能在豆科植物根上形成根瘤，可同化空气中的氮气，改善豆科植物氮素营养，并刺激作物生长；种类有花生、大豆、绿豆等根瘤菌剂。

②固氮菌肥料：能在土壤中和许多作物根际固定空气中的氮气，为作物提供氮素营养；又能分泌激素刺激作物生长；种类有自生固氮菌、联合固氮菌等。

③硅酸盐细菌肥料：能对钾铝硅酸盐及磷灰石进行分解，释放出钾、磷以及其他灰分元素，改善植物的营养条件；种类有硅酸盐细菌、解钾微生物等。

④磷细菌肥料：能把土壤中难溶性磷转化为作物可以利用的有效磷，改善作物磷素营养，并刺激作物生长；种类有磷细菌、解磷真菌、菌根菌等。

⑤复合微生物肥料：含有两种或两种以上有益微生物，它们之间互不拮抗而且能提高作物的一种或几种营养元素供应水平，并含有生理活性物质。

2）主要剂型

当前生产的微生物肥料，从产品性状看，其剂型可分为液态剂型、粉状剂型和颗粒剂型等 3 种，还有新增的冻干剂型。

①液态剂型：由发酵液直接装瓶，也有使用矿油封面产品。

②粉状剂型：以草炭为载体，近年来也有以蛭石为吸附剂。

③颗粒剂型：以草炭为载体，近年来也有以蛭石为吸附剂。

④冻干剂型：在冰箱或室温下保存，菌株活性达 5 年以上。

注：浓缩冷冻液体剂型借助干冰在冷冻状态下，至少可保存 9 个月。

从微生物肥料的内含物看，有单菌株制剂、多菌株制剂，也有微生物加增效物（如化肥、微量元素、有机物等）和复合微生物肥料。

（4）质量标准

农业行业标准《NY 227—1994　微生物肥料》，规定了微生物肥料产品的分类、技术要求、试验方法、检验规则、包装、标识、运输与贮存。

此标准适用于有益微生物制成的、能改善作物营养条件（又有刺激作用）的活体微生物制品。

①产品剂型：液体剂型、粉状剂型、颗粒剂型。

②产品外观：液体状剂型为无异臭味；固体粉状为黑褐色或褐色、湿润、松散；颗粒状为褐色。

③质量指标：按表 5-2-1 微生物肥料成品的技术指标（NY 227—1994）和表 5-2-2 微生物肥料成品无害化指标（NY 227—1994）执行。

表 5-2-1　微生物肥料成品技术指标（NY 227—1994）

项　目			液体	粉状固体	颗粒状固体
1. 外观			无异臭味液体	黑褐或褐色粉状、湿润、松散	褐色颗粒
2. 有效活菌数	根瘤菌肥料	慢生根瘤菌，亿个/mL≥	5	1	1
		快生根瘤菌，亿个/mL≥	10	2	1

续表

<table>
<tr><th colspan="3">项　目</th><th>液体</th><th>粉状固体</th><th>颗粒状固体</th></tr>
<tr><td rowspan="5">2. 有效活菌数</td><td colspan="2">固氮菌肥料，亿个/mL≥</td><td>5</td><td>1</td><td>1</td></tr>
<tr><td colspan="2">硅酸盐细菌肥料，亿个/mL≥</td><td>10</td><td>2</td><td>1</td></tr>
<tr><td rowspan="2">磷细菌肥料</td><td>有机磷细菌，亿个/mL≥</td><td>5</td><td>1</td><td>1</td></tr>
<tr><td>无机磷细菌，亿个/mL≥</td><td>15</td><td>3</td><td>2</td></tr>
<tr><td colspan="2">复合微生物肥料，亿个/mL≥</td><td>10</td><td>2</td><td>1</td></tr>
<tr><td colspan="3">3. 水分,%</td><td>—</td><td>20 ~ 35</td><td><10</td></tr>
<tr><td colspan="3">4. 细度，mm</td><td>—</td><td>粒径 0. 18</td><td>粒径 2. 5 ~ 4. 5</td></tr>
<tr><td colspan="3">5. 有机质（以 C 计）,% ≥</td><td></td><td>20</td><td>25</td></tr>
<tr><td colspan="3">6. pH</td><td>5. 5 ~ 7. 0</td><td>6. 0 ~ 7. 5</td><td>6. 0 ~ 7. 5</td></tr>
<tr><td colspan="3">7. 杂菌数,% ≤</td><td>5</td><td>15</td><td>20</td></tr>
<tr><td colspan="3">8. 有效期</td><td colspan="3">不得低于 6 个月</td></tr>
</table>

注：①在产品标明的失效期前有效活菌数应符合指标要求，出厂时有效活菌数必须高出本指标 30% 以上。②在有机质（以 C 计）的指标中，以蛭石等为吸附剂不在此列。

表 5-2-2　微生物肥料成品无害化指标（NY 227—1994）

编号	参　数	单位	标准限值
1	蛔虫卵死亡率	%	95 ~ 100
2	大肠杆菌值		10^{-1}

续表

编号	参　数	单位	标准限值
3	汞及化合物（以 Hg 计）	mg/kg	≤5
4	镉及化合物（以 Cd 计）	mg/kg	≤3
5	铬及化合物（以 Cr 计）	mg/kg	≤70
6	砷及化合物（以 As 计）	mg/kg	≤30
7	铅及化合物（以 Pb 计）	mg/kg	≤60

（5）初步识别

①认包装标识：应有肥料名称、有效菌种类、含量、养分含量、执行标准、许可证号、生产厂家、厂址、生产日期、净重、有效期、适用作物、使用方法等。

②看产品外观：微生物肥料一般分为液体状、粉状和颗粒状等三种。液体状产品应为无异臭味；粉状产品为黑褐色或褐色、湿润、松散；颗粒状产品为褐色。

③区分有机肥：一般可从气味、色泽区分微生物肥料与有机肥料。微生物肥料无异味，而有机肥料有臭味；微生物肥料色泽较一致，有机肥料色泽差异较大。

（6）施用方法

①菌肥单施：已施过化肥、腐熟有机肥的土壤，每亩可单施微生物菌肥 2 千克左右，施用方法可采用沟施、穴施、灌根或冲施。

②配合施用：亩用微生物菌肥 1 ~ 2 千克与化肥、复合肥、有机肥或腐熟农家肥混匀后作底肥、追肥，可撒施、沟施或穴施。

③拌种播种：用适量水将玉米、大豆、花生等大粒种子淋湿，每亩种子用菌肥 0.5 ~ 1 千克（粉状）拌匀，阴干或风干后

播种。

④蘸根灌根：每亩用菌肥 1 ~ 2 千克，粉碎并兑水 5 ~ 8 倍，蘸根或兑水 200 ~400 倍灌于根部；蘸根时勿将附在根系上的泥土洗掉。

⑤混苗床土：每平方米苗床用微生物菌肥（粉状）300 ~ 500 克，与苗床上的土壤充分混匀之后才能播种；注意菌肥不能外露。

⑥根外喷施：将微生物菌肥溶于少量水中，取其上清液，过滤，兑入适量的水，混合均匀即可喷施，滤渣可再施于植物根部。

⑦随水冲施：每亩用微生物菌肥 1 ~ 2 千克，与作物所需的适当化肥混合均匀之后，再用适量水稀释、混合均匀后，随水冲施。

⑧果树施用：每亩用微生物菌肥 2 ~4 千克与化肥、复合肥、有机肥或腐熟农家肥混匀后，穴施、环状沟施或放射状沟施均可。

⑨花卉施用：栽种花卉时，每千克盆土可施微生物菌肥 10 ~ 15 克并配合施用化肥、有机肥或复合肥混匀，可作底肥或追肥。

⑩液体菌肥：把液态微生物肥料稀释 10 ~ 20 倍之后，一般可用于拌种、浸种、蘸根或喷根，按 1 :（40 ~ 100）稀释之后可灌根。

注：大田作物每亩施 10 千克左右微生物肥料，在播种深耕时与农家肥一道施入土深约 15 厘米，用量依作物和土质状况酌情增减。

（7）注意事项

微生物肥料是活体肥料，它的作用主要靠它含有的大量有益微生物的生命活动代谢来完成。只有当这些有益微生物处于旺盛

的繁殖和新陈代谢的情况下，物质转化和有益代谢产物才能不断形成。因此，微生物肥料中有益微生物的种类、生命活动是否旺盛是其有效性的基础，而不像其他肥料是以氮、磷、钾等主要元素的形式和多少为基础。正因为微生物肥料是活制剂，所以其肥效与活菌数量、强度及周围环境条件密切相关，包括温度、水分、酸碱度、营养条件及原生活在土壤中的土著微生物排斥作用都有一定影响，因此在应用时要加以注意。

①有效的许可证：首先要选择正规厂家生产的微生物菌肥产品，检查标签上是否具备有效的生产许可证，要看有没有农业部颁发的生产许可证或临时生产许可证。须知，各省市没有资格颁发微生物肥料的生产许可证或者临时生产许可证。

②选择合格产品：农业行业标准《NY 227—1994　微生物肥料》中规定，微生物肥料产品有效活菌数≥1 亿个/毫升，为了使微生物肥料在有效期末仍然符合这一要求，出厂时有效活菌数必须高出指标 30% 以上，否则，质量达不到要求。

③产品的有效期：微生物肥料的核心在于其中的活的微生物，产品中有效微生物数量是随保存时间的增加逐步减少的，若数量过少则起不到应有的作用。要选用有效期内的产品，最好用当年生产的产品，不购买或使用超过保存期的产品。

④贮存运输条件：阳光中的紫外线会影响有益微生物的正常生长繁殖，在运输存放过程中注意遮阴，防止紫外线杀死肥料中的微生物。应尽量避免淋雨，存放在干燥通风的地方；产品贮存环境温度应避免长期在 35℃以上或 -5℃以下低温。

⑤严禁混放混用：禁止微生物肥料与杀菌剂或种衣剂混放混用，种子的杀菌消毒，应在播种前进行，最好不用带种衣剂的种子播种；还应强调微生物肥料不仅不能与杀菌剂混用也不能同时使用，否则会杀死菌肥中的微生物，使肥料失效。

⑥配施适当肥料：因为生物菌剂本身不含养分，生物有机肥

也只有部分养分，所以根据菌种组成、土壤肥力及作物种类配施适量的有机肥和化肥，可为微生物繁殖提供必需的碳源和养料，有利于扩大菌群，微生物肥料才能充分发挥其作用。

⑦混施必须谨慎：施用微生物肥料时，应避免与未腐熟的农家肥混合使用，因为未腐熟的农家肥在堆沤的过程中，会产生大量的热量，微生物会被高温杀死，影响微生物肥料的肥力。同时，还必须注意避免与过酸或过碱的肥料混合使用。

⑧环境条件合理：采用合理农业技术措施，改善土壤温度、湿度和酸碱度等环境条件，保持土壤耕作层疏松和湿润，保证土壤中能源物质和营养供应充足，促使有益微生物的大量繁殖和旺盛代谢，从而发挥其增产效果以及改善品质的作用。

⑨严守施用方法：施用微生物肥料时，应避免日光直射，故不宜直接撒于地表；应与适宜适量的化肥、复合肥或有机肥等混合深施效果较好；各种微生物肥料在使用中所采用的拌种、基肥、追肥等方法，严格按照使用说明书的要求操作。

⑩择机及时使用：避免高温干旱的情况下使用微生物肥料，因为高温干旱的天气，影响微生物的繁殖和生存；微生物肥料包装开袋后，会有其他的细菌侵入，造成微生物菌群发生改变，影响使用效果。故应择好天气开袋，并及时施用完毕。

（8）贮运事宜

①固体菌肥内用聚乙烯薄膜袋、外用纸箱包装；液体菌肥小包装用玻璃疫苗瓶或塑料瓶，外包装纸箱；颗粒菌肥用编织袋内衬塑料薄膜袋包装，袋口密封。

②运输和存放时应避免与碳酸氢铵、钙镁磷肥等碱性肥料混放。微生物肥遇水容易导致养分损失，在运输过程中应避免淋雨，存放则要在干燥、通风的地方。

③微生物肥可用通用运输工具，运输过程中应有遮盖物，防雨淋、防日晒，35℃以上高温或者低于0℃时需用保温车

（8～10℃）运输。轻装轻卸，避免破损。

④微生物肥料不得露天堆放，以防雨淋和日晒，应贮存在常温、阴凉、干燥、通风的库房内，码堆高度≤130 厘米；库房内温度不得低于 0℃或者高于 35℃以上。

特别提示：应严格按照微生物肥料的安全生产、装卸、运输、贮存、使用等相应的法律、法规执行。

二、微生物肥料种类

根据微生物肥料对改善植物营养元素的不同，常用的微生物肥料可分为以下几类。

1. 根瘤菌肥料

根瘤菌肥料（Rhizobium fertilizer）系指能在豆科植物根上形成根瘤，可同化空气中的氮气，改善豆科植物氮素营养，又能分泌激素刺激作物生长的活体微生物制品；菌种的主要种类有花生、大豆、绿豆等根瘤菌剂。

根瘤菌肥料适用于豆科作物，通常用于拌种。利用根瘤菌固定空气中氮素，提高土壤肥力，增加作物产量，这是我国劳动人民在长期实践中积累的宝贵经验。它还能提高土壤有机质含量，并具有安全、环保、无污染等特点。

（1）有关定义

①根瘤菌肥料：用于豆科作物接种，使豆科作物结瘤、固氮的接种剂。

②复合根瘤菌肥料：以根瘤菌为主，加入少量能促进结瘤、固氮作用的芽孢杆菌、假单胞菌或其他有益的促生微生物的根瘤菌肥料，称为复合根瘤菌肥料。加入的促生微生物必须是对人畜及植物无害的菌种。

（2）产品分类

①按形态不同分为液体根瘤菌肥料和固体根瘤菌肥料。

②以寄主种类不同分为菜豆根瘤菌肥料、大豆根瘤菌肥料、花生根瘤菌肥料、三叶草根瘤菌肥料、豌豆根瘤菌肥料、苜蓿根瘤菌肥料、百脉根根瘤菌肥料、紫云英根瘤菌肥料、沙打旺根瘤菌肥料等。

（3）质量指标

农业行业标准《NY 410—2000　根瘤菌肥料》规定了豆科根瘤菌肥料的分类、技术要求、试验方法、检验规则、包装、标识、运输与贮存。

此标准适用以共生固氮性能优良的根瘤菌菌株为生产用菌，经液体发酵生产而成的根瘤菌液体肥料，菌液以持水性能良好的载体为吸附剂制成的根瘤菌固体肥料；也适用于以根瘤菌为主的含有能促进结瘤、固氮作用的芽孢杆菌、假单胞菌或其他有益的促生细菌制成的复合根瘤菌肥料。

1）液体根瘤菌肥料

液体根瘤菌肥料按表 5-2-3 液体根瘤菌肥料产品质量指标（NY 410—2000）执行。

2）固体根瘤菌肥料

固体根瘤菌肥料按表 5-2-4 固体根瘤菌肥料产品质量指标（NY 410—2000）执行。

表 5-2-3　液体根瘤菌肥料产品质量指标（NY 410—2000）

项　目	指　标	备　注
外观、气味	乳白色或灰白色均匀混浊液体，或稍有沉淀。无酸臭味	—
根瘤菌活菌个数，10^8 个/mL	≥5.0	—
杂菌率，%	≤5	—

续表

项　目	指　标	备　注
pH	6.0~7.2	用耐酸菌株生产的菌液，pH可大于7.2
寄主结瘤最低稀释度	10^{-6}	此项仅在监督部门或仲裁检验双方认为有必要时才检测
有效期，月	≥3	此项仅在监督部门或仲裁检验双方认为有必要时才检测

表5-2-4　固体根瘤菌肥料产品质量指标（NY 410—2000）

项　目	指　标	备　注
外观、气味	粉末状、疏松、湿润无霉块，无酸臭味，无霉味	—
水分含量，%	25~50	—
根瘤菌活菌个数，10^8 个/mL	≥2.0	—
杂菌率，%	≤10	—
pH	6.0~7.2	—
吸附剂颗粒细度	大粒种子（大豆、花生、豌豆等）用的菌肥，通过孔径0.18mm标准筛的筛余物≤10% 小粒种子（三叶草、苜蓿、紫云英）用的菌肥，通过孔径0.18mm标准筛的筛余物≤10%	

续表

项　目	指　标	备　注
寄主结瘤最低稀释度	10^{-6}	此项仅在监督部门或仲裁检验双方认为有必要时才检测
有效期，月	≥6	此项仅在监督部门或仲裁检验双方认为有必要时才检测

（4）包装标识

①包装：内包装液体肥料小包装用塑料瓶或玻璃瓶，大包装用塑料桶；固体肥料用不透明聚乙烯塑料包装。外包装均用纸箱，箱外用尼龙打包带加固。

②标识：应有肥料名称、有效菌种类、含量、养分含量、执行标准、许可证号、生产厂家、厂址、生产日期、净重、有效期、适用作物、使用方法等。

（5）运输贮存

①运输：适用于通用运输工具，运输过程中有遮盖物，防止雨淋、日晒及35℃以上高温。气温低于0℃时，采取保温措施，防止菌肥冰冻。轻装轻放，避免破损。

②贮存：固氮菌肥料产品贮存于阴凉、干燥、通风的库房内，最适宜温度为10～25℃，不得露天堆放，以防雨淋和日晒，避免冻冰以及长时间35℃以上的高温。

特别提示：应严格按照根瘤菌肥料的安全生产、装卸、运输、贮存、使用等相应的法律、法规执行。

（6）施用方法

①根瘤菌肥适用豆科作物，通常用作拌种，亩用量30～

50 克。

②根瘤菌肥加适量清水，轻调拌匀（勿伤种皮）黏附于种子上。

③必须随拌随播，超过 48 小时应重新拌种，播种之后要立刻盖种。

④播种时若来不及拌种，可在幼苗邻近浇泼兑水的根瘤菌肥料。

⑤出苗后发现结瘤不佳，也可在幼苗邻近浇泼兑水的根瘤菌肥。

⑥若需经农药消毒的种子，应在根瘤菌剂拌种前半月之前消毒。

（7）注意事项

①根瘤菌肥产品必须合格，已结块、长霉的根瘤菌肥不能使用。

②忌阳光直晒根瘤菌肥，防止紫外线杀死根瘤菌肥中的根瘤菌。

③一定的豆科作物有一定的根瘤菌族，故根瘤菌肥不能随意用。

④可配施磷钾肥，不能与农药、化学杀菌剂、速效氮肥等混施。

2. 固氮菌肥料

固氮菌肥料（Azotobacter fertilizer）系指能在土壤中与许多作物根际固定空气中的氮气，为作物提供氮素营养，又能分泌激素刺激作物生长的活体微生物制品。

按菌种及特性分为自生固氮菌肥料、根际联合固氮菌肥料、复合固氮菌肥料。固氮菌肥料适用于各种作物，特别是禾本科作物和蔬菜中的叶菜类作物，可作基肥、追肥以及种肥。

固氮菌肥料是利用固氮微生物将大气中的分子态氮气转化为

农作物能利用的氨，进而为其提供合成蛋白质所必需的氮素营养的肥料。微生物自生或与植物共生，将大气中的分子态氮气转化为农作物可吸收的氨的过程，称为生物固氮。生物固氮是在极其温和的常温常压条件下进行的生物化学反应，不需要化肥生产中的高温、高压和催化剂。因此，生物固氮是最便宜、最干净、效率最高的施肥过程。固氮菌肥料是最理想的、最有发展前途的肥料。

（1）有关定义

①自生固氮菌：在土壤里能固定空气中的氮，供作物氮素营养，又能分泌激素刺激作物生长的活体微生物。

②根际联合固氮剂：既依赖根际环境生长，又在根际中固定空气中的氮气，对作物生长发育产生积极作用的微生物。

③固氮效能：固氮菌每消耗1克碳水化合物（糖）从空气中摄取氮素的毫克数，固氮效能一般用mg氮/g糖来表示。

（2）产品分类

①按剂型不同分为：液体固氮菌肥料、固体固氮菌肥料、冻干固氮菌肥料。

②按菌种及特性分：自生固氮菌肥料、根际固氮菌肥料、复合固氮菌肥料。

（3）质量指标

农业行业标准《NY 411—2000　固氮菌肥料》规定了固氮菌肥料的分类、技术要求、试验方法、检验规则、包装、标识、运输、贮存等。

此标准适用于含有益固氮菌、能在土壤和多种作物根际中固定空气中的氮气，供作物氮素营养，又能分泌激素刺激作物生长的活体制品。此标准也适用于以固氮菌为主的含有能促进固氮、生长的植物促生根际细菌（PGPR）的复合固定菌肥料。

固氮菌肥料成品按表5-2-5固氮菌肥料产品质量指标

（NY 411—2000）执行。

表 5-2-5 固氮菌肥料产品质量指标（NY 411—2000）

项 目	液体剂型	固体剂型	冻干剂型
外观，气味	乳白或淡褐色液体，混浊，稍有沉淀	黑褐色或褐色粉状，湿润、疏松	乳白色结晶，无味
水分，%	—	25.0～35.0	3.0
pH	5.5～7.0	6.0～7.5	6.0～7.5
细度，过孔径 0.18mm 标准筛的筛余物，% ≤	5	20.0	—
有效活菌数，个/mL（个/g，个/瓶），≥	5.0×10^{8}	1.0×10^{8}	5.0×10^{8}
杂菌率①，% ≤	5.0	15.0	2.0
有效期②，月≥	3	6	12

注：①其中包括 10^{-6} 马丁培养基平板上无霉菌；②此项仅在监督部门和仲裁检验双方认为有必要时才检测。

（4）包装标识

①包装：内包装液体肥料小包装用塑料瓶或玻璃瓶，大包装用塑料桶；固体肥料用不透明聚乙烯塑料包装；冻干菌剂用玻璃指形管真空干燥。外包装用纸箱。

②标识：应有肥料名称、商标、有效菌种类、含量、养分含量、执行标准、许可证号、生产厂家、厂址、生产日期、净重、有效期、适用作物、使用方法等。

（5）运输贮存

①运输：适用于通用运输工具，运输过程中有遮盖物，防止

雨淋、日晒及35℃以上高温。气温低于0℃时，采取保温措施，防止菌肥冰冻。轻装轻放，避免破损。

②贮存：固氮菌肥料产品贮存于阴凉、干燥、通风的库房内，最适宜温度为10～25℃，不得露天堆放，以防雨淋和日晒，避免冻冰以及长时间35℃以上的高温。

特别提示：应严格按照固氮菌肥料的安全生产、装卸、运输、贮存、使用等相应的法律、法规执行。

（6）施用方法

①用途：固氮菌肥料可作基肥、追肥，或用来蘸根、拌种，适用于除豆科作物外的各种作物，如水稻、小麦、玉米、棉花、蔬菜、马铃薯等。

②基肥：固氮菌肥料与有机肥料配合沟施或穴施，施后立即覆土，以避免阳光直射；也可蘸秧根或作基肥施在蔬菜菌床上或与棉花盖种肥混施。

③追肥：把固氮菌肥料用水调成糊状，施于作物根部，施后覆土；也可结合灌根进行追肥；追肥时可与土粪拌和沟施或穴施在植株邻近后盖土。

④拌种：将固氮菌肥料加适量水搅成稀糊状，倒入种子混拌，捞出阴干后随即播种；对水稻、甘薯、蔬菜等移栽作物可采用蘸秧根的方法施用。

⑤用量：拌种时固体剂型固氮菌肥料一般每亩用量为0.25～0.5千克；液体剂型的每亩用量100毫升左右；冻干剂型每亩用500亿～1000亿个活菌。

（7）注意事项

①固氮菌对土壤酸碱度反应敏感，其最适宜pH为7.4～7.6，酸性土壤上施用时，应施用石灰以提高固氮效率。过酸、过碱的肥料或有杀菌作用的药物均不宜与固氮菌肥混施。

②固氮菌对土壤湿度要求较高，当土壤湿度为田间最大持水

量的25%~40%时才开始生长繁殖，60%~70%时生长繁殖最旺盛。因此，施用固氮菌肥时要特别注意土壤水分条件。

③固氮菌是中温性细菌，最适宜的生长温度为25~30℃，低于10℃或高于40℃时，生长就会受到抑制。因此，固氮菌肥料要保存于阴凉处，并要保持一定的湿度，严防暴晒。

④土壤中碳氮比低于（40~70）：1时，固氮作用迅速停止。土壤中适宜的碳氮比是固氮菌发展成优势菌种、固定氮素最重要的条件。因此，固氮菌最好施在富含有机质的土壤上。

⑤土壤中施用大量氮肥后，应隔10天左右再施固氮菌肥，否则会降低固氮菌的固氮能力。但固氮菌剂与磷、钾及微量元素肥料配合施用，则能促进固氮菌的活性以及固氮能力。

⑥固氮菌肥一般用作拌种，随拌随播，随即覆土，以避免阳光直射；也可蘸秧根、作基肥施在蔬菜苗床上或者与棉花盖种肥混施；也可追施于作物根部或者结合灌溉追施固氮菌。

⑦固氮菌肥料有作物专用的也有通用的，施用时应加以选择。固氮菌肥料拌种时切勿置于阳光下，当天拌种当天用完；不能与杀菌剂、草木灰、速效氮肥及稀土微肥同时使用。

3. 硅酸盐细菌肥料

硅酸盐细菌肥料（Silicate bacterial fertilizer）又称生物钾肥、硅酸盐菌剂、硅酸盐菌肥，俗称钾细菌肥。系指能对土壤中云母、长石等含钾铝硅酸盐及磷灰石进行分解，释放出钾、磷与其他灰分元素，改善植物的营养条件，又能分泌激素刺激作物生长的活体微生物制品；菌种的主要种类有硅酸盐细菌、解钾微生物等。

硅酸盐细菌一方面由于其生长代谢产生的有机酸类物质，能够将土壤中含钾的长石、云母、磷灰石、磷矿粉等矿物的难溶性钾及磷溶解出来为作物和菌体本身利用，菌体中富含的钾在菌死亡后又被作物吸收；另一方面它所产生的激素、氨基酸、多糖等物质促进作物的生长。同时，细菌在土壤中繁殖，抑制其他病原菌的生长。这些都对作物生长、产量提高及品质改善有良好作用。

（1）有关定义

硅酸盐细菌肥料：在土壤中通过其生命活动，增加植物营养元素的供应量，刺激作物生长，抑制有害微生物活动，有一定的增产效果。

（2）产品分类

按剂型不同分为：液体菌剂、固体菌剂、颗粒菌剂。

（3）质量指标

农业行业标准《NY 413—2000　硅酸盐细菌肥料》规定了硅酸盐细菌肥料产品的分类、技术要求、试验方法、检验规则、包装、标识、运输与贮存。

此标准适用于能释放钾、磷与灰分元素，改善作物营养条件的有益微生物发酵制成的活体微生物肥料制品。

硅酸盐细菌肥料按表 5-2-6 硅酸盐细菌肥料成品质量指标（NY 413—2000）执行。

表 5-2-6　硅酸盐细菌肥料成品质量指标（NY 413—2000）

项　目	液　体	固　体	颗　粒
外观	无异臭味	黑褐色或褐色粉状，湿润，松散，无异臭味	黑褐色或褐色颗粒
水分，%	—	20.0～50.0	<10.0
pH	6.5～8.5	6.5～8.5	6.5～8.5
细度筛余物，%	—	孔径 0.18mm，≤20	孔径 5.0～2.5mm，≤10
有效期内有效活菌数	5.0×10^8/mL	1.2×10^8/g	1.0×10^8/g

续表

项　目	液　体	固　体	颗　粒
杂菌率[①]，%	≤5.0	≤15.0	≤15.0
有效期[②]，月	≥3	≥6	≥6

注：①其中包括 10^{-6} 马丁培养基平板上无霉菌；②此项仅在监督部门和仲裁检验双方认为有必要时才检测。

（4）包装标识

①包装：内包装液体肥料小包装用塑料瓶或玻璃瓶，大包装用塑料桶；固体肥料用不透明聚乙烯塑料包装；颗粒菌肥料亦可用编织袋包装。外包装用纸箱。

②标识：应有肥料名称、商标、有效菌种类、含量、养分含量、执行标准、许可证号、生产厂家、厂址、生产日期、净重、有效期、适用作物、使用方法等。

（5）运输贮存

①运输：适用于通用运输工具，运输过程中有遮盖物，防止雨淋、日晒及35℃以上高温。气温低于0℃时，采取保温措施，防止菌肥冰冻。轻装轻放，避免破损。

②贮存：硅酸盐细菌肥料贮存于阴凉、干燥、通风的库房内，最适宜温度为10～25℃，不得露天堆放，以防雨淋和日晒，避免冻冰以及长时间35℃以上的高温。

特别提示：应严格按照硅酸盐细菌肥料的安全生产、装卸、运输、贮存、使用等相应的法律、法规执行。

（6）施用方法

①用途：硅酸盐细菌肥料可用作基肥、种肥、追肥，适用于小麦、水稻、玉米、甘薯、棉花、烟草、果树、蔬菜以及其他多种农作物。

②效果：硅酸盐细菌肥料可以作基肥、追肥和拌种或蘸根

用。据统计使用硅酸盐细菌肥料，作物产量增加约10%，并能提高作物品质。

③基肥：每亩沟施或条施1~2千克，与150~200千克有机肥料或适量潮细土拌和均匀，撒施，施后覆土；若与农家肥混合施用效果更好。

④拌种：用于拌种时每亩约0.5千克硅酸盐细菌肥料，在菌肥中加入适量清水，拌成均匀悬浊液，喷在种子上拌和均匀，稍干后立即播种。

⑤蘸根：将硅酸盐细菌肥料每亩约0.5千克与清水按1∶5的比例混匀，将水稻或蔬菜等作物根部蘸取清液，随蘸随用，避免阳光直射。

⑥追肥：将硅酸盐细菌肥料每亩1~2千克与腐熟的农家肥200~250千克混合，充分拌和、混匀，条施或穴施于播种沟内，然后立刻覆土。

（7）注意事项

①硅酸盐细菌肥料作基肥时，最好与有机肥料配合施用。因为硅酸盐细菌的生长繁殖同样需要养分，当有机质贫乏时不利于其生命活动的进行。

②在施用有机肥料的基础上，结合其他栽培办法，如及时排灌、中耕松土等；使土壤中水分恰当，通气良好，有利于微生物生活的良好环境条件。

③紫外线对菌剂有杀灭作用，因此，在贮运和使用时应避免阳光直射，拌种时应在避光处进行，待稍晾干（不能晒干）之后，立即播种、覆土。

④钾细菌适宜生长的pH范围为6~8，当pH小于6时，硅酸盐细菌的活性受到抑制。因此，钾细菌肥料一般不能与过酸或过碱的物质混用。

⑤钾细菌肥料可与杀虫、杀真菌病害的农药同时配合施用，

但不能与杀细菌农药接触，苗期细菌病害严重的作物（如棉花），菌剂宜采用底施。

⑥当土壤中速效钾含量小于26mg/kg，不利于硅酸盐细菌的生长与解钾功能的发挥；当速效钾含量为50～75mg/kg，硅酸盐细菌的解钾能力达到高峰。

⑦钾细菌的适宜生长温度为25～30℃，气温过高或过低其活力会受到抑制；钾细菌肥料与化学钾肥之间存在拮抗作用，二者不宜直接混用。

⑧由于硅酸盐细菌施入土壤之后，从繁殖到释放速效钾需经过一个较长的生长过程，为保证有充足时间以提高解钾、解磷效果，必须注意早施。

4. 磷细菌肥料

磷细菌肥料（Phosphate bacterial fertilizer）系指能把土壤中难溶性的磷转化为作物可以吸收利用的有效磷素，改善作物磷素营养，又能分泌激素刺激作物生长的活体微生物制品。

磷细菌肥料的种类颇多，按菌种及肥料的作用特性可分为有机磷细菌肥料和无机磷细菌肥料。有机磷细菌肥料是指在土壤中能分解有机态磷化物（卵磷脂，核酸，植素等）的有益微生物发酵制成的微生物肥料；无机磷细菌肥料是指能把土壤中惰性的不能被作物直接吸收利用的无机态磷化物，溶解转化为作物可以吸收利用的有效态磷化物。

磷细菌肥料的应用效果表明，在使用磷细菌肥料后，小麦、水稻、玉米、甘薯、大豆、花生、油菜、蔬菜多种农作物，以及苹果、桃等果树，其质量和产量比同等条件下没有使用磷细菌肥料的作物都有不同程度的提高。此外，磷细菌肥料的肥效比其他肥料持续时间长。

（1）有关定义

磷细菌肥料：能把土壤中难溶性的磷转化为作物能利用的有

效磷素营养，又能分泌激素刺激作物生长的活体微生物制品。

（2）产品分类

①按剂型分为：液体磷细菌肥料、固体粉状磷细菌肥料、颗粒状磷细菌肥料。

②按菌种及肥料的作用特性分为：有机磷细菌肥料、无机磷细菌肥料。

有机磷细菌肥料：能在土壤中分解有机态磷化物（卵磷脂、核酸、植素等）的有益微生物经发酵制成的微生物肥料。分解有机态磷化物的细菌有芽孢杆菌属中的种（*Bacilus sp*）、类芽孢杆菌属中的种（*Paenibacillus sp*）。

无机磷细菌肥料：能把土壤中难溶性的不能被作物直接吸收利用的无机态磷化物溶解转化为作物可以吸收利用的有效态磷化物。分解无机态磷化物的细菌有假单胞菌属中的种（*Pseudomonas sp*）、产碱菌属中的种（*Alcaligenes sp*）、硫杆菌属中的种（*Thiobacillus sp*）。

使用此标准之外的菌种生产磷细菌肥料时，菌种必须经过鉴定，而且必须为非致病菌菌株。

（3）技术要求

①菌种的有效性：用于生产磷细菌肥料的菌种，必须是从国家菌种中心或国家科研单位引进的并经过鉴定对动物和植物均无致病作用的非致病菌菌株；这些菌株在含有卵磷脂或磷酸三钙的琼脂平板上培养，能观察到明显有溶磷圈；发酵培养后解磷量与不接菌对照比较有明显差异（$P \leqslant 0.05$）。

②有机磷细菌：芽孢杆菌属的细菌为革兰染色阳性，能产生抗热的芽孢，为椭圆形或柱形周生或侧生鞭毛，能运动，能产生接触酶。

③无机磷细菌：假单胞菌属中的细菌为革兰染色阴性杆菌，极生的单鞭毛或丛鞭毛，能运动，接触酶阳性。此属中的部分菌

株为致病菌，必须进行严格的菌种鉴定后才能用于生产。产碱菌属的细菌，细胞呈杆状，1～4 根周生鞭毛，能运动，革兰染色呈阴性，接触酶阳性。硫杆菌属的菌为革兰染色呈阴性小杆菌，单根极生鞭毛，能运动，严格自养。

（4）质量指标

农业行业标准《NY 412—2000　磷细菌肥料》规定了磷细菌肥料产品的分类、技术要求、抽样、试验方法、检验规则、包装、标识、运输和贮存等。

此标准适用于含有益磷细菌微生物，能分解土壤中的难溶性磷化物，改善作物磷素营养状况，又能分泌刺激素刺激作物生长发育的活体微生物制品。

液体磷细菌肥料按表 5-2-7 磷细菌肥料成品质量指标（NY 412—2000）执行。

表 5-2-7　液体磷细菌肥料技术指标（NY 412—2000）

项　目	指　标
外观、气味	浅黄或灰白色混浊液体，稍有沉淀，微臭或无臭味
有机磷细菌肥料有效活菌数，亿个/mL	≥2.0
无机磷细菌肥料有效活菌数，亿个/mL	≥1.5
杂菌率，%	≤5
pH	4.5～8.0
有效期，月	≥6

注：杂菌率包括在选择培养基上的杂菌数和在马丁培养基上的霉菌数。其中对霉菌数的规定为：一般磷细菌肥料的霉菌数要求小于 30.0×10^{5} 个/mL（g），拌种剂磷细菌肥料霉菌数要求小于 10.0×10^{4} 个/mL（g）。

固体（粉状）磷细菌肥料按表 5-2-8 磷细菌肥料成品质量指标（NY 412—2000）执行。

表 5-2-8　固体（粉状）磷细菌肥料技术指标（NY 412—2000）

项　目	指　标
外观、气味	粉末状，松散，湿润，无霉菌块，无霉味，微臭
水分，%	25～50
有机磷细菌肥料有效活菌数，亿个/g	≥1.5
无机磷细菌肥料有效活菌数，亿个/g	≥1.0
细度（粒径）	通过孔径 0.20mm 标准筛的筛余物≤10%
pH	6.0～7.5
杂菌率，%	≤10
有效期，月	≥6

固体（颗粒）磷细菌肥料按表 5-2-9 磷细菌肥料成品质量指标（NY 412—2000）执行。

表 5-2-9　固体（颗粒）磷细菌肥料技术指标（NY 412—2000）

项　目	指　标
外观、气味	松散，黑色或灰色颗粒，微臭
水分，%	≤10
有机磷细菌肥料有效活菌数，亿个/g	≥0.5
无机磷细菌肥料有效活菌数，亿个/g	≥0.5
细度（粒径）	全部通过 2.5～4.5mm 孔径的标准筛

续表

项　目	指　标
pH	6.0 ~ 7.5
杂菌率，%	≤20
有效期，月	≥6

（5）包装标识

①包装：内包装液体肥料小包装用塑料瓶或玻璃瓶，大包装用塑料桶；固体肥料用不透明聚乙烯塑料包装；颗粒菌肥料亦可用编织袋包装。外包装用纸箱。

②标识：应有肥料名称、商标、有效菌种类、含量、养分含量、执行标准、许可证号、生产厂家、厂址、生产日期、净重、有效期、适用作物、使用方法等。

（6）运输贮存

①运输：适用于通用运输工具，运输过程中有遮盖物，防止雨淋、日晒及35℃以上高温。气温低于0℃时，采取保温措施，防止菌肥冰冻。轻装轻放，避免破损。

②贮存：磷细菌肥料应贮存于阴凉、干燥、通风的库房内，最适宜温度为10 ~ 25℃，不得露天堆放，以防雨淋和日晒，避免冻冰以及长时间35℃以上的高温。

特别提示：应严格按照磷细菌肥料的安全生产、装卸、运输、贮存、使用等相应的法律、法规执行。

（7）施用方法

①作基肥：用固体颗粒磷细菌微生物肥料每亩1 ~ 2千克，与适量经过消毒灭菌的堆肥或其他农家肥混合拌匀，沟施或穴施后立即盖土；也可将肥料在作物苗期追施于作物的根部。

②蘸秧根：水稻秧苗用磷细菌肥每亩2 ~ 3千克蘸根，加细

土和少量草木灰，用适量清水稀释，拌成糊状，蘸秧根后栽种；处理水稻秧苗除蘸根外，最好秧田播种时也用磷细菌肥料。

③拌种子：固体菌肥料每亩 0.7～1.5 千克，加水 2 倍稀释成糊状，液体菌肥料每亩 0.3～0.5 千克，加水 4 倍稀释搅匀后，将菌液与种子拌匀，晾干后即可播种，防止阳光直接照射。

（8）注意事项

①应注意使用环境，磷细菌肥料一般以用在缺磷而有机质较为丰富的土壤上效果比较好。

②磷细菌肥料与磷矿粉配合使用效果好；如不同类型的解磷菌种互不拮抗，可复合使用。

③结合堆肥使用效果比单施好，即在堆肥中先接入解磷微生物肥料，发挥其分解作用。

5. 复合微生物肥料

复合微生物肥料（Compound microbial fertilizer）系指特定微生物与营养物质复合而成，能提供、保持或改善植物营养，提高农产品产量或改善农产品品质的活体微生物制品。

由于复合微生物肥料综合了两种或两种以上微生物的优点和特点，理想的复合可达到叠加的效果，因而这类微生物肥料适应作物种类和使用区域较广。但需注意科学、合理、有目的地复合，开发出效果好又稳定的复合菌剂，为农业的生产应用做出贡献。

（1）有关定义

①复合微生物肥料：指特定微生物与营养物质复合而成，能提供、保持或改善作物营养，提高农产品产量或改善农产品品质的活体微生物制品。

②总养分：总氮、有效五氧化二磷和氧化钾含量之和，以质量分数计。

（2）菌种要求

使用的微生物菌种应安全、有效。生产者应提供菌种的分类

鉴定报告，包括属及种的学名、形态、生理生化特性及鉴定依据等完整资料，以及菌种安全性评价资料。采用生物工程菌，应具有获准允许大面积释放的生物安全性有关批文。

（3）质量标准

农业行业标准《NY/T 798—2015　复合微生物肥料》规定了复合微生物肥料的术语和定义、要求、试验方法、检验规则、标识、包装运输及贮存。此标准适用于复合微生物肥料。

①产品外观：均匀的液体或固体。悬浮型液体产品应无大量沉淀，沉淀轻摇后分散均匀；粉状产品应松散；粒状产品应无明显机械杂质，大小均匀。

②技术指标：复合微生物肥料的各项指标应按表 5-2-10 复合微生物肥料成品质量指标（NY/T 798—2015）执行。产品剂型分为液体和固体，固体剂型包含粉状和粒状。

表 5-2-10　复合微生物肥料产品技术指标要求（NY/T 798—2015）

项　目	液体剂型	固体剂型
有效活菌数（cfu）①，亿个/g（mL）	≥0.50	≥0.20
总养分（$N+P_2O_5+K_2O$）②，%	6.0～20.0	8.0～25.0
有机质（以烘干基计），%	—	≥20.0
杂菌率，%	≤15.0	≤30.0
水分，%	—	≤30.0
pH	5.5～8.5	5.5～8.5
有效期③，月	≥3	≥6

注：①含两种以上有效菌的复合微生物肥料，每一种有效菌的数量不得少于 0.01 亿个/g（mL）。②总养分应为规定范围内的某一确定值，其测定值与标明值正负偏差的绝对值不应大于2.0%，各单一养分值应不小于总养分含量的15.0%。③此项仅在监督部门或仲裁双方认为有必要时才检测。

③无害化指标：复合微生物肥料的无害化指标应按表5-2-11复合微生物肥料产品无害化指标要求（NY/T 798—2015）执行。

表5-2-11　复合微生物肥料产品无害化指标要求（NY/T 798—2015）

项　目	限量指标
粪大肠菌群数，个/g（mL）	≤100
蛔虫卵死亡率，%	≥95
砷（As）（以烘干基计），mg/kg	≤15
镉（Cd）（以烘干基计），mg/kg	≤3
铅（Pb）（以烘干基计），mg/kg	≤50
铬（Cr）（以烘干基计），mg/kg	≤150
汞（Hg）（以烘干基计），mg/kg	≤2

（4）包装标识

①包装：根据不同产品剂型选择适当的包装材料、容器、形式和方法，以满足产品包装的基本要求。产品包装中应有产品合格证和使用说明书，在使用说明书中标明使用范围、方法、用量及注意事项等内容。

②标识：标识所标注的内容，应符合国家法律、法规的规定。如肥料名称、商标、有效菌种类、含量、养分含量、执行标准、许可证号、生产厂家、厂址、生产日期、净重、有效期、适用作物、使用方法等。

（5）运输贮存

①运输：适用于通用运输工具，运输过程中有遮盖物，防止雨淋、日晒及35℃以上高温。气温低于0℃时，采取保温措施，防止菌肥冰冻；轻装轻放，避免破损。

②贮存：复合微生物肥料应贮存于阴凉、干燥、通风的库房

内，最适宜温度为10～25℃，不得露天堆放，以防雨淋和日晒，避免冻冰以及长时间35℃以上高温。

特别提示：应严格按照复合微生物肥料的安全生产、装卸、运输、贮存、使用等相应的法律、法规执行。

（6）施用方法

①底肥追肥：每亩用复合微生物肥料1～2千克，与农家肥、化肥或细土混匀后进行沟施、穴施、撒施均可。

②蘸根灌根：每亩用复合微生物肥料1～2千克，兑水3～4倍，移栽时蘸根；也可栽后其他时期灌于根部。

③施于苗床：每平方米苗床土用复合微生物肥料200～300克，把菌肥与苗床土充分拌和混匀，然后播种。

④随水冲施：每亩用复合微生物肥料1～2千克，与适宜适量的化肥混合，用适量水稀释，灌溉时随水冲施。

⑤叶面喷施：每亩用复合微生物肥料1～2千克，稀释500倍左右或按说明书的倍数稀释后，进行叶面喷施。

⑥施于林木：幼树环状沟施，每棵用200克，成年树放射状沟施，每棵用0.5～1千克，可拌肥施或拌土施。

⑦施于花草：每千克盆土用复合微生物肥料10～15克追肥或作底肥，而且也可作草坪的追肥或者作底肥。

（7）注意事项

①一定要选经农业部检验登记并取得许可证的产品，才能有质量保证。

②注意生产日期，在产品的有效期内使用，但最好当年产品当年使用。

③严格按照使用要求避免阳光直晒，以免紫外线杀死肥料中的微生物。

④不能与杀菌剂、除草剂混用，并且前后必须间隔7天之后才能施用。

⑤最好在雨后或者灌溉后施用，在使用前肥料要充分摇匀，现配现用。

⑥菌肥保存时切忌进水，保存于阴凉、干燥处，不宜直接在地面存放。

第3节　稀土元素肥

稀土元素肥（Rare earth fertilizer）简称稀土微肥，系指具有稀土标明量以促进植物养分吸收为主要功效的肥料。

稀土是元素周期表中的一族元素，它由性质十分相似的镧、铈、镨、钕等17种元素组成，统称为稀土元素。17种稀土元素共占地壳总量的0.0153%，稀土元素在地壳中的含量与铜、铅、锌不相上下，比锡、钴、银、汞等元素还多。我国稀土资源得天独厚，已探明储量为4300万吨，居世界首位。

一、稀土开发

稀土是化学元素周期表中“镧系”元素中的15种元素和与其性质相似、同处于第三副族的21号元素钪和39号元素钇共17种元素的总称。这些元素存在于矿物质中，利用化学方法将其提取出来制成稀土化合物。

稀土元素是位于元素周期表中第ⅢB族的一组元素，即由原子序数为57～71的镧（La）、铈（Ce）、镨（Pr）、钕（Nd）、钷（Pm）、钐（Sm）、铕（Eu）、钆（Gd）、铽（Tb）、镝（Dy）、钬（Ho）、铒（Er）、铥（Tm）、镱（Yb）、镥（Lu）、钇（Y）、钪（Sc）共17种元素的盐类化合物，由于数量很少，所以这些元素称为稀土元素。根据稀土元素的化学性质及电子结构等的特点，通常将其分为两组：一为铈组（也称轻稀土），包括镧（La）、铈（Ce）等前8种元素；二为钇组（也称重稀

土），包括其余 9 种元素。现在农用稀土微肥以镧（La）、铈（Ce）这两个元素为主，包括少量镨（Pr）、钕（Nd），一种轻稀土的无机盐或有机盐类，通常为硝酸盐［$R(NO_3)_2$］的混合物。

1917 年中国学者钱崇澍与美国学者 W. J. 奥斯坦豪特（W. J. Ostenhout）共同发表了钡、锶、铈对水绵生理作用的论文，开创了稀土元素的生物活性研究的先河。

全球稀土的消费需求主要在中国、日本、美国、欧盟、韩国等国家。随着我国科学技术的发展，中国对稀土的需求量呈现较快增长，2003 年中国超过日本成为全球第一消费大国。2013 年全球稀土总消费 11.65 万吨，中国消费稀土 7.82 万吨，占比超过 65%。

稀土在新兴绿色能源技术、电子工业和国防军工等领域发挥着重要作用，已成为不可替代的现代高新技术“维生素”。

稀土在高新技术材料中应用广泛，当前主要用于制备稀土微肥、稀土永磁体、稀土抛光粉、稀土荧光粉、稀土激光晶体和稀土贮氢材料等。

二、稀土农用

稀土农用研究在我国始于 20 世纪 70 年代初，是我国独立开创的稀土应用领域。从 20 世纪 80 年代中期大面积推广使用稀土至今，不仅在稀土农用技术方面，而且在基础理论的研究中都取得了一系列的重要突破，并产生了很大的经济效益。我国自“八五”（第八个五年计划，1991—1995 年）以来，稀土“微肥”同化肥、微量元素等相结合，开发生产了稀土-碳铵系列复混肥、稀土-尿素系列复混肥、稀土有机肥、稀土微肥、稀土饲料酵母以适应大田作物、果疏、畜牧、养殖的需要，拓宽了稀土在农业上的应用；“稀土微肥”是国家重点推广的农业高科技产品。

稀土元素是典型的金属元素，一般是以正三价化合物形态存在，农用稀土肥料一般采用稀土元素较易溶解于水的硝酸盐类化合物，是属于化肥中的无机微量元素肥料。

1998 年我国农用稀土约 3000 吨（占全国稀土消费总量的 20% 左右），其中约 70% 用于稀土碳铵复混肥，30% 用于拌种或叶面喷施。

美国稀土科学家曾经预言："中国稀土农用取得的成功，将成为本世纪稀土产业发展的里程碑。"

经过鉴定，目前可大面积推广使用的粮食作物有小麦、水稻、玉米、谷子等 7 种；经济作物有茶叶、油菜、大豆、棉花、甘蔗、烟草、橡胶等共 12 种；蔬菜、水果有大白菜、黄瓜、苹果、荔枝、柑橘等 18 种；花卉药材如水仙、胡椒、人参等共 8 种，总计约 50 种。稀土在林业上应用的树种近 20 种，在牧草上应用的品种如苜蓿、老麦芒等共 10 种。稀土饲料在养殖业的应用如猪、羊、鸡、兔、鱼、虾等约 10 类。

实验表明，施用稀土微肥对人畜和环境均无毒害作用。所以，稀土微肥的应用前景广阔。当前，由于微量元素对农作物具有神奇微妙的"激活效应"，能产生出巨大的经济效益，因而掀起了世界性的研究高潮。其概念也已进入现代"大农业"的范畴。

曾荣获国家科技进步一等奖和联合国粮农组织金奖、国际著名科学家、杂交水稻之父、中国工程院院士袁隆平教授指出：稀土是农业之宝，是农作物的"味精"，是农作物的生长调节剂。目前我国农用稀土面积已达到 7000 万亩，每年粮棉油等增产 $6 \times 10^8 \sim 8 \times 10^8$ 千克，直接经济效益 10 亿多元，稀土用于果树生产正在兴起，有着无比广阔的前景。

三、稀土功效

大量研究和实验结果证明：在一定条件下施用稀土，具有促进作物对养分的吸收，提高作物生理活性、增加产量和改善品质等多种功效，适用于果树、粮食、棉、麻、油、蔬菜等多种农作物。

1. 促进养分吸收

用适当浓度富镧稀土对春小麦喷施或拌种，采用15N、32P示踪技术检测结果显示，春小麦生长发育得到促进，结实穗数和籽粒数也有所增加，表明使用稀土可提高春小麦对氮和磷肥的吸收、运转、利用，并减少土壤中氮素损失。

2. 增强光合作用

稀土能有效促进叶片生长，叶重、叶面积和叶厚明显增加，叶绿素含量提高20%，增强光合作用。作物体内光合产物运输速度加快10%，运往生殖器官的光合产物增多，运往营养器官的光合产物相应减少，有效地控制植株的徒长。

3. 促进生根发芽

施用稀土肥料，可促进种子萌发和根系生长，增强种子活力，提高出苗率；农作物根系数量增加20%~40%，根长增加24%~43%，根重增加18%~71%，促进农作物对营养元素的吸收，可使衰弱与受伤的根系恢复生机，促进作物生长。

4. 增强抗逆性能

施用稀土肥料之后，农作物的抗逆性能得到明显提高，对盐渍、干旱、高温、低温、冰冻、病虫害等不良环境的抵抗能力大大增强，特别是能使早期落叶病得到彻底控制；稀土显示出使作物“枯木回春”“返老还童”的特殊功效。

5. 提高酶的活性

酶是细胞产生的生物催化剂，施用稀土微肥的作物，根系脱氧酶活性提高约 30%，硝酸还原酶活性提高 25% 左右，固氮酶活性提高 64% 左右，过氧化氢酶提高 14% 左右；提高农作物体内酶的活性，促进新陈代谢，作物生命代谢旺盛。

6. 改善作物品质

施用稀土肥料之后，可使农作物果实中的维生素含量显著提高，含糖量增加 15%~20%，红度增加 30% 左右，而且果实香气浓郁，稀土使果实品质得到明显改善；而且稀土具有降低农产品中重金属含量的作用，从而提高食品安全性。

7. 提高作物产量

植物吸收稀土后，能抵抗不良环境条件的影响，对保障农作物产量发挥重要的作用。开花结实时间能提早 1 ~ 3 天、早着色 5 ~ 7 天、早熟 7 ~ 15 天，提高花期授粉以及坐果率，起到保花促果的作用，一般能使农作物增产 15% 以上。

8. 减少残留毒物

稀土与农药配合使用（不能与碱性农药混用）显示很多优点：肥效、药效得到增强，对人畜无毒；被土壤微生物分解之后无残留，不但不会污染环境，分解后产生的氨基酸和脂肪酸等成为农作物营养物质，改善土壤和提高作物品质。

9. 代替钙素功能

相关研究报告显示，由于稀土离子半径与钙离子半径非常相似，因而当植株缺钙时稀土能够代替钙的功能，用于稳定细胞结构，使果实固形物含量提高 29% 左右，农作物果实的硬度得到明显增加，故可提高果实的耐贮性和商品性。

四、施用方法

稀土和其他肥料在施用上有所不同，一般不用作基肥，因稀土在 pH >6.5 的条件下，会被土壤固定，作物无法吸收。所以施用方法多采用拌种、浸种和喷施。粮食作物以拌种为主，喷施

为辅；经济作物、果蔬类作物以喷施为主；移栽作物应在苗床上喷施。

1. 拌种

一般每千克种子拌稀土4～8克，将稀土先用少量水溶解，喷于种子上，随即拌种均匀，晾干即可播种，适宜土壤pH为6～7。

2. 浸种

用5千克水加2.5克稀土，溶解，混合均匀，配成浓度为0.05%的稀土溶液，将种子浸泡在溶液中，12小时后捞出，晾干即可播种。

3. 浸泡

用于浸泡扦插枝条基部（1厘米、2厘米），所用稀土浓度为0.01%，浸泡12小时之后随即扦插，可有效促进生根，提高扦插的成活率。

4. 蘸根

用黄泥浆水，加入适量稀土，配成约0.4%的稀土黄泥浆液，把花卉苗木放进浆液中，使根系沾满稀土泥浆，然后即可栽种。

5. 喷施

喷施使用浓度为0.03%～0.08%的稀土溶液，可促进作物生长、促进早开花、开艳花；喷施要均匀，雾滴布满叶面不滴流即可。

注：叶面喷施用量少、投资小、见效快、利用率高。

五、施用说明

（1）种类不同喷施有异

喷施甜菜的浓度为0.08%，在生长初期到中期进行喷施；花生用的浓度为0.01%～0.05%，在苗期和初花期喷施为好；春小麦用的浓度为0.07%，从三叶期至拔节期喷施，以分蘖期至拔节期最为适宜；水稻秧田用的浓度为0.015%，在移栽前7～10天喷施，分蘖初期和孕穗期至始穗期则分别用0.01%和0.03%的溶液喷施液；西瓜用0.06%，在团棵期和坐果期施用；苹果用0.05%～0.10%，在盛花期和果实膨大期喷施；葡萄用0.05%～0.10%，在花前期、生理落花期和果实迅速膨大期进行。

（2）果树施用稀土微肥

根据多方实验显示：果树喷施稀土可以从显蕾期开始喷施第一次，此次可提高果树的抗旱、防冻等能力，保花、保果，提高花期授粉和坐果率；幼果期喷施第二次，可使幼果膨大快，果梗粗硬，叶片肥厚，树势健壮，增强抗病能力，同时也可净化果面；果实膨大期喷施第三次，可使果实迅速膨大，增强抗逆性；着色期喷施第四次，可使着色速度加快，提早着色5～7天。

（3）林木施用稀土微肥

①喷施浓度：用材林树种如杉木、马尾松、国外松等浸种以0.05%～0.30%为宜；经济林如核桃0.13%、枣0.08%，桃李、葡萄、板栗、柑橘0.05%～0.1%，油茶0.05%为宜。

②喷施次数：枣、核桃、板栗、油茶第一次在初花期，第二次在盛果期；葡萄、柑橘、苹果、桃、李第一次在初花期前，第二次在生理落果期，第三次宜在果实膨大期。

③喷施时间：晴天在上午10时前或下午4时后，阴天在无风或微风情况下喷施；喷施应全面、均匀，以叶面微有滴水为度。喷后24小时内如遇下雨，必须重新喷施一次。

（4）施用稀土注意事项

①施用稀土要严格掌握使用浓度和适用量，这是获得使用效果的关键技术之一，否则效果相反，用量过大则有一定的抑制作用。

②稀土只能起促进作物吸收养分的作用，不能代替有机肥料

和化学肥料，喷施稀土必须在养分充足条件下才能起增产增效作用。

③稀土可以与酸性化肥和农药混用，但不能与碱性化肥和农药混用；如必须喷施碱性肥料和农药，应在喷施稀土 24 小时之后进行。

④溶解稀土所用的水，如果 pH 较高（偏碱）时，可加热或加入少量稀酸或食醋，有利于促进稀土完全溶解，防止产生沉淀。

⑤稀土微肥产品易于潮解，注意防潮，不过潮解后不影响使用效果；喷施稀土肥料之后，如果在 24 小时内遇雨，则必需补喷一次。

第 4 节　其他新肥料

一、水溶性肥料

根据 NY 1110—2010《水溶肥料汞、砷、镉、铅、铬的限量要求》中定义：水溶肥料（Water soluble fertilizer）系指经水溶解或稀释，用于灌溉或施肥、叶面施肥、无土栽培、浸种蘸根等用途的液体或固体肥料。

常规水溶性肥料含有作物生长所需要的全部营养元素，如氮、磷、钾及各种微量元素等；可以根据作物生长所需要的营养需求特点来设计水溶性肥料的配方，以避免不必要的浪费。由于肥效快，还可以随时根据作物长势对水溶性肥料配方作出调整。

水溶性肥料是一种可以完全溶于水的多元复混肥料，能够迅速溶解于水中，更容易被作物吸收，而且其吸收利用率相对较高，适用于喷滴灌等设施农业，实现水肥一体化，达到省水、省肥、省工和增产、增收的效果。

二、专用配方肥

专用配方肥通常简称为配方肥，是在测土配方施肥工程实施过程中研制开发的新型肥料。配方肥是复混肥料生产企业根据土肥技术推广部门针对不同作物需肥规律、土壤养分含量及供肥性能定制的专用配方进行生产的，可以有效协调和解决作物需肥与土壤供肥之间的关系，并有针对性地补充作物所需的营养元素，作物缺什么元素补充什么元素，需要多少补多少，将肥料用量控制在合理的范围之内，实现了既能确保作物高产，又不会浪费肥料的目的。

三、工业有机肥

根据 NY 525—2012《有机肥料》中定义：有机肥料（Organic fertilizer）系指主要来源于植物和（或）动物经过发酵腐熟的含碳有机物料，其功能是改善土壤肥力、提供植物营养、提高作物品质。

工业有机肥系指采用工厂化方式生产的符合安全环保的有机肥料。与普通农家肥相比，工业有机肥养分含量较高，质量稳定，特别是在生产过程中杀灭了寄生虫卵等有害微生物及杂草籽等杂物，可以大大减少病虫草害的传播。施用工业有机肥料，可以提高土壤有机质含量，改善土壤物理性状，并对提升农产品品质有一定效果。用于生产工业有机肥的原料主要有四类：一是人畜禽的粪便；二是蘑菇等食用菌的菌渣；三是蚯蚓及昆虫和鸟类粪便；四是经脱水干化处理的沼渣。

有个别企业利用污泥或生活垃圾等为原料生产有机肥料，这类有机肥料存在着安全隐患，违反《肥料登记管理办法》相关规定，不能给予登记，不能施用。

四、多维场能肥

多维场能肥的全称为多维场能浓缩有机肥，系由畜禽粪有效萃取物、多种元素有机复合物、植物皂苷有机活性剂、磁铁矿粉等成分科学配方混合，干燥，粉碎过筛，再经过频率为10MHz高频电场处理制成。采用高频电场和磁铁矿粉对多种元素复合物的磁化作用，有利于提高作物对大量元素和微量元素吸收率；其中的植物皂苷有机活性剂以水溶状态，把具有植物营养作用的肥料元素富集到作物的根系，便于植株的吸收利用。施用多维场能肥能有效提高作物产量和作物品质，多维场能肥可用作物底肥、追肥和叶面喷施肥。

五、新型增效剂

聚氨酸是具有活性的有机高分子聚合物，是一种新型环保的生物型化肥增效剂。它富含多种氨基酸，是微生物发酵过程中的高活性有机分子聚合物，含带有负电荷的离子，可以快速分解和吸引土壤中的养分，具有超强亲水性和保水能力，在作物根部形成高浓度的养分环境，从而有效促进作物根系发育，加快养分吸收和转化，促进作物高产丰收；聚氨酸是具有长链、折叠、褶皱、螺旋状的高分子聚合物，可通过超强吸附、有机包裹、多层次夹带等方式应用于肥料中。在与金属离子螯合时，构象从无规则卷曲变成包裹聚结状，这样的结构可以延缓养分的释放，延长肥效期；聚氨酸还能增加土壤中氮的贮存量，减少水溶性磷被土壤中的金属离子及生物固定的机会，降低钾元素的淋溶及径流损失，延长肥料养分的有效供给时间；聚氨酸含有羧基功能团，能与养分离子结合，通过络合及结构链作用形成聚合物类活性物，可增加磷肥的有效性，从而提高肥料养分的利用率。

聚氨酸新型增效肥料适用于多种作物，可满足作物整个生长期需要，具有明显的增产效果。据相关应用试验报道，同等施肥条件下，合理增施聚氨酸可使小麦亩增产率达 34. 8% ，玉米亩增产率达 15. 3% 。

第 5 节　物理学肥料

中国是世界上文明发达最早的国家之一，有近 4000 年文字可考的历史。中国古人对天象记录之详尽丰富，举世公认。中国古代的天文学研究，不仅服务于政治和宇宙观，也为农业的历法制定提供了基础。

据史料记载，殷朝《周易系辞传》说伏羲氏“仰则观象于天，俯则观法于地”。人类生天地间，顶天而立地，因此，在探索大自然的过程中，对天地的探索是一个最古老而且最基本的课题；战国（公元前 476 ~ 前 221 年）末年的尸佼对宇宙有一个明确的定义：“四方上下曰宇，往古来今曰宙。”

我国先哲对大自然的物理现象观察入微，中华民族最先利用地磁场发明指南针服务于人类进步；早就观察到电闪雷鸣可使植物转青茂盛，农村早有谚语曰“雷雨发庄稼”；等等。

利用物理因素服务人类，前有古人，后有来者。物理肥料洁净高效已引起全球关注，开发应用新型物理学肥料将成为生态农业不可或缺的因素。

发展以“高产、高效、优质、低耗、生态、安全”为主题的现代农业，是党中央、国务院遵循当今世界农业的发展规律，顺应我国经济发展的客观趋势，根据“三农”工作（系指农业、农村、农民这三方面工作）新形势作出的重大战略部署；实现农业现代化，是千百年来中国人民的梦想。

农业科技是确保国家粮食安全的基础支撑，是突破资源环境

约束的必然选择，是加快现代农业建设的决定力量。必须紧紧抓住世界科技革命方兴未艾的历史机遇，坚持科教兴农战略，把农业科技摆上更加突出的位置，下决心突破体制机制障碍，大幅度增加农业科技投入，推动农业科技跨越发展，为农业增产、农民增收、农村繁荣注入强劲动力。现代物理农业的兴起、物理学肥料的开发和利用，将会成为今后世界农业科学技术创新的重要组成部分。

一、现代物理农业

现代物理农业是农业与物理学科交融的新兴学科，是一种新型的农业生产模式。它以雷、磁、电、声、光、热、核等物理学原理为基础，应用特定的物理技术处理农作物或改善农业生产环境，有效提高农产品产量和品质，改善农业发展的生态环境，减少化肥和农药的使用，促进农业的可持续发展。

1. 基本概念

现代物理农业概念起源于植物生理学、农业物理学、生物物理学和物理农业。植物生理学中通常说到光合作用、光周期、有效积温等等，都属于农业物理的内容。随着雷、磁、电、声、光、热、辐射等技术和装置在农业生产中的应用试验不断取得进展，于20世纪末21世纪初提出了物理农业的概念。

现代物理农业概念：它要求技术、设备、动植物三者高度相关，并以生物物理因子作为操控对象，最大限度地提高产量质量、减少化肥用量、杜绝使用农药和其他有害于人类的化学品。

2. 主要目的

现代物理农业是利用具有生物效应的物理因子操控动植物的生长发育及其生活环境，促使传统农业逐步摆脱对化学肥料、化学农药、抗生素等化学品的依赖以及自然环境的束缚，最终获取高产、优质、无毒农产品的环境调控型农业。现代物理农业属于高投入高产出的设备型、设施型、工艺型的农业产业，是一个新的生产技术体系。

3. 当前方向

现代物理农业在“增产优质型物理农业”和“无毒农业”两个方向上快速发展。

（1）将物理学中对动植物及微生物具有正向作用的原理技术化并用来提高农作物、家禽家畜、菌类、水生生物的产量和质量的“增产优质型物理农业”。

（2）将物理学中对病原微生物和害虫具有灭杀作用以及对环境具有保护的原理技术化，并用来预防动植物的病虫以及其他危险化学品危害的“无毒农业”。

二、物理肥料概况

肥料是帮助植物生长的物质，数千年来，农业生产中使用的肥料大多数是呈固态、液态或气态的有机肥料和化学肥料。随着科学技术的进步和环保意识的增强，新型物理学肥料也就应运而生，给农业生产翻开了崭新的篇章。

继第一代肥料——有机肥料（粪肥、植物肥）、第二代肥料——无机肥料（化学肥料）之后，第三代肥料——物理学肥料悄然兴起，正逐步进入广阔的田野。

1. 基本概念

物理学肥料（Physical fertilizer）系指某些物理因素可以使农作物获得如同施用有机肥料或无机肥料的效果，即促进作物生长发育、提高作物产量和改善作物品质，因而把它们称为“物理学肥料”。

科学家们研究发现，通过物理因素也能向农作物转移能量，大自然中的雷、磁、电、声、光、热、核及其他物理因素，对农作物的生长发育也能起到与有机肥料和化学肥料相似的功能和

效果。

2. 主要特点

（1）物理学肥料清洁和无污染，对植物生长发育有很明显的效果，使农作物的产品质量更好、产量更高。

（2）将物理学肥料和高新技术应用于农业中，通过特定技术方法处理农作物，从而减少化肥和农药用量。

（3）物理学肥料避免了化学肥料造成的地力衰退、环境污染、农作物品质下降，甚至危害人体健康的弊端。

（4）有利于保护生态环境，促进绿色无公害农产品的生产，在提高农产品质量的同时，又有利于人体健康。

（5）有助于实现资源节约、环境保护和生态农业，其经济效益、社会效益以及生态效益都是相当可观的。

（6）物理学肥料可达到有机和无机肥料效果，符合环保和生态平衡的要求，是生态农业的“绿色催化剂”。

三、物理肥料种类

据国内外资料报道，当前应用效果较好的物理学肥料有：雷肥、磁肥、电肥、声肥、光肥等无形物理学肥料，此外还有石肥、醋肥及其他物理学肥料。

1. 无形物理学肥料

（1）雷肥

雷肥（Lightning fertilizer）也称雷击肥、闪电肥，系指对农作物通过人工产生适宜的雷鸣电闪作用，促进作物生长发育，从而使农作物获得有如施用有机肥料或无机肥料的效果。

在我国的新疆维吾尔自治区与青海省的交界处有一条狭长山谷，那里有大量四季常青、生长茂盛的牧草，是放牧的好地方。可奇怪的是这里天气变幻莫测，经常是风和日丽的晴天顷刻间电闪雷鸣、狂风大作，有时发生人畜遭雷击的悲剧，被当地牧民称为“魔鬼谷”。牧草茂盛的原因可能是吸收到电闪雷鸣之后所产生的矿物质元素肥料，其作用过程如下：闪电时氮气和氧气（N_2+O_2）生成一氧化氮（NO），一氧化氮立刻与氧作用生成二氧化氮（$2NO+O_2=2NO_2$），二氧化氮再与水反应生成硝酸（$3NO_2+H_2O=2HNO_3+NO$），硝酸与在土壤里的矿物质作用转化为可溶性硝酸盐，这就是硝态肥料，属于氮肥，氮肥的肥效是使植物枝繁叶茂，所以“魔鬼谷”内牧草茂盛，四季常青；这也印证了“雷雨发庄稼”这句谚语。

据报道，日本科研人员发现在雷击区生长的野生蘑菇生长量比较大，因此，它们在室内采用人工雷击法对蘑菇进行培养，可使蘑菇增产20%以上。

（2）磁肥

磁肥（Magnetic fertilizer）又称磁场肥，系指给农作物外加一定强度的磁场，以增强作物光合作用，促进生长发育，从而使农作物获得有如施用有机肥料或无机肥料的效果。

地球本身就是一个巨大的磁体，在它的周围空间存在着地磁场。如同空气和水一样，磁也是生物生命的生存要素之一。地球上的一切生物都生长在地磁场中，生物与磁的关系极为密切，若改变了磁（特别是地磁场），生物的生长发育就会出现异常，一旦离开磁，作物就会枯萎死亡。

研究人员发现，如果给农作物外加一个一定强度的磁场，能够增强作物的光合作用，促进作物生长。将灌溉用水经3000高斯的磁场处理后再灌溉，由于洛伦兹力的作用（Lorentz force，运动于电磁场的带电粒子所感受到的作用力），大的水分子团变为小分子团，易于作物吸收，磁化水能使作物获得高产。苏联科研人员在盐碱地里种植番茄，然后用磁化水灌溉，产量增加50%以上。在农作物的根部施用掺有永磁微粉的化肥磁化水或者埋黑磁石可以促使作物更好地生长发育，若对茄果类蔬菜加磁肥

后，可提高产量25%~30%。

有些国家将水流经磁场变为磁化水，用来处理种子和幼苗，促进种子发芽早、出芽率高、苗齐苗壮，在生长过程中吸肥能力和光合作用增强，使作物增产20%~30%。我国大连理工大学用磁场处理种子和磁场处理水浸种的方法，对小麦、玉米、大豆、黄瓜、茄子、辣椒、芸豆和葱等进行了实验研究，增产提质效果明显。种子磁化技术已在我国辽宁、天津等省市推广应用，对比试验显示，磁化种子发芽快，比未磁化种子早出苗1~2天，作物后期生长情况也优于未磁化种子；粮食作物增产幅度在10%左右，蔬菜平均增产幅度在10%以上；大田作物种子磁化处理，出苗率提高20%，苗齐苗壮，作物增产10%以上。

据相关报道，将煤渣磨细，经磁场处理后再施到农田里，能起以磁代肥的作用，可以加快作物生长，获得高产。磁性煤灰可使水稻增产10.3%~11.1%，小麦增产17.5%~25.2%，油菜增产9.3%~13.4%。若把尿素等几种化肥经磁化后施给小麦，不但穗长，籽粒饱满，并可增产10%以上。我国科技工作者以火电厂煤灰粉为载体，添加微量元素、生物活性物质、植物营养调节剂进行配方，施用于农作物收到很好的效果。

新型磁化肥是集物理肥料、化学肥料和复混肥料的长处，再以独特的磁化技术而创制的一种全新型综合物理化肥。经应用试验的结果显示，每亩施50千克这种新型磁化肥，可使水稻、小麦、油菜等作物增产约20%，桃增产30%以上。磁化肥在农业生产上推广应用，对促进作物生长、改良土壤、净化环境和维护生态平衡等均有良好作用。

（3）电肥

电肥（Electronic fertilizer）又称电场肥，系指给农作物施加一定的电压，能够增强作物新陈代谢，促进生长发育，从而使农作物获得有如施用有机肥料或无机肥料的效果。

地球是一个巨大的带电体，它表面空间有一个巨大的电场，一切生物都在这个电场中生长。科学家们研究发现，电流可以刺激细胞分裂，促进农作物的新陈代谢，增大植物体与大气间的电位差，作物的光合作用就会增强，作物的生命过程就会加速，果实就会更丰硕。

据相关试验报道，给菊科植物施加 18 伏电压可使光合作用增强 1 倍；在施过电肥的土壤上栽培黄瓜增产 1 ~3 倍；嫁接后的果树施电肥成活率提高 30%，并可使果实把柄变粗，果实品质和产量提高；将西瓜种子浸泡在 75 伏电压的稀盐酸溶液中，结出的西瓜含糖量增加 40%，产量提高 10%；用 200 伏的电压处理西红柿种子，结果西红柿中抗坏血酸的含量增加 8%，产量提高 30%。把黄瓜、南瓜、西红柿、萝卜、白菜、豆荚、棉花置于高压正静电场中，蔬菜的成熟期缩短了一半而重量可增加 3 ~5 倍，棉花产量增加 50% 并且纤维质量显著提高；人为提高稻田电位差，产量增加 50%，灌溉用水降低到原来的 1/6。

我国国家科委成果办已于 1997 年向全国推荐使用电场种子处理技术，十多年来，电场种子处理设备已在全国大部分省市推广应用，据粗略统计，推广面积达上千万公顷，处理各种粮食、蔬菜、瓜果和花卉等几十种作物种子，普遍增产 10% 左右。其中，棉花最高增产达 25. 5%，小麦最高增产达 19. 7%，水稻最高增产达 17. 6%，大豆最高增产达 22. 5%。

等离子体种子处理技术已在我国吉林、黑龙江、湖北等省推广应用。黑龙江省 2009 年有 300 个试验点，推广 20 万公顷，应用效果显示：水稻可增产 10% ~ 15%，玉米可增产 8% ~ 12%，大豆可增产 15% ~ 20%，花生可增产 20% ~ 30%，香瓜可增产 25% ~ 40%，而且作物品质显著改善。

另外，电场防病防疫技术已在我国畜禽舍空间推广应用，效果明显：禽畜重量平均增加约 4%，死亡率平均减少 33%，肉料

比平均减少 7%；温室电除雾技术在蔬菜种植中取得良好效果：除虫防病，提高果实品质，增产 20% 以上，增产增收；我国在 20 世纪 60 年代就开始推广黑光灯杀虫技术，随着技术的不断完善，电子杀虫技术现已经在全国各地广泛应用，范围覆盖到农林牧副渔等各个领域，诱杀各种害虫飞虫 50 多种，平均每茬蔬菜少打农药 2～3 次，蔬菜优质率提高 20% 左右。

（4）声肥

声肥（Acoustic fertilizer）又称声波肥，系指农作物吸收声波能量后能够增强细胞活力，加速细胞分裂，促进生长发育，从而使农作物获得有如施用有机肥料或无机肥料的效果。

声波是一种能量，可被作物吸收，增强细胞活力，刺激作物使其生长加快，不同作物适应不同频率的声波。科学家们研究发现，不同频率的声波对农作物有着不同的刺激作用。声波的频率愈高声音显得愈尖锐，如强烈、尖啸的噪音抑制农作物生长；而频率较长的声波，如轻柔、优美的乐曲旋律可调节农作物的新陈代谢，促进农作物生长。采用声波技术对在温室和田间栽培的番茄、青椒、草莓、菠菜、花卉、水果等试验结果表明，不但其产量增加，品质也有所提高，还有助于延长果蔬的储存期。

据相关试验报道，在 2 间暖房里种上几垄马铃薯和玉米，一间暖房里播放音乐，另一间则没有播放，20 天后“听”音乐的马铃薯和玉米长得格外粗壮、茂盛。每天给凤仙花播放 25 分钟优美动听的乐曲，15 周后这些凤仙花比不听乐曲的长得快，花朵更艳丽、花期更长；优美的乐曲可以使水稻增产 25%～60%，能使花生增产 50%；给西红柿每天播放 3 小时的轻音乐，一颗西红柿的重量竟达到 2 千克；给卷心菜听音乐，一颗可达到 27 千克；对温室中的蔬菜每天播放 2 次音乐，蔬菜产量增加 2～3 倍。

声波助长技术已在我国北京、天津、山东、山西、大连等地的数十种蔬菜、花卉、果树上进行示范性推广应用。试验结果显示：该技术可以提高作物生长速度，能促使作物发育速度加快，长势苗壮，提前上市；坐果多，果实大，增产10%以上；提高产品品质，含糖量增加；防止作物早衰，延长盛果期。叶菜类增产10%~30%，果菜类增产10%~20%，蔬菜品质明显提高，促进果实早熟，提前5~7天上市。

超声波频率比乐曲高、能量大，它能使植物皮软化，细胞膜的透性增大，促进植物细胞内部物质的氧化、还原、分解和合成，增加农作物产量。据相关试验报道，使用农用超声波播放器育出的萝卜比对照的萝卜大两倍；用超声波育出了足球大的红萝卜、直径0.6米的蘑菇；用超声波处理小麦种子，提高了发芽率和出苗率，缩短了生长发育周期，增产10%左右。

（5）光肥

光肥（Light fertilizer）又称光波肥，系指作物吸收适宜波长的光波，能更好地进行光合作用，增强新陈代谢，促进生长发育，从而使农作物获得有如施用有机肥料或无机肥料的效果。

万物生长靠太阳，阳光对植物的生长作用早已被人们所认识。植物生长也有呼吸作用和光合作用两部分，呼吸作用和人类一样，吸收氧气，吐出二氧化碳，消耗葡萄糖转化为生命的能量；而光合作用则是在有光线的条件下，植物体内叶绿素中合成葡萄糖的过程，也就是说植物是依靠光（阳光）作为媒介来为自己提供养料——葡萄糖，因此绿色植物离不开光合作用。根据这一原理，专家们用人造光-电光束照射植物，不仅具有与阳光照射的同样效果，而且照射的时间和光波的波长也在人为掌控之中，因而对植物成长的效果要大大超过自然阳光。用人造光定期、定时照射农作物，可使它们的成熟期提前、产量增加、营养成分的含量也大大提高。

①可见光：农作物不仅具有趋光性，而且对光谱还有选择

性。科学家们研究发现，并不是所有可见有色光对作物的作用都相同，只有特殊波长的可见有色光才能对植物进行特定的刺激，产生积极的作用。实验表明，波长 390～410 纳米紫色光可活跃叶绿体运动；波长 600～700 纳米红色光可增强叶绿体的光合作用；波长500～560 纳米绿色光会被叶绿体反射和透射，使光合作用下降；紫外线使作物光合物用处于低谷。另外，农业科学家还发现，作物吸收阳光具有选择性，不同作物对不同有色光有不同喜爱，有的喜欢这种色光，有的喜欢那种色光。

据相关试验报道，用红光照射的甜瓜不仅糖分多且维生素 C 含量也特别丰富，甘蔗和甜菜等糖类作物可增加糖分。用红橙色光照射黄瓜和西红柿，成熟期可提早 2 个月，产量增加 2 倍，果实中的糖分、维生素和某些微量元素有明显提高。用黄光照射芹菜，茎粗叶大，大大减少纤维含量，增产 25%～28%；可使大豆的成熟期提前 20 天，蛋白质的含量增加 2.3%。用紫色光照射茄子，结果果实既多又大。用蓝紫色光照射的小麦，生长旺盛，并能提高蛋白质含量。

另据报道，绿色光能帮助消灭杂草，银色光能防治蔬菜瓜果的病虫。

②彩色膜：利用彩色薄膜遮盖挡住紫外线，可以减少或避免紫外线对作物造成的伤害，使空气湿润，气温适宜，光合作用速率显著增大，作物产量和品质提高。

据相关试验报道，用绿色薄膜覆盖的菠菜，只需 4 天就可长到 7 厘米高；用紫色薄膜覆盖的茄子产量明显提高；在黄瓜幼苗期间用黑色膜盖几天，可提前绽蕾开花，再用红光照射黄瓜，可早熟近 1 个月。用蓝紫色薄膜进行水稻育秧，成秧率比白色薄膜覆盖的要高 4.2%，生育期少 2 天，叶绿素、氮素和磷酸的含量都增加，还可防止秧苗黄化，这种秧苗移栽后，分蘖数提高 20%，对于寒冷地区，可起到稳定高产的作用。

③激光肥：用激光照射种子、种苗，可以加速作物细胞的生化过程，提高发芽率，加速生长，增强光合作用，使作物早熟高产，并能增强作物抗病能力。激光育种已在许多发达国家形成了产业化。例如：用二氧化碳激光器照射的豆角可增产49%左右，番茄经激光照射后可增产15%～20%，甘蔗苗株用激光照射可提高产量和含糖量。用激光肥培育的“科激”水稻良种，每公顷比对照组增产450千克。经科学家反复试验证实，作物对“激光水”吸收率是普通水的3倍，这对普及推广节水型农业具有重大意义。最近科学家首次发现太空有“天然”激光，这一新发现的激光肥源，若有朝一日开发成功，其效益更为可观。

2. 其他物理学肥料

（1）石肥

石肥（Stone fertilizer）又称石头肥，系指以多孔性固体物质为肥料，施于农作物土壤根部周围，促进作物生长发育，产生有如施用有机肥料或无机肥料的效果。

研究结果显示，施入适量适当的多孔性固体物质，可作土壤改良剂，可疏松土壤、改善土壤结构，有效提高吸肥调肥能力、增强土壤吸水调湿能力；并且还能提高土壤中离子交换性能，有利于去除重金属离子和农药等有害物质对作物所造成的危害。由此可见，施入适量适当的多孔性固体物质，可促进农作物提质增收。

据相关报道，沸石是当前使用较多的一种石头肥，也是很好的土壤改良剂。天然沸石是一种多孔性物质，具有比表面积较大（13～14m^2/g）、内部静电较强等优点，其中含二氧化硅约68%，含氧化铝约13%，还含有氧化钙、氧化镁、氧化钠、氧化钾和氧化铁等。它能提高作物对土壤中氮、磷、钾的吸收利用效果，同时还能抑制氨的挥发和流失；它有良好的离子交换性能，不仅能去除水中的异味，而且对水中的重金属（如铅、汞、铬、镉、

镍）及农药等有害物质具有吸附交换作用。在农作物生长发育过程中沸石能起保肥保水作用，并且能减少或去除重金属离子和农药等有害物质对作物所造成的危害。

此外，木炭、竹炭等都是很好的多孔性固体物质，也可作石头肥辅料和土壤改良剂。

（2）醋肥

醋肥（Vinegar fertilizer）又称木醋肥（Wood vinegar fertilizer）、竹醋肥（Bamboo vinegar fertilizer），系指把木醋、竹醋或其他醋酸稀释成适当浓度后用于处理农作物种子或喷洒农作物，能促进作物生长发育，提高作物品质和产量，产生有如施用有机肥料或无机肥料的效果。

据有关研究显示，不同浓度的木醋液或竹醋液具有杀菌灭虫作用，还有促进植物生长和抑制杂草的功效。

木醋和竹醋有杀菌作用，能抑制木霉菌菌丝的生长而对菇类子实体生长并无不良影响；能有效抑制有碍植物生长的微生物的繁殖，并能杀死根瘤线虫等有害生物；可作土壤改良剂。

木醋和竹醋有调节植物生长并且又有抑制杂草的作用，能够促进蔬菜、果树、花卉、水稻、草坪等的生长。木醋和竹醋的绿色无污染性质，使其在农业生产中有良好的应用前景。

把适当浓度的木醋液或竹醋液与炭粉按一定比例混匀，再与其他肥料按一定比例混合均匀制成“炭基肥”施于土壤中，它具有疏松土壤、补充微量元素、减少作物病虫害发生、调节并保持土壤水分、改善土壤透气性和保持肥效等作用；还有调节土壤的酸碱度、吸附土壤中的有害气体、增加有益生物数量、调节地温等作用。因而，促进农作物生长，提高农产品质量和产量。

据资料报道，日本研究人员在大白菜1~5叶期，用水把醋稀释300倍后喷洒3次，定植后根据生长情况再喷3次，结果大白菜每棵平均重达10.5千克，增产2倍，且鲜甜味美，品质有显著提高；用500倍的稀释醋液对水稻种子浸泡7天，苗期喷洒3次，抽穗前后各喷1次，可增产25%~30%；对西瓜、菠菜、马铃薯等作物采取同样措施，都有一定增产效果。

注：目前尚不清楚醋肥的作用机制，其真正作用机制还有待深入研究。

（3）其他

据报道，还有风力肥、压力肥、凉水肥等等，有些正在研究开发，有些尚待成熟完善，故在此不一一介绍。

“物理农业”是相对于“化学农业”的一个概念。科技工作者正在努力研究开发“物理学肥料”，推广和应用绿色、无害化农业生产技术和设备，以助创建环保型的和谐社会。现代物理农业是现代物理技术和现代农业生产的结合，是将雷、磁、电、声、光、热、核和其他物理因素及其高新技术应用于农业生产中，可有效减少化肥和农药的使用量、提高农产品的产量和质量以及安全性，对于保护生态环境具有重要的意义。

第六章　作物缺素防治

经过分析测试，人们认识到植物体干物质中有70多种化学元素。通过生物应用试验证实，并得到国际公认的高等植物正常生长发育最为必需的营养元素有16种，后来新增3种，迄今共计19种必需元素。

16种必需元素：碳（C）、氢（H）、氧（O）、氮（N）、磷（P）、钾（K）、钙（Ca）、镁（Mg）、硫（S）、铁（Fe）、硼（B）、锰（Mn）、铜（Cu）、锌（Zn）、钼（Mo）和氯（Cl）。其中，钙、钼、硼、氯对某些低等植物则属非必需元素。

3种新增必需元素：硅（Si）、钠（Na）、镍（Ni）。

另有一类植物除需要上述必需元素外，还需要碘（I）、钒（V）、钴（Co）、硒（Se）等元素中的一种或几种。

第1节　必需元素概念

一、必需元素

1. 植物必需元素

植物必需元素（Essential elements of plant）系指大多数植物正常生长发育所必不可少的营养元素。按照国际植物营养学会的规定，植物必需元素有3条标准：①直接功能性：对植物的生理代谢有直接作用；②不可或缺性：缺乏时植物不能正常生长发育；③不能替代性：其生理功能其他元素不能代替。

2. 必需元素功能

植物的必需营养元素在植物体内的生理功能概括起来有三个方面：①细胞结构物质的组成成分；②生命活动的调节者，如酶的成分和酶的活化剂；③起电化学作用，如渗透调节、胶体稳定和电荷中和等。

3. 必需元素含量

据1965年Epstein资料显示，正常生长植株的干物质中必需的营养元素有16种，其平均含量（干重）如下。

大量元素：碳、氢、氧、氮、磷、钾，它们分别约占植物干重为碳45%、氧45%、氢6%、氮1.5%、磷0.2%、钾1.0%。

中量元素：钙、镁、硫，它们分别约占植物干重为钙0.5%、镁0.2%、硫0.1%。

微量元素：铁、硼、锰、铜、锌、钼、氯，它们分别约占植物干重为铁100mg/kg、硼20mg/kg、锰50mg/kg、铜6mg/kg、锌20mg/kg、钼0.1mg/kg、氯100mg/kg。

新增必需元素：硅、钠、镍，它们分别占植物干重为硅0.1%~20%，钠0.1%左右，镍0.05~5mg/kg。

植物对中量和微量元素需要量虽然较少，但是它们都是植株正常生长发育不可或缺的元素；然而稍有过量，反而对植物有害，甚至致其死亡。

4. 必需元素获取

（1）碳、氢、氧是以水（含氢和氧）和气体（二氧化碳和氧气）形态被植物吸收利用，通过光合作用生成葡萄糖等有机物质；

（2）氮、磷、钾、钙、镁、硫、铁、硼、锰、铜、锌、钼、氯、硅、钠、镍等必需元素，则以离子态的形式通过植物的根系或茎叶从土壤或水中吸收。

（3）19种元素均有重要作用，缺乏某一种都将影响作物的

正常生长发育，需依作物种类选用营养元素，平衡施肥。

5. 可吸收的形态

必需元素可被植物吸收的形态如下：碳（CO_2，HCO_3^-）、氢（H_2O）、氧（O_2，H_2O）、氮（NO_3^-，NH_4^+）、磷（$H_2PO_4^-$，HPO_4^{2-}）、钾（K^+）、钙（Ca^{2+}）、镁（Mg^{2+}）、硫（SO_4^{2-}）、铁（Fe^{3+}，Fe^{2+}）、锰（Mn^{2+}）、锌（Zn^{2+}）、铜（Cu^+，Cu^{2+}）、钼（MoO_4^{2-}）、硼（BO_3^{3-}，$B_4O_7^{2-}$）、氯（Cl^-）、镍（Ni^{2+}）、硅[H_4SiO_4，Si（$OH)_4$]、钠（Na^+）。

二、缺素症状

1. 缺素与缺素症

缺素（Nutrient deficiency）又称营养缺乏，系指作物缺乏某些必需元素，如缺氮、磷、钾、镁等等。

缺素症（Nutritional deficiency）系指作物缺乏某些必需元素所产生的非正常生长状态所表现的症状，如植株瘦小、叶片变黄、早衰落叶等等。

作物对某种所需要的养分吸收不足或比例不均衡，就会在整体外观和颜色上表现出缺素症状。典型的症状是：作物的植株矮小，呈淡黄色或出现微红的斑点或条纹，叶片呈黄绿色或非常暗的蓝绿色，产量和质量降低等。

2. 缺素表现部位

植物体内的矿质元素，根据它在植株内能否移动和再利用可分为两类，其缺素症表现部位不同。

（1）可重复利用元素，如氮、磷、钾、镁、钼等。

在植株旺盛生长时，如果缺少可重复利用元素，缺素病症就会出现在下部老叶上。例如：水稻缺氮时，下部叶片首先发黄、焦枯，并逐渐向上发展。老叶出现症状的情况下，如果没有病斑，可能是缺氮或缺磷；如果有病斑，则可能是缺钾或缺钼。

（2）非重复利用元素，如钙、硫、铁、硼、铜等。

在植株旺盛生长时，如果缺少非重复利用元素，缺素病症就首先出现在顶端幼嫩叶上。例如：水稻缺钙时，首先发生于根尖以及地上幼嫩部分。症状从新叶开始，如果顶芽先枯死，可能是缺硼或缺钙；顶芽不易枯死的，可能是缺铁、硫、锰、钼、铜。

3. 植物缺素概要

现把当前国际上普遍公认的、高等植物正常生长发育不可或缺的19种营养元素的名称符号、干物质中含量、可被植物利用形态、缺素状态及过量危害等内容，总结于表6-1-1中。

表6-1-1 高等植物中必需元素大约含量以及作物缺素状态和过量危害

营养元素	干物质中含量	可被植物利用形态	缺素状态	过量危害
碳（C）	45%	CO_2，HCO_3^-	根衰弱，失绿现黄叶，品质下降	—
氧（O）	45%	O_2，H_2O	作物难以正常生长发育	—
氢（H）	6%	H_2O	生长不良，降低作物产量和质量	—
氮（N）	1.5%	NO_3^-，NH_4^+	植物矮小，老叶变黄，干枯脱落	叶片色浓，大而柔软，少花，徒长
磷（P）	0.2%	$H_2PO_4^-$，HPO_4^{2-}	下部老叶显红色斑点或紫色斑点	引起缺锌、铜、铁，下部叶出现红斑

续表

营养元素	干物质中含量	可被植物利用形态	缺素状态	过量危害
钾（K）	1.0%	K^+	老叶生黄斑或褐斑，后呈现坏疽	易造成缺钙及缺镁，叶尖呈焦枯
钙（Ca）	0.5%	Ca^{2+}	新叶叶缘波浪状，新叶缘变红黄	引起缺铁、锰、锌，叶尖显红色斑点
镁（Mg）	0.2%	Mg^{2+}	老叶黄化，初期叶肉变黄叶缘绿	叶尖凋萎，叶尖处组织色泽变淡
硫（S）	0.1%	SO_4^{2-}	新叶呈淡黄色，全植株变成黄色	叶色变为暗红或黄色，叶缘焦枯
硅（Si）	0.5%	H_4SiO_4，$Si(OH)_4$	叶片下垂易倒伏，易患病虫害	土壤 pH 上升，作物生长不良
铁（Fe）	100mg/kg	Fe^{3+}，Fe^{2+}	幼叶失绿黄化，下部老叶仍绿色	降低磷的肥效，并易引起缺锰症
硼（B）	20mg/kg	BO_3^{3-}，$B_4O_7^{2-}$	新叶枯萎，叶紫褐色，老叶变厚	叶尖叶缘黄化之后全叶黄化落叶
锰（Mn）	50mg/kg	Mn^{2+}	幼叶黄化，显肋骨状深绿色条纹	影响对铁、钙、钼的吸收，致缺钼症
铜（Cu）	6mg/kg	Cu^+，Cu^{2+}	叶片尖端凋萎，叶片弯曲呈杯状	叶肉组织色泽较淡，呈现条纹状
锌（Zn）	20mg/kg	Zn^{2+}	小叶，叶缘常呈扭曲状，叶黄化	叶尖及叶缘色泽较淡，随后坏疽
钼（Mo）	0.1mg/kg	MoO_4^{2-}	老叶变淡，黄化、全株色泽变黄	作物受到毒害，给人畜带来危害

续表

营养元素	干物质中含量	可被植物利用形态	缺素状态	过量危害
氯（Cl）	100mg/kg	Cl^-	主要特征是幼叶失绿和全株萎蔫	叶缘焦枯，叶发黄，尖呈灼烧状
镍（Ni）	0.5mg/kg	Ni^{2+}	叶小且色淡，先在叶尖出现坏死	叶片失绿、畸形，果小、着色早
钠（Na）	0.1%	Na^+	叶失绿黄化和坏死，甚至不开花	大多数非盐生植物会造成盐胁迫

第2节　作物缺素诊断

植物病害（Plant disease）系指植物在生物或非生物因子的影响下，发生一系列形态、生理和生化上的病理变化，阻碍了正常生长、发育的进程。植物病害的病状一般表现有变色、坏死、腐烂、萎蔫、畸形五大类型。

一、作物病害分类

引起农作物病害的直接原因统称为病原，按其性质可以分为病理性病原和生理性病原两大类。

1. 病理性病原

病理性病原又称侵染性病原，系指影响农作物正常生长发育的、以农作物为寄生对象的有害生物，主要有真菌、细菌、病毒、类菌原体、线虫和寄生性种子植物，通称为病原物。凡由生物性病原引起的农作物病害，有传染性，能在植株间相互传染，被称为病理性病害。

2. 生理性病原

生理性病原又称非侵染性病原，系指影响农作物正常生长发育的非生物因素，如水分、温度、光照、营养元素、三废和农药等。这些因素所引起农作物的病症与病理性病原导致的病症有时十分相似。但此病害没有传染性，在植株间不会相互传染，被称为生理性病害。

二、作物病害特点

1. 生理性病害“三性一无”

（1）突发性

病害在发病时间、发生发展较为一致，往往有突然发生的现象；如气象因素可造成大面积同时发生。病斑的形状、大小、色泽也较为固定。

（2）普遍性

通常是成片成块普遍发生，无发病中心，相邻植株的病情差异不大，甚至附近某些不同的作物或杂草也会表现类似的症状，常与环境有关。

（3）散发性

多数是整个植株呈现病状，且在不同植株上的分布比较有规律，常与缺素有关；若采取相应的措施改变营养条件，植株一般可以恢复健康。

（4）无病征

生理性病害只有病状，没有病征。如没有看到像细菌性病害在病部有脓状物，真菌性病害在病部有锈状物、粉状物、霉状物、棉絮状物等。

2. 病理性病害“三性一有”

（1）循序性

病害在发生发展上有轻、中、重的变化过程，病斑在初、中、后期其形状、大小、色泽都会发生变化，在田间可同时见到各个时期的病斑。

（2）局限性

有发病中心，先有零星病株或病叶再向四周扩展蔓延，病健株交错，离发病中心较远的植株病情较轻，相邻病株间的病情也会存在一些差异。

（3）点发性

除病毒、线虫及少数真菌、细菌病害之外，其余病原物所致的病症，在同一植株上病斑在各部位的分布没有规律性，其病斑的发生是随机的。

（4）有病征

除病毒和类菌原体病害外，其他传染性病害都有病征。如细菌性病害在病部有脓状物，真菌性病害在病部有锈状物、霉状物、棉絮状物等。

三、作物缺素诊断

无论是病理性病害还是生理性病害，作物病害的病状主要表现有变色、坏死、腐烂、萎蔫、畸形五大类型。

作物缺乏某种必需元素时，便会引起植株生理和形态上的变化，轻则生长不良，重则全株死亡。因此，在作物出现病状时，必须加以诊断，若是缺素病症，则补给所需元素，以便尽早恢复正常的生长发育过程。

1. 分清病因

由病理性病原所引起的作物病害症状与生理性病原中的缺素症状有时十分相似。例如，病毒可引起植株矮化，出现花叶或小叶等症状；蚜虫危害后出现卷叶；红蜘蛛危害后出现红叶；缺水或淹水后叶片发黄等，这些都很像缺素病症。因此，必须分清生理病害、病虫危害和其他因环境条件不适而引起的病症。

2. 病症差别

生理性病害在一定程度上表现为均匀发生，发病程度由轻到重，且通常表现为全株性发病、整地块发病；而病理性病害除农作物的外部器官发生病变，如变色、坏死、腐烂、萎蔫和畸形外，还在植株的发病部位产生病原物的某些病征，如粉状物、霉状物、点状物、锈状物、煤污状物、菌核、脓状物和菌茄等。

3. 症状分析

若确定作物是生理病害，再根据症状作归类分析。如叶子颜色是否失绿？如有失绿症状，先出现在老叶还是新叶上？如果是新叶失绿，可能是缺铁、硫、锰等元素，若全部幼叶失绿，可能是缺硫；若呈白色，可能是缺铁；若叶脉绿色而叶肉变黄，可能是缺锰。如果老叶首先失绿，则可能是缺氮、镁或锌等。

4. 土壤分析

土壤酸碱度对各种矿质元素的溶解度影响很大，往往会使某些元素呈现不溶解状态，作物不能吸收而造成缺素症，故需作土壤分析。例如：磷在不同的酸碱度下可由溶解状态变成不溶状态，在强酸性土中，由于存在着大量水溶性的 Fe^{3+} 和 Al^{3+}，它们能和磷结合形成不溶性的磷酸铁和磷酸铝，则难以被植物利用。

5. 注意事宜

（1）有时两种或多种不同养分元素造成的缺素症状可能几乎相同，或者某一养分造成的缺素症状掩盖了另一种养分的缺素症状，故缺何种元素有时难以区分；缺素症状有时会随气候的变化而出现或消失，还有些作物又会存在潜在缺素的情况。还要注意的是不要将病毒或真菌毒害、虫害等导致症状误认为缺素症。

（2）在上述诊断的基础上，无论是生理性病害还是病原性病害，在进行诊断鉴定时，为了更加准确还需结合实验室鉴定，才能取得准确可靠的鉴定结果。须知，一旦误诊，可能延误了最佳防治时间，造成无法挽回的损失；若因误诊而滥用肥料和农药，则影响农产品的质量，给人畜带来残毒危害，对环境造成污染。

四、作物缺素原因

影响作物缺素的原因多种多样，较为常见的原因有如下12种。

1. 土壤本身缺素

土壤中微量元素含量受土壤类型的影响，当土壤中某些元素含量低到一定程度时，植株无法吸收到它必需的数量，引起缺素症。

2. 土壤的酸碱度

土壤中的pH接近中性或趋向碱性时，将导致铁、硼、锌、铜有效性下降，会引起缺铁、缺硼、缺锌、缺铜症；而在酸性土壤上植株易出现缺钼症。

3. 偏施氮磷钾肥

偏施氮肥会影响钙的吸收，使植株出现缺钙症状；偏施钾肥，影响植株对硼的吸收出现缺硼症；偏施磷肥易引起缺铁、缺锌等症。

4. 有机肥用量少

目前田土的微量元素主要通过施入有机肥来补充，若腐熟的有机肥施用量不足，则会使本来缺素的土壤中的微量元素进一步缺乏。

5. 不良气候条件

低温一方面减缓土壤养分的转化，另一方面削弱作物对养分的吸收能力，通常寒冷的春天容易发生各种缺素症；干旱容易诱发作物缺硼。

6. 土壤紧实程度

紧实板结的土壤，其中固态、气态、液态三者比例失调，使养分成为不可给态；从而导致营养失调，易造成缺锌、缺钾和缺铁。

7. 调节不当影响

早春进行果园大水漫灌，低温影响铁的溶解度，从而导致缺铁；夏秋季节气温太高时进行地面覆盖，也易导致秋梢出现缺铁症。

8. 表土心土置换

锌、锰元素多在耕作层的表层，深翻改土和修筑梯田，将表土和心土进行置换，由于苗根多分布在表土层，因而造成缺锌和缺锰症。

9. 果实载量过大

苹果和梨树等结果太多时，容易表现缺铁，还会导致第二年缺氮、缺硼和缺锌；板栗挂果量太大，二次生长的叶上多表现缺锰。

10. 病虫病菌危害

腐烂病、烂根病可导致缺氮、磷、硼和锌；地下害虫可导致草莓缺氮和磷、苹果苗木缺锌和铁；土壤存在真菌等病原体导致缺铁。

11. 植株受到创伤

修剪过重造成较大伤疤，处于长时间强光照射时，其附近的枝条多出现缺锌症；植株根系受机械损伤严重时，可导致缺氮、缺磷等。

12. 作物搭配不当

山楂重茬或苹果苗出圃后种山楂易致缺铁症；苹果园间种向日葵或萝卜易缺硼，间作玉米易导致缺锌，间作甜菜导致缺锰和钼。

第3节 缺素症与防治

本节系统介绍了农作物生长发育、开花结果所必需的16种元素功能、缺素症状、过量有害、肥料种类、施用方法和缺素防治。为了有助于合理、精准施肥，在缺素防治中，分别介绍了水稻、小麦、玉米、甘薯、土豆、棉花、大豆、花生、黄瓜、蔬菜、果树、花卉等农作物的缺素症状、防治措施等内容。

一、氮素功能与缺氮防治

1. 氮素功能

氮素被称为生命元素，它在植物生命活动中占有首要地位。一般植物含氮量为植物干重的0.3%~5%。氮、磷、钾是植物需要量很大而且土壤易缺乏的三种大量元素，它们被称为“肥料三要素”。

氮素主要以铵态氮（NH_4^+）和硝态氮（NO_3^-）的形态被植物吸收，氮素基本生理功能如下：

①氮是蛋白质的成分，是细胞质、细胞核和酶的组成部分。

②核酸、叶绿素、构成生物膜的磷脂等化合物中都含有氮。

③氮是组成某些植物激素、维生素、生物碱等的重要成分。

④氮是生物组织基本元素，对植株和果实发育有着重要作用。

2. 缺氮症状

①缺氮时，由于蛋白质、核酸、磷脂等物质的合成受阻，合成减少，因此植物生长黄瘦、矮小，分枝分蘖减少，叶片小而薄，花和果实量少而易早衰，籽粒提前成熟而且不充实。

②缺氮时，影响叶绿素的合成，使枝叶变黄甚至干枯。因氮在植物体内可移动，老叶中的氮化物分解后可运到幼嫩组织中

去，所以缺氮时叶片发黄由下部叶片开始逐渐向上发展。

③缺氮敏感作物：除豆科作物外，一般作物都有明显反应，粮食作物中的玉米、高粱、水稻、小麦、燕麦、粟等，蔬菜作物的叶菜类，果树中的桃、苹果和柑橘对缺氮尤为敏感。

3. 过量有害

施氮过量带来危害，不仅造成环境污染，而且导致植株营养失调。

①植株徒长，柔嫩披散，抗病虫、抗逆性、抗倒伏能力等均下降。

②碳氮代谢不协调，贪青晚熟，结实率下降，产量和品质均下降。

③会使农产品中亚硝酸氨类含量增加，这种农产品危害人畜安全。

④既浪费宝贵资源又造成土壤、水体和大气污染，危害生态环境。

4. 氮肥种类

氮肥系指具有氮（N）标明量，以提供植物氮养分为其主要功效的单一肥料。

氮肥的种类很多，大致分为铵态、硝态、酰胺态和长效氮肥四种类型。

①铵态氮肥：它们的氮素均以铵态氮（NH_4^+）形态存在。包括液氨（NH_3）、氨水（$NH_3 \cdot H_2O$）、碳酸氢铵（NH_4HCO_3）、硫酸铵［（NH_4）$_2SO_4$］和氯化铵（NH_4Cl）。

②硝态氮肥：它们的氮素均以硝态氮（NO_3^-）形态存在。硝态氮肥包括硝酸钠（$NaNO_3$）、硝酸钙［Ca（NO_3）$_2$］、硝酸铵（NH_4NO_3）以及硝酸钾（KNO_3）等。

③酰胺氮肥：凡含有酰胺基（—$CONH_2$）或在分解中产生酰胺基者均属此列，尿素［CO（NH_2）$_2$］是其代表；在脲酶作

用下转化成碳酸铵，形成铵态氮肥。

④长效氮肥：包括有机合成氮肥，如尿素甲醛、尿素乙醛等等；还有包膜肥料，如硫包衣尿素、多聚物包膜尿素、缓效无机氮肥和长效碳酸氢铵。

5. 施用方法

①铵态氮肥：铵态氮肥可作基肥和追肥。硫酸铵和氯化铵长期施用，会引起土壤酸化；氨水、液氨、碳酸氢铵等经硝化成 NO_3^-，在土壤中无残留。

②硝态氮肥：硝态氮肥宜作追肥，旱田追肥最为适宜；不宜作基肥和种肥，也不宜在水田中施用，易溶于水，肥效迅速，硝酸铵也属于无残留氮肥。

③酰胺氮肥：酰胺态氮肥尿素吸潮性强，可作基肥和追肥，不宜作种肥。硝酸铵、尿素也属无残留氮肥之列；施用时应比其他氮肥提前几天施用。

④长效氮肥：长效氮肥大多前期养分供应不足，有时配施少量速效氮肥；有机合成或包膜氮肥的成本都比较高，往往适合经济作物、观赏植物等。

6. 缺氮防治

（1）水稻

缺氮症状：植株瘦小，直立，分蘖少，叶片小，呈黄绿色，从叶尖中脉扩展到全部，下部叶片首先发黄焦枯并逐渐向上发展，穗小而短。

防治措施：配施一定量氮肥作基肥，以防缺氮；一旦出现缺氮症状，可用 0.4%～0.5% 尿素水溶液喷施叶面，或每亩施用 7～15 千克尿素。

过量有害：氮素过剩，引起徒长，叶面积增大，叶色加深，造成郁蔽，机械组织不发达，易倒伏、易发生病虫害，结实率减少，产量降低。

合理施肥：常亩施10千克氮（N），需施4千克磷（P_2O_5）、6千克钾（K_2O），氮磷钾比例约为1∶0.4∶0.6；施氮过量，害处明显，更无增产效果。

平衡施肥：参照氮磷钾上述比例，因地制宜平衡施肥，才能充分发挥水稻增产提质潜力，优质高产；否则，将导致肥料浪费和环境污染。

（2）小麦

缺氮症状：叶片短而且偏窄，植株矮小，瘦弱，直立，分蘖少，茎部叶片先发黄，然后逐渐向上发展，穗粒少而小，不饱满，并有空壳。

防治措施：每亩用1.5~2千克尿素拌10千克麦种，以防缺氮；苗期缺氮，每亩用尿素7~8千克，兑水浇施，后期用2%尿素溶液进行叶面喷施。

过量有害：氮素过剩植株徒长，分蘖过多，茎基部第一、二节间过长，茎秆细弱，容易青枯、倒伏，贪青晚熟，易发生病害，造成减产。

合理施肥：产100千克小麦，约需3千克氮（N），1.5千克磷（P_2O_5），2千克钾（K_2O）；氮磷钾比例约为1∶0.5∶0.7，有的认为1∶0.5∶0.5的比例较佳。

平衡施肥：参照氮磷钾上述比例，因地制宜平衡施肥，才能充分发挥小麦增产提质潜力，优质高产；否则，将导致肥料浪费和环境污染。

（3）玉米

缺氮症状：植株矮小，茎细瘦，生长缓慢，叶片由下而上失绿发黄，症状从叶尖沿中脉向基部发展，先黄后变枯，呈现出“V”字形黄化。

防治措施：每亩用1.5~2千克尿素拌10千克麦种，以防缺氮；早期缺氮用1%~1.5%尿素溶液喷施，中后期缺氮时每亩可追施尿素 10～15 千克。

过量有害：氮素过剩，长势过旺，引起徒长，叶色深浓，叶面过大，田间郁蔽严重；茎秆肥大脆嫩，易感病虫害，结实不良，致严重减产。

合理施肥：吉林农大学报报道，亩产 973.5 千克玉米，需亩施 26.7 千克氮（N）、13.3 千克磷（P_2O_5）、13.3 千克钾（K_2O），氮磷钾比例约为 1∶0.5∶0.5。

平衡施肥：参照氮磷钾上述比例，因地制宜平衡施肥，才能充分发挥玉米增产提质潜力，优质高产；否则，将导致肥料浪费和环境污染。

（4）甘薯

缺氮症状：老叶先变黄，幼芽色变浅，节间短，分枝少，基部叶的边缘红到紫色，叶柄短，易脱落，蔓细长，稀疏。薯块小而纤维多。

防治措施：增施用充分腐熟、并经过消毒灭菌的有机肥，前中期根据症状轻重施用尿素等速效氮肥，后期用 2% 的尿素溶液进行叶面喷施。

过量有害：施用过量或过晚，茎叶旺长，茎秆细弱，组织柔嫩，抗病虫能力下降；后期贪青晚熟，结薯减少，淀粉率低，产量品质下降。

合理施肥：据有关试验报道，亩施约 10 千克氮（N）、4 千克磷（P_2O_5）、10 千克钾（K_2O），其氮磷钾三者比例为 1∶0.4∶1，甘薯可获优质高产。

平衡施肥：参照氮磷钾上述比例，因地制宜平衡施肥，才能充分发挥甘薯增产提质潜力，优质高产；否则，将导致肥料浪费和环境污染。

（5）土豆

缺氮症状：生长直立，植株矮，茎细长，叶片小，淡绿色叶

片到黄绿色逐渐向上发展，中部小叶边缘褪色呈淡黄，向上卷曲，提早脱落。

防治措施：栽后 15 ~ 20 天每亩施硫酸铵 5 千克或人粪尿 750 ~ 1000 千克，栽后 40 天施长薯肥，每亩施硫酸铵 10 千克或人粪尿 1000 ~ 1500 千克。

过量有害：过量的氮肥使土豆植株徒长，枝多叶茂，叶大色浓，不利于可溶性糖向淀粉的转化，不利于土豆生长后期块茎中淀粉的积累。

合理施肥：土豆对氮磷钾的吸收比例约为 1∶0.5∶2.5；专家建议，北方地区适宜比例为 1∶0.5∶0.6；南方地区适宜比例为 1∶0.4∶0.8。

平衡施肥：参照氮磷钾上述比例，因地制宜平衡施肥，才能充分发挥土豆增产提质潜力，优质高产；否则，将导致肥料浪费和环境污染。

（6）棉花

缺氮症状：植株矮小，叶片由下而上渐变黄，下部老叶后变红，中下部为黄色，叶柄和基部茎秆变为暗红色，果枝少结铃小，容易早衰。

防治措施：配施一定量氮肥作基肥，以防缺氮；前期缺氮，每亩施 12 千克左右尿素，可采用开沟追施，后期可采用 2% 尿素溶液叶面喷施。

过量有害：氮素供应过多，棉花植株高大，茎秆肥大脆嫩，田间郁蔽严重，落铃和落蕾比较严重，棉花产量降低，而且纤维的品质变劣。

合理施肥：据相关试验报道认为，氮（N）、磷（P_2O_5）、钾（K_2O）三者比例 1∶0.50∶0.75 为宜；亩产皮棉 100 千克左右，需施 10 ~ 18 千克氮。

平衡施肥：参照氮磷钾上述比例，因地制宜平衡施肥，才能充分发挥棉花增产提质潜力，优质高产；否则，将导致肥料浪费和环境污染。

（7）大豆

缺氮症状：生长缓慢，株矮小，茎瘦长，形柔弱；下部叶片开始现青铜色逐渐向上发展，渐变黄而干枯，基部叶片脱落，花少、荚稀少。

防治措施：花期每亩追施尿素3~5千克，或每亩用0.5~1千克尿素兑水50千克后进行叶面喷施；后期用1%的尿素溶液再喷一次叶面追肥。

过量有害：如果氮素供应过多，不仅影响根瘤菌的固氮作用，还引起植株徒长，枝多叶茂，组织柔嫩，抗病虫和抗逆能力下降，并减产。

合理施肥：据相关试验报道认为，亩施10千克氮（N）、3~6千克磷（P_2O_5）和5千克钾（K_2O），即氮磷钾三者比例1:(0.3~0.6):0.5为宜。

平衡施肥：参照氮磷钾上述比例，因地制宜平衡施肥，才能充分发挥大豆增产提质潜力，优质高产；否则，将导致肥料浪费和环境污染。

（8）花生

缺氮症状：叶片变黄，从老叶开始或上下同时发生黄化，严重时叶片变成白色并且茎部发红，根瘤少，植株生长不良，影响产量和质量。

防治措施：一是施足有机肥，二是接种根瘤菌，增磷促固氮，三是始花前10天每亩施用硫酸铵8~12千克，与有机肥沤约18天后施用。

过量有害：氮过量造成花生地上部分旺长，叶片之间互相遮挡，造成下部叶片早衰，不利于光合产物向荚果中分配，导致荚果产量降低。

合理施肥：花生地亩施 12 千克氮（N）、7～10 千克磷（P_2O_5）和 6～10 千克钾（K_2O）；北方地区氮磷钾 1∶0.8∶0.5 为宜；南方 1∶0.6∶0.8 为宜。

平衡施肥：参照氮磷钾上述比例，因地制宜平衡施肥，才能充分发挥花生增产提质潜力，优质高产；否则，将导致肥料浪费和环境污染。

（9）黄瓜

缺氮症状：植株矮化，叶呈黄绿色，严重时全株呈黄白色，茎细而脆，果实细短呈亮黄色或灰绿色，多刺，果蒂呈浅黄色或者果实畸形。

防治措施：露地栽培时增施有机肥，覆盖地膜防止氮肥流失；发生缺氮现象要及时追施速效氮肥，或向叶面喷施 0.2%～0.3% 的尿素溶液。

过量有害：植株徒长，群体过大，互相遮蔽，光合作用降低，坐果障碍且幼瓜发育迟缓，并会导致病害频繁发生，造成产量和品质下降。

合理施肥：亩施堆肥 600 千克，20 千克氮（N）、6～10 千克磷（P_2O_5）、24 千克钾（K_2O）以及钙 3.1 千克，镁 0.7 千克；即氮磷钾比例为 1∶（0.3～0.5）∶1.2。

平衡施肥：参照氮磷钾上述比例，因地制宜平衡施肥，才能充分发挥黄瓜增产提质潜力，优质高产；否则，将导致肥料浪费和环境污染。

（10）蔬菜

缺氮症状：植株生长发育不良，生长缓慢瘦弱，从老叶开始失绿，渐渐发黄并且逐步向上发展，直至整株蔬菜作物失绿而后变为黄绿色。

防治措施：增施有机肥料，增加土壤的供氮力；对结球菜的结球期、果菜类的膨果期、叶菜类的速长期要重施一次氮肥以补充氮素。

过量有害：作物叶片过于肥大，株间郁闭，降低作物的光能利用率，抗逆能力下降，易感病虫害，果实成熟慢，颜色不正，出现畸形果。

合理施肥：施足经消毒灭菌腐熟的有机肥；氮（N）、磷（P_2O_5）、钾（K_2O）施用比例为 1∶(0.3～0.6)∶(0.4～0.9)，氮以亩施 10～12 千克为宜。

平衡施肥：参照氮磷钾上述比例，需因种因地平衡施肥，才能充分发挥蔬菜增产提质潜力，优质高产；否则将导致肥料浪费和环境污染。

（11）果树

缺氮症状：叶色淡黄，叶脉、叶肉均失去绿色，老叶由黄变褐并早期脱落，幼叶伸展迟缓，不转绿，坐果率较低，并且有生理落果现象。

防治措施：一般不易发生缺氮症；雨季和秋梢迅速生长期，树体需要大量氮素，此时土壤中氮素很易流失，可在树冠喷施 0.5% 尿素溶液。

过量有害：氮肥过量易烧根，导致树体中毒；严重时大枝枯死，不易生出芽而加剧大小年，引发腐烂病；果实着色差，口味淡、品质低。

合理施肥：成年果树施用氮（N）、磷（P_2O_5）、钾（K_2O）的比例 1∶0.5∶(0.5～1) 为宜，幼树为 1∶(0.2～0.4)∶(0.3～0.6)；氮亩施 6～10 千克为宜。

平衡施肥：参照氮磷钾上述比例，需因种因地平衡施肥，才能充分发挥果树增产提质潜力，优质高产；否则将导致肥料浪费和环境污染。

（12）花卉

缺氮症状：首先老叶开始发黄甚至干枯，并逐渐向上发展，

植株生长发育不良，叶小色淡，整个植株瘦小，分枝少，开花少，结果少而小。

防治措施：施足已充分腐熟的有机肥，适量适时浇水；及时补充氮肥，追施尿素或硫酸铵，配成0.1%～0.3%的溶液进行浇灌或叶面喷施。

过量有害：氮肥施用过多，花木枝叶生长茂盛，茎秆细弱，纤维素、木质素减少，易倒伏，组织柔嫩，抗病虫能力下降，花少或不开花。

合理施肥：氮（N）、磷（P_2O_5）、钾（K_2O）的比例：幼苗大致为3∶1∶1，成长期为1∶1∶1，若促使更好开花则为1∶3∶1；30厘米盆花可施氮约1克。

平衡施肥：参照氮磷钾上述比例，需因种因时平衡施肥，并可施加适量的微量元素，更好地发挥花卉提质增艳潜力，实现花卉优质高产。

二、磷素功能与缺磷防治

1. 磷素功能

磷素是植物正常生长必需的三大营养元素之一，植物体中的含磷量一般为植物干重的0.1%～1.0%，而大多数植物的磷含量为0.2%～0.4%，其中大部分是有机态磷，约占全磷量的85%，而无机磷仅占15%左右。植物体内含磷量依植物种属、器官、生育时期不同而有所差异，磷多分布于含核蛋白较多的新芽、根尖等生长点部位，其运转、分配和积累规律随着植物生长发育中心转移而变化，表现出“新尖优先”，即植物体内的磷总是优先保障生长中心器官的需要，故缺磷的症状一般先从最老器官表现出来。

磷素主要以磷酸根（$H_2PO_4^-$ 或 HPO_4^{2-}）的形态被植物吸收，磷素基本生理功能如下：

①磷是核酸、核蛋白的主要成分，它与蛋白质合成、细胞分裂以及生长有密切的关系。

②磷是磷脂的主要成分，磷脂是构成生物膜的成分，生物膜与细胞能量代谢直接相关。

③磷是许多酶的成分，它们参与光合、呼吸过程；磷与细胞内能量代谢有密切的关系。

④磷能提高作物原生质水合度和细胞充水度，增加原生质黏度和弹性，提高抗旱能力。

⑤磷能提高体内可溶性糖和磷脂的含量，使原生质冰点降低，从而增强作物抗寒能力。

⑥磷能提高植物体内无机磷酸盐的含量，使细胞内原生质具有抗酸碱变化的缓冲性。

⑦磷参与碳水化合物、蛋白质及脂肪的代谢和运输，是作物生长发育必不可少的养分。

⑧磷对作物分蘖、分枝、根系、种子、块根茎生长有利，可增加作物产量和改善品质。

2. 缺磷症状

①磷在体内可移动，能重复利用，所以缺磷时，首先出现在下部老叶呈紫红色并逐渐向上发展，这是植物缺磷的主要特征。

②缺磷时，蛋白质合成下降，糖的运输受阻，从而使营养器官中糖的含量相对增多，使叶子呈现不正常的暗绿色或紫红色。

③缺磷时，细胞分裂受阻，植株矮小，使分蘖、分枝减少，幼芽幼叶生长停滞；叶色暗绿无光泽，开花结果少，而且延迟成熟。

④缺磷敏感作物：水稻、小麦、棉花、甘薯、土豆、大豆、花生、烟草、茶树、油菜、番茄、黄瓜、西瓜、豇豆、果树等。

注：在植物生长过程中磷与氮的作用有密切的关联，缺氮时磷的效果难以充分发挥，只有两者配合施用才能发挥磷的效果。

3. 过量有害

施磷过量带来危害，不仅造成环境污染，而且导致植株营养失调。

①诱发土壤缺锌。过量施用磷酸钙后，产生磷酸锌沉淀，使作物出现缺锌症状；过量施用钙镁磷肥等碱性磷肥后，致土壤碱化，使锌的有效性降低。

②使作物“得磷失硅”。过量施用磷肥后，造成土壤中的硅被固定，不能吸收，引起作物缺硅，就会发生茎秆纤细，倒伏及抗病能力差等缺硅症状。

③过量施磷会使作物“得磷缺钼”。适量施磷促成作物对钼的吸收，过量施磷则使磷和钼失去营养平衡，影响作物对钼的吸收，表现出“缺钼症”。

④磷素过量会影响作物对锌、铁、铜、锰等的吸收、运转以及利用，并导致缺镁症，减弱作物体内硝酸还原作用的强度，进一步影响氮素同化作用。

⑤过多的磷素营养会促使作物吸收作用过于旺盛，消耗的干物质大于积累的干物质，造成繁殖器官提前发育，引起作物过早成熟，籽粒小，产量低。

⑥造成土壤中有害元素积累。磷矿石中含有镉、铅、氟等有害元素，而且施用磷肥会引起土壤中镉的增加，这种镉易为作物吸收，给人畜造成危害。

⑦连续过量施用磷肥，造成土壤酸化、土质碱性加重和理化性质恶化。施磷过量不但浪费宝贵资源，又造成土壤、水体和大气污染，危害生态环境。

4. 磷肥种类

磷肥系指具有磷（P_2O_5）标明量，以提供植物磷养分为其主要功效的单一肥料。

按磷肥中磷的有效性或溶解度的不同分为：水溶性磷肥、弱溶（枸溶）性磷肥、难溶性磷肥、氮磷复合肥等。

（1）水溶性磷肥

水溶性磷肥含 $H_2PO_4^-$，其主要成分是磷酸一钙，易溶于水，肥效较快；但在土壤中易转化为弱酸及难溶性磷。

①过磷酸钙：又称普通过磷酸钙，主要成分分子式为 $Ca(H_2PO_4)_2 \cdot H_2O$，含有效磷即五氧化二磷（P_2O_5）12%～20%、石膏（硫酸钙）40%～50%、硫酸铝 2%～4%，还有次生的磷酸铁、铝等化合物，一般为灰色或淡黄色的粉末，有吸湿性，易结块，是一种酸性肥料，腐蚀性强。

②重过磷酸钙：是含磷最高的磷肥，主要成分和普通过磷酸钙一样，含有效磷（P_2O_5）40%～50%，含有 4%～8% 的游离酸，不含或很少含石膏。因含磷是过磷酸钙的近 3 倍，故有重过磷酸钙和三料过磷酸钙之称。重过磷酸钙的性质比过磷酸钙稳定些，易溶于水。

（2）弱溶性磷肥

弱酸性磷肥含 HPO_4^{2-}，微溶于水而溶于 2% 枸橼酸水溶液，肥效较慢；碱性肥料，在土壤中流动性差不易流失。

①钙镁磷肥：是多元肥料，主要成分是磷酸三钙 $Ca_3(PO_4)_2$，含磷（P_2O_5）14%～20%，并且还含有氧化钙（约 30%）、氧化镁（约 15%）、氧化硅（约 20%）等，pH 为 8～8.5，属于枸溶性磷肥。产品外观为灰白、灰绿、灰黑色粉末。呈微碱性，不吸湿不结块，无腐蚀性。

②其他种类：其主要成分是磷酸二钙。一是钢渣磷肥，含磷（P_2O_5）7%～17%，强碱性，作基肥宜用于酸性土壤，最好与有机肥料混施，可提高肥效，并可提高作物抗倒伏能力；二是沉淀磷肥，含磷（P_2O_5）30%～42%，可作基肥和种肥，还可作饲料的含钙添加剂。

（3）难溶性磷肥

主要成分是磷酸三钙，难溶于水和2%枸橼酸溶液，须在土壤中转变为磷酸一钙或磷酸二钙后才能发生肥效。

此类磷肥溶于强酸，宜用于吸磷能力很强的作物，如绿肥可用。

①矿粉磷肥：磷矿粉有灰色或褐色两种，是生产磷肥的原料，本身没有气味。主要成分为氟-磷灰石，含磷（P_2O_5）10%~35%，其中枸溶性磷［$Ca_3(PO_4)_2$］的含量为1%~5%（但难溶于水），可被作物吸收利用，其他大部分作物难于直接吸收利用，属于难溶性磷肥。

②骨粉磷肥：系由动物骨头加工而成的白色粉末，主要成分是磷酸三钙，占总量的58%~62%，此外，还含有氮素和脂肪等，其含磷化合物不易分解，是难溶性肥料。微溶于水和2%枸橼酸溶液，须在土壤中逐渐转变为磷酸一钙或磷酸二钙后才能发生肥效。

（4）氮磷复合肥

氮磷复合肥常用的有磷酸一铵和磷酸二铵，是以磷为主的高浓度速效氮、磷二元复合肥，易溶于水，呈碱性。

①磷酸一铵：又称磷酸二氢铵，分子式为$NH_4H_2PO_4$，是含氮磷两种营养成分的复合肥，白色结晶性粉末，一般含氮量≥9%、有效磷≥41%、水溶磷占有效磷≥70%；相对密度1.80，微溶于乙醇，不溶于丙酮，水溶液呈酸性，加热会分解成偏磷酸铵（NH_4PO_3）。

②磷酸二铵：又称磷酸氢二铵，是含氮磷两种营养成分的复合肥，一般含氮量≥18%、有效磷≥46%、水溶磷≥40%；灰色颗粒，相对密度1.619，难溶于乙醇，易溶于水，水溶液呈弱碱性，pH为8.0，有一定吸湿性，在潮湿空气中分解释出氨变成磷酸二氢铵。

5. 施用方法

①施用原则：尽可能减少与土壤接触，减少被土壤铁铝固定。宜集中施肥，如条施、穴施；尽量增加与根系接触的机会；相同条件下，土壤速效磷含量越高，磷肥肥效越低；在磷含量低的土壤上，施用磷肥绝大多数作物均能增产。

②适宜用量：磷肥在一般缺磷土壤上对几种主要作物用量为：粮食作物、甘薯、土豆、棉花亩用磷肥（P_2O_5）4~6千克，花生、油菜、大豆、黄麻、茶园3~5千克，西瓜2~4千克，烟草1~3千克，甘蔗6~8千克，果树每株0.2~0.3千克为宜。

③磷肥基施：在一般缺磷的土壤，粮食等作物亩用磷肥（P_2O_5）4~6千克，犁地前均匀撒施田面，与有机肥及其他化肥一起耕翻入土即可；土壤缺磷严重而磷肥充足时，可再用磷肥（P_2O_5）2~3千克撒在田里，耙匀拖平马上播种或插秧。

④叶面喷施：当发现作物表现缺磷症状时，采用叶面喷施磷肥，水稻、麦类等禾本科作物可用2%~3%的浓度，油菜、蔬菜可用1%的浓度，也可使用磷酸二氢钾0.25%的浓度，在晴天上午露水干后或傍晚未上露水前喷施效果好。

⑤过磷酸钙：能溶于水，为酸性速溶性肥料，过磷酸钙适用于各种土壤和作物，可作基肥、种肥、追肥和叶面喷施用；可条施、穴施、分层施用（2/3磷肥作基肥深施，1/3作种肥施于表层）；不能与碱性肥料混施，否则降低肥效。

⑥钙镁磷肥：是一种难溶于水的碱性肥料，肥效较慢，宜作基肥深施，施用前最好与优质有机肥料混合堆沤20~30天；与过磷酸钙、氮肥不能混施，但可配合施用，不能与酸性肥料混施，在缺硅、钙、镁的酸性土壤上效果好。

⑦矿粉磷肥：与有机肥料配合施用效果更好，适于酸性缺磷土壤中的作物，如油菜、萝卜、荞麦、豆类、牧草、生长期较长的果树等。施入土壤转化以后才能被作物吸收利用，其肥效缓慢

但是持久，施用一次，肥效可维持几年。

⑧骨粉磷肥：宜作基肥施用，其含磷化合物不易分解，施用前最好与优质有机肥料并加入发酵专用菌种混合堆沤约1个月之后才施用，适宜施在有机质含量较高的土壤上；夏季温度比较高，作物对骨粉中磷的利用率要高于冬季。

⑨氮磷复肥：适用于水稻、小麦、玉米、高粱、棉花、瓜果、蔬菜等各种粮食作物和经济作物；适用于红壤、黄壤、棕壤、黄潮土、黑土、褐土、紫色土、白浆土等各种土质；尤其适合于我国西北、华北、东北等干旱少雨地区。

6. 缺磷防治

（1）水稻

缺磷症状：植株瘦小，不分蘖或分蘖少，叶片直立，细窄，色暗绿；严重时稻丛紧束，叶片纵向蜷缩，有红褐色斑点，并且生育期延长。

防治措施：生育前期需氮量大，宜早施多施用磷肥；一旦发现缺磷症状，都可以叶面喷施0.3%~0.5%的磷酸二氢钾或者磷酸亚钙水溶液。

过量有害：如果磷素施用过量，则可能诱发铁、锌、铜等元素的缺乏；很少出现磷素过量症状，而氮素经常施用过量容易引起有害症状。

合理施肥：常亩施10千克氮（N），需施4千克磷（P_2O_5）、6千克钾（K_2O），氮磷钾比例约为1∶0.4∶0.6；施磷过量，害处明显，而无增产效果。

平衡施肥：参照氮磷钾上述比例，因地制宜平衡施肥，才能充分发挥水稻增产提质潜力，优质高产；否则，将导致肥料浪费和环境污染。

（2）小麦

缺磷症状：植株瘦小，分蘖少，叶色深绿略带紫色，叶鞘上紫色特别明显，其症状从叶尖向基部、从老叶向幼叶发展，而且抗寒力变差。

防治措施：基施磷肥，亩施磷酸二氢氨 10 千克；苗期缺磷补沟施 20 千克，如果后期缺磷，则可用 0.2%～0.3% 磷酸二氢钾溶液叶面喷施。

过量有害：如果磷素营养过剩，对小麦生长发育也有不利影响，不仅营养生长期缩短，成熟期提早，而且引起锌、铁、硫等元素缺乏症。

合理施肥：产 100 千克小麦，约需 3 千克氮（N），1.5 千克磷（P_2O_5），2 千克钾（K_2O）；氮磷钾比例为 1∶0.5∶0.7，有的认为 1∶0.5∶0.5 的比例较佳。

平衡施肥：参照氮磷钾上述比例，因地制宜平衡施肥，才能充分发挥小麦增产提质潜力，优质高产；否则，将导致肥料浪费和环境污染。

（3）玉米

缺磷症状：叶片呈深绿色至全株显紫红色，严重时从叶尖开始枯萎呈褐色，抽丝延迟，雌穗发育不完全，弯曲畸形，而且果穗结粒较差。

防治措施：早施磷肥，亩施过磷酸钙 8～10 千克；出现缺磷症时，每亩用磷酸二氢钾 200 克兑水 30 千克或用 1% 过磷酸钙水溶进行叶面喷施。

过量有害：施磷过多玉米加速生长，呼吸过于旺盛，消耗糖分和能量，无效分蘖增多，果穗形成过程很快结束，穗粒数减少，产量下降。

合理施肥：吉林农大学报报道，亩产 973.5 千克玉米，需亩施 26.7 千克氮（N）、13.3 千克磷（P_2O_5）、13.3 千克钾（K_2O），氮磷钾比例约为 1∶0.5∶0.5。

平衡施肥：参照氮磷钾上述比例，因地制宜平衡施肥，才能

充分发挥玉米增产提质潜力，优质高产；否则，将导致肥料浪费和环境污染。

（4）甘薯

缺磷症状：早期叶片背面出现紫红色，脉间出现一些小斑点，随后扩展到整个叶片，叶脉及叶柄后成紫红色，茎细长，叶片小后现卷叶。

防治措施：施足腐熟的有机肥；磷有利于提高薯块品质，需亩施4～10千克的磷（P_2O_5），10～15千克的氮（N），10～20千克的钾（K_2O）。

过量有害：过量施磷肥会造成土壤理化性质恶化；施用磷肥过量，会使甘薯从土壤中吸收过多的磷素营养，引起早熟，降低产量和质量。

合理施肥：据有关试验报道，亩施约10千克氮（N）、4千克磷（P_2O_5）、10千克钾（K_2O），其氮磷钾三者比例为1∶0.4∶1，甘薯可获优质高产。

平衡施肥：参照氮磷钾上述比例，因地制宜平衡施肥，才能充分发挥甘薯增产提质潜力，优质高产；否则，将导致肥料浪费和环境污染。

（5）土豆

缺磷症状：植株瘦小，严重时顶端停止生长，叶柄及小叶边缘有些皱缩，下部叶片上卷，叶缘焦枯，老叶脱落，块茎出现锈棕色的斑点。

防治措施：过磷酸钙每亩10～20千克与有机肥基施入10厘米以下；开花期亩施过磷酸钙15～20千克，也可叶面喷洒0.2%～0.3%磷酸二氢钾。

过量有害：过量施磷导致磷向水体迁移，造成水体的富营养化；磷过剩影响植株根系的生长和生物活性，迟成熟，减少产量，降低品质。

合理施肥：土豆对氮磷钾的吸收比例约为1∶0.5∶2.5；专家建议，北方地区适宜比例为1∶0.5∶0.6；南方地区适宜比例为1∶0.4∶0.8。

平衡施肥：参照氮磷钾上述比例，因地制宜平衡施肥，才能充分发挥土豆增产提质潜力，优质高产；否则，将导致肥料浪费和环境污染。

（6）棉花

缺磷症状：植株矮小，苍老，叶色灰暗、茎细，基部红色。果枝少、叶片小、叶缘和叶柄常出现紫红色，成熟期延迟，蕾铃易脱落致减产。

防治措施：底肥增施磷肥；苗期或蕾期缺磷每亩用8～12千克过磷酸钙沟施；后期用磷酸二氢钾150～200克，兑水60千克，共喷施2～3次。

过量有害：过多的施用磷肥抑制棉花根系的生长，降低了生物活性。施磷过量易造成棉花缺锌，植株矮小，生长缓慢，影响产量和质量。

合理施肥：据相关试验报道认为，氮（N）、磷（P_2O_5）、钾（K_2O）三者比例1∶0.50∶0.75为宜；亩产皮棉100千克左右，需施5～9千克磷。

平衡施肥：参照氮磷钾上述比例，因地制宜平衡施肥，才能充分发挥棉花增产提质潜力，优质高产；否则，将导致肥料浪费和环境污染。

（7）大豆

缺磷症状：植株瘦小，叶色浓绿，叶片狭而尖，向上直立，开花后叶片出现棕色斑点，籽粒细小；严重缺磷时，茎及叶片均变成暗红色。

防治措施：及时追施，每亩可施过磷酸钙12～15千克，或用2%～4%的过磷酸钙水溶液进行叶面喷肥，间隔7天左右，共

喷2～3次即可。

过量有害：大豆是喜钼作物，其根瘤中含钼较多，钼是固氮酶的组成成分，旱地施磷过多则造成钼被吸附固定，从而诱发缺钼危害大豆。

合理施肥：据相关试验报道认为，亩施10千克氮（N）、3～6千克磷（P_2O_5）和5千克钾（K_2O），即氮磷钾三者比例1：(0.3～0.6)：0.5为宜。

平衡施肥：参照氮磷钾上述比例，因地制宜平衡施肥，才能充分发挥大豆增产提质潜力，优质高产；否则，将导致肥料浪费和环境污染。

（8）花生

缺磷症状：植株生长缓慢，株矮小，分枝少，根系发育不良，次生根很少，叶色暗绿无光泽，下部叶片和茎基部常呈现红色或者有红线。

防治措施：防止缺磷每亩用过磷酸钙10～15千克与有机肥混合沤制15～20天作基肥或种肥集中沟施；或每亩施磷矿粉20～80千克补磷。

过量有害：花生是喜钼作物，其根瘤中含钼较多，钼是固氮酶的组成成分，旱地施磷过多则造成钼被吸附固定，从而诱发缺钼危害花生。

合理施肥：花生地亩施12千克氮（N）、7～10千克磷（P_2O_5）和6～10千克钾（K_2O）；北方地区氮磷钾1：0.8：0.5为宜；南方1：0.6：0.8为宜。

平衡施肥：参照氮磷钾上述比例，因地制宜平衡施肥，才能充分发挥花生增产提质潜力，优质高产；否则，将导致肥料浪费和环境污染。

（9）黄瓜

缺磷症状：植株矮化，严重时幼叶细小僵硬，并呈深绿色，子叶和老叶出现水渍状斑，并且向幼叶蔓延，斑块逐渐变褐干枯、凋萎脱落。

防治措施：定植时要施足磷肥，每亩施用磷酸二铵 10 ~ 12 千克；发现缺磷症状时应及时追施磷肥，用磷酸二氢钾等叶面肥进行叶面喷施。

过量有害：施磷过多使植株呼吸作用超常运行，会消耗大量营养，致使系统器官运转加快而过早发育，早衰，瓜数多而小，产量质量低。

合理施肥：亩施堆肥 600 千克，20 千克氮（N）、6 ~ 10 千克磷（P_2O_5）、24 千克钾（K_2O）以及钙 3.1 千克，镁 0.7 千克；即氮磷钾比例 1 :（0.3 ~0.5）: 1.2。

平衡施肥：参照氮磷钾上述比例，因地制宜平衡施肥，才能充分发挥黄瓜增产提质潜力，优质高产；否则，将导致肥料浪费和环境污染。

（10）蔬菜

缺磷症状：植株生长迟缓、形体矮小、茎细长柔弱，叶片小而且少，叶片僵小挺立，叶色呈暗绿，长势不旺，花蕾少，果实小，产量低。

防治措施：增施有机肥，提高土壤供磷能力；出现缺磷时，及时用 0.3% 磷酸二氢钾水溶液，隔 7 ~ 10 天喷施叶面 1 次，连续 2 ~ 3 次。

过量有害：磷过量会影响蔬菜植株对多种微量元素的吸收，助长缺镁症，影响蔬菜体内的硝酸的还原作用，导致蔬菜的产量和质量下降。

合理施肥：施足经消毒灭菌腐熟的有机肥；氮（N）、磷（P_2O_5）、钾（K_2O）施用比例为 1 :（0.3 ~0.6）:（0.4 ~0.9），磷以亩施 3 ~6 千克为宜。

平衡施肥：参照氮磷钾上述比例，需因种因地平衡施肥，才

能充分发挥蔬菜增产提质潜力，优质高产；否则将导致肥料浪费和环境污染。

（11）果树

缺磷症状：果树缺磷叶片小，带青铜暗绿色至紫色，发枝少，果小；果树缺磷叶片暗绿转青铜色、紫色，叶片稀少、落叶，果实风味差。

防治措施：缺磷果树多施颗粒磷肥或与堆肥、厩肥混施，也可于展叶后进行叶面喷施；生长期用0.2%~0.3%磷酸二氢钾水溶液叶面喷施。

过量有害：果树施磷过多，会抑制果树对某些微量元素（如锌等）的吸收，以致果树缺锌出现小叶病、根系不发达、分枝减少，产生僵果。

合理施肥：成年果树施用氮（N）、磷（P_2O_5）、钾（K_2O）的比例1∶0.5∶(0.5~1)为宜，幼树1∶(0.2~0.4)∶(0.3~0.6)；磷以亩施3~6千克为宜。

平衡施肥：参照氮磷钾上述比例，需因种因地平衡施肥，才能充分发挥果树增产提质潜力，优质高产；否则将导致肥料浪费和环境污染。

（12）花卉

缺磷症状：花木长势受阻，叶片颜色变深绿色，却灰暗无光泽，叶片上产生紫色病斑，最后枯死脱落；花木缺磷孕蕾少，且不易开花。

防治措施：施足经消毒灭菌腐熟的有机肥，追施可溶性磷肥，磷酸二氢钾和过磷酸钙配成0.1%~0.3%的水溶液进行浇灌，也可叶面喷施。

家用施磷：家中的淘米水也是很好的磷肥源，在生长季节每隔10天或半个月浇一次淘米水，可使花卉生长良好，开花增多，花色鲜丽。

过量有害：过量施磷肥会使生长受阻，分生株小而多，纤维含量高，整齐度差，容易引起锌、铁、锰、硅的缺乏，花期不一，观赏度差。

合理施肥：氮（N）、磷（P_2O_5）、钾（K_2O）的比例：幼苗大致为3∶1∶1，成长期为1∶1∶1，若促使更好开花则为1∶3∶1；30厘米盆花可施磷约1克。

平衡施肥：参照氮磷钾上述比例，需因种因时平衡施肥，并可施加适量的微量元素，更好地发挥花卉提质增艳潜力，实现花卉优质高产。

三、钾素功能与缺钾防治

1. 钾素功能

钾素是植物生长必需的三大营养元素之一，植物体中含钾量与含氮量较为相近，一般均为植物干重的0.2%~5%。钾与氮和磷不同，它不是细胞的组成成分，它主要对细胞的代谢起调节作用，常被称为“品质元素”。

钾素主要以钾离子（K^+）的形态被植物吸收，钾素基本生理功能如下：

①促进酶的活化，生物体中有60多种酶需要钾作为活化剂。

②促进光能利用增强光合作用；还提高作物对氮的吸收利用。

③有利于植物正常呼吸作用，改善能量代谢，促进固氮作用。

④增强植株碳水化合物、蛋白质与核蛋白物质的合成和转运。

⑤增强抗逆性，如抗旱、抗寒、抗盐、抗倒伏、抗病虫害等。

⑥钾能增强产品抗碰伤能力和自然腐烂能力，延长贮运

期限。

⑦增加果实的糖分和维生素 C 含量，提高油料作物的含油量。

⑧使核仁、种子、水果和块茎、块根增大，形状和色泽美观。

⑨增加棉花、麻类作物纤维的强度、长度和细度，色泽纯度。

⑩能加速水果、蔬菜和其他作物的成熟，使成熟期趋于一致。

2. 缺钾症状

①缺钾时，植株茎秆柔弱，易倒伏，抗寒性和抗旱性均差；叶缘黄化，叶片上出现褐斑，焦枯似灼烧状，叶脉间出现坏死斑点，这是缺钾的典型症状。

②与缺氮和缺磷一样，缺钾症状首先出现于老叶；由于钾能移动，后来发展到植株基部，叶子弯卷或皱缩，整叶变为红棕色，坏死脱落，严重时烂根。

③钾主要集中在生命活动最旺盛的部位，如生长点，形成层，幼叶等。缺钾时，出现生长缓慢的现象，蛋白质、叶绿素受破坏，叶色变黄而逐渐坏死。

④缺钾时，碳水化合物代谢受到干扰，光合作用受抑制，而呼吸作用加强。因此缺钾时植株抗逆能力减弱，易受病害侵袭，果实品质下降，着色不良。

⑤缺钾敏感作物：常见易缺钾作物有水稻、小麦、玉米、土豆、甘薯、棉花、红麻、大豆、油菜、甘蓝、花椰菜、甜菜、番茄、柑橘、苹果、桃、桑等。

3. 过量有害

施钾过量带来危害，不仅造成环境污染，而且导致植株营养失调。

①过量施钾，影响作物对钙、镁、硼的吸收，易发生钾素过剩症状，造成叶尖焦枯。

②过量施钾，造成作物对钙等阳离子的吸收下降，造成叶菜腐心病、苹果苦痘病等。

③过量施钾，连续多年钾肥过剩，耕层氯离子或硫酸根离子积累，作物生长受抑制。

④过量施钾，造成氮的吸收受阻，致使营养失衡，会削弱庄稼生产能力，影响产量。

⑤过量施钾，不仅浪费宝贵资源，过量施用钾肥会造成土壤环境污染以及水体污染。

4. 钾肥种类

钾肥系指具有钾（K_2O）标明量，以提供植物钾养分为其主要功效的单一肥料。

钾肥种类颇多，常用的有氯化钾、硫酸钾、窑灰钾、草木灰、硝酸钾等。

①氯化钾：分子式为 KCl，含 K_2O 为 50%～60%（K 含 52%，Cl 含 47.6%），乳白色、淡黄色或紫红色结晶粉末，易溶于水，呈化学中性；对忌氯作物如烟草等不适用，对土豆等对氯敏感作物少用。作基肥或前期追肥，亩用量约 10 千克。

②硫酸钾：分子式 K_2SO_4，含 K_2O 为 50%～54%（含 K 为 43.8%，含 S 为 17.6%）；一般为白色或淡黄色结晶，吸湿性小，不易结块，易溶于水，呈化学酸性，属生理酸性肥料；不含氯离子，适用范围较氯化钾广泛，但是价格较高。

③硝酸钾：它是硝酸的钾盐，肥料级产品含氧化钾 44% 和氮 13% 左右，氮与氧化钾之比为 1∶3.4，是含钾为主的高浓二元复肥料品种之一。白色或灰色结晶粉末，是一种生理碱性肥料，因不含氯离子，适用范围比氯化钾广。

④窑灰钾：窑灰钾肥是水泥工业的副产物，所含钾中有

90%为水溶性钾（主要是碳酸钾、硫酸钾等），1%～5%是能溶于2%柠檬酸水溶液中的钾（主要是铝酸钾、硅铝酸钾等），还有少量未分解的钾长石、黑云母等含钾矿物。

⑤草木灰：是植物燃烧后的灰烬，所含的成分与燃烧控制有关，见烟不见火时，其中90%的钾为碳酸钾［K_2CO_3（$K_2SiO_3 + CO_2$）］；高温燃烧则以硅酸钾［K_2SiO_3（$K_2CO_3 + SiO_2$）］为主，含有钙、钾、磷、硅、镁、铁等元素，深灰色粉末，呈化学碱性。

5. 施用方法

①氯化钾：可作基肥、追肥，不宜作种肥，在酸性和中性土壤中作基肥时，应与磷矿粉、石灰、有机肥料等配合施用，既可防止土壤酸化，又可促进磷矿粉中的磷有效化。

因为氯离子有利于提高纤维的含量和质量，所以氯化钾特别适合于棉花、麻类等纤维作物施用；不宜施于忌氯作物，如烟草、土豆、甘薯、茶树、甜菜、柑橘等。

②硫酸钾：在一般情况下，它适合各种作物和土壤，可作基肥、追肥、种肥及根外喷施，在酸性土壤中应与石灰、有机肥料等配合施用；在通气不良的土壤中应尽量少用。

③硝酸钾：施入土壤后较易移动，适宜作追肥，尤其是作中晚期追肥或是作为受霜冻危害作物的追肥。由于硝酸钾所含氧化钾是其含氮量的3.4倍，故常作为高浓钾肥用。

既可单独施用，也可与硫酸铵等氮肥混合或配合施用；既可调整肥料中的氮与氧化钾的比例，也可利用铵态氮肥的生理酸性，消除硝酸钾生理碱性的某些副作用。

④窑灰钾：可作基肥和追肥，但不能作种肥或蘸秧根；适于在酸性土壤中施用；因其碱性强不可与铵态氮肥混合施用，以免氮素损失；不可与高磷酸钙混合以免降低肥效。

作追肥时，防止肥料沾在叶片上，早晨有露水不能施用；施用前宜加少量湿土拌和以减少飞扬损失；将少量窑灰钾肥拌入有机肥料堆中，可促进有机肥料分解。

⑤草木灰：可作基肥，草木灰中钾的形态以碳酸钾为主，其次是硫酸钾和氯化钾，三者均为水溶性钾，可被植物直接吸收利用；既可供钾又降低酸度，并能补充微量元素。

⑥速效钾：速效钾（K）含量90mg/kg作为土壤钾素丰缺的临界值，大于150mg/kg可以不施；含量100～130mg/kg可亩施氧化钾2.5～5千克；小于100mg/kg，可亩施6～9千克。

⑦施用量：钾肥施用量要根据土壤有效钾含量、作物需钾量和各营养元素间的相互平衡而定。一般参考施用量：如以每亩施氧化钾，玉米6～9千克，水稻为5～8千克。

6. 缺钾防治

（1）水稻

缺钾症状：老叶叶尖及前端叶缘褐变或焦枯，植株萎缩，叶色呈暗绿且无光泽，老化早衰，抽穗不整齐，秕谷率增加，产量品质均下降。

防治措施：每亩施钾肥（以 K_2O 计）6～10千克为宜，每亩可追施3.5～4千克氯化钾；一旦发现缺磷，立即叶面喷施0.3%磷酸二氢钾溶液。

过量有害：削弱庄稼生产能力，易引起作物缺镁症和喜钠作物的缺钠症；过量施用钾肥不仅浪费资源，还造成土壤环境污染及水体污染。

合理施肥：常亩施10千克氮（N），需施4千克磷（P_2O_5）、6千克钾（K_2O），氮磷钾比例约为1∶0.4∶0.6；施钾过量无明显害处，也无增产效果。

平衡施肥：参照氮磷钾上述比例，因地制宜平衡施肥，才能充分发挥水稻增产提质潜力，优质高产；否则，将导致肥料浪费和环境污染。

（2）小麦

缺钾症状：叶软弱下披，下部叶片的叶尖及边缘出现枯黄组织坏死，老叶焦枯，茎秆细小易倒伏，灌浆不良穗小粒少，产量质量均下降。

防治措施：每亩可施硫酸钾或氯化钾7～10千克，或草木灰50～150千克，也可喷施1.0%硫酸钾水溶液或0.3%的磷酸二氢钾水溶液2～3次。

过量有害：过量施用钾肥造成资源浪费，并造成土壤污染及水体污染；对钙等阳离子的吸收量减少，破坏了植株养分平衡导致品质下降。

合理施肥：产100千克小麦，约需3千克氮（N），1.5千克磷（P_2O_5），2千克钾（K_2O）；氮磷钾比例约为1∶0.5∶0.7，有的认为1∶0.5∶0.5的比例较佳。

平衡施肥：参照氮磷钾上述比例，因地制宜平衡施肥，才能充分发挥小麦增产提质潜力，优质高产；否则，将导致肥料浪费和环境污染。

（3）玉米

缺钾症状：叶片与茎节的长度比例失调，叶片长，茎秆短；叶尖及缘出现褐色组织坏死，老叶焦枯，茎秆柔弱，易倒伏，早衰，品质低。

防治措施：春玉米施足有机肥，每亩配施氯化钾10千克；夏玉米每亩追施10～15千克氯化钾；一旦缺钾用1.5%磷酸二氢钾溶液叶面喷施。

过量有害：过量施用钾肥浪费了资源，会造成土壤环境污染及水体污染；削弱庄稼生产能力，还易引起作物缺镁症和喜钠作物的缺钠症。

合理施肥：吉林农大学报报道，亩产973.5千克玉米，需亩施26.7千克氮（N）、13.3千克磷（P_2O_5）、13.3千克钾

（K_2O），氮磷钾比例约为1∶0.5∶0.5。

平衡施肥：参照氮磷钾上述比例，因地制宜平衡施肥，才能充分发挥玉米增产提质潜力，优质高产；否则，将导致肥料浪费和环境污染。

（4）甘薯

缺钾症状：初发病时叶尖褪绿，逐渐扩展到脉间区，老叶失绿；后期叶脉边缘干枯，叶片向下翻卷，出现坏死斑点，致叶片干枯或死亡。

防治措施：施足有机肥，多施钾肥，产1000千克甘薯需3.5千克氮（N），2.8千克磷（P_2O_5），5.5千克钾（K_2O）；氮磷钾的比例约为1∶0.8∶1.6。

过量有害：过量施钾不仅会浪费宝贵的资源，而且会造成作物对钙等阳离子的吸收量下降，过量施用钾肥会造成土壤污染以及水体污染。

合理施肥：据有关试验报道，亩施约10千克氮（N）、4千克磷（P_2O_5）、10千克钾（K_2O），其氮磷钾三者比例为1∶0.4∶1，甘薯可获优质高产。

平衡施肥：参照氮磷钾上述比例，因地制宜平衡施肥，才能充分发挥甘薯增产提质潜力，优质高产；否则，将导致肥料浪费和环境污染。

（5）土豆

缺钾症状：生长慢，节间短，叶小，排列紧密，叶面粗糙，皱缩并卷曲，叶片由暗绿变成黄棕色，下部老叶干枯脱落，块茎内部带蓝色。

防治措施：基肥混入200千克草木灰，收获前40～50天喷施1%硫酸钾，隔10～15天1次，连用2～3次，或喷洒0.2%～0.3%磷酸二氢钾。

过量有害：施钾量过大，会出现奢侈吸收，就要求对应的氮

磷和微量元素养分供应，若其他养分供应不足，不会增产只会增加生产成本。

合理施肥：土豆对氮磷钾的吸收比例约为1∶0.5∶2.5；专家建议施肥，北方地区适宜比例为1∶0.5∶0.6；南方适宜比例为1∶0.4∶0.8。

平衡施肥：参照氮磷钾上述比例，因地制宜平衡施肥，才能充分发挥土豆增产提质潜力，优质高产；否则，将导致肥料浪费和环境污染。

（6）棉花

缺钾症状：棉株叶片由黄变红、红黄相间花叶，从下向上、从叶边向中央、从叶尖向叶柄发展，叶片皱缩发脆，呈红褐色甚至干枯脱落。

防治措施：棉花应结合施用蕾期肥，多追施些禾秆沤制的有机肥，多选用含钾量高的复合肥，并再配10~15千克钾肥，随同中耕深施钾肥。

过量有害：过量施钾不仅浪费资源，污染土壤及污染水体，而且还造成作物对钙等阳离子的吸收量下降，削弱庄稼生产能力和产品质量。

合理施肥：据相关试验报道认为，氮（N）、磷（P_2O_5）、钾（K_2O）三者比例1∶0.50∶0.75为宜；亩产皮棉100千克左右，需施7~13千克钾。

平衡施肥：参照氮磷钾上述比例，因地制宜平衡施肥，才能充分发挥棉花增产提质潜力，优质高产；否则，将导致肥料浪费和环境污染。

（7）大豆

缺钾症状：苗期缺钾叶片小，色暗绿，无光泽；中后期缺钾叶尖端和边缘失绿变黄，叶皱缩卷曲，有时叶柄变棕褐色，籽粒椭圆无光泽。

防治：钾肥可作底肥或追肥，施用时间宜早不宜迟；采用底肥加分次追肥效果好，每亩施 5 ~ 10 千克氯化钾，或 1.5 ~ 2.5 千克增效生物钾。

过量有害：过量施钾不仅会浪费宝贵的资源，造成土壤污染及水体污染；而且造成作物对钙等阳离子的吸收量下降，削弱庄稼生产能力。

合理施肥：据相关试验报道认为，亩施 10 千克氮（N）、3 ~ 6 千克磷（P_2O_5）和 5 千克钾（K_2O），即氮磷钾三者比例 1∶(0.3 ~ 0.6)∶0.5 为宜。

平衡施肥：参照氮磷钾上述比例，因地制宜平衡施肥，才能充分发挥大豆增产提质潜力，优质高产；否则，将导致肥料浪费和环境污染。

（8）花生

缺钾症状：花生叶色变暗，从下部开始叶尖先出现黄斑，后叶缘组织焦枯，叶脉仍保持绿色，叶片易失水，皱缩并卷曲，果荚少或畸形。

防治措施：每亩施草木灰约 150 千克作基肥；可根外追施，每亩用氯化钾或硫酸钾 5 ~ 8 千克，必要时可用 0.3% 磷酸二氢钾水溶液叶面喷施。

过量有害：过量施钾不仅浪费宝贵的资源，污染土壤及水体，而且造成作物对钙等阳离子的吸收量下降，从而影响棉花质量和生产能力。

合理施肥：花生地亩施 12 千克氮（N）、7 ~ 10 千克磷（P_2O_5）和 6 ~ 10 千克钾（K_2O）；北方地区氮磷钾 1∶0.8∶0.5 为宜；南方 1∶0.6∶0.8 为宜。

平衡施肥：参照氮磷钾上述比例，因地制宜平衡施肥，才能充分发挥花生增产提质潜力，优质高产；否则，将导致肥料浪费和环境污染。

（9）黄瓜

缺钾症状：植株矮化，节间短叶片小，叶呈青铜色，叶缘渐变黄绿色，脉间失绿，从基部向顶部发展，有时产生大肚瓜，产量质量均下降。

防治措施：施用充足的堆肥等有机肥料；缺钾可亩施硫酸钾3～4.5千克一次追施，或用1%～2%的磷酸二氢钾水液，叶面喷施2～3次。

过量有害：过量施钾不仅会浪费宝贵的资源，污染土壤环境及水体，而且会造成作物对钙等阳离子的吸收量下降，使黄瓜发生腐心病等。

合理施肥：亩施堆肥600千克，20千克氮（N）、6～10千克磷（P_2O_5）、24千克钾（K_2O）以及钙3.1千克，镁0.7千克；即氮磷钾比例为1∶(0.3～0.5)∶1.2。

平衡施肥：参照氮磷钾上述比例，因地制宜平衡施肥，才能充分发挥黄瓜增产提质潜力，优质高产；否则，将导致肥料浪费和环境污染。

（10）蔬菜

缺钾症状：植株生长发育不健壮，株形细瘦，从老叶开始叶缘发黄，进而变成褐色，逐渐枯焦；提早抽苔、开花，严重影响产量和质量。

防治措施：施用充足的堆肥等有机肥料作基肥；蔬菜缺钾时，可用0.2%的磷酸二氢钾水溶液或0.5%草木灰浸出液，叶面喷施2～3次。

过量有害：过量施钾不仅浪费资源，造成土壤环境污染及水体污染；而且造成作物对钙等阳离子的吸收量下降，造成蔬菜发生腐心病等。

合理施肥：施足经消毒灭菌腐熟的有机肥；氮（N）、磷（P_2O_5）、钾（K_2O）施用比例为1∶(0.3～0.6)∶(0.4～0.9)，钾以亩施 4 ~ 9 千克为宜。

平衡施肥：参照氮磷钾上述比例，需因种因地平衡施肥，才能充分发挥蔬菜增产提质潜力，优质高产；否则将导致肥料浪费和环境污染。

（11）果树

缺钾症状：苹果等果树基部叶和中部叶的叶缘失绿呈黄色，常向上卷曲；缺钾较重时叶缘失绿部分变褐枯焦，严重时整叶枯焦不易脱落。

防治措施：当发现果树缺钾素时，挖开根部上面的土壤，将草木灰直接撒在果树根部，若同时放进其他腐熟农家肥更好，然后覆土盖严。

过量有害：过量施钾不仅浪费宝贵的资源，污染土壤及污染水体，而且会造成作物对钙等阳离子的吸收量下降，造成苹果发生苦痘病等。

合理施肥：成年果树施用氮（N）、磷（P_2O_5）、钾（K_2O）的比例 1：0.5：（0.5 ~ 1）为宜，幼树为 1：（0.2 ~ 0.4）：（0.3 ~ 0.6）；钾亩施 5 ~ 10 千克为宜。

平衡施肥：参照氮磷钾上述比例，需因种因地平衡施肥，才能充分发挥果树增产提质潜力，优质高产；否则将导致肥料浪费和环境污染。

（12）花卉

缺钾症状：枝梢细弱，幼叶扭曲，叶片变黄，叶片出现棕色斑点，发生不正常的皱纹，叶缘卷曲，最后焦枯，呈似火烧状态，整株衰枯。

防治措施：适量补充钾和铁元素，在新梢旺长期，可用 0.3% 磷酸二氢钾 + 0.2% 硫酸亚铁水溶液进行叶面喷施，约 10 天喷 1 次，共 2 ~ 4 次。

过量有害：过量施钾不仅浪费宝贵的资源，污染土壤及水

体，而且造成作物对钙等阳离子的吸收量下降，造成病害发生，影响花卉质量。

合理施肥：氮（N）、磷（P_2O_5）、钾（K_2O）的比例：幼苗大致为 3∶1∶1，成长期为 1∶1∶1，若促使更好开花则为 1∶3∶1；30 厘米盆花可施钾约 1 克。

平衡施肥：参照氮磷钾上述比例，需因种因时平衡施肥，并可施加适量的微量元素，更好地发挥花卉提质增艳潜力，实现花卉优质高产。

四、钙素功能与缺钙防治

1. 钙素功能

钙素不仅是植物不可缺少的，而且它还能改良土壤；钙是作物不可或缺的中量元素之一，有人把钙元素同氮、磷、钾一起，称为“肥料的四要素”。植物体内干物质中钙的含量为 0.1%～1.0%，大部分存在于细胞壁上。

钙素主要以钙离子（Ca^{2+}）的形态被植物吸收，钙素基本生理功能如下：

①稳固细胞壁：绝大部分钙与细胞壁中的果胶质结合形成果胶酸钙，一方面增强细胞壁的结构，另一方面对膜的透性以及生理生化过程起调节作用。

②稳定细胞膜：钙能把生物膜表面的磷酸盐、磷酸酯与蛋白质的羧基牢固桥接起来，从而稳定生物膜结构，保持细胞膜对离子的选择性吸收功能。

③调节膜透性：钙能调节细胞质膜透性，使吸收离子有选择性，防养分外渗并防毒离子进入；钙素是多种酶的激活剂，对细胞内酶活动有调控作用。

④防止酸中毒：钙与细胞中有机酸结合成难溶性的钙盐，防止酸中毒并调节了体内的 pH；与钾镁离子配合，调节原生质活

力，使代谢顺利进行。

⑤参与信息传递：钙是某些酶的成分，其与钙调蛋白（能与钙离子结合的蛋白质）结合以后，增强某些酶的活性，在代谢调节中起第二信使的作用。

⑥减缓离子毒害：调节外部介质的生理平衡，消除离子过多的毒害：如减缓碱性土壤中钠离子过多的毒害，减缓酸性土壤中氢离子和铝离子的毒害。

⑦增强抗逆能力：增强作物抗逆能力，增加植物对盐害、冻害、热害、干旱和病虫害等的抗性；减轻包括重金属在内的多种胁迫对植物的毒害作用。

⑧影响作物品质：有效提高果蔬含糖量；成熟果实中含钙较高时，则膜结构保持完整，延缓果实衰老，防止腐烂现象，延长贮藏期，提高贮藏品质。

2. 缺钙症状

①如果缺钙或原生质膜上的钙离子被重金属离子或质子所取代，即可发生细胞质外渗，选择性吸收能力下降的现象；严重缺钙时原生质膜结构解体。

②如果缺钙细胞壁合成受阻，缺钙时生长受抑制，茎尖、根尖等分生组织中的细胞分裂受影响；同时，缺钙造成细胞壁解体，细胞易受病菌的侵蚀。

③钙在植物体内移动性弱，富集于老叶中，故植株顶芽、侧芽、根尖等首先出现缺钙症状，生长点发黏、幼叶卷曲畸形、叶缘开始变黄，逐渐坏死。

④缺钙时，白菜、甘蓝发生烧心或心腐病，苹果苦痘病和水心病，莴苣顶枯病，芹菜裂茎病，菠菜黑心病，花生空壳，番茄、辣椒、西瓜蒂腐病等。

⑤缺钙敏感作物：苜蓿、芦笋、菜豆、豌豆、大豆、向日葵、花生、番茄、芹菜、大白菜等；其次为烟草、番茄、玉米、

小麦、甜菜、土豆、苹果。

3. 过量有害

施钙过量带来危害，不仅造成环境污染，而且导致植株营养失调。

①钙过量会诱发微量元素（如锌、硼、铁、镁、锰）缺乏症，养分失衡，植株营养失调，致使作物叶肉颜色变淡，叶尖红斑点或条纹斑出现。

②施钙过量，土壤易成碱性，造成土壤板结，土质理化性能劣化，影响作物生长发育；再则不仅造成宝贵资源浪费，而且还会危害生态环境。

4. 钙肥种类

钙系指具有钙标明量，以提供植物钙养分为其主要功效的肥料。

施入土壤能供给植物钙，并有调节土壤酸度的作用。钙肥的主要品种是石灰，包括生石灰、熟石灰和石灰石粉；石膏及大多数磷肥，如钙镁磷肥、过磷酸钙等和部分氮肥如硝酸钙、石灰氮等也都含有相当数量的钙。此外，还有炉渣钙肥、粉煤灰、草木灰等也都含有一定数量的石灰，在酸性土壤施用也有一定效果。

①农用石灰：是含钙或钙镁的碳酸盐、氧化物和氢氧化物的总称。包括石灰石、白云石及其煅烧产物（氧化钙和氢氧化钙）；白云石是碳酸钙和碳酸镁的复盐。合理施用农用石灰能中和土壤酸度，改善微生物生存条件，增强土壤通气透水性，提高保肥能力。

②农用石膏：石膏即硫酸钙，常见的是硫酸钙二水化合物。天然石膏一般含硫酸钙 80%（其中 33% CaO，18% S），微溶于水，溶液呈中性；副产磷石膏中硫酸钙含量约 65%（其中 27% CaO，15% S），溶液呈酸性，还含磷酸 2%～3%（以 P_2O_5 计）及多种微量元素。

③钙镁磷肥：是多元肥料，主要成分是磷酸三钙 $Ca_3(PO_4)_2$，含磷（P_2O_5）14%～20%，并且还含有氧化钙（约30%）、氧化镁（约15%）、氧化硅（约20%）等，pH为8～8.5，属于枸溶性磷肥。产品外观为灰白、灰绿、灰黑色粉末。呈微碱性，不吸湿不结块，无腐蚀性。

④过磷酸钙：又称普通过磷酸钙，主要成分分子式为 $Ca(H_2PO_4)_2 \cdot H_2O$，含有效磷即五氧化二磷（P_2O_5）12%～20%、石膏40%～50%、硫酸铝2%～4%，还有次生的磷酸铁、铝等化合物，一般为灰色或淡黄色的粉末，有吸湿性，易结块，是一种酸性肥料，腐蚀性强。

⑤石灰氮：石灰氮含钙量为38.5%，具有补充氮和钙肥、促进有机物的腐熟、改善土壤结构、降低蔬菜产品中硝酸盐含量等作用；用于土壤消毒，对防治地下害虫、根结线虫和杂草，及青枯病、立枯病、根肿病等土传病害具有一定作用，可减缓连作障碍影响。

⑥硝酸钙：硝酸钙［$Ca(NO_3)_2 \cdot 4H_2O$］通常由石灰石和硝酸中和而得，也可以是硝酸磷肥生产物的一种副产品，为白色或略带其他颜色的细小晶体，吸湿性较强，易溶于水，水溶液呈酸性，它含有丰富的钙离子，不仅供给作物钙，并且能改善土壤的物理性质。

⑦炉渣钙肥：炼钢和其他工业副产品的碱性炉渣，主要含枸溶性的硅酸钙 $CaSiO_3$，有效CaO含量一般在20%以上。这种炉渣中同时含有硅和钙两种养分，故又称为炉渣硅钙肥；若炉渣中含有镁，则称为炉渣硅钙镁肥；用作钙肥，并可改善土壤通气透水性。

5. 施用方法

①酸性土壤：石灰是酸性土壤上常用的含钙肥料，在土壤pH为5.0～6.0时石灰每亩适宜用量为黏土地70～120千克、壤土地45～70千克、砂土地25～50千克，土壤酸性大可适当多

施，酸性小可适当少施。

②碱性土壤：一般在土壤 pH 9 以上，含有碳酸钠的碱土中施用石膏，每亩施用 100～200 千克，宜作基肥，结合灌排深翻入土，后效长，不必年年都施。同时应与种植绿肥或与农家肥和磷肥配合施用。

③钙硫营养：农用石膏含钙硫营养元素，水田蘸秧根亩用量 3 千克左右，作追肥亩用量 5～10 千克；也可以作种肥条施或穴施，每亩施用 4～5 千克；基施每亩用量为 15～25 千克，旱地撒施于土表，翻耕入土。

④根外喷施：硝酸钙和氯化钙均属速效钙肥，在严重缺钙时可施入土中；一般情况下最好根外喷肥，以提高利用率。用量与肥料种类和作物种属有关，在果树、蔬菜上硝酸钙喷施浓度为 0.5%～1.0%。

⑤过磷酸钙：拌种亩用 3～5 千克，与 1～2 倍的细干的腐熟有机肥或细土混合均匀，再与浸种阴干后的种子搅拌，随拌随播；秧田肥亩用 15 千克左右，在秧田上撒施后，耙入田面 6～8 厘米深，然后播种。

⑥石灰氮：只能作基肥，宜选择夏秋高温季节，结合高温闷棚消毒在播种定植前 20 天以上进行。有机肥施用后每亩撒石灰氮 30～50 千克，随后深耕入土，保持土壤含水量 70% 以上，用薄膜覆盖畦面。

⑦注意事宜：施用石灰时，最好与有机肥、磷、钾及硼、镁等肥料配合，以提高石灰的效果。但是，石灰切忌与铵态氮肥（如硫酸铵、碳酸氢铵等），或腐熟的有机肥料混合施用，以免造成氨挥发。

6. 缺钙防治

（1）水稻

缺钙症状：先发生于根及地上幼嫩部分，植株矮小；幼叶卷曲，干枯。定型的新生叶片前端及叶缘枯黄，老叶保持绿色，秕粒多结实少。

防治措施：在 pH 小于 5.0 的酸性土壤上，应施用石灰质肥料；要及时灌溉促进钙的吸收，应急时用 0.3% 磷酸亚钙溶液喷施于叶面。

（2）小麦

缺钙症状：植株矮小或簇生状，幼叶往往不能展开，叶片常出现缺绿现象。根系短，分枝多，根尖分泌透明黏液，似球形黏附在根尖上。

防治措施：缺钙严重的地块每亩底施生石灰 50 ~ 75 千克，以撒犁沟或撒犁垡为宜；应急时每亩用 0.1% 的氯化钙溶液喷施于叶面。

（3）玉米

缺钙症状：玉米植株矮小，叶缘有时呈白色锯齿状，不规则破裂，茎顶端呈弯钩状，新叶尖端粘连，不能正常伸展，老叶尖现棕色焦枯。

防治措施：应急时叶面喷施 0.3% ~ 0.5% 的氯化钙溶液，可连喷 2 ~ 3 次；推广玉米秸秆还田，增施土杂肥等有机肥，适当增加磷肥用量。

（4）甘薯

缺钙症状：幼叶变小且边缘出现淡绿色条纹，叶片皱缩；严重缺钙时幼叶淡绿色，有些老叶片上还产生红色区域，芽顶坏死或全芽死亡。

防治措施：土壤缺钙时每亩施用石灰约 50 千克，最好与有机肥、磷、钾及硼、镁等肥料配合。应急用 0.4% 过磷酸钙水液叶面喷施 2 ~ 3 次。

（5）土豆

缺钙症状：幼叶变小，小叶边缘出现淡绿色条纹，叶片皱

缩；严重缺钙时叶片、叶柄以及茎上出现杂色斑点，芽顶坏死甚至全芽死亡。

防治措施：土壤缺钙时，每亩施用石灰30～50千克；应急时可用0.3%～0.5%过磷酸钙水液进行叶面喷洒，3～4天1次，共2～3次即可。

（6）棉花

缺钙症状：棉株生长点受到抑制，呈弯钩状，叶片老化，提前脱落；严重时新叶的叶柄往下垂，棉株小，根系不发达，果枝和棉铃减少。

防治措施：增施石膏和过磷酸钙等钙肥；应急用1%～2%的过磷酸钙浸出液、0.7%的氯化钙或者0.1%的硝酸钙水溶液，叶面喷施2～3次。

（7）大豆

缺钙症状：茎顶端弯钩状卷曲，新生幼叶不能伸展，叶片卷曲，老叶出现灰白色小斑点，叶脉变棕色，叶柄软弱，下垂不久即枯萎死亡。

防治措施：钙肥可作基肥，也可在初花期追施。在酸性土壤宜施碱性石灰，一般每亩施15～25千克；其他土壤宜用石膏，每亩施20～30千克。

（8）花生

缺钙症状：苗期缺钙严重时，造成叶面失绿，叶柄断落或生长点萎蔫死亡；缺钙常形成“黑胚芽”；荚果发育差，影响籽仁发育，多空果。

防治措施：酸性土施适量石灰，石灰性土壤施适量石膏，每亩施50～100千克为宜，也可在花期追施25千克，应急时用0.5%硝酸钙作叶面喷施。

（9）黄瓜

缺钙症状：叶缘似镶金边，叶脉间出现透明白色斑点，多数

叶脉间失绿，叶向上卷曲；后期这些叶片从边缘向内干枯，叶柄脆，易脱落。

防治措施：缺钙地块应基施石灰肥料，要适时灌溉保证水分充足；缺钙应急措施可用 0.3% 的氯化钙或硝酸钙水溶液喷洒叶面，每周 2 次。

（10）蔬菜

缺钙症状：植株顶芽、根毛生长停滞，萎缩死亡，新叶粘连，不能正常展开且新叶常焦边，残缺不全；果实顶端易现凹陷，黑褐化坏死。

防治措施：每亩施适量石灰调酸碱性，减少氮肥用量，每亩增施约 2 吨有机肥，加入过磷酸钙 40 千克左右；可用 0.5% 硝酸钙作叶面喷施。

（11）果树

缺钙症状：幼叶现失绿，新梢幼叶叶脉间和边缘失绿，叶脉间有褐色斑点，后叶缘焦枯，新梢顶端枯死，严重时大量落叶，果小而畸形。

防治措施：施足有机肥料，平衡合理施肥，提高土壤供肥能力。缺钙地块每亩施碳酸钙 60 ~ 70 千克；应急用 0.5% 左右的硝酸钙根外喷施。

其他措施：酸性土壤上每亩施石灰 60 ~ 70 千克，酸性弱少施；果树幼果生长期叶面喷施 350 倍液氨基酸钙，隔 15 天喷 1 次，喷 3 ~ 4 次。

（12）花卉

缺钙症状：植株顶芽易受伤，叶尖枯死，幼叶卷曲畸形，叶尖常弯曲成钩状，叶缘开始变黄。根系生长停滞，萎缩腐烂，严重时全株枯死。

防治措施：施足经消毒灭菌腐熟的有机肥料；应急时，可用浓度 0.1% ~ 0.3% 硝酸钙溶液进行叶面喷施，每隔 1 周喷 1 次，

2～3 次即可。

五、镁素功能与缺镁防治

1. 镁素功能

镁是作物不可或缺的中量元素之一，植物体内镁含量占物重的 0.04%～0.7%，正常叶片中含量 0.2%～0.25%，低于 0.2% 植物易出现缺镁症；镁是植物叶绿素的组成成分，它是叶绿素分子中唯一的金属元素镁素，能促进农作物的光合作用，促进蛋白质的合成，提高农作物的产量和改善农产品的品质。

镁素主要以镁离子（Mg^{2+}）的形态被植物吸收，镁素基本生理功能如下：

①镁是叶绿素的成分，叶绿素中镁的含量约为 2.7%。

②镁是多种酶的活化剂，影响着植物能量的转化等。

③镁能促进植物对硅的吸收，有利于防治病菌侵入。

④镁能促进农作物的光合作用，促进蛋白质的合成。

⑤镁参与脱氧核糖核酸 DNA 和核糖核酸 RNA 的合成。

⑥镁能促进维生素 A 和维生素 C 的合成，提高水果和蔬菜品质。

2. 缺镁症状

①缺镁最明显的症状是叶片失绿，因镁在体内可移动，所以病症首先从下部老叶开始。往往是叶肉变黄而叶脉仍保持绿色，可见到明显的绿色网状，这是与缺氮症状的主要区别。缺镁严重时，可引起叶片早衰与脱落。

②作物缺镁时，植株矮小、生长缓慢，开始于叶尖端和叶缘的脉间色泽褪淡，由淡绿变黄进而再变紫，随后便可向叶基部和中央扩展；禾本科植物叶子出现“连珠状”黄色条纹，多年生果树缺镁果实小或者不能发育。

③缺镁敏感作物：一般果蔬作物多于大田作物，常见有：菜

豆、丝瓜、大豆、辣椒、向日葵、花椰菜、油菜、番茄、萝卜、土豆；其次为玉米、棉花、小麦、大麦、荞麦、水稻等；果树中葡萄、柑橘、桃、苹果也发生。

3. 过量有害

施镁过量带来危害，不仅造成环境污染，而且导致植株营养失调。

①镁素过量症状：叶尖萎凋，叶片组织色泽叶尖处淡色，叶基部色泽正常。

②施镁过量，会阻碍作物生长发育；不仅浪费宝贵资源，而且危害生态环境。

4. 镁肥种类

镁肥系指具有镁标明量，以提供植物镁养分为其主要功效的肥料。

①水溶性固体镁肥：主要有硫镁矾、硫酸镁、硝酸镁、无水硫酸镁及钾盐镁矾等，其中硫酸镁、硫镁矾应用最广泛。

②微溶性固体镁肥：主要有白云石、菱镁矿、方镁石、水镁石、磷酸铵镁、蛇纹石等，其中以白云石应用最为广泛。

③液态镁肥在本质上似水溶性镁肥，是用于无土栽培和叶面施肥的品种，主要是硫酸镁和硝酸镁的不同浓度水溶液。

5. 施用方法

（1）施用原则

①用于缺镁土壤：当土壤的有效镁含量为60～120mg/kg时为镁缺乏区；当土壤的有效镁含量少于60mg/kg时为镁的严重缺乏区，应当及时补施镁肥。

②镁肥品种选用：对中性土壤以及碱性土壤，宜选用速效的生理酸性镁肥施用，如硫酸镁；对酸性土壤，宜选用缓效性的镁肥，如白云石、氧化镁等。

③需镁较多作物：需镁较多的作物及时施镁，一是经济作

物，如果树、蔬菜、棉花和叶用经济作物如桑树、茶树、烟草等；二是豆科作物大豆、花生等。

（2）施用方法

镁肥可用于基肥、追肥或叶面喷施，镁肥施用量与土壤和作物等因素相关。

①缺镁土壤：土壤有效镁含量与土壤的性质及所处的环境密切相关，一般认为高度淋溶的土壤，pH≤6.5 的酸性土壤，有机质含量低，阳离子代换量低，保肥性能差的土壤易缺镁。另外，因施肥不合理，长期过量施用氮、钾、钙的土壤也会因离子间的拮抗而出现缺镁。

②施入土壤：作基肥，要在翻耕田土之前与其他化肥或有机肥混合撒施或掺干细土混匀后撒施；作追肥要早施，采用沟施或兑水冲施。向土壤施用镁肥每亩硫酸镁的适宜用量为 10 ~ 13 千克，折纯镁为每亩 1 ~ 1.5 千克；一次施足后，可隔几茬作物再施，不必每季作物都施。

③叶面喷施：在作物生长前期、中期进行叶面喷施。不同作物及不同生育时期要求喷施的浓度往往不同，用硫酸镁的水溶液喷施浓度总的应掌握，果树为 0.5% ~ 1.0%，蔬菜为 0.2% ~ 0.5%，大田作物如水稻、棉花、玉米为 0.3% ~ 0.8%，每亩用镁肥喷施量为 50 ~ 150 千克。

6. 缺镁防治

（1）水稻

缺镁症状：分蘖明显减少，植株矮小，略有披叶，严重的全株黄枯，从下部老叶开始，叶脉间失绿黄化，叶尖叶缘均变黄枯，即黄叶病。

防治措施：作基肥时硫酸镁每亩用量（以 MgO 计）为 3 ~ 3.5 千克；用 1% ~ 2% 硫酸镁水液叶面喷施，连续喷施 2 ~ 3 次，间隔 7 ~ 10 天。

（2）小麦

缺镁症状：中下位叶片前端及脉间褪绿黄化，叶质变薄，严重时叶片两缘卷拢不能挺立而下垂，整个田间麦色发黄，生长不良叶片紊乱。

防治措施：每亩施用厩肥约1500千克，草木灰100千克作小麦盖种肥；应急矫正以叶面喷施为宜，浓度1%～2%碳酸镁，连续2～3次即可。

（3）玉米

缺镁症状：下部叶片脉间出现淡黄色条纹，后变为白色条纹，极度缺乏时脉间组织干枯坏死；呈紫红色的花斑，而新叶颜色也逐渐变淡。

防治措施：增施有机肥如厩肥作基肥；应急矫正，采用浓度1%～2%硫酸镁水溶液进行叶面喷施，每次间隔7～10天，连续2～3次即可。

（4）甘薯

缺镁症状：甘薯缺镁时老叶叶脉间由边缘向里变黄，叶脉则仍保持绿色；缺镁严重的，老叶变成棕色且干枯，新长出来的茎则呈蓝绿色。

防治措施：施用充分腐熟的有机肥；应急时采用浓度0.5%～1.0%碳酸镁水溶液进行叶面喷施，每次间隔1周左右，连续2～3次即可。

（5）土豆

缺镁症状：老叶尖及边缘的绿色减退，沿叶脉向中心扩展，下部叶片发脆；下部的叶片卷曲，缺绿的叶片变成棕色，最后枯死并且脱落。

防治措施：施足腐熟的有机肥，可施加石灰避免土壤偏酸或偏碱；应急时可在叶面喷洒0.5%～1%硫酸镁水溶液，隔2天1次，1周喷3～4次。

（6）棉花

缺镁症状：叶绿素的合成受到影响，导致叶片失绿，初期叶尖和叶缘脉间颜色变浅，由淡绿变黄，最后变成紫色，导致果枝和棉铃减少。

防治措施：缺镁农田可施钙镁磷肥 50 千克，生长期出现缺镁症状可叶面喷施 0.1%～0.2% 的硫酸镁水溶液，间隔 1 周，连续 2～3 次即可。

（7）大豆

缺镁症状：前期脉间失绿变为深黄色带棕色小斑点，叶基及叶脉保持绿色；后期叶缘向下卷曲，叶边缘以至整个叶片变枯黄色或紫红色。

防治措施：每亩基施含镁丰富的石灰 75 千克；生长期出现缺镁症状可叶面喷施 1%～2% 的碳酸镁水溶液，每次隔 1 周，连续 2～3 次即可。

（8）花生

缺镁症状：老叶边缘失绿，向中脉逐渐扩展，失绿区似大块下陷斑，最后斑块坏死，叶片枯萎，从老叶向幼叶发展，最终全株黄化枯死。

防治措施：施足腐熟的有机肥，可施加石灰调节，避免土壤偏酸或偏碱；应急时面叶喷施 0.5% 硫酸镁水溶液，隔 2～3 天，喷几次即可。

（9）黄瓜

缺镁症状：生育期提前果实开始膨大，进入盛期时下部叶脉间的绿色渐变黄色，除叶脉叶缘残留点绿色外，叶脉间全部褪色，重者发白。

防治措施：基施每亩增施硫酸镁 5～10 千克；浇水冲施硫酸镁 3～5 千克；喷施用 300 倍水溶解的氯化镁水溶液，每周 1 次，连喷 3～5 次即可。

（10）蔬菜

缺镁症状：下部叶褪绿变黄，叶脉仍绿色，有时还拌有橘黄、紫红等杂色，褪绿倾向黄白化或白化，往往在靠近果实的叶片先白化变枯。

防治措施：基施一般亩施硫酸镁 8 千克左右，追施每亩施硫酸镁 3 ~5 千克，叶面喷施时浓度则必须控制在 0.2% 以下，以免对蔬菜造成伤害。

（11）果树

缺镁症状：柑橘等果树缺镁时叶肉黄化、叶脉绿色，老叶沿主、侧脉两侧渐次黄化，扩大到全叶为黄色，缺镁严重时大量叶片黄化脱落。

防治措施：一般用 2% ~3% 硫酸镁根外喷施 2 ~3 次，可恢复树势，对于轻度缺镁叶面喷施见效快；土施每株果树施硫酸镁 0.1 ~0.5 千克。

（12）花卉

缺镁症状：先从下部老叶开始褪绿，出现黄化，逐渐向上部叶片蔓延，不久下部叶片变褐直至枯死；生长受抑制，叶小、花小、花色淡。

防治措施：施用经过消毒灭菌、充分腐熟的有机肥；每株施钙镁磷肥 1 ~3 克，应急时可用浓度 0.1% 以下的碳酸镁进行叶面喷施。

六、硫素功能与缺硫防治

1. 硫素功能

硫是植物体内不可或缺的中量元素之一，植物体内硫占干物质含量为 0.1% ~0.5% ，十字花科、豆科、百合科需硫较多。

硫素主要以硫酸根（SO_4^{2-}）的形态被植物吸收，空气中的气态 SO_2 也可以被植物吸收，硫素基本生理功能如下：

①硫是植物体内生物活性物质硫胺素、生物素、硫胺素焦磷酸、辅酶 A、铁氧还蛋白等的成分，调节体内代谢。

②硫参与植物体内氧化还原、固氮等生理生化作用；硫还是十字花科种子中芥子油、葱、蒜中蒜油的成分之一。

③硫是蛋白质和酶的成分，充足的硫素增强含硫氨基酸（蛋氨酸、胱氨酸、半胱氨酸）合成，提高农产品质量。

④硫影响植株光合作用，有关实验显示，增施硫有利于提高作物叶片总面积和叶绿素的含量，使作物获得增产。

2. 缺硫症状

缺硫情况在农业上少见，因土壤中有足够的硫供给植物的需要。

①植物缺硫时影响蛋白质和叶绿素的合成，症状与缺氮类似：植株矮小、细弱、发黄，不同的是从新叶开始。

②硫素在植株体内不易移动，硫素缺乏时一般在幼叶表现缺绿症状，且新叶均衡失绿，呈黄白色并且易脱落。

③缺硫敏感作物：十字花科、豆科作物及烟草、棉花、葱、蒜、韭菜等容易或较易发生缺硫，水稻也会发生。

3. 过量有害

施硫过量带来危害，不仅造成环境污染，而且导致植株营养失调。

①硫过量主要是 SO_2 对植物的毒害作用，首先叶色变为暗黄色或暗红色，继而叶片中部或叶缘焦枯，最后发展成白色的坏死斑点。

②菜豆、甜菜和四季萝卜在一定生长阶段，对含硫气体非常敏感，凡受工业 SO_2 影响的地区，其 1 年生作物的产量可降 11%～13%。

③过量施用硫肥，造成土壤酸化和理化性质恶化；施硫过量不但浪费宝贵资源，而且造成土壤、水体和大气污染，危害生态

环境。

4. 硫肥种类

硫肥系指具有硫标明量，以提供植物硫养分为其主要功效的肥料。

硫肥能增加土壤中有效硫的含量和供给植物硫，兼能调节土壤酸度。

主要种类有硫磺粉（即元素硫）和液态二氧化硫，它们施入土壤以后，经氧化硫细菌氧化后形成硫酸，其中的硫酸根离子即可被作物吸收利用。其他种类有石膏、硫酸铵、硫酸钾、硫酸镁、过磷酸钙以及多硫化铵和硫磺包膜尿素等。

一般推荐使用硫磺粉、石膏粉、过磷酸钙、硫酸钾、硫酸铵等；我国在缺硫地区施硫肥，一般可以使作物增产 15%～20%，并且能改善作物品质。

①硫磺粉：硫磺难溶于水，微溶于乙醇，含硫（S）≥99%，在农业上可作硫肥，用于供给硫素、调节土壤的硝化和 pH、促进伤口愈合，也可制作杀虫剂、杀菌剂等；广泛用于花草、林木、果树等行业。

②石膏粉：常见的是硫酸钙二水化合物。含硫酸钙 80%（其中 33% CaO，18% S），微溶于水，溶液呈中性；副产磷石膏中含硫酸钙含量约 65%（其中 27% CaO，15% S），溶液呈酸性，还含少量磷酸及多种微量元素。

③过磷酸钙：又称普通过磷酸钙，简称普钙，是用硫酸分解磷矿直接制得的磷肥。主要有用组分是磷酸二氢钙的水合物 $Ca(H_2PO_4)_2 \cdot H_2O$ 和少量游离的磷酸，还含有无水硫酸钙组分，对缺硫土壤很适用。

④硫酸钾：分子式为 K_2SO_4，白色或带颜色的结晶或颗粒，易溶于水，不易结块，物理性状良好，施用方便，是化学中性、生理酸性肥料。作种肥亩用量约 2 千克，也可配制成 2%～3% 的

溶液作根外追肥。

⑤硫酸铵：分子式为 $(NH_4)_2SO_4$，无色结晶或白色颗粒，易溶于水，0.1mol/L 水溶液的 pH 为 5.5；硫酸铵主要用作肥料，适用于各种土壤和作物。作种肥亩用量约 3 千克，可配制成约 1% 溶液作根外追肥。

5. 施用方法

（1）硫肥施用

①用作基肥：施用量因土壤作物而异，每亩以施用 10～15 千克石膏或 1.5～2.0 千克硫磺为宜。

②蘸秧根肥：若用以蘸水稻秧苗的根部，则每亩只需 1.5～2.5 千克石膏粉或者 0.5 千克硫磺粉。

③根外追肥：在矫正作物的缺硫症时，可用浓度 0.5%～2.0% 的硫酸盐水溶液进行叶面喷施。

（2）相关事宜

①硫肥用量：谷物为 1.3～2.7 千克/亩，豆类、油料、蔬菜为 2.4 千克/亩，糖料为 2.7～5.3 千克/亩；硫肥施用应与氮、磷、钾配合施用，达到养分平衡。

②氮硫比例：要使作物达到最佳生长，植物体内氮、硫的比例为（15～20）∶1；作物施肥时，氮、硫比例一般为 7∶1，五氧化二磷与硫的比例为 3∶1 为宜。

③大气含硫：可通过叶面气孔从大气中直接吸收 SO_2（来源于煤、石油、柴草等的燃烧）；大气中的 SO_2 可通过扩散或随降水而进入土壤-植物体系中。

④硫肥基施：硫肥作基肥可单独施用，也可与干燥细土粉或与经消毒灭菌腐熟的有机肥混施，充分混匀后撒施，耕耘入土；也可条施、沟施、穴施。

6. 缺硫防治

（1）水稻

缺硫症状：首先表现为幼叶淡绿或黄色，出现叶片发黄的“坐蔸”现象，叶尖有圆形褐色斑点，并逐渐焦枯；成熟期延迟，产量降低。

防治措施：每亩用石膏1.2千克或硫磺0.5千克蘸秧根；每亩用5～10千克石膏作面肥撒施；严重缺硫用0.5%～2%硫酸盐溶液进行根外追肥。

（2）小麦

缺硫症状：小麦缺硫植株矮小，通常幼叶发黄，叶脉间失绿黄化，而老叶往往仍为绿色，年幼分蘖趋向于直立，成熟期延迟，产量降低。

防治措施：增施有机肥；当麦苗刚出现缺硫时，或在播种后40～45天，每亩追施石膏1.7千克或硫铵1.2千克，每亩可增产小麦60千克以上。

（3）玉米

缺硫症状：初发时叶片叶脉间发黄，随后发展至叶色和茎部变红，由叶缘延至叶心，老叶仍绿色；生育期延缓，结实率低籽粒不饱满。

防治措施：增施有机肥；缺硫土壤每亩施用1.5～2.5千克硫酸钾等硫肥作基肥或苗期追肥，增产15%以上；应急用0.5%硫酸钾水液喷施。

（4）甘薯

缺硫症状：植物缺硫时影响蛋白质和叶绿素的合成，植株矮小细弱，一般在幼叶表现缺绿症状，且新叶均衡失绿，呈黄白色并且易脱落。

防治措施：施用充分腐熟有机肥，提高地力；施入适量含硫肥料，如每亩施1.0～2.0千克（以硫计）硫酸铵或含硫的过磷

酸钙等硫肥即可。

（5）土豆

缺硫症状：植株发黄，叶片叶脉黄化；极度缺硫时叶片现褐色斑点，幼叶失绿呈黄绿色、卷曲，老叶现紫色或褐色斑块，块茎小而畸形。

防治措施：合理施用肥料，增施有机肥料；一般适当施入含硫肥料，如硫酸铵或含硫的过磷酸钙等，每亩施 1.0 ~4.0 千克（以硫计）即可。

（6）棉花

缺硫症状：棉株矮小，茎秆短而细弱，叶柄发红；新叶浅绿色至黄色，叶脉颜色甚至更浅；生长缓慢，成熟推迟，产量低，纤维品质差。

防治措施：增施有机肥；施用含硫肥料如硫酸铵等，硫肥用量通常是氮肥用量的 25% ~33% ，每亩用量为 1 ~2 千克（以硫计），增产 20% 以上。

（7）大豆

缺硫症状：初期，新叶呈浅黄绿色，但老叶正常；严重时整个植株变黄，叶片小、节间短；根系瘦长，根瘤发育不良；产量低，且品质差。

防治措施：增施有机肥；施用含硫肥料如硫酸铵等，每亩用量为 1.3 ~2.6 千克（以硫计），据中国 6 个大豆硫肥试验统计，平均可增产 15% 。

（8）花生

缺硫症状：新叶小，发黄，围绕叶片主脉部分颜色变浅，有时老叶仍保持绿色；缺硫植株叶柄倾向于直立，三小叶呈“V”形，植株矮小。

防治措施：增施有机肥料；防止缺硫可适当施入硫酸铵，花生硫肥用量常为每亩 1 ~3 千克（以硫计），据中国 7 个试验统计平均增产8.3%。

（9）黄瓜

缺硫症状：植株生长几乎没有异常，但中上位叶的叶色变淡；缺硫和缺氮的症状基本相似，但缺氮是下位叶黄化，而缺硫是上位叶褪绿。

防治措施：增施有机肥，施用含硫肥料，如硫酸铵、硫酸钾、硫酸钾型复合肥等。缺硫土壤每亩施用1~2千克（以硫计）作基肥或作追肥。

（10）蔬菜

缺硫症状：生长缓慢，茎细弱，木栓化，在叶片上出现大的黄绿色斑，严重时造成全株发黄；瓜类缺硫叶片上出现大小不均的褐色轮纹斑。

防治措施：合理施肥，增施有机肥料；对于缺硫土壤，每亩施硫肥1~3千克（以硫计）可满足当季作物的需要，有利于提高产量和质量。

（11）果树

缺硫症状：果树缺硫从新叶开始，幼叶变黄，叶脉先失绿，而后遍及全植株，严重时全叶发白，叶片卷曲；最终会影响果实的产量和质量。

防治措施：平衡施肥，合理施肥，注意增施有机肥料；对于缺硫土壤，可适量施用含硫的肥料，如硫酸铵、硫酸钾、硫酸钾型复合肥等。

（12）花卉

缺硫症状：花卉缺硫一般多为幼叶先呈黄绿色（不是像缺氮那样通常老叶先变黄），植株矮小，茎干细弱，生长缓慢，植株发育受抑制。

防治措施：施用经消毒灭菌的腐熟的有机肥料，提高地力；对于缺硫土质可适量施用含硫的肥料，如每株花卉植株可施1克

左右硫酸钾。

七、硅素功能与缺硅防治

1. 硅素功能

硅是作物不可或缺的中量元素之一，通常以 SiO_2 占植物干重的百分率（%）来表示含硅量，硅在植物干物质中的含量为0.1%～20%。含硅量高的植物主要是莎草科中的一些植物和禾本科的湿生种如水稻，其含量占植物干重的5%～20%；含硅量中等的旱地禾本科植物，如燕麦和大麦等，其含量占植物干重的2%～4%；含硅量低的是豆科植物和双子叶植物，其含量占植物干重的1%以下。

植物体内硅的形态主要是无定形硅胶（又称蛋白石）和多聚硅胶，其次是胶状硅酸和游离单硅酸［$Si(OH)_4$］。

硅素主要以单硅酸［H_4SiO_4，$Si(OH)_4$］的形态被植株吸收，硅素基本生理功能如下：

①细胞壁的成分：硅是细胞壁组成成分之一，具有增强组织的机械强度、减少植物蒸腾作用，能抵制病虫害的入侵和增强植物的抗逆性。

②影响细胞分裂：缺硅时硅藻的生育停止，细胞壁不能正常形成，细胞分裂和DNA复制受到强烈抑制；并影响对有机和无机养分的吸附。

③促进养分平衡：硅促进对养分的吸收，可以通过促进或抑制作物对某些必需营养元素的吸收与运输，从而改善作物体内养分不平衡状况。

④提高光合作用：其机理是淀积在表皮细胞中的硅使植株挺拔，叶片与茎秆夹角变小，改善植株的受光势，提高植株对光的截获与利用。

⑤提高根系活性：硅可使根系的白根数增加，增强根泌氧能

力，提高根的脱氢酶活性，减轻厌氧条件下还原性有害有毒物质对根系的危害。

⑥增强抗倒伏性：由于淀积在表皮细胞壁中的硅形成角硅双层，作物茎秆的机械强度增加，可有效防止水稻、大小麦等作物的倒伏现象。

⑦增强抗病能力：硅肥对稻瘟病和赤霉病等具有显著的抗性，可显著减轻螟虫和蚜虫等的危害，提高对真菌病害的抵抗力，减轻发病率。

⑧提高抗逆能力：硅能提高植物对生物胁迫和非生物胁迫（即环境胁迫，如铁、锰、铝等重金属毒害、盐害、干旱胁迫）的抗（耐）性。

⑨抑制蒸腾作用：淀积在表皮细胞壁中的硅所形成的角硅双层可抑制水分蒸腾作用，有利于作物经济用水，对发展节水农业有重要意义。

⑩提高产量品质：施用硅钙肥促进养分吸收、提高利用率、促进光合作用、促进作物生长、增强抗逆性等，提高农产品色香味，并增产。

2. 缺硅症状

①作物缺硅，生育减弱，出穗延迟，发生白穗，结实不良，籽实上有黑色小斑点，在田间叶片下垂，易患病虫害易倒伏。

②水稻缺硅，完全伸长叶呈柳状下垂，下位叶容易凋萎，抽穗后披叶增加，后期稻秆柔软，易感染稻瘟病或胡麻叶斑病。

③硅敏感作物：水稻、甘蔗、大麦、小麦、燕麦、玉米等禾本科作物；黄瓜、西瓜等葫芦科作物；还有番茄以及大豆等等。

注：作物对硅的需求量很大，其中以水稻和甘蔗需硅量最多，其次是大小麦、玉米、竹类、芦苇等。水稻的吸硅量约为氮、磷、钾吸收总量的2倍。据各地对水稻试验结果显示，在缺硅土壤上施用硅肥一般可增产10%～25%、小麦增产10%～

15%、花生增产 15%～35%、大豆增产 10%～12%、甘蔗增产 20%～25%、棉花增产 10%～15%、玉米增产 12%～20%、蔬菜增产 15%～20%、芝麻增产 15%、草莓增产 30%～50%。

3. 过量有害

施硅过量带来危害，造成环境污染，还导致植株营养失调生长发育不良。

①过量施用含硅矿渣肥，土壤的 pH 上升，对作物生长造成不良影响。

②水稻施用硅肥试验显示，适量增产 10% 以上，过量则导致减产 2% 左右。

③过量施用既浪费资源，又造成作物减产，并污染环境、危害生态环境。

4. 硅肥种类

硅肥系指具有硅标明量，以提供植物硅养分为其主要功效的肥料。

①硅酸盐类硅肥：硅酸钠（Na_2SiO_3）、硅酸钙（$CaSiO_3$）、原硅酸钙（Ca_2SiO_4）、原硅酸镁（Mg_2SiO_4），均为水溶性硅酸盐肥料，水溶性 SiO_2 含量 50% 以上。

②炉渣类硅钙肥：钢渣、粉煤灰、煤灰渣和黄磷炉渣等。主要成分是二氧化硅和氧化钙，还含铁、铝、磷、锌、锰、铜等，有效硅 SiO_2 含量为 20% 以上。

③硅复合肥：钙镁磷高硅复合肥、硅钾钙镁复合肥、有机硅水溶长效复合肥等，可由氮磷钾的复合肥添加硅肥经造粒而成，有效硅含量各厂有所不同。

5. 施用方法

（1）施用诊断

土壤诊断：南方酸性、微酸性土壤有效硅（SiO_2）含量为 100～130mg/kg，施用硅钙肥可能有效；北方石灰性土壤有效硅

（SiO_2）含量≤300mg/kg，施用硅钙肥仍然有显著效果。

植株诊断：成熟期水稻茎秆 SiO_2 含量≤10%，表明水稻缺硅；缺硅水稻茎秆柔软，叶片下披，呈垂柳状，易倒伏，病害如稻瘟病等真菌病害较为严重；甘蔗易得叶斑病。

（2）用作基肥

硅肥宜作基肥而不宜作种肥，可单独施用，也可与经消毒灭菌腐熟的有机肥混施，混匀后撒施，耕耘入土。

（3）可作追肥

①作追肥时，应早施并且深施；果树在秋冬、早春与有机肥料一道用开沟注入法（环状放射状条沟）施肥。

②水稻可在耙地后插秧前撒施，也可在插秧后撒施，保持浅水层；旱地可穴施或沟施，然后覆土，再浇水。

（4）参考用量

硅肥的施用量，应根据作物种类、硅肥含量等多种因素确定硅肥施用量，硅肥一般施用量和用法简介如下。

①水溶性硅酸盐每亩施用量为 5 ~ 10 千克，可作基肥和追肥；可撒施、条施、穴施，但不能与种子直接接触。

②炉渣类硅钙肥每亩施用量为 20 ~ 50 千克，其中所含硅的溶解性能差，宜配合腐熟的有机肥作基肥施用。

③有效硅含量低于 30% 硅肥亩施 50 ~ 100 千克；50% 水溶性硅肥亩施 6 ~ 10 千克；30% 的钢渣硅肥亩施 30 ~ 50 千克。

（5）注意事项

根据土壤中含硅量的丰缺状况确定是否施用硅肥。

①通常土壤有效硅含量在 127 ~ 181mg/kg 范围内属缺硅土壤，施用硅肥有明显增产效果。

②硅肥不能代替氮、磷、钾肥，氮、磷、钾、硅肥科学配合施用，才能获得良好的效果。

③硅肥不能与碳酸氢铵混合或同时施用，硅肥会使碳酸氢铵

的氨挥发，降低氮肥利用率。

④硅肥残效长，一般不必年年施用，可根据情况间歇施用，也可第一年常量，第二年减量。

6. 缺硅防治

（1）水稻

缺硅症状：生长受阻，根短；地上部较矮，直立性差，叶片下披呈垂柳叶状是水稻缺硅的典型症状；叶片和谷壳上有褐色枯斑，抽穗迟。

其他症状：下位叶容易凋萎，抽穗后披叶增加，露水未干时更明显；后期稻秆柔软，稻脚不清；整个生长期易感染稻瘟病或胡麻叶斑病。

防治措施：秸秆还田和增施有机肥，炉渣硅肥作基肥每亩约30千克；硅酸钠作基肥或追肥每亩5~8千克；硅肥与氮磷钾肥配合效果更佳。

（2）小麦

缺硅症状：小麦、大麦、黑麦和燕麦等麦类缺硅时，遇到寒流植株下部叶片都会发生下垂，甚至叶和茎枯黄，叶片有时出现黑褐色斑点。

防治措施：据有关小麦-玉米复种连作区试验显示，在常规施肥的基础上，亩施炉渣硅肥约50千克，小麦增产约20%，后茬玉米增产约6%。

施硅意义：麦田施硅可促进小麦对N、P、K的吸收，施用硅肥能提高小麦对白粉病的抵抗能力，降低病情指数，并提高小麦产量和品质。

（3）玉米

缺硅症状：玉米缺硅时，主要表现为叶片下垂，似“垂柳状”，容易倒伏；叶片上出现褐色斑点，抗病能力下降，玉米产量质量都下降。

防治措施：据有关小麦-玉米复种连作区试验显示，在常规施肥的基础上，亩施炉渣硅肥约50千克，小麦增产约20%，后茬玉米增产约6%。

其他措施：缺硅地块，亩施用量25~50千克炉渣类硅钙肥，宜与充分腐熟的有机肥料一道基施：应急用约0.1%可溶性硅酸钠水溶液喷施。

（4）甘薯

缺硅症状：甘薯作物缺硅时，植株生长发育迟缓，叶片垂软、下披，结薯明显变小变少，而且大小不匀，易变质发烂，不利于贮存运输。

防治措施：缺硅地块，亩施用量20~40千克炉渣类硅钙肥，宜与灭菌腐熟的有机肥料一道基施：应急用约0.05%可溶性硅酸钠水溶液喷施。

（5）土豆

缺硅症状：土豆作物缺硅时，植株生长发育迟缓，叶片垂软、下披，结实明显变小变少，而且大小不匀，易变质发烂，不利于贮存运输。

防治措施：缺硅地块，亩施用量20~40千克炉渣类硅钙肥，宜与灭菌腐熟的有机肥料一道基施：应急用约0.05%可溶性硅酸钠溶液喷施。

（6）棉花

缺硅症状：棉花硅缺乏时，植株生长迟缓，茎和秆较弱，比较容易倒伏和被病菌侵蚀；缺硅还造成花蕾数减少，明显影响棉花产量质量。

防治措施：缺硅地块，亩施用量30~50千克炉渣类硅钙肥，宜与施足腐熟的有机肥料一道基施：应急用约0.1%可溶性硅酸钠溶液喷施。

（7）大豆

缺硅症状：缺硅大豆叶片出现畸形，生长点停止生长，直立性差，易感染病虫害，花粉繁殖力下降，结果率下降，产量和质量均下降。

防治措施：据有关小麦-大豆复种连作区试验显示，在常规施肥的基础上亩施炉渣硅肥约 50 千克，小麦增产约 20%，后茬大豆增产约 12%。

（8）花生

缺硅症状：花生缺硅时，植株生长不整齐，病害多，毛根增加，单粒种仁及粗细不匀的果粒多，不能成熟的空秕粒增多，产量质量下降。

防治措施：炉渣硅钙肥主要成分是二氧化硅和氧化钙，还含铁、铝、磷、锌、锰、铜等，亩施用量为 20～50 千克，与腐熟的有机肥配合基施。

（9）黄瓜

缺硅症状：黄瓜缺硅时，黄瓜容易变形，会长成葫芦状一头粗一头细的瓜，而且表面显得很粗糙，残次品多，黄瓜产量和质量受到影响。

防治措施：施足腐熟的有机肥料；水溶性硅肥亩施 5～8 千克，可作基肥和追肥，不能与种子接触；能促进黄瓜花粉生育力，结瓜数增多。

（10）蔬菜

缺硅症状：新叶出现畸形小叶，叶片黄化，下部叶片出现坏死，逐渐向上发展，叶肉变褐色；而且容易发生病虫害，如感染白叶枯病等。

防治措施：炉渣类硅钙肥每亩施约 30 千克，配施经消毒灭菌充分腐熟的有机肥料；可用浓度为 0.01%～0.05% 的硅酸钙溶液作叶面喷施。

（11）果树

缺硅症状：果树缺硅时出现粗皮病，果皮表面粗糙，果肉硬，果实表面出现红斑，有的还出现裂果现象（须知，缺钙也会发生裂果病症）。

防治措施：炉渣类硅钙肥每亩施约 50 千克，配施腐熟有机肥；在幼果期可用 0.4% 的硅酸钙溶液（即 200g 硅酸钙兑 50 千克水）作叶面喷施。

（12）花卉

缺硅症状：花卉缺硅时，生长点停止生长，顶芽死亡，直立性较差，易感染病虫害，花粉繁殖力下降，结果率下降，花色花香均受影响。

防治措施：炉渣类硅钙肥每亩施约 30 千克，配施经消毒灭菌充分腐熟的有机肥料；可用浓度为 0.01% ~ 0.1% 的硅酸钙溶液作叶面喷施。

（13）甘蔗

缺硅症状：缺硅时，蔗叶易发褐斑症。首先在蔗叶上出现小而细长的黄色斑点，继而变红、变褐坏死，病斑逐渐扩大，蔗叶干枯，软垂。

防治措施：炉渣硅钙肥主要成分是二氧化硅和氧化钙，还含铁、铝、磷、锌、锰、铜等；亩施用量为 30 ~ 50 千克，与腐熟的有机肥配合基施。

注：炉渣硅钙适用作基肥，作追肥时最好在拔节前施用；除了适用于甘蔗、水稻等喜硅作物以外，也适用于喜钙作物如花生等豆科作物。

（14）茭白

缺硅症状：缺硅时生长前期叶片由边缘开始发黄，逐渐蔓延至整株；特别是中后期易感染白叶枯病，会加速干枯，提早衰亡，明显减产。

防治措施：施足腐熟的有机肥料；水溶性硅肥每亩施用量为5～8千克，可作基肥和追肥；可撒施、条施、穴施，但不能与种子直接接触。

（15）番茄

缺硅症状：缺硅时，第一花序开花期生长点停止生长，新叶出现畸形小叶，叶片黄化，下部叶片出现坏死，逐渐向上发展，叶肉变褐色。

防治措施：缺硅土壤亩施约30千克炉渣硅钙肥，与有机肥料配合基施；硅肥给番茄补硅和促进对氮磷钾的吸收，并改善品质和提高产量。

八、铁素功能与缺铁防治

1. 铁素功能

铁是作物不可或缺的微量元素之一，它是傲居首位的植物必需的微量元素。一般植物干物质中含铁量为50～250mg/kg，铁主要集中在叶绿体中，但随物种和植株部位而异；其临界指标在50mg/kg属于缺乏，50～250mg/kg为适宜，300mg/kg为过量。

铁素主要以铁离子（Fe^{2+}和Fe^{3+}）或铁的螯合物的形态被植株吸收，铁素基本生理功能如下：

①铁是叶绿素的稳定元素，铁不是叶绿素的组成成分，但缺铁时，叶绿体的片层结构发生很大的变化，严重时甚至使叶绿体发生崩解。

②铁是许多酶和载体如细胞色素、细胞色素氧化酶、过氧化物酶、铁氧还蛋白等的成分，在光合作用及固氮作用中具有电子受体作用。

注：铁常以Fe^{2+}的螯合物被吸收，铁进入植物体内处于被固定状态而不易移动；在碱性或石灰质基质中铁形成不溶性物而致植物缺铁。

2. 缺铁症状

①缺铁最明显的症状是幼芽幼叶缺绿发黄，甚至变为黄白色，而下部叶片仍为绿色，因为铁不易从老叶转移出来。

②植物缺铁时其症状与缺镁症状相反，缺铁症状首先出现在顶部幼叶，缺铁过甚或过久，叶脉也缺绿，全叶白化。

③缺铁敏感作物有：高粱、玉米、花生、大豆、蚕豆、土豆、草莓、番茄、甜菜、观赏植物、某些蔬菜和果树等。

须知：土壤中一般不会缺乏铁，但在碱性条件下铁被氧化成难溶的三价铁的化合物，可给性降低，导致作物缺铁。

3. 过量有害

施铁过量带来危害，不仅造成环境污染，而且还导致植株营养失调。

①大量施入含铁物质，则增大了磷酸的固定，从而降低了磷的肥效。

②在酸性条件下铁被还原成溶解度大的亚铁，铁过剩引起亚铁中毒。

③铁素过剩叶子黑绿色；番茄嫩叶会形成缩叶，生姜则产生褐变症。

④既浪费宝贵资源，又造成土壤、水体和大气污染，危害生态环境。

4. 铁肥种类

铁肥系指具有铁标明量，以提供植物铁养分为其主要功效的肥料。

常见的铁肥（Iron fertilizer）包括硫酸亚铁、硫酸亚铁铵、有机络合铁等。

①硫酸亚铁（$FeSO_4 \cdot 7H_2O$）又称黑矾，含 Fe 量为 18.5%~19.3%，蓝绿色结晶，易溶于水；应用较多。

②硫酸亚铁铵［$FeSO_4 \cdot (NH_4)_2SO_4 \cdot 6H_2O$］，含 Fe 量为

14% 左右，淡蓝绿色结晶，易溶于水；比较常用。

③有机络合铁，包括 FeEDTA，FeDTPA，FeHEDTA，FeEDDHA 等，其含 Fe 量分别为 5%、10%、5%~12%、6%，均易溶于水。

5. 施用方法

常用铁肥为硫酸亚铁，可以基施、喷施，多用于果树林木。

①用作基肥：硫酸亚铁为常用品种，可单独施用，也可与经消毒灭菌腐熟的有机肥混施，土施每亩 5~10 千克，将硫酸亚铁与有机肥按 1∶(10~20) 混匀，可用穴施或沟施，也可以撒施，耕耘入土。

②叶面喷施：硫酸亚铁喷施浓度为 0.2%~0.5%。为提高肥效，可加尿素、柠檬酸、黄腐酸等。硫酸亚铁与尿素的浓度为 0.3%~0.5%，在作物缺铁症初期连续喷 2~3 次，每次间隔 7~10 天。

③点滴施铁：叶面喷施不便的树木等，把 0.5% 的硫酸亚铁加入 0.3% 尿素溶液瓶挂在树干上，“打点滴”注入树干；或将硫酸亚铁埋在树干中，每株 1~2 克；苗木可用 0.5% 铁肥环状涂抹于树干上。

6. 缺铁防治

（1）水稻

缺铁症状：铁是在作物体内不易移动的元素之一，缺乏常现于新叶；全生育期内除新叶中脉及侧脉残留一点绿色外，整个叶片变黄白色。

防治措施：增施适量有机肥料，合理施肥以避免营养过量造成对铁吸收的拮抗作用；应急用 0.3% 硫酸亚铁或螯合铁肥 FeEDTA 叶面喷施。

（2）小麦

缺铁症状：小麦缺铁时，叶片出现“黄白叶”，开始时幼叶叶脉失绿黄化但叶脉保持绿色，以后完全失绿，有时一开始全叶片呈黄白色。

防治措施：在小麦生长前期或发现植株缺铁时，每亩用0.2%~0.9%硫酸亚铁溶液进行叶面喷施，隔5~7天1次，喷施2~3次即可见效。

（3）玉米

缺铁症状：幼叶脉间失绿呈条纹状，中下部叶片为黄色条纹，老叶绿色；严重时心叶不出或全发白，矮缩，生育延迟，有的甚至不能抽穗。

防治措施：施足腐熟的有机肥为宜，可用0.02%的硫酸亚铁溶液浸种；玉米生长期出现缺铁症状时，用0.3%~0.5%的硫酸亚铁溶液喷施。

（4）甘薯

缺铁症状：甘薯叶片黄化，叶脉保持绿色，通常无坏斑点，极端情况下边缘和顶部有坏死现象，有时向内发展，仅较大的叶脉保持绿色。

防治措施：可用0.3%硫酸亚铁水溶液喷施，连续3次，每次间隔1周，喷时雾点需细而匀；同时可用0.2%的尿素铁水溶液根外追肥。

（5）土豆

缺铁症状：幼叶轻微失绿，并且有规则地扩展到整株叶片，继而失绿部分变为灰黄色；严重缺铁时，失绿叶片几乎变为白色，向上卷曲。

防治措施：土壤中磷肥多或偏碱性，影响铁的吸收运转，常出现缺铁症状；于始花期喷洒0.5%~1%硫酸亚铁水溶液1~2次，防止缺铁。

（6）棉花

缺铁症状：棉花植株表现出“失绿症”，开始时幼叶的叶脉间失绿，但叶脉保持绿色，以后完全失绿，有时一开始整个叶片

就呈黄白色。

防治措施：每亩施硫酸亚铁 5 ~ 9 千克作底肥，叶面喷施 0. 2% 的硫酸亚铁溶液（配制时要先用 0. 1% ~ 0. 2% 食醋使水酸化），连续 2 次即可。

（7）大豆

缺铁症状：症状从上部的幼叶开始，脉间失绿呈黄色，并轻度卷曲；严重时新叶和幼茎黄白化，甚至呈漂白色，叶缘出现褐色坏死斑块。

防治措施：精耕细作，增施有机肥；发病初期，用 0. 3% ~ 1. 0% 的硫酸亚铁水溶液进行叶面喷施，经过 3 ~ 7 天，豆叶黄化现象可消除。

（8）花生

缺铁症状：首先上部嫩叶失绿，而下部老叶及叶脉仍保持绿色；严重缺铁时，叶脉失绿进而黄化，上部新叶全部变白，出现褐色斑并坏死。

防治措施：作基肥时，每亩撒施或集中条施硫酸亚铁（黑矾）2. 5 ~ 3 千克；叶面喷施时每亩用 0. 1% ~ 0. 3% 的硫酸亚铁溶液 30 ~ 50 千克即可。

其他措施：增施有机肥料，亩施 0. 2 ~ 0. 4 千克硫酸亚铁作基肥，用 0. 1% 硫酸亚铁水溶液浸种，在花针期或结荚期喷施 0. 2% 硫酸亚铁溶液。

（9）黄瓜

缺铁症状：新叶除叶脉外，叶肉全部黄化，叶脉也渐渐褪绿，整个叶片逐渐呈现柠檬黄色至白色。腋芽也要出现相同的症状，生长停止。

防治措施：土壤 pH 6 ~ 6. 5 为宜；铁缺土壤每亩施硫酸亚铁（黑矾）2 ~ 3 千克作底肥；叶面喷雾可用硫酸亚铁 500 倍溶液，每 5 天喷 1 次。

（10）蔬菜

缺铁症状：植株矮小失绿，叶片的叶脉间出现失绿症，在叶片上明显可见叶脉深绿脉间黄化；严重时叶片上出现坏死斑点，并逐渐枯死。

防治措施：可用硫酸亚铁作基肥与有机肥混合施用；应急时用浓度0.3%左右的硫酸亚铁水溶液进行喷施，应现配现用，进行多次喷施。

（11）果树

缺铁症状：新梢嫩叶变黄，发生黄叶病，即叶肉发黄叶脉为绿色；严重时除靠近叶柄保持绿色外，其余均呈黄色或白色，甚至干枯死亡。

防治措施：增施有机肥料，以增加土中腐殖质；果树多在发芽前喷0.3%~0.8%硫酸亚铁或见黄叶后连喷3次加入0.5%硫酸亚铁+0.5%尿素的复合铁肥。

其他措施：果树易发生缺绿，喷施浓度0.3%~0.5%的硫酸亚铁加入0.5%尿素，约隔1周1次，到转绿为止；也可给果木"打点滴"补铁。

注：据河北农业大学刘藏珍研究，果树缺铁黄化时，单独喷施铁肥，病叶只呈斑点状复绿，新生叶仍然黄化，效果不良。若在铁肥溶液中加配尿素和柠檬酸，则会取得良好的效果，溶液的配制方法是：先在50千克水中加入25克柠檬酸，溶解后加入125克硫酸亚铁，待硫酸亚铁溶解后再加入50克尿素，即配成0.25%硫酸亚铁+0.05%柠檬酸+0.1%尿素的复合铁肥。

（12）花卉

缺铁症状：花卉植株矮小失绿，嫩叶叶肉变黄，但叶脉仍绿，在叶片上明显可见叶脉深绿脉间黄化；严重时叶片出现坏死斑点，逐渐枯萎。

防治措施：施入经消毒灭菌的腐熟的有机肥料；应急时在叶

面喷洒0.1%～0.3%的硫酸亚铁溶液，每隔10～15天喷1次，喷2～3次即可。

九、硼素功能与缺硼防治

1. 硼素功能

硼是植物生长不可或缺的微量元素之一，超过90%的硼分布于细胞壁，高等植物体内硼的含量很少，一般占植物干重的1～100mg/kg；虽然植物中硼的含量微乎其微，但是如果植物缺乏足够的硼，便会无法完成授粉、无法形成种子和无法结出好的果实，即缺硼会导致“蕾而不花”“花而不实”“实而不果”“果而不良”等现象。

硼素主要以硼酸根（BO_3^{3-}，$B_4O_7^{2-}$）的形态被植物吸收，硼素基本生理功能如下：

①硼参与糖分的生成、运输和代谢作用。

②硼对生长素的生成和利用有促进作用。

③硼对植物细胞伸长和分裂有促进作用。

④硼与花粉管萌发和受精有密切的关系。

⑤硼能提高豆科植物根瘤菌的固氮能力。

⑥硼对蛋白质和叶绿素的形成有一定影响。

⑦硼对酚的代谢以及木质化有调节作用。

注：不同作物对硼的需求量不同，如油菜、萝卜、葡萄等需求量较多，而小麦、水稻、玉米等需求量较少。

2. 缺硼症状

①缺硼时，顶部幼嫩组织先发病，顶芽生长停止并逐渐枯萎，叶色暗绿或呈紫褐色，叶形变小，老叶片变厚变脆，畸形。

②缺硼时，植株的根尖、茎尖的生长点停止生长，侧根侧芽大量发生，其后侧根侧芽的生长点又死亡，而形成簇生状。

③缺硼时，植株生殖器官发育受到严重阻碍，致使作物出现

“蕾而不花”和“花而不实”，结实率低，果实小，畸形。

④缺硼时，植株易致病害，例如：甜菜的干腐病、花椰菜的褐腐病、马铃薯的卷叶病和苹果的缩果病等都是缺硼所致。

⑤缺硼敏感作物：棉花、油菜、莴苣、白菜、甘蓝、芹菜、萝卜、甜菜、向日葵、大豆、土豆、葡萄、苹果、梨等等。

3. 过量有害

施硼过量带来危害，不仅造成环境污染，而且还导致植株营养失调。

①植株生长量减少；叶缘卷曲、变黄白；叶片相对透性增大；硼过量时，其下部叶的中毒症状和生理变化比上部叶明显。

②硼在植物体内随蒸腾流移动，水分随蒸腾散失而硼残留致叶片尖端及边缘硼浓集，叶片周缘大多呈黄色或褐色镶边。

③在蔬菜作物上有所谓金边菜；水稻硼过剩叶尖褐变，干卷，颖壳出现褐枯斑；大麦硼过剩，叶片散生大量棕褐色斑点。

④过量施用硼肥，致土壤理化性质恶化，不利作物生长；施硼过量既浪费宝贵资源，又造成土壤、水体和大气污染，危害生态环境。

4. 硼肥种类

硼肥系指具有硼标明量，以提供植物硼养分为其主要功效的肥料。

硼肥常见的有硼砂、硼酸、硼镁肥、硼镁磷肥、硼泥等，据相关报道我国目前使用较多的硼肥是硼砂和硼泥。

①硼砂：主要成分是四硼酸钠（$Na_2B_4O_7 \cdot 10H_2O$），是提取硼和硼化合物的原料，标准一等品含四硼酸钠≥95%，折合硼（B）含量11%，外观呈白色细小晶体，难溶于冷水，溶于40℃热水。

②硼酸：分子式为H_3BO_3，含量（国标）≥99.5%，折合含硼（B）量约17%，由硼镁矿石与硫酸反应，经过滤、浓缩、结

晶、烘干而制成。外观无色透明结晶或白色粉末，易溶于水。

③硼镁肥：主要成分为硫酸镁（$MgSO_4 \cdot 7H_2O$）和硼酸（H_3BO_3），是生产工业硼酸的副产品，其中含硼（B_2O_3）0.5%~1%，含镁（MgO）20%~30%。灰色或灰白色粉末，易溶于水。

④硼镁磷肥：用酸处理硼泥和磷矿粉制成，含有效硼（B_2O_3）0.6%左右，含镁（MgO）10%~15%，含有效磷6%左右，含游离酸≤5%，是一种含有硼磷镁的三元复合肥料。

⑤硼泥及其他：硼泥含硼量约2%，是生产硼砂时的下脚料，可直接施入田间；还有含硼石膏、含硼黏土、含硼过磷酸、钙含硼硝酸钙、含硼碳酸钙。草木灰以及厩肥中也含有硼。

5. 施用方法

对硼肥敏感的作物有油菜、甜菜等，常用硼肥为硼砂。硼肥以喷施为主，也可作基肥和追肥施用，肥效一般可持续3年左右。

①用作基肥：每亩用0.5~0.7千克硼砂与干细土或有机肥料混匀后开沟条施或穴施，或与氮磷钾等肥料混匀后一起基施，但切忌使硼肥直接接触种子或幼苗，以免影响发芽、出苗和幼根、幼苗的生长。

适用于严重缺硼和中度缺硼的土壤，每亩用硼砂0.5千克，如用硼酸应减少1/3的用量，拌细干土10~15千克或与氮、磷、钾肥料充分混合后施用；切忌接触种子或幼苗，以免造成伤害。

②用于浸种：宜用硼砂或硼酸，一般先用40℃左右的热水将硼砂溶解，再加冷水稀释至0.01%~0.03%的硼砂或硼酸溶液，种液比为1∶1，将种子倒入溶液中，浸泡6~8小时，捞出晾干后即可播种。

③叶面喷施：用0.1%~0.2%的硼砂或硼酸溶液，每亩每次喷施50~70千克溶液，6~7天1次，连喷2~3次；叶面喷施时

间下午为好，喷至叶面布满雾滴为度；如果喷后 6 小时内遇雨淋，应重喷 1 次。

④土壤缺硼：红壤等酸性土壤中过量施用石灰，会导致缺硼；土壤干旱或地势低洼、排水不良，也易导致土壤缺硼。土壤施用硼肥的后效一般可维持 2 ~ 3 年，种植蔬菜作物可维持后效 5 年左右。

⑤施用注意：当土壤水溶性硼含量少于 0.5mg/kg 时，施用硼肥均有良好效果；在中度或严重缺硼的土壤上基施效果最好；不宜深翻或撒施，若每亩条施硼砂超过 2.5 千克，则出苗率低、死苗、减产。

6. 缺硼防治

（1）水稻

缺硼症状：植株矮化，抽出叶有白尖，严重时枯死；开花期雄蕊发育不良，花药瘦小，花粉粒少而畸形，结实率显著降低，生育期延迟。

防治措施：增施有机肥，用 0.1% ~ 0.2% 硼砂或硼酸溶液叶面喷施，一般每公顷用量约 1.5 千克，开花前喷施，喷施次数以 2 次以上为好。

（2）小麦

缺硼症状：叶鞘有时呈紫褐色，穗发育差，不易抽头，穗常呈畸形；缺硼严重时会出现“穗而不实”或空穗，产量降低，同时品质下降。

防治措施：增施有机肥，合理施用氮、磷、钾肥料，用 0.02% 硼砂或硼酸溶液浸种约 13 小时，用 0.15% 硼砂溶液叶面喷施，一般每亩 0.1 千克。

（3）玉米

缺硼症状：上部叶片脉间组织变薄，呈白色透明的条纹状，生长受到抑制，雄花显著退化变小以至萎缩，果穗退化畸形，顶

端籽粒空秕。

防治措施：春玉米基施硼砂 0.5 千克/亩，与有机肥混施更好；夏玉米前期缺乏时开沟追施或叶面喷施两次浓度为 0.1%～0.2% 的硼酸溶液。

（4）甘薯

缺硼症状：甘薯藤蔓顶端生长停滞，新叶畸形，节间缩短，叶柄弯曲，薯块畸形，质地坚硬，粗糙，表面出现瘤状物及黑色凝固渗出液。

防治措施：施用充分腐熟有机肥，可在块根膨大期喷施 0.01%～0.02% 的硼酸或硼砂溶液 40～50 千克，有利于甘薯块根长大，提高产量质量。

（5）土豆

缺硼症状：生长点及顶枝的尖端死亡，而侧芽的生长则受到促进；节间短，成丛生状；叶缘向上卷曲，叶柄提前脱落。块茎小、表皮溃烂。

防治措施：增施有机肥，合理施用氮磷钾肥料；防止缺硼于苗期至始花期每亩穴施硼砂 0.25～0.75 千克，也可在始花期喷施 0.1% 硼砂水液。

（6）棉花

缺硼症状：缺硼的棉苗子叶肥厚，叶色浓绿，严重时生长点停止生长；蕾期缺硼时叶柄较长，幼蕾发黄；花铃期缺硼开花少，吐絮不畅。

防治措施：播种前亩用硼砂约 0.5 千克结合整地施入；严重缺硼时，叶面喷施 0.2% 硼砂水溶液，从现蕾开始每隔 10 天喷 1 次，共约 5 次。

（7）大豆

缺硼症状：顶端枯萎，叶片粗糙增厚皱缩，生长受阻，矮缩；主根顶端死亡而侧根多而短，僵直短茬；不开花或不正常，结荚少而畸形。

防治措施：硼酸和硼砂可作基肥、追肥和根外喷施；大豆每亩撒施硼砂0.3～0.6千克，可拌细干土或者与有机肥混合后施入，效果良好。

（8）花生

缺硼症状：会造成主茎和侧枝短促，叶片小而皱缩，新叶白化、老叶早黄；延迟开花，有果无仁，瘪果和空壳果增多，籽粒变小，呈畸形。

防治措施：花生地每亩撒施硼砂0.2～0.3千克，可拌细干土或与有机肥料混合后施入；施用硼肥必须控制用量，否则过高将造成硼中毒。

（9）黄瓜

缺硼症状：植株生长点停止生长发育，附近的节间显著缩短，上位叶向外侧卷曲并且叶缘的一部分变褐色；果实表皮出现木质化，有污点。

防治措施：增施有机肥，已知土壤缺硼应预先施用硼肥；应急对策，可以用0.2%的硼砂或硼酸水液喷洒叶面；适时浇水，防止土壤干燥。

（10）蔬菜

缺硼症状：缺硼的植株矮化，生长点受抑制；叶片皱缩，叶色变深；茎和叶柄缩短、变脆；缺硼的花少而小，果实发育不良，甚至畸形。

防治措施：增施有机肥，亩用硼砂0.5～2.0千克基施，视土壤缺硼程度和蔬菜作物种类而变动；用0.1%～0.2%硼砂或硼酸溶液叶面喷施。

（11）果树

缺硼症状：叶片变黄并卷缩，叶柄和叶脉质脆易折断；花器官发育不良，受精不良，落花落果加重发生，坐果率明显降低甚

至果实畸形。

防治措施：基肥施入硼酸，每株大树施硼砂 150～200 克，小树施 50～100 克；在开花前、开花期和落花后各喷 1 次 0.3%～0.5% 的硼砂溶液。

（12）花卉

缺硼症状：花卉植物症状出现在新生组织，顶芽容易枯萎，节间变短，茎增粗并且硬而发脆，叶片变小变脆。着花量少，花果早期脱落。

防治措施：施用经消毒灭菌并且充分腐熟的有机肥；应急时可用约 0.1% 硼酸或硼砂的水溶液进行叶面喷施，每周 1 次，连续 2～3 次。

十、锰素功能与缺锰防治

1. 锰素功能

锰是植物正常生理活动中所必需的微量元素之一，参与植物生长发育过程中的多种代谢作用；高等植物中锰的含量极微，在作物体干物质中的含量通常为 0.01%～0.001%，锰主要存在于植物茎叶中，并且锰含量因种属而异。

锰控制着植物体内的许多氧化还原反应，还是许多酶的活化剂，并直接参加光合作用中水的光解，锰也是叶绿体的结构成分。

锰素主要以离子（Mn^{2+}）的形态被植物吸收，锰素基本生理功能如下：

①锰在植物中是一个重要的氧化-还原剂，它控制着植物体内许多氧化-还原体系，如抗坏血酸和谷胱甘肽等的氧化-还原。

②锰是许多酶的活化剂，锰对植物体内许多代谢过程能产生影响。叶绿体中含有较多的锰，锰对维持叶绿体结构是必需的。

③锰使光合中水裂解为氧，锰为光合放氧、叶绿素形成和维

持叶绿体正常结构所必需的元素，因此与光合作用有密切关系。

④锰能加速同化物质（尤其是蔗糖）从叶部向根部和其他部位转移，为植株各部位提供充足的能量，促进植物的生长发育。

⑤锰加快氮素代谢，促进核酸磷素代谢，促进种子萌发和花粉管伸长及果实膨大；提高抗病力，能增强小麦等作物抗寒性。

2. 缺锰症状

①缺锰时，植物不能形成叶绿素，叶脉间失绿褪色，伴随产生小坏死点，但是叶脉仍然保持绿色，此为缺锰与缺铁的主要区别处；缺绿首先在嫩叶上呈现失绿发黄，依植物种类和生长速率而定。

②缺锰时，失绿叶片上的叶脉出现肋骨状深绿色条纹，叶片失绿部分渐变为灰白色，并局部坏死；首先在叶尖处出现褐色斑点，后扩散到全叶，最后很快卷曲凋萎，植株瘦弱小，花发育不良。

③缺锰会影响酶的活性，也就影响有机营养物质的合成与代谢，致使农作物产品的产量受到影响；缺锰会抑制蛋白质的合成，造成硝酸盐在植物体内积累，致使农作物产品质量受到严重影响。

④典型的缺锰症：燕麦的“灰斑病”，豆类（如菜豆、蚕豆、豌豆）的“沼泽斑点病”，甘蔗的“条纹病”或称“甘蔗白症”，甜菜的“黄斑病”，菠菜的“黄病”，薄壳山核桃的“鼠耳病”等。

⑤缺锰敏感植物：高度敏感的有豌豆、大豆、燕麦、小麦、高粱、土豆、甜菜、菠菜、莴苣、芜菁、洋葱、柑橘、桃、草莓等；中度敏感作物有大麦、水稻、玉米、萝卜、白菜、番茄、芹菜等。

3. 过量有害

施锰过量带来危害，不仅造成环境污染，而且还影响植株生长发育。

①锰能促进吲哚乙酸氧化反应，高浓度的锰促进生长素分解，所以锰过量会抑制植物生长发育。

②锰过剩症多数表现根褐变，叶片出现褐色斑点；也有叶缘黄白化或呈紫红色以及嫩叶上卷等。

③锰过量有碍植物对铁、钙、钼的吸收，常出现缺钼症：叶片出现褐色斑点，叶缘白化或变紫等。

④过量施用锰肥，致土壤理化性质恶化，不利作物生长；施锰过量既浪费资源又危害生态环境。

某些作物锰过量症状：

①黄瓜锰过剩时，首先是叶片的网状脉褐变，随着锰含量增高，叶柄上的刚毛变黑，叶片枯死。

②茄子锰过剩时，植株下部叶片或侧枝的嫩叶上出现褐色斑点，似铁锈，下部叶片脱落或黄化。

③甜椒锰过剩时，叶脉一部分变褐，叶肉出现黑点；西瓜吸收锰过多时，叶片上会产生白色斑。

4. 锰肥种类

锰肥系指具有锰标明量，以提供植物锰养分为其主要功效的肥料。

常见的锰肥（Manganese fertilizer）包括硫酸锰、氯化锰、锰矿渣等；还有碳酸锰、含锰玻璃肥料和螯合锰（MnEDTA）也可作为锰肥施用。

①硫酸锰（$MnSO_4 \cdot 3H_2O$）：含 Mn 量为 26%～28%，粉红色结晶，易溶于水。

②碳酸锰（$MnCO_3$）：含 Mn 为 43.5%，菱形晶体或亮白棕色粉末，溶于水。

③氯化锰（$MnCl_2 \cdot 4H_2O$）：含 Mn 量为 26%，性状与硫酸锰相近，易溶于水。

④锰矿渣：含 Mn 量为 6%～22%，炼锰工业的废渣，难溶于水，用作基肥。

5. 施用方法

常用锰肥为硫酸锰，主要用于小麦、水稻、棉花、花生、果树等，可以基施、叶面喷施、拌种和浸种。

①用作基肥：每亩用硫酸锰 1～2 千克，可与氮磷肥或拌细干土 10～15 千克混施，也可与经消毒灭菌腐熟的有机肥混施，肥效可持续 1～2 年。

②用于拌种：每千克作物种子用 4～8 克硫酸锰，按种子与肥液重量比 10：1 将硫酸锰溶解，然后均匀喷洒在种子上，阴干之后即可播种。

③用于浸种：用硫酸锰配制成 0.05%～0.10% 溶液，种子与溶液的重量比为 1：1 左右，种子放入浸渍 12～24 小时，捞出阴干之后即可播种。

④根外追肥：用 0.03%～0.40% 硫酸锰液，水稻 0.1%，果树 0.3%～0.4%，豆科 0.03% 为好，每亩 40～60 千克，苗期至开花前连喷 2～3 次。

注：土壤 pH 高或碳酸盐含量高于 9% 时容易缺锰。有关试验数据显示，在缺锰土壤上施用锰肥的增产幅度：小麦6.3%～30.8%，玉米 5.4%～15.7%，棉花 10.0%～20.0%，花生 5.4%～33.2%，大豆 10.9%～11.4%，甜菜 5.9～21.5%，烟草 15% 左右。

6. 缺锰防治

（1）水稻

缺锰症状：叶脉残留绿色，脉间呈浅绿色，如症状发展，脉间将会变褐色并枯死；陆稻缺锰时叶片变窄，叶色变淡渐变褐

色，软弱下垂。

防治措施：增施有机肥，缺锰土壤每亩施硫酸锰约 15 千克；应急用0.1% 硫酸锰溶液（加少量生石灰）叶面喷施，每隔 10 天喷施 2 ~3 次。

（2）小麦

缺锰症状：最早出现在小麦 3 ~4 叶期，远看麦田一片淡黄，最典型的特征是病叶沿叶片中脉平行地出现许多细小的淡黄色或白色斑点。

防治措施：施足有机肥，用0.1% 的硫酸锰溶液浸种，在小麦 3 叶期用0.1% 的硫酸锰溶液叶面喷施 2 次，或用适量硫酸锰与土杂肥拌施。

（3）玉米

缺锰症状：脉间组织逐渐变黄，叶脉附近仍绿色，形成黄绿相间的条纹，叶片下披；严重缺锰时叶片会出现黑褐色斑点，并扩展到整叶。

防治措施：增施有机肥，条施每亩 1 千克硫酸锰，每 10 千克种子用约 5 克硫酸锰加滑石粉 150 克；0.1% 锰肥溶液在苗期和拔节期各喷 1 ~2 次。

（4）甘薯

缺锰症状：甘薯缺锰时新叶叶脉间绿素浓度变淡，叶片脉间失绿，缺锰严重的叶脉间几乎变为灰白色，随后出现枯死斑点，致叶片残缺。

防治措施：施足经消毒灭菌充分腐熟的有机肥料；用 0.1% 的硫酸锰溶液叶面喷施，时间宜在傍晚，每隔 7 ~10 天喷 1 次，共喷 2 次。

（5）土豆

缺锰症状：新叶脉间失绿，缺锰严重的叶脉间几乎变为白色，先在新生的小叶上出现，后沿脉出现很多棕色的小斑点，致叶面枯死脱落。

防治措施：注意施足充分腐熟的有机肥料，改良土壤理化性质；出现缺锰症状时叶面喷洒0.1%硫酸锰水溶液，喷施1~2次有良好效果。

（6）棉花

缺锰症状：缺锰症在苗期和旺长期易出现，新叶和上位叶脉间失绿黄化，叶脉仍绿色形成网纹花叶；严重时失绿部位产生褐色坏死斑块。

防治措施：施足有机肥；可用0.05%~0.1%的硫酸锰溶液浸种12小时，也可用0.2%硫酸锰溶液喷施，在苗期、初花期、花铃期各喷施1次。

（7）大豆

缺锰症状：新叶淡绿色变成黄色，形成黄斑病和灰斑病，脉间发黄，出现灰白色或褐色斑，严重时病斑枯死，叶片早落，影响产量质量。

防治措施：增施有机肥；每亩基施硫酸锰约4千克，用0.05%~0.1%硫酸锰溶液浸种12~24小时；用0.02%~0.03%硫酸锰溶液喷施2~3次。

（8）花生

缺锰症状：早期叶脉间呈灰黄色，叶片脉间褪绿而叶脉仍保持绿色，叶片边缘出现褐斑，开花成熟延迟，荚果发育不良，产量质量下降。

防治措施：施足腐熟的有机肥，施入适量易溶的硫酸锰作基肥，必要时可用约0.08%硫酸锰溶液浸种，或叶面喷施，隔1周再喷施1次。

（9）黄瓜

缺锰症状：嫩叶失绿，叶脉仍为绿色呈绿色网状；叶肉凸起，叶脉间凸起的部分形成失绿小片，失绿小片扩大相连，叶片

皱缩、生长停止。

防治措施：增施有机肥提高土壤调节能力；缺锰土壤每亩施入约 8 千克硫酸锰；应急用 0.2% 硫酸锰溶液，隔 10 天喷 1 次，喷 2～3 次即可。

（10）蔬菜

缺锰症状：蔬菜作物缺锰共同症状是新叶发黄，缺锰叶片常常出现卷曲、皱缩和坏死斑块；而且有些蔬菜不孕蕾不开花，影响产量质量。

防治措施：增施有机肥提高土壤缓冲能力；缺锰蔬菜可喷施 0.01%～0.05% 的硫酸锰溶液，喷洒宜在苗期为最佳，塑料大棚可多喷几次。

（11）果树

缺锰症状：嫩叶和叶片长到一定大小后，呈现侧脉间褪绿，并出现杂色斑点，严重时脉间有坏死斑，早期落叶，果实品质差，有的裂皮。

防治措施：增施有机肥，改良土壤，每亩基施硫酸锰 1～4 千克；用 0.2% 硫酸锰溶液喷叶面，隔 20 天喷 1 次，共 3 次；用其涂抹枝干也有效。

（12）花卉

缺锰症状：新叶失绿，从中部叶片开始失绿而且从叶缘向叶脉间扩展，叶片大部分变黄，出现褐色斑点，最后叶片凋萎，花也难以形成。

防治措施：施用经消毒灭菌充分腐熟的有机肥；用 0.1% 的硫酸锰溶液进行叶面喷施；为防止药害可加入 0.5% 的生石灰制成混合液喷雾。

十一、铜素功能与缺铜防治

1. 铜素功能

铜是植物正常生理活动中所必需的微量元素之一，参与植物生长发育过程中的多种代谢作用。高等植物中铜的含量极微，一般占植物干重的1～10mg/kg，并且铜含量因种属而异；就某种植物而言，老的部位较幼嫩部位为多。

铜素主要以铜离子（Cu^{1+}和Cu^{2+}）的形态被植物吸收，铜素基本生理功能如下：

①铜作为细胞色素氧化酶、酚氧化酶、抗坏血酸氧化酶、细胞色素氧化酶等的辅基而参与呼吸代谢。

②铜还存在于叶绿体的质体蓝素中，参与光合作用的电子传递和光合磷酸化，将光能转化为化学能。

③铜对植物发育的影响大，与铜抑制硝酸还原酶的活性、降低了NO_3^-水平有关，因氮过多不利于开花。

④相关试验显示，铜通过影响酶的含量和活性，对植物的根、枝、花等器官的分化和发育有调控作用。

2. 缺铜症状

①植物缺铜时，叶片生长缓慢，呈现蓝绿色，幼叶失绿，随之出现枯斑，最后致死亡脱落。

②缺铜时，会导致叶片栅栏组织退化，气孔下面形成空腔，致使植株水分过度蒸腾而萎蔫。

③缺铜敏感作物：麦类、水稻、莴苣、洋葱、菠菜、胡萝卜、花椰菜、甜菜和向日葵等。

3. 过量有害

施铜过量带来危害，不仅造成环境污染，而且影响植株生长。

①铜过量时，多数作物叶黄化，叶肉组织色泽较淡呈条纹状。

②根系尖端积累较难移动的铜，使根系不能伸长，呈珊瑚状。

③铜过量时明显抑制铁吸收，有时作物铜过剩以缺铁症出现。

④生长不良，植株低矮，生长缓慢，几乎不分蘖，产量降低。

⑤施铜过量，不利于作物生长，既浪费资源又危害生态环境。

4. 铜肥种类

铜肥系指具有铜标明量，以提供植物铜养分为其主要功效的肥料。

常用的铜肥（Copper fertilizer）有硫酸铜、一水硫酸铜、螯合铜、液体铜、炼铜矿渣、硫化铜、氧化铜和氧化亚铜等。

①易溶于水：硫酸铜（$CuSO_4 \cdot 5H_2O$），含 Cu 量为 24%～25%；可用作基肥、种肥以及叶面追肥等。还有一水硫酸铜、螯合铜、液体铜等。

②难溶于水：炼铜矿渣，含 Cu 量 0.3%～1%，炼铜工业的废渣，只能作基肥用，适用于酸性土壤。还有硫化铜、氧化铜以及氧化亚铜等。

5. 施用方法

水溶性铜肥如硫酸铜、氯化铜可用作基肥、拌种、浸种、叶面追肥等，其他铜肥只适于作基肥；后效 3～5 年。

①农用硫酸铜肥：含铜≥25%，稀释 4000～6000 倍叶面喷施，每亩 10～20 克，基施或冲施每亩 250～500 克。

②EDTA 螯合铜肥：含铜≥15%，稀释 3000～4000 倍叶面喷施，每亩 10～20 克，基施或冲施每亩 250～500 克。

③腐植酸螯合铜：含铜≥15%，稀释 2000～3000 倍叶面喷施，每亩 15～20 克，基施或冲施每亩 250～500 克。

④液体铜肥：含铜≥10%，稀释 1500～3000 倍叶面喷施，每亩 20～30 克，冲施或滴灌每亩 300～500 克。

⑤炼铜矿渣：含铜 0.3%～1%，炼铜工业的废渣，只能作基肥，可与腐熟的有机肥混施，比较适用于酸性土壤。

⑥浸种拌种：浸种时，用浓度为 0.01%～0.05% 的硫酸铜溶

液；拌种时硫酸铜约0.5克加少量水拌匀1千克种子。

注：应注意只有在确诊为缺铜症时方可施用铜肥，用量宁少勿多，浓度宁稀勿浓，铜肥用量过多作物易受毒害。

6. 缺铜防治

（1）水稻

缺铜症状：在分蘖期的新生叶失绿发黄，呈凋萎干枯状，其他叶尖发白卷曲，叶缘黄白色，叶片上出现坏死斑点，穗发育受阻，且不结实。

防治措施：缺铜田块在整地播种时每亩施1~2千克硫酸铜作底肥；碱式硫酸铜制剂可以喷施铜肥补充铜素，并有防治水稻纹枯病等病害。

（2）小麦

缺铜症状：拔节期和抽穗期开始植株矮小、穗茎短，甚至没抽出叶鞘，部分叶片卷缩成捻纸状，并逐步枯死，有效穗减少，结实率下降。

防治措施：缺铜田块在整地播种时每亩施1~2千克硫酸铜作底肥；拔节期用0.2%碱式硫酸铜制剂水溶液喷施，能增加有效穗数和实粒数。

（3）玉米

缺铜症状：顶部和心叶变黄，生长受阻；严重缺乏时，植株矮小丛生，叶脉间失绿一直发展到基部，叶尖严重失绿或坏死，果穗小而少。

防治措施：增施有机肥料，控制氮肥用量；每亩基施硫酸铜0.4~1千克，采用撒施或条施；应急可用0.02%~0.2%硫酸铜溶液叶面喷洒。

（4）甘薯

缺铜症状：甘薯缺铜时，表现为植株上的嫩叶萎蔫缺绿，新生叶失绿，叶尖发白卷曲呈纸捻状，叶片出现坏死斑点或斑块，

进而渐枯萎。

防治措施：施足腐熟的有机肥料，平衡施肥；对于缺铜土质，每亩基施硫酸铜约0.5千克；应急时，可用约0.5%硫酸铜溶液喷施1~2次。

（5）土豆

缺铜症状：幼叶失绿黄化，严重时幼嫩叶片向上卷呈杯状，并向内翻回；缺铜影响生长与生殖，降低产量和质量，通常减产达10%以上。

防治措施：增施有机肥料，合理平衡施肥；用撒施或条施，每亩基施硫酸铜0.3~0.6千克；或者用0.5%~1.0%硫酸铜溶液喷施1~2次。

（6）棉花

缺铜症状：植株矮小、嫩叶失绿，植株顶端有时呈簇状，严重时顶端枯死；棉花缺铜容易感染各种病害，症状易发生在植株新生组织上。

防治措施：亩用硫酸铜0.2~1千克拌细干土10~15千克于耕前均匀撒施；可用含铜叶面肥0.02%的硫酸铜等，在苗期和开花前各喷施1次。

（7）大豆

缺铜症状：植株上部复叶的叶脉呈浅黄色，有时生较大的白斑；缺铜严重时叶片上有不成片或成片的黄斑，植株矮小，严重时不能结实。

防治措施：增施有机肥料，控制氮肥用量；每亩基施硫酸铜约0.5千克，采用撒施或条施；每亩喷施0.1%硫酸铜溶液50千克也可防治缺铜。

（8）花生

缺铜症状：发生植株矮化与丛生，呈深绿色，在早期生长阶段凋萎，完全小叶因叶缘上卷呈杯状，有时还发生小叶外缘呈青铜色及坏死。

防治措施：增施有机肥料，合理平衡施肥；可用0.1%～0.2%铜酸铵溶液进行叶面喷施2～3次，每次每亩50～60千克溶液，间隔5～6天。

（9）黄瓜

缺铜症状：缺铜时黄瓜植株节间短，全株呈丛生状；幼叶小，叶脉间出现失绿症状；后期叶片呈现粗绿色到褐色，出现坏死，叶片枯黄。

防治措施：合理平衡施肥，增施有机肥料；缺铜瓜地每亩施1～2千克硫酸铜作底肥；应急时可采用硫酸铜3000～3500倍液进行叶面喷施。

（10）蔬菜

缺铜症状：缺铜蔬菜植株叶片失去韧性而发脆、发白，不同蔬菜症状有异，如豆科新生叶失绿卷曲枯萎，叶菜类蔬菜易发生顶端黄化病。

防治措施：施足有机肥，对缺铜植株，用0.02%～0.04%的硫酸铜溶液（可加0.2%的熟石灰以防药害）叶面喷施，缺铜症状减轻甚至消失。

（11）果树

缺铜症状：中幼叶片失绿，叶尖渐渐枯萎，叶片上出现白色斑点；严重时叶片脱落枝条枯死；树皮和果皮流出胶样物质成褐斑，果实小。

防治措施：平衡施肥，增施有机肥，增施含铜肥料作基肥，每亩施1～1.5千克硫酸铜；可用浓度0.1%～0.3%的硫酸铜溶液，进行叶面喷施。

（12）花卉

缺铜症状：新梢顶端叶尖失绿变黄，叶片出现褐色斑点至扩大变成深褐色，引起落叶；枝顶端生长不良，下部开始长芽，并

形成丛生的细枝。

防治措施：施足经消毒灭菌腐熟的有机肥，对于缺铜土质增施适量含铜肥料作基肥；用布波尔多液等含铜农药作叶面喷施，可恢复长势。

十二、锌素功能与缺锌防治

1. 锌素功能

锌是植物正常生理活动中不可或缺的微量元素之一，参与植物正常生长发育过程中的多种代谢作用。高等植物中锌的含量极微，一般占植物干重的 10～100mg/kg，并且锌含量因作物种属而有所差异。

锌素主要以锌离子（Zn^{2+}）的形态被植物吸收，锌素基本生理功能如下：

①锌对于叶绿素生成和形成碳水化合物，是必不可少的微量元素。

②锌是合成生长素前体（色氨酸）的成分，能促进植物生长发育。

③锌是碳酸酐酶的成分，存在于原生质和叶绿体中，促进光合呼吸。

④锌也是谷氨酸脱氢酶及羧肽酶的组分，在氮代谢中起促进作用。

2. 缺锌症状

①缺锌时就不能将吲哚和丝氨酸合成色氨酸，因而不能合成生长素，从而导致植物生长受阻，出现常说的小叶病。

②植株矮小，出现小叶，叶片扩展受阻，叶缘常呈扭曲状，中脉附近首先出现脉间失绿，产生褐斑，组织坏死。

③缺锌时，作物一般表现为新叶脉间褪绿，出现褐斑；某些果树和蔬菜出现小叶病，这些都是典型的缺锌症状。

④症状最先出现新叶失绿呈灰绿或黄白，根系生长差，发育延迟，果实小；严重时枝条枯萎，产量和质量下降。

⑤对缺锌高度敏感的作物有：玉米、亚麻、水稻、芹菜、菠菜、柑橘、苹果、梨、桃、李、杏、葡萄、樱桃树等。

⑥对缺锌中度敏感的作物有：高粱、紫花苜蓿、三叶草、马铃薯、番茄、甜菜、苏丹草、圆葱、番茄、大麦等。

3. 过量有害

施锌过量带来危害，不仅造成环境污染，而且还影响植株生长发育。

①锌过量时，多数情况下植物幼嫩叶片表现失绿、黄化，茎、叶柄、叶片下表皮呈现赤褐色，根系短小。

②锌过量时，叶尖及叶缘色泽较淡随后坏疽，叶尖有水浸状小点；锌过剩影响植株对铁的吸收和运输。

③过量施用锌肥，招致作物生长发育不良，土壤理化性质恶化；施锌过量既浪费资源又危害生态环境。

4. 锌肥种类

锌肥系指具有锌标明量，以提供植物锌养分为其主要功效的肥料。

锌肥主要品种有硫酸锌、碱式硫酸锌、氯化锌、氧化锌、碳酸锌、螯合锌等。石灰性土壤和酸性土壤以及水稻田中缺锌明显，据相关报道，施用锌肥增产明显的作物有：玉米，水稻，亚麻，棉花，甜菜及某些豆科作物和果树等。

①易溶于水：硫酸锌（$ZnSO_4 \cdot 7H_2O$ 和 $ZnSO_4 \cdot H_2O$ 两种），含锌量各不相同。七水硫酸锌含锌量为 23%，一水硫酸锌含锌量为 35%；氯化锌（$ZnCl_2$）含锌量为 45%；螯合态锌（NaZnEDTA）含锌量为 12% ~ 14%；碱式硫酸锌［$ZnSO_4 \cdot 4Zn(OH)_2$］含锌量 55%，可溶于水。

②难溶于水：氧化锌（ZnO），含锌量为 78%；碳酸锌

（$ZnCO_3$）含锌量 52%。

③常用品种：硫酸锌即 $ZnSO_4 \cdot 7H_2O$ 和 $ZnSO_4 \cdot H_2O$，肥效高、效果较理想。

5. 施用方法

对锌肥敏感的作物有水稻、玉米等，常用锌肥为硫酸锌，一般可基施、追施、叶面喷施、拌种和浸种。

①用作基肥：适宜播前耕翻的作物。每亩施硫酸锌 1～2 千克，拌有机肥或细干土 10～15 千克，在播前施于土壤中，基施有后效，一般可持续 2 年左右。

②用作追施：每亩用硫酸锌 1～1.5 千克，拌腐熟经消毒灭菌的有机肥或者细干土 10～15 千克，混合均匀，在苗期至拔节期条施或穴施，然后用土盖上。

③叶面喷施：硫酸锌叶面喷施浓度 0.1%～0.3%，小麦为 0.1%，玉米为 0.2%，水稻和果树为 0.1%～0.3%；喷液量为每亩 50～70 千克，间隔喷施 2～3 次。

④用于拌种：每千克种子用硫酸锌 1～4 克，先将硫酸锌加适量水溶解，一般肥液量为种子重量的 7%～10%，均匀喷洒在作物种子上，待晾干后播种。

⑤用于浸种：硫酸锌配成 0.02%～0.1% 溶液，谷子在 0.05% 溶液中浸 6～8 小时；水稻种用清水浸泡 1 天，再在 0.1% 溶液浸泡 24～48 小时，晾干后播种。

6. 缺锌防治

（1）水稻

缺锌症状：表现为“稻缩苗”，长势衰弱，叶片萎黄；新生叶片基部失绿发白，有棕色斑，下披，上下叶鞘重叠，叶枕并列俗称叶手摆。

防治措施：增施有机肥，底肥施七水硫酸锌每亩 1～1.5 千克；用 0.25% 的硫酸锌水溶液进行叶面喷施，每亩用药液 55 千克，一般喷2次即可。

（2）小麦

缺锌症状：嫩叶叶缘呈皱缩或扭曲状，叶脉两侧由绿黄到白，呈黄白绿“三色”相间的条纹带，且抽穗迟穗小粒少，产量质量明显下降。

防治措施：合理平衡施肥，增施有机肥，底肥施七水硫酸锌每亩施量1～1.5千克；应急用0.3%～0.4%硫酸锌溶液，叶面喷施2～3次。

（3）玉米

缺锌症状：生长受阻并缺乏叶绿素，嫩叶叶脉间出现浅黄色或白色条纹，俗称“花白苗”“花叶条纹病”等；果穗发育不良形成稀癞棒。

防治措施：一般每亩用硫酸锌1～1.5千克作基肥；应急用0.1%～0.2%的硫酸锌溶液喷施，每次每亩喷施50千克，不可让肥液过多流入心叶。

（4）甘薯

缺锌症状：甘薯缺锌的主要症状是其幼嫩叶片变形，叶片加厚而不扭曲，叶变小只有1～3厘米长，叶色变淡失绿，严重时完全失绿变白。

防治措施：在生长中期喷施0.1%硫酸锌溶液，甘薯生长加快，藤叶茂盛，叶色浓绿，结薯早，薯块大，甘薯的产量质量均有明显提高。

（5）土豆

缺锌症状：节间短，顶端的叶片向上直立，叶小，叶面上有灰色至古铜色不规则斑点，叶缘向上卷曲，严重时叶柄及茎上出现褐色斑点。

防治措施：平衡施肥，增施有机肥，缺锌土壤基施硫酸锌0.5～1千克；植株出现缺锌症，可叶面喷施0.5%硫酸锌溶液，

约 10 天喷 1 次。

（6）棉花

缺锌症状：棉花缺锌时，植株矮小，叶小而簇生，叶面两侧出现斑点，脉间失绿叶片增厚发脆、边缘向上卷曲，节间缩短，生育期推迟。

防治措施：亩施硫酸锌 1～1.5 千克作基肥；可在棉花开花结铃期用 0.2% 的硫酸锌溶液进行喷施，每次每亩喷施药液 65 千克，连喷 2～3 次。

（7）大豆

缺锌症状：新叶失绿或皱缩，有棕褐色斑点，植株瘦长，花期延后；严重缺锌植株下部叶淡绿或黄化，花荚脱落多，空秕粒增多，晚熟。

防治措施：每亩追施硫酸锌 1～1.5 千克，拌适量土后坑施于离植株 10 厘米左右处或根外施用，每亩喷洒 0.1%～0.3% 硫酸锌溶液 50～60 千克。

（8）花生

缺锌症状：花生叶片发生条带式失绿，失绿条带在最接近叶柄的叶片上，严重缺锌时，整个小叶失绿，植株矮化，明显影响产量和质量。

防治措施：增施有机肥，每亩基施硫酸锌约 1 千克；用 0.1%～0.4% 硫酸锌溶液浸种 12 小时后，晾干种皮播种；应急叶面喷施 0.2% 硫酸锌溶液。

（9）黄瓜

缺锌症状：从中位叶开始褪绿，叶缘从黄变褐色，叶片向外侧微卷曲；生长点附近的节间变短，芽呈丛生状，生长受抑，但心叶不黄化。

防治措施：发现黄瓜缺锌症状，可用 0.1%～0.2% 的硫酸锌或氯化锌水溶液进行叶面喷施；在下茬定植以前，每亩施硫酸锌

1.0～1.5 千克。

（10）蔬菜

缺锌症状：嫩叶叶脉间失绿黄化甚至变白，出现斑点、坏死或死亡组织；蔬菜幼叶变小，节间缩短，尖端生长受抑，类似病毒病症状。

防治措施：每亩基施硫酸锌 1～2 千克；0.05%～0.15% 硫酸锌溶液按种水重量 1∶3 浸种 12 小时，应急用 0.01%～0.1% 的硫酸锌溶液叶面喷施。

（11）果树

缺锌症状：发芽晚新梢节间短，从基部向顶端逐渐落叶，叶片小而脆、小叶簇生，叶片上现黄斑，俗称“小叶病”，枯梢或者病枝枯死。

防治措施：施足腐熟的有机肥料，改良土质；结合施基肥，土施硫酸锌每亩约 1 千克；可用浓度为 0.1%～0.5% 的硫酸锌溶液进行叶面喷施。

（12）花卉

缺锌症状：花卉缺锌生长受阻，表现为植株矮小，新叶缺绿，叶脉绿色，叶肉黄色，叶片狭小；严重缺锌时，整个小叶失绿，组织坏死。

防治措施：施用经消毒灭菌腐熟的有机肥，每株用硫酸锌 1 克与适量的腐熟肥混合追施；应急用 0.01%～0.1% 的硫酸锌溶液作叶面喷施。

十三、钼素功能与缺钼防治

1. 钼素功能

钼是植物正常生理活动中不可或缺的微量元素之一，参与植物正常生长发育过程中的多种代谢作用。高等植物中钼的含量极微，占植物干重通常不到 1mg/kg，一般为 0.1～30mg/kg，钼含

量因植物种属而有所差异。钼在植物体内与氮的代谢有着非常密切的关系。表现为钼不仅在生物固氮中起着重要作用，而且还参与硝酸的还原过程，因为钼是组成硝酸还原酶的成分。钼主要存在于韧皮部和维管束薄壁组织中，在韧皮部内可以移动，它属于移动性中等的元素。

钼素主要以钼酸盐（MoO_4^{2-}）的形态被植物吸收，钼素其本生理功能如下：

①钼是固氮酶的成分，能促进固氮，施用钼肥（如钼酸铵）对花生、大豆等豆科植物有明显增产效果。

②钼促进繁殖器官的形成，在受精和胚胎发育中有特殊作用，缺钼时花粉的形成和活力均受到影响。

③钼参与植物的光合和呼吸作用；钼还是硝酸还原酶的成分，缺钼时硝酸不能还原，呈现缺氮症状。

④钼参与氨基酸合成与代谢；促进植物体内有机含磷化合物的合成，还是酸式磷酸酶的专性抑制剂。

⑤钼能增强植物抵抗病毒的能力；钼还能消除酸性土壤中活性铝在植物体内累积而产生的毒害作用。

2. 缺钼症状

①作物缺钼症状与缺氮十分相似，老叶或茎中部的叶片上先失绿，并向幼叶和生长点发展；不同的是叶缘出现坏死组织，叶上有坏死斑点。

②作物缺钼植株矮小，叶缘焦枯、卷曲，叶片畸形，生长不规则；严重缺钼时，叶缘萎蔫，叶片扭曲成杯状，豆科不结根瘤或结瘤小而少。

③缺钼敏感主要是豆科、十字花科作物和某些蔬菜，常见作物：花生、大豆、绿豆、花椰菜、菠菜、洋葱、萝卜、油菜、棉花以及玉米等等。

④当作物缺钼时，若以硝态氮为氮源，则会在作物体内积累

硝酸根离子，从而减少蛋白质合成；缺钼时作物体内维生素 C 的含量也会减少。

3. 过量有害

施钼过量带来危害，不仅造成环境污染，而且还影响植株生长发育。

①施钼过量，对作物产生毒害作用，并导致钼在作物和牧草中积累，将给人畜带来危害。

②作物对钼过量不易表现，但饲料作物含钼≥10mg/kg，长期饲喂可能引起家畜钼中毒。

③土豆和番茄对钼过量较敏感，钼过量时叶片失绿，土豆幼株呈赤黄色，番茄呈金黄色。

④施钼过量，土壤性质恶化，作物生长发育不良；施钼过量既浪费资源又危害生态环境。

4. 钼肥种类

钼肥系指具有钼标明量，以提供植物钼养分为其主要功效的肥料。

①钼酸铵［$(NH4)_6Mo_7O_{24} \cdot 4H_2O$］，含钼约 50%，是目前应用较广泛钼肥。

②钼酸钠（$Na_2MoO_4 \cdot 2H_2O$），含钼约 36%，钼酸铵和钼酸钠均易溶于水。

③钼矿渣，炼钼工业的废渣，含钼量为 9%~18%，很难溶解于水。

④复合型多元微肥“蓝色晶典”，含包括钼在内的微量元素共有 6 种。

5. 施用方法

主要用于大豆、花生等豆科作物、十字花科作物、小麦和某些蔬菜，常用钼肥为钼酸铵，可用于拌种、浸种和叶面喷施；除钼矿渣外，其他钼肥一般不作基肥用。钼肥施入土壤后肥效可持

续数年。

（1）钼肥施用

①用于拌种：每千克豆类种子用钼酸铵 1～3 克，一般肥液占种子重量的 25%～30%。溶液过多，易造成种皮脱落，影响播种和出苗；须知，钼酸铵要先用热水溶解后才能使用。

②用于浸种：一般用 0.05%～0.1% 的钼酸铵溶液浸种，种子与溶液的重量比为 1：1，浸泡 12～24 小时，捞出阴干后即可播种；钼酸铵溶液浸种多用于水稻、棉花、绿肥种子。

③叶面喷施：常用 0.05%～0.1% 钼酸铵水溶液喷施，豆科作物在苗期至花前期喷施，蔬菜在苗期至初花期连续喷 2～3 次，每亩每次用液量 50～75 千克，每次间隔 5～7 天。

④用作基肥：钼矿渣一般适宜作基肥，通常将钼肥或含钼工业废渣与普通过磷酸钙加工成含钼过磷酸钙使用，磷和钼对作物的吸收有相互促进作用，有利于提高钼肥的肥效。

（2）相关事宜

①钼酸铵溶液浸种不宜用于花生、大豆等大粒种子；钼肥不宜与酸性化肥混施，否则会使溶解度下降。

②经钼肥处理过的作物种子，人畜均不能食用，否则会引起钼中毒，引发胃病、痛风病等多种疾病。

6. 缺钼防治

（1）水稻

缺钼症状：一般在移栽后 35 天出现病症，病症轻时叶片呈灰绿色；严重时中部和上部的叶脉间稍有缺绿症，以后横向发展，最后折断。

防治措施：土施钼酸铵每亩用量为 10～50 克，有数年的残效，也可拌种、浸种和叶面喷施，叶面喷施常用 0.05%～0.1% 的钼酸铵水溶液。

其他措施：在发病初期喷施倍量式波尔多液，内加 1% 钼酸铵，既能防治水稻缺钼症，又能减轻稻瘟病，兼治胡麻叶斑病、条叶枯病等。

（2）小麦

缺钼症状：若土壤严重缺钼时，植株茎软弱，叶丛淡绿，叶尖呈灰色，小麦叶片出现与叶缘平行的黄褐色虚线，开花较晚，籽粒不饱满。

防治措施：每亩拌种 15 克钼酸铵，施用钼肥拌种的小麦比未施用钼肥的小麦体内硝态氮积累低，光合效率提高，据试验可增产 10% 以上。

（3）玉米

缺钼症状：首先在老叶上出现失绿或黄斑症状，茎软弱，叶丛淡绿和叶尖呈灰色，植株枯萎，开花晚，籽粒不饱满，产量和质量均下降。

防治措施：可用 0.03% 的钼酸铵溶液浸种，或每千克种子用 1 ~3 克钼酸铵拌种；玉米生长期出现缺钼时，用 0.05% 钼酸铵溶液叶面喷施。

（4）甘薯

缺钼症状：缺钼植株生长不良，植株矮小，生长缓慢，叶片失绿、有橙黄色斑点；严重缺钼时叶缘萎蔫，叶片扭曲呈杯状，老叶变厚焦枯。

防治措施：用 0.01% ~0.05% 钼酸铵溶液浸藤，栽插前浸约 1 分钟；也可用钼酸铵拌火土盖藤，或 0.05% 钼酸铵溶液叶面喷施，效果均好。

（5）土豆

缺钼症状：株型矮小，茎叶细小柔弱，下部老叶开始黄化枯死，叶色呈水渍状，叶脉间褪绿或叶片扭曲，新叶黄化，叶缘向内卷成杯状。

防治措施：合理平衡施肥，增施有机肥料；叶面喷施

0.02%~0.05% 钼酸铵溶液每亩 50 千克，每 7~10 天喷 1 次，连喷 2~3 次即可见效。

（6）棉花

缺钼症状：植株矮小，老叶失绿，叶缘卷曲、叶子变形，以致干枯而脱落。有时导致缺氮症状，蕾、花脱落，植株早衰，影响产量质量。

防治措施：合理平衡施肥，增施有机肥料，改良土质；采用 0.05%~0.1% 的钼酸铵溶液进行叶面喷施 2~3 次，能有效防治棉花缺钼症。

（7）大豆

缺钼症状：缺钼时植株矮小，叶色失绿，叶片增厚发皱，叶片上出现很多细小的灰褐色斑点，叶缘枯焦扭曲，叶片狭小，根瘤发育不良。

防治措施：常用的钼肥是钼酸铵，拌种时每千克豆种用 2 克钼酸铵即可；花期前后用 0.005%~0.05% 的钼酸铵溶液叶面喷施，喷 2 次以上。

（8）花生

缺钼症状：植株矮小，叶片小而薄，呈淡黄绿色；根瘤小而且少，固氮能力弱或者不固氮，生长受到抑制，叶片失绿，产量和质量下降。

防治措施：施足腐熟的有机肥，用 0.05%~0.1% 钼酸铵浸种 5~10 小时；开花初期用 0.05%~0.1% 钼酸铵水溶液喷施，每 2 周喷 1 次即可。

（9）黄瓜

缺钼症状：植株矮小，叶片小，叶脉间的叶肉出现不明显的黄斑，叶色白化或黄化，叶脉仍绿色，叶缘焦枯，新叶扭曲，产量质量下降。

防治措施：增施有机肥，可用钼酸铵或钼酸钠作基肥施入缺钼田地；用0.03%~0.08%的钼酸铵溶液叶面喷施，或者在灌溉水中施用钼酸钠。

（10）蔬菜

缺钼症状：叶片上有浅黄色斑块，由叶脉扩展到全叶，叶缘为水渍状，并向内卷曲，严重时叶缘全部坏死脱落，只有主脉留有少量叶肉。

防治措施：每亩施用50千克石灰，提高土壤中钼的有效性；每亩施入土壤10~50克钼酸铵，用0.05%~0.1%的钼酸铵溶液叶面喷施1~2次。

（11）果树

缺钼症状：早期缺钼叶片小，植株生长迟缓；植株顶部的小叶由浅绿色变成黄色，叶片向上翻卷；缺钼多发生在枝条中部叶并向上扩展。

防治措施：酸性土施石灰，提高土壤中钼的有效性，有利于克服缺钼症；土壤中含钼量不足时，叶面喷施0.01%钼酸铵水钠溶液也有效。

（12）花卉

缺钼症状：植株矮小，生长缓慢，叶片失绿，有橙黄色斑点，严重缺钼时叶缘萎蔫，有时叶片扭曲呈杯状，老叶变厚、焦枯，以致死亡。

防治措施：增施有机肥料；常用的钼肥主要成分是钼酸铵或者是钼酸钠，钼肥的施用方法灵活，可以拌种、浸种或者喷施，均有好效果。

十四、氯素功能与缺氯防治

1. 氯素功能

氯是一种比较特殊的植物正常生长所必需的微量元素，从植物营养元素被发现的顺序而言，氯是植物第16个必需元素、第

7位微量元素。虽然将它归为微量元素，但其含量并不低，一般植物干物质中含氯量为50～1000mg/kg。在微量元素中氯在植物体内的含量最高，例如：番茄含氯量是钼的上千倍。植物对氯的需要量比硫小，但比任何一种微量元素的需要量要大，许多植物体内氯的含量很高，一般认为植物对氯的平均需要量约为0.1%。须知，许多植物能大量地吸收氯，氯在植物体内的积累量可大大超过需要量。

氯主要以氯离子（Cl^-）的形态被植物吸收，氯素基本生理功能如下：

①参与光合作用：水光解反应是光合作用最初反应，氯作为锰的辅助因子参与水的光解反应。

②调节叶片气孔运动：氯对叶片气孔的开张和关闭有调节作用，从而能增强植物的抗旱能力。

③氯有束缚水的能力：有助于作物从土壤吸收更多的水分；氯还有助于钾、钙和镁离子的运输。

④促进养分吸收：氯的活性强，很容易进入植物体内，能促进植物对铵离子和钾离子的吸收。

⑤抑制病害发生：能抑制冬小麦的条锈病，大麦的根腐病，玉米的茎枯病等多种病害的发生。

⑥氯对很多作物有着某种不良的反应：如烟草会降低燃烧性，薯类作物会减少其淀粉含量等。

须知：各种必需元素在植物生命活动中都有其自己独特的作用，一般不能为其他元素所代替。

2. 缺氯症状

①缺氯时，叶片萎蔫，失绿坏死，最后转变为褐色；幼叶失绿和全株萎蔫是缺氯的两个最常见的症状。

②缺氯时，根短，侧根少，尖端凋萎，严重时组织坏死，并且由局部遍及全叶，植株也不能正常结实。

③含氯化肥宜施于水稻、高粱、棉花、红麻、菠菜、甜菜、番茄、油菜、黄瓜、茄子等耐氯强的作物。

注：氯的来源广泛，大多数植物均可从雨水或灌溉水中获得所需要的氯。因此，作物缺氯症很少出现。

仅大气和雨水所带的氯就远超过作物需要量；若发生缺氯症，施用氯化钠等含氯化肥可以消除症状。

3. 过量有害

施氯过量带来危害，不仅造成环境污染，而且还影响农作物的生长发育。

①氯过量时作物易出现烧根、死苗现象，生长受到严重抑制；植物受氯毒害的症状为叶尖呈灼烧状，叶缘焦枯，叶子发黄并提前脱落，其症状似缺钾。

②高氯含量对植物影响：第一，降低叶绿体含量和光合强度；第二，氨基酸增加而有机酸减少；第三，脂肪饱和度下降；第四，角质层加厚；第五，生长和开花延迟。

③氯过量时，会影响某些作物的产品质量，如氯素过量小麦籽粒蛋白质含量下降，降低葡萄和瓜果中的含糖量，降低烟草的燃烧性，增加薯类的含水量等。

④施用氯肥过量，土壤理化性质严重恶化，作物生长受抑制，发育不良；施用氯肥过量，不仅浪费宝贵的资源，而且污染耕地土质和水体，危害生态环境。

4. 氯肥种类

氯肥系指具有氯标明量，以提供植物氯养分为其主要功效的肥料。

含氯化肥常用的有农盐、氯化铵、氯化钾、含氯复合肥（复混肥）。

①农盐肥：俗称粗盐，主要成分是氯化钠，也含有镁、钾、硫和少量硼、碘等作物需要的营养元素。

②氯化铵：又称氯铵，通常为纯碱联合生产的副产物，白色结晶性粉末，易溶于水，pH 为 4.2 ~ 5.8。

③氯化钾：属生理酸性肥料，易溶于水，肥效迅速，可作基肥和追肥，但是不宜作种肥和根处追肥。

④复合肥：这类肥料是以氯化铵和氯化钾为基础原料制造而成，含氯量一般不低于 4%；为酸性肥料。

5. 施用方法

（1）施用对象

①把农盐与人畜粪等有机肥料混合堆沤当作基肥，也可在插秧时蘸秧根，还可直接作追肥，每亩用量以 5 ~ 8 千克为宜。

②农盐常施于水稻，有时也用于小麦、大豆和蔬菜，既可增产又能改善品质。这除了氯的作用这外，还有钠的营养作用。

③含氯肥料宜优先用在甜菜、菠菜、谷子、红麻、萝卜、菊花、水稻、高粱、棉花、油菜、番茄以及大麦等耐氯作物上。

④苹果、柑橘、桃、葡萄等多种果树，属于忌氯作物；大棚蔬菜、大棚瓜果等附加值较高的作物也不宜施用含氯化肥。

（2）注意事宜

①遵循少量多次的原则，不得当种肥，不宜作苗肥，不得作叶面肥喷施；不宜连续多年施用含氯化肥，最好是含氯化肥和不含氯化肥交替使用或隔年使用；秧田（包括直播田）不宜使用含氯肥料，否则很容易造成烂种、烂苗。

②施用农盐只能作为一种辅助型的施肥方式，必须在增施有机肥料的基础上合理酌量施用，不可多施或连年施用。否则，钠离子会破坏土壤的良好结构，造成干时板结龟裂，湿时又烂又黏，通透性差，耕性差，作物生长不良。

③土壤含氯量≤50mg/kg 时，所有作物可施含氯化肥；在 50 ~ 100mg/kg 时，除莴苣等弱耐氯作物外，多数作物可施氯化氨、氯化钾；在 100 ~ 200mg/kg 时，可施氯化钾不宜施氯化氨；

在含氯≥200mg/kg 时，则不宜施含氯肥料。

④含氯肥料应深施盖土，集中施用。可在整地前均匀撒施深翻入土，以避免氯离子过度集中对作物根系造成毒害；含氯肥料不能拌种，更不能作种肥直接施于种子同一位置，而应施于种子下侧或两侧 10 厘米左右，以免烧伤种子。

6. 缺氯防治

（1）水稻

缺氯症状：水稻叶片黄化并枯萎，但与缺氮叶片均匀发黄不同，开始时叶尖黄化而叶片其余部分仍深绿；整株生长不良，影响开花结实。

防治方法：平衡用肥，增施腐熟的有机肥料以提高地力；适量施用农盐，其中除含大量氯化钠外，还有镁、硫和硼，可使水稻增产提质。

过量有害：分蘖早期为移栽水稻对氯离子的敏感期，分蘖期施用过量氯显著降低移栽水稻分蘖，延迟成熟，并开花延迟，产量质量下降。

（2）小麦

缺氯症状：小麦根细短，侧根少，尖端凋萎，叶片失绿，叶面积减少，严重时组织坏死，坏死组织由局部遍及全叶，植株不能正常结实。

防治方法：增施腐熟的有机肥，改良土质，提高地力；施用适量农盐，其中除含大量氯化钠外，还有镁、硫和硼等，有利于小麦增产提质。

过量有害：过量氯对小麦叶片无异常特征，但苗期为冬小麦对氯离子的敏感期，基施过量氯显著影响出苗、分蘖，并最终降低籽粒产量。

（3）玉米

缺氯症状：玉米的植株萎缩，叶片失绿，叶形变小；玉米缺

氯时，易感染茎腐病，患病植株易倒伏，影响产量和品质，给收获带来困难。

防治方法：适时适量合理施肥，施足有机肥料；用0.1%~0.5%氯化钾溶液作叶面喷施，苗期宜用下限，晴天宜于下午4点钟之后喷施。

过量有害：表现是生长缓慢，植株矮小，分蘖受抑，叶片小，叶色发黄，严重时尖呈烧灼状，叶缘焦枯并向上卷筒，老叶死亡，根尖死亡。

（4）甘薯

缺氯症状：根细短，侧根少，尖端凋萎，幼叶失绿，叶面积减少；严重时组织坏死，坏死组织由局部遍及全叶，全株萎蔫，还不能结实。

防治方法：增施腐熟的有机肥，提高地力；缺氯田地可施适量农盐，农盐中除含大量氯化钠外，还含有镁和硼等，有利于增产和提质。

过量有害：土壤中含氯化物过多时，对作物是有害的，常出现中毒症，主要表现为叶片黄化并有褐斑，叶片提前脱落。

（5）土豆

缺氯症状：幼叶失绿和全株萎蔫是缺氯的两个最常见症状。根细短，侧根少，尖端凋萎，叶片失绿，严重时组织坏死，植株不能正常结实。

防治方法：适时适量科学施肥，施足有机肥料，改良土质；用浓度0.01%~0.05%氯化钠溶液进行叶面喷施，晴天不宜于10~15点喷施。

过量有害：过量氯会毒害土豆，主茎萎缩、变粗，叶片褪淡黄化，叶缘卷曲有焦枯现象；氯过量既影响土豆的产量又影响土豆中淀粉含量。

（6）棉花

缺氯症状：棉花缺氯时，叶片凋萎，叶色暗绿；严重时，叶缘干枯，卷曲，幼叶发病比老叶重，根尖死亡，更严重时甚至整株棉花枯死。

防治方法：增施腐熟的有机肥料，改良土质；应急用0.05%~0.2%氯化钾水溶液作叶面喷施，苗期宜用下限，晴天请于16点之后喷施。

过量有害：生长停滞、叶片黄化，叶尖呈灼烧状，叶缘焦枯，叶子发黄并提前脱落；角质层加厚，生长和开花延迟，影响其产量和质量。

（7）大豆

缺氯症状：轻度缺氯表现为生长不良；重度缺氯时，叶片萎蔫，小叶卷缩，有时叶片呈青铜色，抑制根的生长；大豆缺氯易发生猝死病。

防治方法：科学用肥，增施有机肥料；施用适量农盐，其中除含大量氯化钠外，还有镁、钾、硫和少量硼，有利于大豆增产和品质改善。

过量有害：大豆氯害的一般表现是生长停滞、叶片黄化，叶尖呈灼烧状，叶缘焦枯，叶子发黄并提前脱落，角质层加厚，开花结果延迟。

（8）花生

缺氯症状：为植株萎缩，叶片失绿，叶形变小；严重时，根粗短，根尖成棒状，叶片萎蔫失绿坏死，最后变为褐色，影响其产量和质量。

防治方法：合理施肥，增施有机肥，改良土壤，提高地力；施用适量农盐，农盐中除含大量氯化钠外，还有镁和硼等微量元素，适量施用能增产提质。

过量有害：花生氯害的一般表现是生长停滞、叶片黄化，叶

尖呈灼烧状，叶缘焦枯，叶子发黄并提前脱落，角质层加厚，开花结果延迟。

（9）黄瓜

缺氯症状：发病初期生长缓慢，植株萎缩，叶形变小，叶片出现绿黄不同色度；严重时全株叶片变黄，茎细小，瓜条黄、细，而且多刺。

防治方法：施用完全腐熟的堆肥，改良土壤，提高地力；适量施用农盐；及时浇水也有利于消除缺氯症状；应急时，可喷施农盐稀水溶液。

过量有害：氯过量对黄瓜的影响，一般表现为生长停滞、叶片黄化，叶尖呈灼烧状，叶缘焦枯，叶子发黄并提前脱落，生长和开花延迟。

（10）蔬菜

缺氯症状：蔬菜缺氯时根细短，侧根少，尖端凋萎，叶失绿并渐变褐；严重时组织坏死由局部遍及全叶，全株萎蔫，植株不能正常结实。

防治方法：增施腐熟并经过消毒灭菌的有机肥料；适量施用农盐，其中除含大量氯化钠外，还有镁、硫和少量硼，有利于蔬菜增产提质。

过量有害：油菜、小白菜于三叶期后出现症状，叶片变小，变形，脉间失绿，叶尖叶缘先后枯焦，并向内弯曲，轻度受害叶片可恢复正常。

（11）果树

缺氯症状：生长受阻，先在老叶顶端主侧脉间出现分散状失绿，从叶缘向主侧脉扩展，有时叶缘呈连续带状失绿，老叶向下反卷呈杯状。

防治方法：科学用肥，适时适量施肥，增施有机肥，提高土壤的缓冲能力；果树缺氯最有效的防治办法是施氯化钾，可基施或叶面喷施。

过量有害：毒害柑橘，叶片呈青铜色，易发生异常落叶，叶片无外表症状，叶柄不脱落，若受害较轻，仅表现叶片缓慢黄化，有恢复的可能。

（12）花卉

缺氯症状：轻度缺氯表现为生长不良，重度缺氯则叶片失绿，叶片生长明显缓慢，叶细胞的增生速率降低，叶面积变小，全株萎蔫枯死。

防治方法：用经消毒灭菌腐熟的有机肥作基肥；可施少量农盐，其中除含大量氯化钠外，还含有镁、钾、硫和少量硼，可全面营养花卉。

过量有害：氯过量不利于花卉生长，土壤中含氯化物过多时，对作物造成伤害，出现中毒症，主要表现为叶缘似烧伤，叶片发黄及脱落。

十五、镍素功能与缺镍防治

1. 镍素功能

从1855年首次发现植物中存在镍以来，人们对于镍在植物生长中的作用进行了许多研究工作。自1975年首次发现镍是脲酶的组成成分之后，越来越多的证据表明，镍是植物生长所必需的微量营养元素，植物缺镍时生长发育受到抑制，甚至不能完成生命周期。

一般植物干物质中含镍量为0.05～10mg/kg，平均1.1mg/kg；不同植物种类之间镍含量差异很大，例如：黄瓜含1.3～2.0mg/kg，小麦籽粒仅含0.2～0.6mg/kg。

某些植物具有累积镍的特点，根据其累积程度不同，可分为两类。

第一类为镍超累积型：主要是野生植物，如庭荠属中约有

45种、车前属中有2种，每千克体内镍的含量超过1000毫克。

第二类为镍累积型：其中包括野生的和栽培的植物，主要有紫草科、十字花科、桃金娘科、豆科和石竹科的某些种类。

镍素主要以离子态镍（Ni^{2+}），其次是以络合态镍（如Ni-EDTA和Ni-DTPA）的形态被植株吸收，镍素基本生理功能如下：

①镍是脲酶组分：镍对植物氮代谢和生长发育的正常进行是必需的。

②镍是细胞成分、酶的成分和活化剂、能量转换过程的电子载体等。

③刺激种子发芽：低浓度的镍能刺激多种植物种子发芽和幼苗生长。

④防治某些病害：低浓度的镍能促进酶的活性，增强作物抗病能力。

⑤减少尿素积累：镍增强脲酶的活性，减少尿素积累，有利于作物生长。

⑥化学平衡介质：维持细胞电荷平衡、维持适当的跨膜电位的介质。

⑦镍是渗透调节物质，能调节细胞膨压；还是细胞信号的转导信使。

⑧微量镍对植物生长有促进作用，增加过氧化氢酶等多种酶的活性。

⑨微量镍增加植物光合速率，促进体内叶绿素和胡萝卜素等的合成。

注：镍是高等植物必需的微量元素，另一方面又是环境的危害因素；迄今为止的研究表明，只有在镍的浓度很低的条件下，而且限于某些植物种类和以尿素为唯一氮源时，才表现出镍对植物生长发育的有益作用。另外，镍对人畜健康的威胁和对生态环

境的危害，近年来也引起了人们的重视。

2. 缺镍症状

缺乏任何一种必需元素时，植物的代谢都会受到影响，进而在植株外观上表现出不良的症状。

①缺镍时，主要症状是叶片中脲积累，叶尖的尖端和边缘组织坏死，严重时叶片整体坏死。

②缺镍时，叶片脲酶下降，根瘤氢化酶活性降低，叶片出现坏死斑，茎坏死，种子活力下降。

③缺镍时，叶小色淡，直立性差，脉间先失绿，然后中脉前半段白化，继之叶尖叶缘发白。

④缺镍时，先在叶片叶尖出现坏死现象，主要是因低镍造成作物叶片中积累大量尿素所致。

⑤当植物干物质中镍含量≤0.01～0.15mg/kg 时，植物叶片就会出现尿素中毒的坏死症状。

⑥出现尿素中毒时，及时施入适量镍，植株内脲酶活性增强，尿素含量下降，植株恢复生长。

3. 过量有害

施镍过量带来危害，不仅造成环境污染，而且还导致植株营养失调。

①镍过量，植株发生镍过剩的主要症状是：植物生长迟缓，叶片失绿、变畸形、脉间出现褐色坏死；果实小、着色早等。

②镍过量，导致植物生理功能紊乱，抑制某些酶的活性，扰乱能量代谢、拮抗二价铁离子吸收，从而阻滞植物生长发育。

③镍过量：镍过量致中毒，对镍比较敏感的植物中毒的临界浓度≥10μg/g；中等敏感植物，中毒的临界浓度≥50μg/g。

④镍过量，植物需镍量极低，容易造成过量，一旦过量生长迟缓；不仅浪费宝贵的资源，而且污染环境，危害生态平衡。

4. 镍肥种类

镍肥系指具有镍标明量，以提供植物镍养分为其主要功效的肥料。

常见镍肥种类有：氯化镍（$NiCl_2$）、硫酸镍（Ni_2SO_4）、硝酸镍［$Ni(NO_3)_2$］，均易溶于水。

①氯化镍（$NiCl_2$）：绿色结晶性粉末，在空气中易潮解，受热脱水。易溶于水、乙醇、液氨，pH 约为4。

②硫酸镍（Ni_2SO_4）：蓝绿色结晶，正方晶系，有吸湿性，易溶于水，水溶液呈酸性，其 pH 约为4.5。

③硝酸镍［$Ni(NO_3)_2$］：碧绿色单斜晶系板状晶体，易溶于水、乙醇、液氨，水溶液呈酸性，其 pH 约为4。

5. 施用方法

（1）用作基肥

镍肥作基肥：镍肥为微量元素肥料，专用性强而用量少，可与经消毒灭菌腐熟的有机肥料或大量养分肥料混合施用，混合均匀之后撒施于田面，随即耕耘入土作基肥，供植物整个生育期的需要，也可满足植物生长早期之需。

（2）作物施肥

①叶面喷施：把镍肥兑水，配成浓度≤1mg/kg 的水溶液，喷于植物叶茎表面能及时缓解缺镍症状；也可与农药一道喷施。

②种子处理：在播种前可把镍肥直接附着在种子上，可用浸种、拌种、包衣等方式，以保障出苗后和苗期对镍的需要。

③根部处理：可将镍肥调成稀泥浆状态，然后把根部蘸上肥浆，或者在制作营养钵时加入镍肥，有利于满足苗期之需。

6. 缺镍防治

（1）水稻

缺镍症状：以硝酸铵为氮源时，缺镍不影响植株的生长；以尿素为氮源时植株生长受到明显影响，生长停滞，叶片黄化，叶尖坏死干枯。

防治措施：施足腐熟的有机肥料，用低浓度的镍溶液（镍含量为0.1～1.0mg/kg）喷施水稻，能促进植株生长发育，有利于提高水稻产量和质量。

（2）小麦

缺镍症状：小麦籽粒含镍量为0.2～0.6mg/kg；缺镍时，叶片叶尖出现坏死现象，主要是由低镍条件造成作物叶片中积累大量尿素所致。

防治措施：用低浓度镍水溶液（0.5～1.0mg/kg）处理土壤种植小麦，植株内脲酶活性增强，脲的含量下降，对植株生长有所促进。

（3）玉米

缺镍症状：玉米植株含镍量一般为0.2～0.6mg/kg；缺镍时，叶片中脲积累，叶尖的尖端和边缘组织坏死，严重时叶片整体干枯坏死。

防治措施：把镍肥兑水配成浓度≤1mg/kg水溶液，作叶面喷施，喷于植物叶茎表面能及时缓解缺镍症状；也可与农药一道喷施灭杀病虫。

（4）甘薯

缺镍症状：甘薯植株含镍量一般为0.2～1.1mg/kg；如果缺镍时，叶小色淡，脉间先失绿，然后中脉前半段白化，继之叶尖叶缘发白干枯。

防治措施：施足充分腐熟的有机肥料，提高地力；测土配方，平衡施肥，配施适量镍肥，促进植株生长发育，有利于提高甘薯产量质量。

（5）土豆

缺镍症状：一般土豆植株含镍量为0.29～1.00mg/kg；缺镍时，叶片中脲积累，叶尖的尖端和边缘组织坏死，严重时叶片整

体干枯坏死。

防治措施：用低浓度的镍喷施土豆，可促进其生长发育；增施有机肥，平衡配施镍肥，不仅能使土豆产量增加，而且还能改善产品品质。

（6）棉花

缺镍症状：植株含镍量一般为1.1mg/kg左右；缺镍时，叶小色淡，直立性差，脉间先失绿，然后中脉前半段白化，继之叶尖叶缘发白。

防治措施：把镍肥兑水配成浓度≤1mg/kg水溶液，作叶面喷施，喷于棉花叶茎表面能及时缓解缺镍症状；也可与农药一道喷施灭杀病虫。

（7）大豆

缺镍症状：大豆植株平均含镍量为1.1mg/kg左右；缺镍时，叶片脲酶和根瘤氢化酶的活性降低，叶片中脲积累出现坏死斑，茎也坏死。

防治措施：用低浓度的镍喷施大豆，可促进其生长。施足腐熟的有机肥料，合理配施用镍肥，有利于增加大豆产量，并能提高大豆品质。

（8）花生

缺镍症状：花生植株含镍量平均约为1mg/kg；如果缺镍，叶片脲酶和根瘤氢化酶活性降低，叶片显坏死斑，茎也坏死，活力下降。

防治措施：施足腐熟的有机肥料，平衡施肥；应急时，把镍肥兑水配成浓度≤1mg/kg的水溶液，喷施于植物叶茎表面，能及时缓解缺镍症状。

（9）黄瓜

缺镍症状：黄瓜植株含镍量一般为1.3~2.0mg/kg；如果缺镍，叶片中脲积累，叶尖的尖端和边缘组织坏死，严重时叶片整体干枯坏死。

防治措施：把镍肥兑水配成浓度≤1mg/kg 的水溶液，作叶面喷施，喷于植物叶茎表面能及时缓解缺镍症状；也可与农药一道喷施灭杀病虫。

（10）蔬菜

缺镍症状：一般蔬菜植株含镍量为 0.5 ~ 1.0mg/kg；缺镍时叶小色淡，直立性差，脉间先失绿然后中脉前半段白化，继之叶尖叶缘发白。

防治措施：施足经消毒灭菌腐熟的有机肥料，提高地力；应急时，把镍肥兑水配成浓度≤1mg/kg 的水溶液，喷施于植物叶茎表面能缓解症状。

（11）果树

缺镍症状：果树植株含镍量一般为 0.06 ~ 0.60mg/kg；缺镍时，叶片中脲积累，叶尖的尖端和边缘组织坏死，严重时叶片整体干枯坏死。

防治措施：施足腐熟的有机肥料，平衡施肥；应急时，把镍肥兑水配成稀溶液，喷于植物叶茎表面；也可与农药混合一道喷施灭杀病虫。

（12）花卉

缺镍症状：一般花卉植株含镍量约为 1.0mg/kg；缺镍时叶小色淡，直立性差，脉间先失绿，然后中脉前半段白化，继之叶尖叶缘发白。

防治措施：施足经消毒灭菌腐熟的有机肥料，平衡施肥；应急时，把镍肥兑水配成浓度≤1mg/kg 的水溶液，喷施于植物叶茎表面能缓解症状。

十六、钠素功能与缺钠防治

1. 钠素功能

钠是作物不可或缺的微量元素之一，植物体内平均含钠量约占干物质量的0.1%，但随植物种类不同而有很大的差异，高的可达3%~4%，有的甚至更高，如生长在滨海沙土上的海莲子，其中的氯化钠的含量可达到30%。

根据植物对钠的反应不同，可分为喜钠植物和厌钠植物两类。典型的喜钠植物有：甜菜、滨藜、三色苋等，其体内含钠量显著高于钾，它们需要在高盐浓度下才能生长茂盛。

钠素主要以钠离子（Na^{+}）的形态被植株吸收，钠素基本生理功能如下：

①钠是一种强力的细胞赋活剂，与植物接触后能迅速渗透到植物体内，促进细胞的原生质流动，并促进生长发育。

②钠元素存在于土壤溶液中，可以将带正电的钾离子、镁离子、铵离子等效换出来，供植物利用，达到增产效果。

③钠能调节植物渗透压，可优先在液泡中积累，增加溶质势，产生膨压促进细胞伸长，叶片贮水量和肉质性增加。

④氯化钠的存在可以抑制氮肥的硝化过程，可提高氮肥利用率；并改善硫元素以及其他微量元素的吸收利用条件。

⑤提高作物的抗病、抗虫、抗旱、抗涝、抗寒、抗盐碱、抗倒伏等抗逆能力。钠能防止落花落果，提高品质和产量。

⑥适量补充钙和钠，可起到钾、钙、镁、铵等肥料元素离子与钠之间的协同作用，既提高利用率又减少环境污染。

⑦钠能代替部分钾的功能，钠肥可以减少植物对钾的需要量，我国南方广东和福建等缺钾地区施用钠肥效果明显。

⑧水稻、甜菜、棉花等喜钠作物叶子中正常含钠量为2%~3%，如果其含量低于1%~2%时，施用钠肥常常很有效。

⑨只要合理施用，对某些喜钠作物有较好的效果。如用于甜菜、芹菜等作物不仅有增产作用，还能提高作物的品质。

⑩喜钠作物：甜菜、菠菜、卷心菜、甘蓝、萝卜、荞麦、水稻、亚麻、椰子、棉花、羽扇豆、燕麦、土豆等。

农盐中的氯离子能抑制氮肥的硝化过程，减少氮素损失；同时，农盐可以改善作物的硫、镁及微量元素营养条件。

2. 缺钠症状

①缺钠时，叶尖叶缘坏死，呈现失绿黄化和坏死现象，甚至不开花。

②缺钠时，导致植物叶绿素的含量减少，造成多数植物的干重下降。

③缺钠时，引起光合系统的损伤，导致光能向化学能转化作用减少。

④缺钠时，叶肉细胞或维管束鞘细胞超微结构改变，影响能量转运。

⑤缺钠时，植物细胞体积和数目均下降，致使植物生长发育受影响。

⑥缺钠时，植物细胞的渗透势下降，从而降低植物吸水吸肥的能力。

3. 过量有害

施钠过量带来危害，不仅导致植物营养失调，而且还造成环境污染。

①土壤中缺钾但有钠时，农作物甜菜、芹菜、棉花、亚麻、番茄能较好地生长；如果环境中钠盐过量，对大多数非盐生植物会造成盐胁迫。

②钠肥中的钠离子对土壤有机-无机胶体复合体的破坏极为严重，造成土壤板结，严重破坏土壤的保肥容量，使土壤的解毒能力大大下降。

③农盐的主要成分为氯化钠，能把土壤中一些代换性钾离子置换出来，供农作物吸收利用；但是长期过量施用，则致使土壤结构遭受破坏。

④农盐只能作为一种辅助型肥料，在增施有机肥料基础上酌量施用；否则既影响植株生长，又造成土壤、水体和大气污染，危害生态环境。

4. 钠肥种类

钠肥系指具有钠标明量，以提供植物钠养分为其主要功效的肥料。

钠肥种类也有好多种，但是较为常用的钠肥是农盐和硝石。

①农盐：农盐即粗盐，白色粉末，主要成分就是氯化钠（NaCl），也含有镁、钾、硫，还有少量硼、碘等作物所需的营养元素。

②硝石：硝石即硝酸钠，俗称智利硝石，外观为白色、灰色或棕黄色结晶粉末，含氮（N）15%～16%，含钠（Na）26%，易溶于水。

5. 施用方法

（1）农盐

①农盐与人畜粪等有机肥料混合堆沤当作基肥，还可直接作追肥，每亩用量以施5～8千克为宜。

②农盐也可在插秧时蘸秧根，常用于配合牛骨粉、草木灰、人粪尿蘸秧根，亩用量0.5～1千克。

③农盐不可施于盐碱地，也不适宜于马铃薯、烟草、柑橘等忌氯作物，以免降低农产品品质。

（2）硝石

①硝酸钠比较适用于中性或酸性土壤，而不适用于盐碱化土壤；常应用于甜菜、萝卜等作物。

②硝酸钠宜作追肥，一般作物每亩用量为8～15千克，应少

量分次施用，以减少硝态氮的淋失。

③硝酸钠在干旱地区可作基肥，但要深施，最好与腐熟的有机肥混合施用，这样效果会更好。

④长期施用时，应把硝酸钠与有机肥或钙质肥（如过磷酸钙）配合起来施用，以避免土壤板结。

⑤硝酸钠是生理碱性肥料，水田和盐碱地不宜施用，南方茶园也不宜施用，多雨时容易淋失。

⑥结成硬块的硝酸钠，切不可用铁器猛烈击打，否则可能会发生爆炸，造成人员的伤亡事故。

（3）喷施

①一般配成0.01%～0.2%的含钠元素的肥料溶液，喷施于植株；也可用于浸泡、涂抹等方法。

②约隔7天观察作物叶色、长相、长势的变化，可在喷施溶液中添加湿润剂或增加喷施次数。

参考文献

[1] 郭文韬. 中国传统农业思想研究 [M]. 北京: 中国农业科技出版社, 2001

[2] 孙先良. 绿色化肥与新型化肥的发展 [J]. 现代化工, 2001, 21 (8): 1-4, 6

[3] 高照祥, 马文奇, 杜森, 等. 我国施肥中存在问题的分析 [J]. 土壤通报, 2001, 32 (6): 258-261

[4] 孙先良. 新型化肥发展新趋势 [J]. 化肥设计, 2002, 40 (1): 40-42

[5] 杨凯. 15—17 世纪英国农业发展特点 [D]. 北京: 首都师范大学, 2002

[6] 任树山. 简述我国钾肥工业的生产现状及发展前景 [J]. 甘肃化工, 2003 (2): 13-17

[7] 李保刚. 新奇的物理肥料 [J]. 甘肃农业, 2003 (9): 59

[8] 马铁山, 郝改莲. 物理肥料在生产中的应用 [J]. 生物学杂志, 2004, 21 (6): 62-63

[9] 林乐. 我国磷复肥工业发展历程的回顾与展望 [J]. 化肥工业, 2004, 31 (1): 10-16

[10] 张维理, 武淑霞, 冀宏杰, 等. 中国农业面源污染形势估计及控制对策 I. 21 世纪初期中国农业面源污染的形势估计 [J]. 中国农业科学, 2004, 37 (7): 1008-1017

[11] 黄国勤, 王兴祥, 钱海燕, 等. 施用化肥对农业生态环境的负面影响及对策 [J]. 生态环境, 2004, 13 (4): 656-661

[12] 刘华. 过量施用化肥对环境的污染及其防治措施探讨 [J]. 甘肃农业, 2005 (11): 35

[13] 董海燕，侯纯标．农村环境污染现状及对策［J］．中国科技信息，2005（20）：98

[14] 刘杰，韩跃新，印万忠．难溶性钾矿资源制备钾肥研究现状展望［J］．有色矿冶，2005，21（7）：172－174

[15] 武四海．化肥对食品安全与环境安全的贡献［N］．中华合作时报，2005－10－27

[16] 冯元琦．中国化肥对食品安全和环境安全的贡献［J］．大氮肥，2005（6）：391

[17] 李海峰．土壤化肥污染的防治技术［J］．现代农村科技，2006（10）：12

[18] 李培香．农业环境污染防治技术［M］．北京：中国农业出版社，2006

[19] 中华人民共和国农业部．中国农业发展报告．2007［M］．北京：中国农业出版社，2007

[20] 赵美微，塔莉，李萍．土壤重金属污染及其防治、修复研究［J］．环境科学与管理，2007，32（6）：21

[21] 沈德龙，曹凤明，李力．我国生物有机肥的发展现状及展望［J］．中国土壤与肥料，2007，23（9）：1－5

[22] 孔祥琳．不平凡的五十年——纪念中国小氮肥工业诞生 50 周年［J］．小氮肥，2008，36（6）：1－6

[23] 沈国志，黄云，黎德川，等．钾素营养对农作物品质影响的研究进展［J］．河北农业科学，2008，12（6）：46－48

[24] 闫湘．我国化肥利用现状与养分资源高效利用研究［D］．北京：中国农业科学院，2008

[25] 曹国军，刘宁，杜立平，等．高产春玉米产量及其构成与氮磷钾施用量关系研究［J］．吉林农业大学学报，2008，30（6）：830－833

[26] 詹益兴，孙江莉．新型缓控释肥料施用技术［M］．北京：中国三峡出版社，2008

[27] 孙爱文，张卫峰，杜芬，等．中国钾肥资源及钾肥发展战略［J］．现代化工，2009，29（9）：10－16

[28] 李宝刚，谭超，何容信．化肥对环境的污染及其防治［J］．现代农业科技，2009（4）：193－194

[29] 王建．复混肥料的生产与研究［D］．绵阳：绵阳职业技术学院，2010

[30] 张建刚．我国钾肥生产发展研究［J］．现代化工，2010，30（7）：7－10，12

[31] 顾汉念，王宁，杨永琼，等．不溶性含钾岩石制备钾肥研究现状与评述［J］．化工进展，2011，30（11）：2450－2455

[32] 汪家铭．新型硅钙钾肥的生产与应用［J］．化工矿物与加工，2011（7）：52

[33] 张锋．中国化肥投入的面源污染问题研究——基于农户施用行为的视角［D］．南京：南京农业大学，2011

[34] 陈志怡．物理肥料研究进展［J］．现代农业科技，2012（13）：251

[35] 宋婉潇．木醋酸在农业生产中的应用及其发展前景［D］．西安：西安文理学院，2012

[36] 黄高强，武良，李宇轩，等．我国磷肥产业发展形势及建议［J］．现代化工，2013，33（11）：1－4

图书购买或征订方式

关注官方微信和微博可有机会获得免费赠书

淘宝店购买方式：

直接搜索淘宝店名：**科学技术文献出版社**

微信购买方式：

直接搜索微信公众号：**科学技术文献出版社**

重点书书讯可关注官方微博：

微博名称：**科学技术文献出版社**

电话邮购方式：

联系人：王　静

电话：010—58882873，13811210803

邮箱：3081881659@qq.com

QQ：3081881659

汇款方式：

户　名：科学技术文献出版社

开户行：工行公主坟支行

帐　号：0200004609014463033